Hans-Jürgen Engfer, Philosophie als Analysis

Forschungen und Materialien zur deutschen Aufklärung

FMDA

Herausgegeben von Norbert Hinske

Abteilung II: Monographien Band 1

Hans-Jürgen Engfer

PHILOSOPHIE ALS ANALYSIS

Studien zur Entwicklung philosophischer Analysiskonzeptionen unter dem Einfluß mathematischer Methodenmodelle im 17. und frühen 18. Jahrhundert

frommann - holzboog

Gedruckt mit Unterstützung der Förderungs- und Beihilfefonds Wissenschaft der VG WORT GmbH, Goethestraße 49, 8000 München 2

CIP-Kurztitelaufnahme der Deutschen Bibliothek

Engfer, Hans-Jürgen:
Philosophie als Analysis; Studien zur Entwicklung philosoph. Analysiskonzeptionen unter d. Einfluß mathem. Methodenmodelle im 17. u. frühen 18. Jh. / Hans-Jürgen Engfer. — Stuttgart-Bad Cannstatt: frommann-holzboog, 1982.

(Forschungen und Materialien zur deutschen Aufklärung: Abt. 2, Monographien; Bd. 1)
ISBN 3-7728-0697-X

NE: Forschungen und Materialien zur deutschen Aufklärung / 02

Satz, Druck und Bindearbeiten: Verlagsdruckerei Otto Zluhan, Bietigheim

Norbert Hinske

Einleitung in die Reihe Forschungen und Materialien zur deutschen Aufklärung (FMDA)

Die philosophische „Revolution“, die sich mit der kritischen Philosophie Kants nach 1781 in Deutschland vollzog, hat die Philosophie der deutschen Aufklärung fast ganz der Vergessenheit überantwortet. Ohne nähere Prüfung wird sie noch immer mit den späteren, von außen an sie herangetragenen Begriffen Kants als Philosophie des ‚Dogmatismus‘ oder als Leibniz-Wolffsche ‚Schulphilosophie‘ abgebucht oder mit dem Vokabular, das sich im Deutschen Idealismus durchsetzt, als eine Philosophie des ‚Eklektizismus‘ beiseitegeschoben. Soweit sie aber ihrerseits selber in der Nachfolge Kants steht, wird sie als die Philosophie der unproduktiven, am „Buchstaben“ klebenden Kantianer, die den „Geist“ der Kritik nicht verstanden haben, abgetan. Selbst Autoren wie G. F. Meier, H. S. Reimarus, Lambert, Mendelssohn, Tetens oder Garve, die in ihrem eigenen Zeitalter einmal eine bedeutende Rolle gespielt haben, sind weithin ungelesen. Während der Weg „Von Kant bis Hegel“ zu den am eifrigsten erforschten Zeitabschnitten der Philosophiegeschichte gehört, ist die Epoche von Wolff bis Kant, aber auch der Einfluß Kants auf die deutsche Spätaufklärung trotz einer ganzen Reihe wichtiger Forschungsarbeiten auch heute noch großenteils terra incognita. Der seltsam unhistorische, schwankende und willkürliche Begriff von Aufklärung, der das Denken der Gegenwart weitgehend beherrscht, gründet nicht zuletzt in eben dieser Situation.

Die vorliegende Reihe *Forschungen und Materialien zur deutschen Aufklärung (FMDA)* möchte mit dazu beitragen, die geschilderte Forschungslage schrittweise zu verändern. Sie verfolgt das Ziel, die leitenden Intentionen der deutschen Aufklärungsphilosophie, ihre Schlüsselprobleme, ihre Grundüberzeugungen, ihre Gedankenwelt, ihr Umfeld, ihre Sprache und ihre Terminologie an den Texten selbst zu dokumentieren, ihre Interpretation mit Hilfe selbständiger Untersuchungen anzuregen oder weiterzuführen und zugleich die notwendigen Hilfsmittel zu ihrer Erforschung bereitzustellen. Sie gliedert sich daher in drei Abteilungen: Die erste enthält wichtige Texte der Philosophie der deutschen Aufklärung, die zweite, deren erster Band hier erscheint, Monographien, die dritte Wörterbücher sowie sprach- und begriffsgeschichtliche Untersuchungen. Gegebenenfalls wird die Reihe in Form einer vierten Abteilung um weitere Arbeitsinstrumente, z. B. Bibliographien, ergänzt werden.

Abteilung I: Texte zur Philosophie der deutschen Aufklärung

Die erste Abteilung umfaßt Texte und Textsammlungen zur deutschen Aufklärung, die jeweils durch eine detaillierte philosophiehistorische Einleitung und einen philologisch-

historischen Anmerkungsapparat erschlossen werden. Sie möchte damit insbesondere zwei Schwierigkeiten abhelfen, die sich einer Beschäftigung mit der Philosophie der deutschen Aufklärung immer wieder entgegenstellen:
Auf der einen Seite ist die Philosophie dieses Zeitalters wie kaum ein anderer Abschnitt der Philosophiegeschichte eine Philosophie der Diskussion. Es gibt kaum ein Phänomen, das die Philosophie der deutschen Aufklärung treffender charakterisieren könnte, als ihre großen Kontroversen über die richtige Methode der Philosophie, über die Frage: Was ist Aufklärung?, über die Rolle der Vorurteile sowie über andere das Jahrhundert bewegende Fragen. An diesen Diskussionen beteiligen sich in der Regel Autoren unterschiedlichster Provenienz mit immer neuen Buchveröffentlichungen, Flugschriften und Zeitschriftenbeiträgen. Aus eben diesem Umstand aber erwächst zugleich auch die erste jener beiden Schwierigkeiten: Für den heutigen Leser ist es kaum noch möglich, diese Diskussionen in ihren einzelnen Schritten zu verfolgen und die Beiträge, die ursprünglich in einem größeren Zusammenhang entstanden sind, richtig einzuordnen. Die unterschiedlichen Interpretationen, die Kants *Beantwortung der Frage: Was ist Aufklärung?* gefunden hat, sind nur das bekannteste Beispiel für die Mißverständnisse, die eine isolierte Lektüre solcher Diskussionsbeiträge nach sich ziehen kann. Die Bände dieser ersten Abteilung sollen daher vor allem der Aufgabe dienen, die wichtigsten Diskussionen jener Epoche zu rekonstruieren und ihrem Verständnis durch die Sammlung der — oft an abgelegener Stelle veröffentlichten — Originalbeiträge den Boden zu bereiten.

Auf der anderen Seite aber ist es für den heutigen Leser außerordentlich schwierig, die zahllosen Zitate und Anspielungen zu verstehen, die für viele Veröffentlichungen dieses Zeitabschnitts charakteristisch sind. Immer wieder finden sich Hinweise auf Autoren, die in ihrer Zeit eine wichtige Rolle gespielt haben, mittlerweile aber in Vergessenheit geraten sind. Nicht selten stößt man auch, dem Stil der Zeit entsprechend, auf unvollständige Literaturangaben, die sich heute nur noch mit Mühe entschlüsseln lassen. Der nackte fotomechanische Nachdruck, wie er mehr und mehr üblich wird, ist daher in der Regel nicht imstande, die Texte der deutschen Aufklärungsphilosophie einer größeren Öffentlichkeit wieder wirklich zugänglich zu machen. Jeder Band dieser ersten Abteilung wird deshalb zumindest ein vollständiges Personenregister und einen eigenen Anmerkungsteil enthalten, der alle Zitate bibliographisch exakt zu ermitteln und die vorliegenden Anspielungen so genau wie möglich zu erläutern sucht.

Abteilung II: Monographien zur Philosophie der deutschen Aufklärung

Die zweite Abteilung versucht die eigentliche Forschungsarbeit in historischer und sachlicher Absicht weiterzuführen. Sie enthält selbständige Untersuchungen, die sich mit zentralen Themenkomplexen oder Autoren der deutschen Aufklärungsphilosophie beschäftigen. Dabei gilt es, zwei einander diametral entgegengesetzte Fehlentwicklungen soweit wie möglich zu vermeiden. Die Aufdeckung immer neuer historischer Details darf — bei aller notwendigen Vertiefung in die Philosophiegeschichte — so wenig

Selbstzweck wie die eigene philosophische Auffassung Maßstab und Richtschnur der philosophiehistorischen Forschung werden. Vielmehr gilt es, die eigenen Auffassungen und Überzeugungen an den Gedanken der philosophischen Überlieferung zu überprüfen, zu erweitern und zu korrigieren. Philosophiegeschichtsschreibung, die bloß der Bestätigung der eigenen Auffassungen dient, trägt in der Regel wenig zur Sache und weniger noch zum Geschichtsverständnis bei.

Der Schwerpunkt dieser zweiten Abteilung soll demgemäß auf der Untersuchung jener Grundideen und -probleme liegen, von denen die Philosophie der deutschen Aufklärung als ganze bestimmt ist. Das betrifft z. B. ihr Verhältnis zu den vorangegangenen Systementwürfen des Rationalismus und die damit aufs engste verknüpfte Diskussion über die ‚wahre' Methode der Philosophie, es betrifft des weiteren die Frage nach der Aufklärung selber, eine Frage, in der sich nach 1783 die Selbstreflexion der deutschen Aufklärung niederschlägt, und es betrifft nicht zuletzt die Ausbildung des Begriffs der Mündigkeit, die mit Kant zu einer neuen ‚Definition' von Aufklärung führt.

Auch diese zweite Abteilung soll zugleich als Arbeitsinstrument benutzbar sein. Besonderer Wert wird daher auf genaue Belege und verläßliche Spezialbibliographien gelegt und jeder Band mit Personen- und Sachregistern ausgestattet werden.

Abteilung III: Indices zur Philosophie der deutschen Aufklärung

Das Zeitalter der Aufklärung ist schließlich aber auch dasjenige Zeitalter, in dem sich in der Philosophie der Übergang vom Lateinischen zum Deutschen vollzieht und erstmals eine selbständige philosophische Terminologie deutscher Sprache herausbildet. Um so bedauerlicher ist es, daß die Philosophie der deutschen Aufklärung sprach- und begriffsgeschichtlich noch kaum erforscht ist. Selbst die Herkunft und Bedeutungspalette des Wortes „Aufklärung" selber, also des eigentlichen Leit- und Schlüsselbegriffs, liegt ja noch immer weithin im Dunkeln. Die dritte Abteilung bietet daher für eine Reihe repräsentativer Autoren dieses Zeitabschnitts eigene Stellenindices und Konkordanzen, die nicht nur für den Philosophiehistoriker, sondern z. B. auch für den Sprachwissenschaftler von außerordentlicher Bedeutung sind. Die Bände werden nach einem einheitlichen Verfahren mit den Mitteln der elektronischen Datenverarbeitung hergestellt und enthalten zur leichteren Benutzung von Fall zu Fall neben einem vollständigen Verzeichnis des deutschen Sprachguts unter anderem gesonderte Auflistungen der griechischen, lateinischen, französischen und englischen Wörter, der logischen Kunstwörter sowie der Personennamen.

Forschungen und Materialien zur deutschen Aufklärung (Stand 1981)

Abteilung I: Texte zur Philosophie der deutschen Aufklärung

Band I: *Die Gesellschaft von Freunden der Aufklärung. (1783—1798). Nachrichten über die Berliner Mittwochsgesellschaft.* Gesammelt und erläutert von Walther Gose und Norbert Hinske

Abteilung II: Monographien zur Philosophie der deutschen Aufklärung

Band I: Hans-Jürgen Engfer, *Philosophie als Analysis. Studien zur Entwicklung philosophischer Analysiskonzeptionen unter dem Einfluß mathematischer Methodenmodelle im 17. und frühen 18. Jahrhundert*

Band II: Werner Schneiders, *Aufklärung und Vorurteilskritik. Studien zur Geschichte der Vorurteilstheorie*

Band III: Alexander Altmann, *Die trostvolle Aufklärung. Studien zur Metaphysik und politischen Theorie Moses Mendelssohns*

Abteilung III: Indices zur Philosophie der deutschen Aufklärung

Band I: *Stellenindex zu Johann Heinrich Lambert Neues Organon I.* Unter Mitwirkung von Michael Albrecht, Rainer Bast, Birgitta Drosdol, Hans-Jürgen Engfer, Birgit Nehren in Zusammenarbeit mit Heinrich Delfosse herausgegeben von Norbert Hinske

Band II: *Stellenindex zu Johann Heinrich Lambert Neues Organon II.* Unter Mitwirkung von Rainer Bast, und Birgit Nehren in Zusammenarbeit mit Heinrich Delfosse herausgegeben von Norbert Hinske

Hans-Jürgen Engfer

PHILOSOPHIE ALS ANALYSIS

Studien zur Entwicklung philosophischer Analysiskonzeptionen unter dem Einfluß mathematischer Methodenmodelle im 17. und frühen 18. Jahrhundert

Summary

Eighteenth century European philosophy, in general, and German Enlightenment prior to the ‚Critique of Pure Reason', in particular, largely conceive of themselves as *analytical philosophy.* This self-interpretation of the Enlightenment might be expected to derive chiefly from the empiristic tradition of British philosophy. In fact, it is rooted no less, and in the case of German Enlightenment even more deeply, in a continental analytic tradition, which developed into the Rationalism of the seventeenth and early eighteenth centuries. The present work examines this particular *analytical tradition within Rationalism,* especially the methodological discussions in Descartes, Leibniz and Wolff, which are conducted almost exclusively in terms of analysis and synthesis.

The programmatic use of these methodological notions in European Rationalism is strongly influenced by the example of mathematics and mathematical methodology. The discussion, therefore, centres around the question, how mathematical methodology is used to build up conceptions of philosophical method. It endeavours to uncover, behind the apparently unanimous appeal to *the one* mathematical method, a reference to very different kinds of mathematical method. Apart from a model of analysis and synthesis invoked by natural science, there emerge four mathematical models, which have influenced philosophical methodology: (1) an analytical interpretation of the method of Greek geometry, the fullest report of which is in the ‚Collectio' of Pappus of Alexandria; (2) the synthetic interpretation of the geometrical method founded on Euclid and Proclus; (3) the model of combinatory mathematics taken over primarily by Lullus into theological and philosophical argument; and, finally, (4) the procedure of contemporary algebra and calculus, developed by Vieta, Descartes, Newton and Leibniz under the name of Analysis.

Taking their bearings from these mathematical models, Descartes, Leibniz and, less obviously, Wolff develop distinguishable *analytical conceptions of philosophical method,* which supplement, or stand in opposition to, the better known mos geometricus. The methodological pluriformity resulting primarily from the distinctness of the mathematical models is enhanced by the difficulties of transferring any mathematical methodology to the realm of philosophy. The resulting modifications make for a variety of conceptions and approaches, which all figure under the common label of „philosophical analysis" and which the author is concerned to sort out. It turns out, that the Enlightenment inherits from Rationalism competing methodological models within a *broad field of analytical tradition,* which represents the rationalistic background of the analytical programme of the Enlightenment, especially in Germany. Discrimination, therefore, between the different types of analytical methodology will serve to judge that programme and to give a more detailed account than has been possible hitherto of what „Aufklärung" meant.

Mit Dank für A.

Inhalt

Kap. IV Mathematik, Metaphysik und Methode bei Leibniz

Kap. V Synthetische und analytische Methodenansätze bei Wolff

Abkürzungsverzeichnis

AT: ***Descartes, René:*** *Oeuvres,* publiées par Charles Adam et Paul Tannery. 11 Bde. — Paris 1897 ff. (Nachdruck: Paris 1964 ff.).

C: ***Leibniz, Gottfried Wilhelm:*** *Opuscules et fragments inédits de Leibniz.* Extraits des manuscrits de la Bibliothèque royale de Hanovre par Louis Couturat. — Paris 1903 (Nachdruck: Hildesheim 1961).

FC: —: *Nouvelles lettres et opuscules inédits de Leibniz.* Hrsg. v. Foucher de Careil. — Paris 1857.

GP: —: *Die philosophischen Schriften von Gottfried Wilhelm Leibniz.* Hrsg. v. C. I. Gerhardt. 7 Bde. — Berlin 1875 ff. (Nachdruck: Hildesheim 1960 f.).

GM: —: *Leibnizens mathematische Schriften.* Hrsg. v. C. I. Gerhardt. 7 Bde. — Berlin, Halle 1849 ff. (Nachdruck: Hildesheim 1962).

LA: —: *Sämtliche Schriften und Briefe.* Hrsg. v. der Preußischen Akademie der Wissenschaften zu Berlin (und ihren Nachfolgern). — Darmstadt (später: Leipzig, Berlin) 1926 ff.

WW: ***Wolff, Christian:*** *Gesammelte Werke.* Hrsg. u. bearb. v. J. Ecole, J. E. Hofmann, M. Thomann, H. W. Arndt. — Hildesheim 1962 ff.

KA: ***Kant, Immanuel:*** *Kant's gesammelte Schriften.* Hrsg. v. der Königlich Preußischen Akademie der Wissenschaften (und ihren Nachfolgern). — Berlin 1900 ff.

Vorrede

Im Rationalismus des 17. und frühen 18. Jahrhunderts und insbesondere bei Descartes, Leibniz und — versteckter — bei Wolff finden sich analytische Interpretationen der Philosophie und der philosophischen Methode, die das analytische Selbstverständnis der Aufklärungsphilosophie des 18. Jahrhunderts unmittelbar beeinflussen und — entfernter — Parallelen zu analytischen Ansätzen in der gegenwärtigen Philosophie aufweisen. Die vorliegende Arbeit untersucht die Entwicklung solcher Ansätze analytischen Philosophierens bei Descartes, Leibniz und Wolff und sucht nachzuweisen, daß und wie diese Ausbildung analytischer Philosophiekonzeptionen bei den genannten Autoren durch die Orientierung an mathematischen Methodenvorbildern bestimmt ist. Sie thematisiert damit einen begrenzten Abschnitt der bis in die Antike zurückreichenden Geschichte analytischer Methodenüberlegungen, der der gegenwärtigen Forschung zu diesem Bereich eher fern liegt: unter dem Eindruck der wenigstens ursprünglich empiristisch bestimmten analytischen Philosophie der Gegenwart sind zwar die analytischen Methodenansätze in der naturwissenschaftlichen Forschung der Renaissance und die des angelsächsischen Empirismus des 17. und 18. Jahrhunderts ins Bewußtsein gerückt worden, das hier thematisierte rationalistische Traditionsfeld analytischen Philosophierens im ganzen ist dabei aber weithin unbeachtet geblieben und — soweit ich sehe — nur in Untersuchungen zu einzelnen Autoren oder Schriften thematisiert worden. Und umgekehrt ist die philosophiehistorische Diskussion und Darstellung der Methodologie des Rationalismus im 17. und 18. Jahrhundert bislang weitgehend an synthetischen Methodenmodellen more geometrico oder arte combinatoria orientiert, durch die eine spezifisch rationalistische Tradition analytischen Philosophierens eher verdeckt als thematisiert wurde, so daß die analytischen Tendenzen der Aufklärungsphilosophie dann einseitig als empiristisch bestimmte Reaktion auf die synthetischen Methodenansätze des Rationalismus erschienen. Demgegenüber sucht die vorliegende Arbeit zu zeigen, daß die sich analytisch interpretierende Aufklärungsphilosophie des 18. Jahrhunderts nicht nur auf diese empiristische Tradition vor allem der angelsächsischen Philosophie zurückgreifen konnte, sondern z. T. unmittelbar durch analytische Ansätze bestimmt ist, die im vor allem kontinentaleuropäischen Rationalismus selbst entwickelt wurden.

Die vorliegende Arbeit wurde 1976 vom Fachbereich I der Universität Trier als Dissertation angenommen und für den Druck überarbeitet. Sie ging ursprünglich aus der Frage nach den Quellen des analytischen Selbstverständnisses der deutschen Aufklärung hervor, die mir — wie die philosophiehistorische Fragestellung überhaupt — von Herrn Prof. Dr. Norbert Hinske zuerst nahegebracht wurde; ich verdanke seinen Seminaren zur Philosophiegeschichte des 18. Jahrhunderts zahlreiche Anregungen und habe ihm für den kritischen Rat, mit dem er als erster Gutachter das Entstehen dieser Arbeit begleitete, ebenso zu danken wie für die Toleranz, mit der er ihre Ausdehnung in Bereiche hinnahm, die jedenfalls scheinbar vom ursprünglichen Thema weit entfernt liegen. Für wichtige Hinweise danken möchte ich dem zweiten Gutachter, Herrn Prof. Dr. Gerard Radnitzky, sowie für Gespräche über das Thema der Arbeit den Herren Prof. Dr. Hans-Werner Arndt, Prof. Dr. Wilhelm K. Essler und Dr. Albert Heinekamp. Herzlich danke ich Herrn Prof. Dr. Anselm W. Müller für anregende und weiterführende Diskussionen und seine nie ermüdende Hilfsbereitschaft, Herrn Dr. Gunnar Andersson für die gründliche Durchsicht der ersten Fassung der Arbeit und zwei mir unbekannt gebliebenen Gutachtern, die mir einige Zitatkorrekturen und richtigerweise eine Präzisierung bestimmter historischer Aussagen anempfahlen. Zu danken habe ich schließlich dem Förderungs- und Beihilfefonds der VG Wort für die großzügige Gewährung eines nicht unbeträchtlichen Druckkostenzuschusses, ohne den die Publikation der Arbeit in der vorliegenden Form wohl nicht möglich gewesen wäre.

Berlin, Mai 1980 Hans-Jürgen Engfer

Einleitung

Der Begriff der Analyse hat in der Philosophie der Gegenwart — man kann sagen: wieder einmal — den Status eines programmatisch benutzten Titel- und Leitbegriffs gewonnen: die Wissenschafts- und Erkenntnistheorie des 20. Jahrhunderts versteht sich ebenso wie die praktische Philosophie, die Sprach-, Handlungs- und Geschichtsphilosophie vor allem im angelsächsischen Raum weitgehend als „analytische Philosophie". Hinter diesem einheitlichen Titel verbergen sich recht unterschiedliche Tendenzen, die allenfalls durch den gemeinsamen Rekurs auf die moderne Logik zusammengehalten werden: wurde die analytische Philosophie ursprünglich im Wiener Kreis mit den dort verfolgten empiristischen oder positivistischen Ansätzen identifiziert, so wurde dieser Begriff später sowohl für die sprachphilosophischen Untersuchungen der Alltagssprache als auch für den Aufbau künstlicher Sprachsysteme in Anspruch genommen und bezeichnet heute — ohne noch scharfe Grenzen aufzuweisen — eigentlich alle philosophischen Bemühungen, die Grundlagenprobleme der Einzelwissenschaften oder genuin philosophische Probleme unter Benutzung logischer Mittel zu lösen versuchen.
Dieser in der Philosophie der Gegenwart erneut zu Ehren gekommene Begriff der Analyse hat eine lange, bis in die Antike zurückreichende Geschichte, in deren Verlauf ihm unterschiedliche Bedeutungen und Funktionen zugeordnet wurden[1]. Er gehört nämlich zu den Begriffen, die das besondere Schicksal haben, so einfach und selbstverständlich zu sein, daß über ihre Bedeutung und die ‚richtige' Art ihrer Verwendung kein Zweifel möglich scheint, und die andererseits so wichtig und grundlegend sind, daß sie regelmäßig in der methodologischen Diskussion auftauchen. Sie werden deshalb gleichsam unter der Hand von den Umwälzungen und Paradigmenwechseln betroffen, die sich in der Philosophie- und Wissenschaftsgeschichte ereignen. Daraus resultiert bei näherer Betrachtung eine verwirrende Vieldeutigkeit ihrer Verwendungen und der ihnen zugeordneten Funktionen, die nur durch eine umfassende Geschichte der philosophischen Methodologie und der Rolle, die der Begriff der Analyse und sein Gegenbegriff der Synthese in ihr spielen, aufgeklärt werden könnte. Eine solche umfassende Untersuchung der Geschichte des Begriffs der Analyse und der analytischen Methode kann hier nicht geliefert werden; die vorliegende Arbeit versteht sich aber insofern als ein Beitrag zu einer solchen Geschichte, als sie die Bedeutung und Verwendung des Begriffs der Analyse

1 Vgl. dazu den Lexikonartikel von Ludger Oeing-Hanhoff: *Analyse/Synthese.* In: *Historisches Wörterbuch der Philosophie.* Hrsg. v. Joachim Ritter. — Basel, Stuttgart 1971 ff., Bd. 1, Sp. 232—248, den Artikel *Analyse,* den Wilhelm K. Essler zusammen mit dem Verf. veröffentlichte in: *Handbuch philosophischer Grundbegriffe.* Hrsg. v. Hermann Krings, Hans Michael Baumgartner, Christoph Wild. 3 Bde — München 1973 f., Bd. 1, S. 65—78 und den Artikel von Giorgio Tonelli: *Analysis and Synthesis in XVIII th Century Philosophy Prior to Kant.* In: *Archiv für Begriffsgeschichte* Bd. 20, 1976, S. 178—213.

und seines Gegenbegriffs der Synthese bei Descartes, Leibniz und Wolff und also bei den klassischen Repräsentanten eines sich analytisch interpretierenden Rationalismus untersucht.

Sie thematisiert damit eine Tradition analytischen Philosophierens, die dem gegenwärtigen Bewußtsein eher verstellt ist. Sofern in der analytischen Philosophie der Gegenwart nämlich überhaupt auf die Geschichte der analytischen Methode und auf die Geschichte eines analytischen Selbstverständnisses der Philosophie reflektiert wird, sieht sie sich selbst vor allem in der Tradition der empiristischen Ansätze der angelsächsischen Philosophie des 17. und 18. Jahrhunderts[2]. Diese historische Parallele liegt zwar nahe, wenn man sich an den ursprünglichen Ansätzen des Wiener Kreises orientiert, erscheint aber dann als zu eng, wenn man die Breite der philosophischen Fragestellungen und die Unterschiedlichkeit der methodologischen Ansätze in den Blick nimmt, die heute unter dem Titel „analytische Philosophie" auftreten. Dann wird nämlich deutlich, daß die analytische Philosophie der Gegenwart durch Fragestellungen und durch die Orientierung an methodologischen Vorbildern bestimmt ist, die ihre Parallelen auch und sogar eher in der rationalistischen Tradition analytischen Philosophierens haben. Diese Parallelen zeigen sich erstens an der Bedeutung, die dem Problem der Sprachanalyse und der Begriffsexplikation eingeräumt wird: die Unschärfe der natürlichen Sprache wird im Rationalismus des 17. und 18. Jahrhunderts ebenso wie in der analytischen Philosophie des 20. Jahrhunderts als entscheidendes Hindernis für den Aufbau einer wissenschaftlichen Philosophie angesehen und in beiden Fällen „analytisch" angegangen. Und wenn sich dabei in der analytischen Philosophie des 20. Jahrhunderts die beiden Schulen der ordinary language philosophy und der Philosophie der formalen Sprachen unterscheiden lassen, dann findet auch dies seine Entsprechung im 17. und 18. Jahrhundert: in den Systementwürfen des Rationalismus finden sich Vorläufer und erste Konzeptionen formalsprachlicher Ansätze, während der ordinary language philosophy eher die sprachanalytisch orientierten Ansätze der Aufklärung entsprechen.

Zweitens orientiert sich die rationalistische Philosophie des 17. und 18. Jahrhunderts ebenso wie die analytische Philosophie des 20. Jahrhunderts am Exaktheitsideal der Mathematik. Während im Empirismus des 17. und 18. Jahrhunderts beinahe regelmäßig eine strenge Abgrenzung zwischen der Mathematik einerseits und allen anderen Wissenschaften und insbesondere der Philosophie andererseits vorgenommen wird, orientiert sich die rationalistische Philosophie gerade auch in ihren methodologischen Reflexionen unmittelbar an mathematischen Methodenvorbildern und steht damit — ohne daß hier einer falschen Aktualisierung der Methodenkonzeptionen des 17. und frühen 18. Jahrhunderts das Wort geredet werden soll, denen, sieht man von den Ansätzen bei Leibniz

2 Soweit ich sehe, haben sich von den Repräsentanten der modernen analytischen Philosophie nur Bertrand Russell und Heinrich Scholz ausdrücklich auf die rationalistische Tradition analytischen Philosophierens bezogen; Bertrand Russell vor allem in seinem frühen Leibnizbuch: *A Critical Exposition of the Philosophy of Leibniz. With an Appendix of Leading Passages.* — ([1]Cambridge 1900), [2]London 1937; Heinrich Scholz in zahlreichen Aufsätzen, die gesammelt sind in dem Band *Mathesis universalis. Abhandlungen zur Philosophie als strenger Wissenschaft.* Hrsg. v. Hans Hermes u. a. — Darmstadt 1969.

ab, vor allem nicht die formale Logik als Mittel der Analyse zur Verfügung stand — den entsprechenden Bestrebungen in der Philosophie des 20. Jahrhunderts näher als der klassische Empirismus. In diesem Sinne versteht sich die Arbeit als ein Beitrag zu einer Geschichte des analytischen Selbstverständnisses in der Philosophie, in dem insbesondere die rationalistische Tradition eines solchen Selbstverständnisses thematisiert wird. Im näheren will die Arbeit ein Beitrag zur Geschichte und Vorgeschichte der Philosophie der Aufklärung sein. In der Philosophie der Aufklärung des 18. Jahrhunderts vereinigen sich sehr unterschiedliche philosophische Ansätze aus der empiristischen und der rationalistischen Philosophie des 17. und frühen 18. Jahrhunderts zum letzten Mal in einem analytischen Selbstverständnis der europäischen Philosophie[3]. Auch bei der Einschätzung der Vorgeschichte dieser sich analytisch interpretierenden Aufklärungsphilosophie dominiert das ‚empiristische Mißverständnis': schon gegen Ende des 18. und zu Beginn des 19. Jahrhunderts wird in Kreisen der Berliner Akademie das analytische Selbstverständnis der Aufklärung allein in den empiristischen Traditionszusammenhang eingeordnet und in diesem Sinne gegen den transzendentalphilosophischen Ansatz der kritischen Philosophie ausgespielt[4]; die in Deutschland bald darauf einsetzende Ablehnung der Aufklärungsphilosophie im ganzen beruht im Philosophischen weitgehend auf dieser Identifikation der Aufklärung mit dem Empirismus, der in und mit der kritischen Philosophie als überholt erscheint. Bei einer solchen Einschätzung wird jedoch übersehen, in welch starkem Maße insbesondere die deutsche Aufklärung von den analytischen Konzeptionen des Rationalismus geprägt war: ihre entscheidenden Protagonisten, Mendelssohn, Lambert, der vorkritische Kant, beziehen sich regelmäßig auf die analytischen Ansätze Descartes', auf die Leibnizsche Begriffsanalyse und auf die hinter der synthetischen Darstellung der Wolffschen Philosophie verborgenen analytischen Ansätze zurück[5] und sehen ihr Zeitalter der Aufklärung als Fortsetzung und Vollendung der analytischen Tendenzen des Rationalismus des 17. und frühen 18. Jahrhunderts an.

Erste Absicht der vorliegenden Arbeit ist es, diese analytische Tradition im Rationalismus des 17. und frühen 18. Jahrhunderts zu untersuchen und die analytischen Methodenkonzepte, die sich vor allem bei Descartes, Leibniz und bei Wolff finden, in ihrer methodologischen Struktur zu bestimmen. Mit dieser Bestimmung des Themas hat sich die Arbeit in doppelter Weise *Grenzen* gesetzt, auf die hier ausdrücklich hingewiesen

3 Zur Geschichte des Begriffs „Aufklärung" vgl. Stuke, Horst: *Aufklärung.* In: *Geschichtliche Grundbegriffe. Historisches Lexikon zur politisch-sozialen Sprache in Deutschland.* Hrsg. v. Otto Brunner, Werner Conze, Reinhart Koselleck. — Stuttgart 1972 ff., Bd. 1, S. 243—342; zur Verbreitung dieses Begriffs und für die Vielfalt seiner Bedeutungen gegen Ende des 18. Jahrhunderts vgl. *Was ist Aufklärung? Beiträge aus der Berlinischen Monatsschrift.* In Zusammenarbeit mit Michael Albrecht ausgewählt, eingeleitet und mit Anmerkungen versehen von Norbert Hinske. — Darmstadt 1973 und Schneiders, Werner: *Die wahre Aufklärung. Zum Selbstverständnis der deutschen Aufklärung.* — Freiburg, München 1974.

4 Vgl. unten S. 29—43.

5 Vgl. unten S. 245—263.

sei. Erstens werden in ihr die analytischen Ansätze nicht thematisiert, die im Empirismus und insbesondere in der angelsächsischen Philosophie des 17. und 18. Jahrhunderts entwickelt werden. Dies heißt zwar nicht, daß in ihr empiristische Analysiskonzeptionen gar nicht auftauchten, im Gegenteil wird in der Arbeit Nachdruck darauf gelegt, daß sich sowohl bei Descartes als auch — ansatzweise — bei Leibniz und vor allem bei Wolff methodische Ansätze nachweisen lassen, die auf empiristischen Voraussetzungen beruhen, aber solche empiristischen Ansätze werden hier nur so weit behandelt, wie sie bei den genannten Autoren und im Kontext ihrer philosophischen Methodologie auftauchen. Zweitens will die Arbeit auch keine vollständige Geschichte der Methodologie des Rationalismus des 17. und frühen 18. Jahrhunderts darstellen, sondern konzentriert sich auf die analytische Methodentradition, an die die Aufklärungsphilosophie anknüpft. Das heißt, daß eine in der bisherigen Literatur ausführlich dokumentierte Methodentradition im Rationalismus des 17. und frühen 18. Jahrhunderts, die sich am synthetischen Aufbau der euklidischen Elemente orientiert, wo sie wie etwa bei Pascal und Spinoza die philosophische Methodendiskussion mit Ausschließung anderer Ansätze beherrscht, nicht ausdrücklich thematisiert wird: die Arbeit bemüht sich gerade um den Nachweis, daß in der Methodologie des Rationalismus neben dieser synthetischen Tradition des mos geometricus, die bislang häufig als die den mathematisch geprägten Rationalismus beherrschende Methodenkonzeption betrachtet wurde[6], eine andere, analytische Tradition existiert, die sich nicht weniger an mathematischen Methodenvorbildern orientiert. Das bedeutet auch hier nicht, daß der mos geometricus und die damit verknüpften synthetischen Methodenansätze ganz außer Betracht blieben; ihre Erörterung ist bei Descartes, Leibniz und vor allem bei Wolff so eng mit der Diskussion analytischer Methodenkonzepte verknüpft, daß hier eine scharfe Grenzziehung nicht möglich ist. Die vorliegende Arbeit konzentriert sich aber auf die Untersuchung der analytischen Methodenansätze im Rationalismus des 17. und frühen 18. Jahrhunderts und versteht sich in diesem Sinne als Ergänzung zu den philosophiehistorischen Untersuchungen über die Bedeutung des mos geometricus.
Die *zweite Absicht* der Arbeit geht dahin, die Bedeutung der Mathematik für die Entwicklung der philosophischen analytischen Methodologie des 17. und 18. Jahrhunderts deutlich zu machen. Daß die Mathematik zumindest für die kontinentale Philosophie des 17. und 18. Jahrhunderts in ähnlicher Weise Vorbild wie für die des 20. Jahrhunderts ist, stellt nun allerdings eine weitverbreitete These dar, die keines weiteren Beleges bedürfte. Der vorliegenden Arbeit geht es aber nicht um die Wiederholung dieser These vom globalen Vorbildcharakter der Mathematik für den Wissenschaftsbegriff des Rationalismus, sondern um die Ermittlung der speziellen mathematischen Methodenmodelle, die die unmittelbaren Vorbilder für die philosophische Methodologie des 17. und 18. Jahrhunderts darstellen und die konkrete Fassung insbesondere der analytischen Methodenkonzeptionen beeinflussen. Insofern ist diese zweite Absicht der Arbeit nicht als zusätzliche Aufgabenstellung zu interpretieren, die für die Lösung der ersten Aufgabe ak-

6 Vgl. die Anm. 8—13.

zidentell wäre, sondern sie ergibt sich aus dem Versuch, die Methodendiskussion des 17. und 18. Jahrhunderts dadurch durchsichtig zu machen, daß man ihre unterschiedlichen mathematischen Methodenvorbilder zur Interpretation heranzieht.

Die Arbeit beginnt — anachronistisch — mit der Darstellung des analytischen Selbstverständnisses der deutschen Aufklärung in der zweiten Hälfte des 18. Jahrhunderts und benutzt dabei Preisfragen zur philosophischen Methodologie, die die Berliner Akademie der Wissenschaften für das Jahr 1763 einerseits und für die Jahre 1805 und 1809 andererseits stellte, um zu zeigen, wie sich in den 60er Jahren des 18. Jahrhunderts ein analytisches Selbstverständnis der deutschen Aufklärung etabliert und wie dieses analytische Selbstverständnis zu Beginn des 19. Jahrhunderts unter dem Eindruck der kritischen Philosophie Kants aufgegeben wird: nach dem Erscheinen der *Kritik der reinen Vernunft* setzt sich in Deutschland eine Tendenz durch, die von den Zeitgenossen selbst als „synthetisches“ Philosophieren verstanden und deutlich gegen die vorangehende Vorherrschaft des analytischen Philosophierens abgegrenzt wird. Dieser Anfang mit dem Ende schien sinnvoll und notwendig, weil das hier auftretende und noch heute vorherrschende Verständnis der Begriffe Analyse und Synthese entscheidend durch die Verschiebungen und Modifikationen bestimmt ist, die die Begriffe Analyse und Synthese in diesem Umbruch und insbesondere in der *Kritik der reinen Vernunft* selbst erfahren: die heute im Umkreis der Begriffe Analyse und Synthese sich zuerst nahelegende Frage nach der Berechtigung der Unterscheidung zwischen analytischen und synthetischen Urteilen beispielsweise wird erst nach der *Kritik der reinen Vernunft* möglich und ist von der nach der Unterscheidung analytischer und synthetischer Methodenkonzepte, die vor der *Kritik der reinen Vernunft* die Diskussion beherrschte, pünktlich zu unterscheiden.

Das *erste Kapitel* der Arbeit sucht daher diese und andere begriffsgeschichtlichen Verschiebungen, die die Begriffe analytisch und synthetisch in der kritischen Philosophie erleiden, namhaft zu machen, um damit das Feld für die Erörterung der Bedeutung dieser Begriffe im 17. und frühen 18. Jahrhundert frei zu machen. Zugleich will es die von dieser analytischen Tradition abweichende Fragestellung der kritischen Philosophie und die sich daraus ergebenden begriffsgeschichtlichen Verschiebungen als Folge einer im grundsätzlichen veränderten Beurteilung des Verhältnisses von Mathematik und Philosophie verständlich machen: einerseits wird in der kritischen Philosophie wie im 17. und 18. Jahrhundert überhaupt bei der Formulierung des Wissenschaftsbegriffs am Vorbildcharakter der Mathematik festgehalten, andererseits wird mathematischen Begriffen und Sätzen ein besonderer Status eingeräumt, der eine Übertragung der mathematischen Methode auf andere und insbesondere auf philosophische Begriffe und Sätze ausschließt. Diese in der kritischen Philosophie Kants vorgenommene Differenzierung zwischen dem auch für die Philosophie weiter verbindlich bleibenden Wissenschaftsvorbild der Mathematik und der Nichtübertragbarkeit der mathematischen Methode auf die Philosophie stellt das Ende eines sich ohne weiteres an mathematischen Methodenvorbildern orientierenden Philosophieverständnisses dar und ersetzt die zuvor übliche Diskussion um analytische und synthetische Methodenmodelle durch die Frage nach einer eigenständig philosophischen Methode.

Das *zweite Kapitel* der Arbeit sucht den Einfluß zu bestimmen, den die mathematische Methode auf die philosophische Methodenreflexion des 17. und 18. Jahrhunderts gewonnen hat. Es kann sich dabei auf zahlreiche Arbeiten über das Verhältnis der philosophischen zur mathematischen Methodologie stützen[7]. Für die meisten dieser Arbeiten ist jedoch charakteristisch, daß sie jeweils eine mathematische Methodentradition in den Mittelpunkt ihrer Überlegungen stellen und sich damit der Chance begeben, die divergierenden philosophischen Methodenüberlegungen auch als Konsequenz einer nicht einheitlichen mathematischen Methodentradition zu begreifen. So konzentriert sich die Mehrzahl der vorliegenden Arbeiten auf den Einfluß, den der mos geometricus, also die in Euklids Elementen angelegte axiomatische Methode, auf die Philosophie des 17. und frühen 18. Jahrhunderts gewinnt: bei Tonelli[8], Vleeschauwer[9], de Angelis[10], Schüling[11] und Röd[12] taucht diese synthetische Methode als *die* mathematische Methode auf, an der sich die Philosophie der frühen Neuzeit orientiert. Nun ist der Einfluß dieser an Euklid und an der aristotelischen Methodologie orientierten Methodenkonzeption auf die Philosophie des 17. und 18. Jahrhunderts in der Tat groß und kaum zu überschätzen, daß damit aber nicht das Ganze der mathematischen Methodentradition getroffen ist, wird deutlich, wenn in neueren Arbeiten davon abweichende mathematische Methodenvorbilder namhaft gemacht werden. So stellt einerseits Arndt[13] dem mos geometricus den Begriff des Kalküls, wie er aus „den neuen algebraischen Methoden" gewonnen ist[14], gegenüber und unterscheidet also zwei verschiedene mathematische Methodenansätze, die für die philosophische Methodologie des 17. und 18. Jahrhunderts Bedeutung gewinnen. Und andererseits machen Hintikka und Remes in einer breit angelegten Untersuchung über die Methode der Analysis[15] auf eine analytische Tradition

7 Für die Untersuchungen aus dem Bereich der speziell mathematischen Geschichtsschreibung vgl. die Literaturangaben im II. Kapitel.

8 Tonelli, Giorgio: *Der Streit über die mathematische Methode in der Philosophie in der ersten Hälfte des 18. Jahrhunderts und die Entstehung von Kants Schrift über die „Deutlichkeit"*. In: *Archiv für Philosophie* Bd. 9, 1959, S. 37—66.

9 Vleeschauwer, Herman J. de: *More seu ordine geometrico demonstratum.* — Pretoria 1961.

10 Angelis, Enrico de: *Il metodo geometrico nella filosofia del Seicento.* — Pisa 1964.

11 Schüling, Hermann: *Die Geschichte der axiomatischen Methode im 16. und beginnenden 17. Jahrhundert (Wandlung der Wissenschaftsauffassung)* (= Studien und Materialien zur Geschichte der Philosophie. Hrsg. v. Heinz Heimsoeth u. a., Bd. 13). — Hildesheim, New York 1969.

12 Röd, Wolfgang: *Geometrischer Geist und Naturrecht. Methodengeschichtliche Untersuchungen zur Staatsphilosophie im 17. und 18. Jahrhundert* (= Bayerische Akademie der Wissenschaften. Philosophisch-Historische Klasse. Abhandlungen. Neue Folge, Heft 70). — München 1970.

13 Arndt, Hans Werner: *Methodo scientifica pertractatum. Mos geometricus und Kalkülbegriff in der philosophischen Theorienbildung des 17. und 18. Jahrhunderts* (= Quellen und Studien zur Philosophie. Hrsg. v. Günther Patzig u. a., Bd. 4). — Berlin, New York 1971.

14 Ebd. S. 1.

15 Hintikka, Jaakko and Remes, Unto: *The Method of Analysis. Its Geometrical Origin and its General Significance* (= Boston Studies in the Philosophy of Science, ed. by Robert S. Cohen and Marx W. Wartofsky, Bd. 25). — Dordrecht, Boston 1974.

der mathematischen Methodologie aufmerksam, die bis in die antike Geometrie zurückreicht und die philosophischen Methodenüberlegungen bis hin zu Kant beeinflußt haben soll.

Beide Untersuchungen haben die vorliegende Arbeit in unterschiedlicher Weise beeinflußt. Arndts Arbeit durchbricht mit ihrer Unterscheidung zwischen zwei mathematischen Methodenkonzeptionen die bislang die philosophiehistorische Forschung beherrschende einfache Identifikation der mathematischen Methode mit dem mos geometricus und öffnet also den Blick auf die notwendigen Differenzierungen innerhalb der gemeinsamen Berufung auf die mathematische Methode. Allerdings vernachlässigt Arndt den spezifisch analytischen Charakter der neuzeitlichen Algebra weitgehend: er sieht die Algebra ganz unter dem Gesichtspunkt der Einführung einer künstlichen Symbolsprache und unter dem des kalkülmäßigen Herleitens neuer Wahrheiten, so daß sie ihm beinahe ununterscheidbar mit kombinatorischen Ansätzen verschmilzt. Bei der Diskussion der philosophischen Anwendung des Kalkülbegriffs steht bei Arndt dann auch ein synthetisches Kombinationsmodell im Vordergrund[16], so daß der Einfluß einer sich selbst analytisch interpretierenden zeitgenössischen Mathematik auf die philosophische Methodendiskussion nahezu unsichtbar wird; entsprechend läßt Arndt die Geschichte einer an mathematischen Vorbildern orientierten Methodologie des 17. und frühen 18. Jahrhunderts auch bei Lambert enden, dessen ars combinatoria als synthetisches Methodenmodell eher isoliert im breiten Strom einer sich analytisch interpretierenden Aufklärungsphilosophie steht.

In der Arbeit von Hintikka und Remes wird eine vor allem bei Pappos greifbare analytische Methode der antiken Geometrie thematisiert. Sie unterziehen die antike Überlieferung dieser analytischen Methode einer sorgfältigen Interpretation und Rekonstruktion und suchen ihre Bedeutung für die philosophische Methodendiskussion der Neuzeit zu würdigen. Auch diese Untersuchung hat die vorliegende Arbeit in doppelter Weise beeinflußt[17]. Erstens hat sie mein Verständnis der bei Pappos überlieferten analytischen Methode der antiken Geometrie vertieft; in dieser Hinsicht verdankt insbesondere der § 8 der vorliegenden Arbeit der Untersuchung von Hintikka und Remes wichtige Einsichten. Zweitens aber — und dies ist für den Aufbau des zweiten Kapitels und für die Interpretationen in den Kapiteln III — V wichtig — halte ich die generelle Inanspruchnahme dieses einen analytischen Methodenmodells für die philosophischen Methodenüberlegungen bei Galilei, Descartes, Newton und Kant und also für wesentliche Positionen des neuzeitlichen Philosophierens überhaupt für einseitig und übertrieben: die philosophische Methodendiskussion des 17. und 18. Jahrhunderts konnte — dies suche ich im zweiten Kapitel der Arbeit zu zeigen — nicht nur auf das analytische Methodenkonzept der antiken Geometrie zurückgreifen, sondern ihr standen darüber hinaus andere, in ihrer logischen Struktur und ihrem methodologischen Aufbau abweichende Methodenvorbilder zur Verfügung, die die philosophischen Analysiskonzeptionen nicht weniger beeinflußt haben.

16 Vgl. Arndt: *Methodo scientifica pertractatum* ... a.a.O., S. 66, 112 ff., 142 ff.

17 Vgl. dazu auch die *Rezension* der Arbeit vom Verf. In: *Erkenntnis* Bd. 13, 1978, S. 327—337.

Um die Vielschichtigkeit der methodologischen Tradition, auf die die philosophische Methodologie des 17. und 18. Jahrhunderts zurückgriff, zu erfassen, unterscheide ich im zweiten Kapitel verschiedene Methodenmodelle, an denen sich die philosophische Methodendiskussion des 17. und 18. Jahrhunderts vor allem orientierte. Dabei ist keine Vollständigkeit und schon gar keine kurzgefaßte Geschichte der mathematischen Methodologie beabsichtigt: es handelt sich vielmehr darum, unterschiedliche Methodenkonzeptionen, auf die die philosophische Methodendiskussion zurückgriff, durch die Analyse jeweils eines grundlegenden Textes in ihren wesentlichen Zügen zu charakterisieren und die zwischen ihnen auftretenden Unterschiede zu bestimmen, um durch die Unterscheidung dieser Methodenkonzepte eine Orientierungshilfe für das Verständnis der philosophischen Methodendiskussion zu gewinnen.

In den *Kapiteln III — V* der Arbeit werden die philosophischen Analysiskonzeptionen, die von Descartes, Leibniz und Wolff entwickelt und an die Aufklärungsphilosophie tradiert werden, vor dem Hintergrund der im zweiten Kapitel dargestellten mathematischen Methodenmodelle untersucht. Erstes Resultat dieser Untersuchung ist, daß sich hinter der einheitlichen Berufung auf die mathematische Methode, die sich bei Descartes, Leibniz und Wolff gleichermaßen findet, eine Orientierung an unterschiedlichen mathematischen Methodenmodellen verbirgt. Dies hat zur Folge, daß sich die philosophischen Methodenkonzeptionen der genannten Autoren trotz der gemeinsamen Berufung auf die mathematische Methode und trotz der Benutzung desselben methodologischen Schlüsselbegriffs der Analysis deutlich voneinander unterscheiden und weder miteinander zu parallelisieren noch in eine einfache Entwicklungslinie analytischen Philosophierens einzuordnen sind, sondern sich als je eigene Konzeptionen analytischen Philosophierens darstellen. Darüber hinaus erzwingen die Schwierigkeiten, die bei der Übertragung mathematischer Methodenmodelle auf nichtmathematische, naturwissenschaftliche und philosophische Fragestellungen auftauchen, auch bei einem und demselben Autor Modifikationen der Methodenansätze gegenüber verschiedenen Gegenstandsbereichen, so daß sich sowohl bei Descartes als auch bei Leibniz und Wolff verschiedene Typen analytischer Methodologie unterscheiden lassen. Diese Modifikationen der ursprünglich aus der Mathematik übernommenen Methodenkonzepte werden gegenüber den genuin philosophischen Fragen besonders deutlich und führen sowohl in Descartes' Erster Philosophie als auch in Leibniz' Schriften zur Monadologie schließlich zur Ausbildung je eigener und spezifisch philosophischer Analysiskonzeptionen, die sich weit von ihren mathematischen Vorbildern entfernen und unabhängig von diesen die methodologischen Ansätze der Philosophie der Aufklärung beeinflussen konnten. Die Methodenbestimmungen Wolffs dagegen bleiben zwar den tradierten mathematischen Methodenreflexionen im ganzen enger verhaftet, beschränken sich aber bei näherer Betrachtung nicht auf die Proklamation eines synthetischen Systemaufbaus more geometrico, als die sie in der zweiten Hälfte des 18. Jahrhunderts vor allem verstanden und abgelehnt wurden, sondern enthalten eigene analytische Ansätze, die in der Aufklärungsphilosophie unmittelbar positiv aufgenommen werden.
Wenn die hier vorgelegten Interpretationen der Diskussion Stand halten, dann wäre al-

so das Bild von einer im ganzen einheitlichen, weil gemeinsam an der Mathematik orientierten methodologischen Tradition des Rationalismus aufzugeben: gerade die allen Autoren gemeinsame Berufung auf eine mathematische Methodentradition, die sich bei näherer Betrachtung selbst nicht als einheitlich darstellt, macht es möglich, zwischen verschiedenen Ansätzen auch der philosophischen Methodologie zu unterscheiden. Dies gilt in besonderem Maße für die hier thematisierte analytische Methodentradition: bei Descartes, Leibniz und Wolff werden gerade durch die Identifikation der verschiedenen mathematischen Methodenvorbilder die Unterschiede zwischen den bei ihnen entwickelten Konzeptionen philosophischer Analysis bestimmbar. Und der Vergleich der bei diesen Autoren entwickelten spezifisch philosophischen Analysiskonzeptionen mit den ihnen zugrunde liegenden mathematischen Methodenmodellen macht darüber hinaus auf die Abweichungen aufmerksam, die sich aus der Übertragung mathematischer Methodenkonzeptionen auf philosophische Fragestellungen ergeben.

Die analytische Methodentradition des Rationalismus stellt sich nach all dem nicht als ein einheitlicher Traditionsstrang dar, der sich — wie zuletzt Hintikka und Remes meinten[18] — insgesamt an einem mathematischen Methodenmodell orientierte, sondern erscheint als ein breites und in sich differenziertes *Traditionsfeld analytischen Philosophierens,* in dem unterschiedliche Konzeptionen mathematischer und philosophischer Analysis als miteinander konkurrierende Methodenmodelle auftauchen. Sofern diese unterschiedlichen Ansätze analytischen Philosophierens, die in der Philosophie des 17. und frühen 18. Jahrhunderts entwickelt werden, die sich analytisch interpretierende Aufklärungsphilosophie unmittelbar und spätere Ansätze analytischen Philosophierens wenigstens mittelbar beeinflussen, könnte die hier versuchte Rekonstruktion dieses Traditionsfeldes vielleicht auch für deren Interpretation und historische Beurteilung nützlich sein.

18 Vgl. oben Anm. 15 und 17.

I Analysis und Synthesis in der deutschen Aufklärung und in der kritischen Philosophie und das Verhältnis der philosophischen zur mathematischen Methode bei Kant

§ 1 Die Preisfragen der Berliner Akademie für das Jahr 1763 und für die Jahre 1805 und 1809: Proklamation und Krise der analytischen Methode in der deutschen Aufklärungsphilosophie

Am 28. Mai 1761 stellt die Berliner Akademie der Wissenschaften für das Jahr 1763 die Preisfrage: „Man will wissen: Ob die Metaphysischen Wahrheiten überhaupt, und besonders die ersten Grundsätze der Theologiae naturalis, und der Moral, eben der deutlichen Beweise fähig sind, als die geometrischen Wahrheiten, und welches, wenn sie besagter Beweise nicht fähig sind, die eigentliche Natur ihrer Gewissheit ist, zu was vor einem Grade man gemeldete Gewissheit bringen kann, und ob dieser Grad zur völligen Ueberzeugung zureichend ist“[1].

Diese Preisfrage wird von den wichtigsten Philosophen der deutschen Aufklärung in der zweiten Hälfte des 18. Jahrhunderts bearbeitet. Die Antworten der drei prominentesten unter ihnen stimmen in einem entscheidenden Punkt überein: sie alle wenden die Frage ins Methodische und beantworten sie einhellig in dem Sinne, daß die eigentümliche Methode der Philosophie die „analytische“ sei. So sieht der Gewinner des ersten Preises der Akademie, Moses Mendelssohn, in der „Analysis der Begriffe“ die für alle Wissenschaften gültige Methode überhaupt, die daher auch in der „reinen speculativen Weltweisheit“ anzuwenden sei: „Die Analysis der Begriffe ist für den Verstand ..., was das Vergrösserungsglas für das Gesicht ist ...; sie macht die Theile und Glieder deutlich und kenntbar, die vorhin dunkel und unbemerkt waren“[2]. In ähnlichem Sinne äußert sich als zweiter Preisträger der damals 38jährige Kant, der 1765 seine in der Preisschrift gegebene Antwort zusammenfaßt: er habe in dieser „kurzen und eilfertig abgefaßten Schrift zu zeigen gesucht: daß diese Wissenschaft [die Metaphysik] unerachtet der großen Bemühungen der Gelehrten um deswillen noch so unvollkommen und so unsicher

1 KA II 493.

2 Mendelssohn, Moses: *Abhandlung über die Evidenz in Metaphysischen Wissenschaften, welche den von der Königlichen Academie der Wissenschaften in Berlin auf das Jahr 1763. ausgesetzten Preis erhalten hat.* — Berlin 1764, S. 8 (wiederabgedruckt in ders.: *Gesammelte Schriften.* Jubiläumsausgabe in Gemeinschaft mit F. Bamberger, H. Barodianski, S. Rawidowicz, B. Strauss, L. Strauss, hrsg. v. I. Elbogen, J. Guttmann, E. Mittwoch. — Berlin 1929 ff., Bd. 2, S. 267—330).

sei, weil man das eigenthümliche Verfahren derselben verkannt hat, indem es nicht *synthetisch* ..., sondern *analytisch* ist"[3]. Und ebenso schlägt Lambert in seinem erst 1918 herausgegebenen Entwurf einer Antwort auf diese Preisfrage vor, das „Cahos von Begriffen ... in der Metaphysic" dadurch zu ordnen und „das wankende in der Metaphysic" dadurch „zu heben", daß man „ihre Grundbegriffe unumstößlich und einleuchtend" macht[4]. Dies geschieht auch für ihn zuallererst durch die Anwendung der „Analytischen Methode" auf die Begriffe: „Bey der Analytischen Methode einen Begriff zu zergliedern", „erhält der Begriff nach und nach die Nahmen eines klaren, deutlichen, vollständigen und nach vielen Stufen ausführlichen Begriffes" und wird schließlich „bis zur vollständigsten Ausführlichkeit entwickelt, und in solche Merkmale zergliedert, die keiner weiteren Auflösung mehr bedürfen"[5]. Weil „das ganze System der Wahrheiten endlich auf das von den Begriffen ankömmt"[6], läßt sich „ein richtig System" nur „auf richtigen Begriffen ... bauen"; richtige Begriffe aber werden durch Analysis ermittelt[7].
Diese Antworten auf die Preisfrage von 1763 stehen mit der Wahl der dabei verwendeten Schlüsselbegriffe in einer Tradition, die — sieht man von den bis in die Antike reichenden Wurzeln dieses Begriffspaares „analytisch" und „synthetisch" ab — insbesondere die Methodendiskussion der vorausgegangenen zwei Jahrhunderte beherrscht: Analyse und Synthese sind die Schlüsselbegriffe der Methodendiskussion des 17. und 18. Jahrhunderts, und beinahe ausschließlich mit ihnen wird die Auseinandersetzung nicht nur um die angemessene Methode in der Philosophie, sondern um den neuzeitlichen Wissenschaftsbegriff überhaupt geführt.
Zugleich bezeichnen die von Mendelssohn, Kant und Lambert gegebenen Antworten einen entscheidenden Einschnitt innerhalb dieser Methodendiskussion: spätestens nach der Preisfrage von 1763 beginnt auch in Deutschland eine Epoche, in der Philosophie sich — der Antwort der Preisträger entsprechend — als analytische Wissenschaft interpretiert. In dieser Selbstinterpretation der Philosophie löst sich also der Begriff der Analysis von seinem traditionellen Gegenbegriff der Synthesis und wird jetzt — so verselbständigt — als zureichende Bezeichnung für das methodische Vorgehen in der Philosophie überhaupt empfunden. Diese Verselbständigung des Begriffs der Analyse dokumentiert sich am deutlichsten im bruchlosen Übergang des Begriffs der Analysis in den der „Aufklärung", der in den 70er, 80er und 90er Jahren zum programmatischen Titelbegriff der deutschen Philosophie avanciert und erst um die Jahrhundertwende von dem neuen Ansatz der kritischen Philosophie Kants wieder aus dieser Rolle verdrängt wird. Mit der Herausbildung des Begriffs „Aufklärung" zum Leitbegiff der deutschen Philosophie des späten 18. Jahrhunderts tritt an die Stelle der tradierten Formel „analysis no-

3 *Nachricht* A 8, KA II 308.

4 Lambert, Johann Heinrich: *Über die Methode die Metaphysik, Theologie und Moral richtiger zu beweisen.* Aus dem Manuskript hrsg. v. K. Bopp (– Kantstudien Ergänzungshefte 42). — Berlin 1918, S. 12 f.

5 Ders.: *Abhandlung vom Criterium veritatis.* Mit einem erläuternden Vorwort aus dem Manuskript hrsg. v. K. Bopp. — Berlin 1915, S. 21.

6 Ebd., S. 15.

7 Ders.: *Über die Methode* ... a.a.O., S. 33.

tionum" die Rede von der „Aufklärung und Entwicklung unserer Begriffe"[8]: die deutsche Aufklärung definiert sich weitgehend mit den Begriffen der Analyse, der Zergliederung, der Entfaltung oder der Auseinanderlegung dunkler Begriffe in klare und deutliche, und diese Fassung des Aufklärungsbegriffs erscheint in der Mitte der 80er Jahre als diejenige, über die „das deutsche Publikum ... einig" ist: es herrscht Konsens darüber, daß Aufklärung „den Übergang von unrichtigen und dunklen Begriffen zu richtigen und hellen bedeutet"[9].

Dies setzt voraus, daß die „analysis notionum" nicht mehr als Teilschritt in einem Verfahren angesehen wird, dessen andere Hälfte in einer synthetischen Kombination bestünde, sondern daß sie als selbständige und einer Ergänzung nicht bedürftige Methode interpretiert wird: zur Formel von der „Aufklärung unserer Begriffe" existiert kein begriffliches Pendant mehr, das einen synthetischen Teil des Verfahrens bezeichnete; — ein solcher synthetischer Teil ist jetzt nicht mehr vorgesehen. Wenn also für die zweite Hälfte des 18. Jahrhunderts „Aufklärung" zum methodischen Leitbegriff wird, dann besteht eine der Voraussetzungen für die Verbreitung dieser neuen Begrifflichkeit in der analytischen Selbstinterpretation der Philosophie, wie sie sich in den Antworten auf die Preisfrage von 1763 dokumentiert.

Obwohl sich die Verselbständigung des Begriffs Analysis endgültig erst in der zweiten Hälfte des 18. Jahrhunderts vollzieht, stehen diese Analysistheorien der Aufklärung eher am Ende als am Anfang einer Entwicklung, in der analytische Methodenansätze diskutiert werden. Analytische Methodenentwürfe beherrschen schon das 17. und frühe 18. Jahrhundert, bleiben dort allerdings in der Regel in Methodenmodelle eingebunden, in denen sie durch ein synthetisches Verfahren ergänzt oder gegen ein solches abgegrenzt werden. Die Analysiskonzeptionen der Aufklärung stellen sich vor diesem Hintergrund nicht so sehr als originäre Entwürfe des 18. Jahrhunderts dar, sondern sind inhaltlich weitgehend von den analytischen Ansätzen in der Philosophie des 17. und frühen 18. Jahrhunderts geprägt, streifen aber deren Bindung an einen synthetischen Gegenschritt endgültig ab.

Der Einfluß dieser Modelle des 17. und frühen 18. Jahrhunderts wirkt dabei nicht etwa bloß unter der Hand, sondern wird von den Autoren der zu Unrecht als ahistorisch verschrieenen Aufklärung ausdrücklich reflektiert. Dies dokumentiert sich bereits in den Antworten auf die Preisfrage für 1763. Hier wird Descartes' analytischer Ansatz erneut aufgegriffen und auf seine Tragfähigkeit geprüft[10], das Leibnizsche Konzept der Be-

8 Ders.: *Abhandlung vom Criterium veritatis* ... a.a.O., S. 11.

9 Engel, Michael: *Briefe über die Aufklärung.* In: *Magazin der Philosophie und schönen Literatur.* — Mainz 1785/86. Heft 1—4, S. 19—33, 114—128, 190—203, 269—281, S. 20. — Zur Verbreitung dieser Definition in den 80er und 90er Jahren vgl. Schneiders: *Die wahre Aufklärung* ... a.a.O., S. 38, 64, 89, 108, 122 f., 141, 144, 157 f., 182, 227 und Hinske: *Was ist Aufklärung* ... a.a.O.

10 Vor allem Lambert bezieht sich regelmäßig auf „das Cartesianische Criterium der Wahrheit": „Die Wörter verstehen will aber eben so viel sagen, als einen klaren, deutlichen und netten Begriff davon zu haben" (Lambert: *Abhandlung vom Criterium veritatis* ... a.a.O., S. 10 u. ö., vgl. ders.: *Über die Methode* ... a.a.O., S. 18 ff.).

griffsanalyse wird zustimmend zitiert und gewinnt eine Schlüsselrolle für die Aufklärungsdiskussion[11], die von Newton für die Naturwissenschaften entwickelte Methode wird als unmittelbares Vorbild für die philosophische Methode herangezogen[12], und die bei Wolff zu findenden analytischen Ansätze werden positiv aufgenommen[13]. Insofern versteht sich die Philosophie der Aufklärung gerade auch in ihrer analytischen Selbstinterpretation als Fortsetzung und Vollendung einer Epoche der Philosophie, die von analytischen Ansätzen beherrscht ist und deren Kontinuität ihr nur durch die Philosophie Wolffs, die vorwiegend als synthetische interpretiert wird[14], unterbrochen scheint.

Mehr als vierzig Jahre nach der epochemachenden Preisfrage für 1763 stellt dieselbe Akademie gleich zweimal kurz hintereinander neue Preisfragen[15], die die damals gegebenen Antworten Mendelssohns, Kants und Lamberts unmittelbar wiederaufzunehmen scheinen. Die Preisfrage für das Jahr 1805 lautet: „Man gebe die Eigenschaft der Analysis und der analytischen Methode in der Philosophie bestimmt an, und untersuche, ob es Mittel giebt, ihren Gebrauch festzustellen und zu erleichtern, und diese Mittel setze man genau auseinander“[16]. Und die Preisfrage für das Jahr 1809 fordert: „Man soll die Mittel aufsuchen und angeben, die Anwendung der philosophischen Analysis zu sichern und zu erleichtern. Ist ferner die auf solche Art bestimmte analytische Methode in dem ganzen Gebiet der Philosophie gleich anwendbar? oder giebt es einige Theile dieser Wissenschaft, worin nur das synthetische Verfahren Statt haben kann?“[17].
Trotz der weitreichenden Parallelität zwischen den Antworten von 1763 und den Fragen der Akademie von 1803 und 1807 dokumentiert sich hier nicht eine ungebrochene Tradition des Selbstverständnisses von Philosophie und einer einhelligen Bestimmung ihrer Methode, die in diesen vierzig Jahren unverändert geblieben wäre. Zwar be-

11 Lambert: *Abhandlung vom Criterium veritatis* ... a.a.O., S. 21: „Die Analytische [Methode] besonders heisst bereits schon die Zergliederung eines Begriffes. Wir haben sie *Leibnitzen* zu verdanken und *Wolf* fienge an sie in die Vernunftlehre einzuführen“; vgl. auch ders.: *Über die Methode* ... a.a.O., S. 9 u. ö. und Mendelssohn: *Abhandlung über die Evidenz* ... a.a.O., passim.

12 Kant: *Deutlichkeit* A 92, KA II 286: „Die ächte Methode der Metaphysik ist mit derjenigen im Grunde einerlei, die *Newton* in die Naturwissenschaft einführte, und die daselbst von so nutzbaren Folgen war“; vgl. auch A 69, KA II 275 und Lambert: *Über die Methode* ... a.a.O., S. 11.

13 Vgl. Anm. 11.

14 Vgl. unten S. 225—227.

15 Vgl. dazu Harnack, Adolf: *Geschichte der Königlich Preussischen Akademie der Wissenschaften zu Berlin.* Bd. I. 2: *Vom Tode Friedrich's des Großen bis zur Gegenwart.* — Berlin 1900 (Nachdruck: Hildesheim, New York 1970), S. 612. Zu den beiden Preisfragen und den Preisträgern vgl. *Abhandlungen der Königlichen Akademie der Wissenschaften in Berlin.* Bd. 1: *Aus den Jahren 1804—1811. Nebst der Geschichte der Akademie in diesem Zeitraum.* — Berlin 1815, S. 4 ff.

16 *Allgemeine Literatur-Zeitung.* Jena und Leipzig. Intelligenzblatt Nr. 162 vom 17. August 1803, Sp. 1324; vgl. *Mémoires de l'Académie Royale des sciences et belles-lettres depuis l'avènement de Fréderec Guillaume III au trône. 1803.* — Berlin 1805, Histoires de l'Académie Royale, S. 13: „Determiner avec précision la nature de l'Analyse, et de la méthode analytique, en philosophie; rechercher, s'il est des moyens d'en assurer et d'en faciliter l'usage; et détailler ces moyens, s'il y en a“.

17 *Allgemeine Literatur-Zeitung.* Halle und Leipzig. Intelligenzblatt Nr. 92 vom 18 November 1807, Sp. 741.

herrscht das 1763 ausdrücklich auch von Kant selbst propagierte Verständnis der Philosophie als einer analytischen Wissenschaft die Popularphilosophie in der ganzen zweiten Hälfte des 18. Jahrhunderts, aber gerade dieses Selbstverständnis wird spätestens seit der *Kritik der reinen Vernunft* wiederum von Kant selbst in Frage gestellt. In diesem historischen Kontext markieren die beiden zu Anfang des 19. Jahrhunderts gestellten Preisfragen eher den endgültigen Abschied von einer sich einheitlich als analytisch interpretierenden Aufklärungsphilosophie als ihre ungebrochene Kontinuität: daß die Frage nach der analytischen Methode in der Philosophie zu diesem Zeitpunkt von der Berliner Akademie gestellt wird, ist in ihrem Kreis als Reaktion auf die Verunsicherung verstanden worden, die diesem Philosophieverständnis, das die Philosophie des Rationalismus und der Aufklärung weitgehend bestimmte und mindestens ein halbes Jahrhundert lang auch das stillschweigend verfolgte oder ausdrücklich verfochtene Programm der Berliner Akademie darstellte, zunächst aus der Kantischen *Kritik der reinen Vernunft* und dann aus den darauf folgenden idealistischen Systementwürfen erwächst.
Dies wird in einem Vortrag deutlich, den Friedrich Nicolai am 21. Juli 1803 zur Ankündigung dieser Preisfragen vor der Berliner Akademie gehalten hat[18]. Darin findet sich zunächst der Hinweis, daß der Anstoß zu diesen Preisfragen aus dem näheren Umkreis von Kant selbst kam: „Der zu Köpenik verstorbene Herr Hauptmann *von Miloczewsky* hat der Akademie ein Kapital vermacht, mit der Verordnung: ‚Dass die Zinsen davon zur Untersuchung philosophischer Wahrheiten, und besonders des *Regressus* verwendet werden sollen'"[19]. Miloczewsky aber war — darauf weist Nicolai selbst hin — über fünfundzwanzig Jahre lang Schüler, Freund und Verehrer Kants[20] und „widmete

18 Nicolai, Friedrich: *Bemerkungen über den logischen Regressus, nach dem Begriffe der alten Kommentatoren des Aristoteles.* In: *Sammlung der deutschen Abhandlungen, welche in der königlichen Akademie der Wissenschaften zu Berlin vorgelesen worden in dem Jahre 1803.* — Berlin 1806, S. 168—180. Wiederabgedruckt in: *Mémoires de l'Académie Royale* ... a.a.O., Mémoires. Classe de philosophie speculative, S. 55—72 unter dem Titel *„Sur le Regressus logique, et sur l'idée qu'attachoient à ce mot les anciens commentateurs d'Aristote"* und in einer umgearbeiteten deutschen Fassung in: ders.: *Philosophische Abhandlungen. Größtentheils vorgelesen in der Königl. Akademie der Wissenschaften zu Berlin.* Bd. 1. — Berlin und Stettin 1808 (Nachdruck: Aetas Kantiana 200,1; Brüssel 1968), S. 197—228.

19 Nicolai: *Bemerkungen über den logischen Regressus* ... a.a.O., S. 168; vgl. Mémoires a.a.O., Histoires de l'Academie Royale, S. 12 f., wo der der Akademie hinterlassene „fonds inaliénable" auf 1000 Taler beziffert wird. Aus dessen Zinsen soll künftig alle vier Jahre jeweils zwischen den normalen Preisfragen der Akademie ein „prix extraordinaire de philosophie spéculative" ausgeschrieben werden. Daran scheint sich die Akademie aber nur bis 1809 gehalten zu haben; für das Jahr 1813 stellt sie — ohne Kommentar — eine Frage, die sicher nicht das von Miloczewsky vorgeschlagene Thema trifft: „Welchen Einfluß hat die Cartesische Philosophie auf die Ausbildung des Spinozistischen Systems gehabt, und welches sind die Berührungspunkte, die beide miteinander haben?" (*Abhandlungen der Königlichen Akademie* ... a.a.O., S. 17). Allerdings wird die bei Nicolai angegebene thematische Festlegung der Preisfragen auf Probleme des Regressus im offiziellen Bericht der Akademie nur vage umschrieben: die Preisfragen sollen sich beschäftigen mit „cette partie de la Philosophie spéculative, qui s'occupe des premiers principes des connoissances humaines".

20 Vgl. seinen Brief vom 12.6.1795, in dem er sich nach seinem Umzug nach Köpenick von Kant verabschiedet: „So lange als Raum, [Zeit] Bewußtseyn und Moralität in der Welt existiren [oder] wenigstens so lange als mir auf dieser zu leben [und] Kants Verehrer zu seyn bescheeret ist, bin ich [mit] unbegränzter Liebe und Hochachtung Ihr aufrichtigster und ergebenster Diener und Freund" (KA XII 24 f.).

... sich ... bis in den letzten Tagen seines Lebens, unablässig einem eifrigen Studium ... der Kantischen Schriften“[21].

Dennoch münzt Nicolai, noch bevor die erste Preisfrage formuliert ist[22], die von Miloczewsky geforderte Fragestellung sofort in einen gezielten Angriff gegen Kant um: Die „auffallenden Inkonsequenzen und Widersprüche in Kants sonst so scharfsinnigen Schriften werden wohl“ — so interpretiert Nicolai — „dem Herrn *von Miloczewsky* eben so gut wie andern aufgefallen seyn“. Es lasse sich „daher ... ziemlich wahrscheinlich muthmassen, dass er den ... *Regressus deswegen besonders* habe empfehlen wollen; weil, in der That, durch diese Methode ... bei Untersuchung solcher philosophischen Sätze viel geleistet werden kann, welche man bisher bloss rein *a priori* hat deduciren wollen, und dabei auf so manche Irrwege gerathen ist“[23].

Auf diese Weise gerät die Stiftung des Kant nahestehenden Miloczewsky in den Händen Nicolais sofort zur Waffe gegen Kant: Miloczewsky mußte — so argumentiert Nicolai — die „Gesinnung unserer Akademie“ aus der vorangegangenen Preisfrage „gewiss bekannt seyn“[24]: „Diese Preisfrage war ausdrücklich auf die Untersuchung des wahren Werths des Kantischen Systems gerichtet, und gereichte daher auch den erklärten Anhängern Kants zum großen Aergernisse“. Wenn Miloczewsky, „welcher auf den Gang der neuen Philosophie so aufmerksam war“[25], die durch diese Preisfrage hinlänglich charakterisierte Akademie „zur Richterinn über neue Untersuchungen philosophischer Lehren erwählt“ habe, dann müsse ihm „die Idee vorgeschwebt“ haben, „ob man nicht zu sicherern Resultaten über die Richtigkeit des neuen Kantischen und neuesten Fichtisch-Schellingschen Systems kommen könnte, wenn man, vermittelst des Regressus ... zuerst mit Beweisen *a posteriori* anfienge ..., als wenn man fortführe, mit Kant und Fichte Alles ausschliessend rein *a priori* herzuleiten“[26].

Nicolai benutzt also die Gelegenheit der Stiftung sofort zur Fortsetzung seines Abwehrkampfes gegen die Kantische Philosophie und legt die Akademie bei der Auslegung des Stifterwillens auch inhaltlich von vornherein auf diese antikantische Tendenz fest. Sein Vortrag hat nämlich die Funktion, nachzuweisen, daß Miloczewsky „nicht bloß die gewöhnliche, auch von Kant sogenannte regressive Methode“ „im Sinne gehabt“ haben könne[27], sondern daß es „höchst wahrscheinlich ist, daß Herr *von Miloczewsky* eigentlich den ... *bestimmten Begriff der Aristoteliker* im Sinne hatte, als er die Untersuchung des Regressus empfahl“[28]. Hinter dieser Berufung auf die Aristoteliker und insbesondere

21 Nicolai: *Bemerkungen über den logischen Regressus* ... a.a.O., S. 175.

22 Ebd., S. 168: Die Akademie ist „jetzt im Begriffe, eine besondere philosophische Preisfrage aufzugeben“.

23 Ebd., S. 178.

24 Die vorangegangene Preisfrage ist die berühmte: „*Quels sont les progrès réels de la Métaphysique en Allemagne depuis le temps de Leibnitz et de Wolf?*“, die die Akademie bereits 1788 angekündigt, für das Jahr 1792 zum ersten und für 1795 zum zweiten Mal gestellt hatte und die Kant, wie die Äußerungen Nicolais zeigen — richtigerweise —, als Teil der Auseinandersetzung der Schulphilosophie mit der kritischen Philosophie interpretierte, und eine eigene Antwort darauf entwarf (*Fortschritte*, KA XX 253 ff., 479 ff.).

25 Nicolai: *Bemerkungen über den logischen Regressus* ... a.a.O., S. 178 f.

26 Ebd., S. 179f.

27 Ebd., S. 174.

28 Ebd., S. 169.

auf Zabarella[29] verbergen sich bei Nicolai im wesentlichen zwei Motive. Einmal will er mit ihrer Hilfe die von ihm favorisierten empiristischen Tendenzen der Popularphilosophie gegen die apriorischen Systeme unterstützen: Miloczewsky, so mutmaßt Nicolai, „hat vermuthlich geglaubt" und „hat daher wieder darauf aufmerksam machen wollen: dass zu untersuchen wäre, ob nicht zur Sicherung philosophischer Wahrheiten ... vorzüglich *erst* bei den Wirkungen, die uns *bekannt* sind, d. h. durch einen Beweis *a posteriori* anzufangen sey, so wie es der Regressus der Aristoteliker festsetzt"[30]. Zum anderen geht es Nicolai um die Fortsetzung des begriffsanalytischen Ansatzes, der das Philosophieverständnis in der zweiten Hälfte des 18. Jahrhunderts beherrscht: „unseren neuesten und allerneuesten, sämmtlich bis ins Absolute hinein schwindelnden Philosophiien"[31] fehlt die „Anwendung des zur Deutlichkeit und Bestimmtheit führenden *Regressus* der Aristoteliker"[32], denn „wenn ... die Begriffe bestimmt gedacht und deutlich ausgedruckt wären, so könnten wohl unmöglich unter den Philosophen selbst so viele Streitigkeiten ... entstehen"[33].
Diesen Vorwurf der Begriffsverwirrung erhebt Nicolai gegenüber Kant nun auch gerade im Zusammenhang mit dem von Miloszewsky genannten Schlüsselbegriff der zukünftigen Preisfragen: „die Wörter *Regressus* und *regressive Methode*" würden von Kant in der *Kritik der reinen Vernunft* „in verschiedener, obgleich ähnlicher doch selten ganz übereinstimmender Bedeutung gebraucht", ebenso verwende Kant „die Wörter *analytisch* und *synthetisch* ziemlich unbestimmt", so daß er denn erstaunlicherweise „sogar auch eine *regressive Synthesis*" kenne[34]. Darüber hinaus habe er die bereits eingeführten Methodenbegriffe, die, „richtig verstanden und unterschieden, sehr fruchtbar für jede Philosophie werden können", abweichend vom etablierten Sprachgebrauch benutzt: Er habe die Begriffe analytisch und synthetisch auf Urteile angewendet und damit den Streit darüber ausgelöst, „ob nicht mancher Satz den *Kant synthetisch* nennt, nur analytisch sey", habe weiter „in seinem Systeme ... so manche willkührliche Ideenverknüpfung ... *Synthesis* genannt"[35], und selbst wo er die Begriffe weiter als Methodentermini verwende, werde seine analytische Methode „im Gegensatze des *Regressus der Aristoteliker*" und „gerade umgekehrt gebraucht"[36], wenn „er [in der *Kritik der reinen Vernunft*] *erst* die synthetische, und *nachher* [in den *Prolegomena*] die analytische Methode" anwende[37]. „Indess ist bekannt" — so krönt Nicolai seine Vorwürfe gegen Kant — „daß *Kant* seine neuen Kunstwörter, oft keineswegs genau bestimmt, sondern mehrmals Wörter bald in dieser, bald in jener Bedeutung braucht; woher so manche Missgriffe und Wortstreite in

29 Zum Regressusmodell Zabarellas vgl. unten S. 89—102.
30 Nicolai: *Bemerkungen über den logischen Regressus* ... a.a.O., S. 176.
31 Ebd., S. 180.
32 Ebd., S. 177 f.
33 Ebd., S. 180.
34 Ebd., S. 168 f.
35 Ebd., S. 169.
36 Ebd., S. 173.
37 Ebd., S. 174.

seiner Philosophie entstehen, in welcher doch, da sie den Namen *kritisch* vor sich trägt, vorzüglich alles genau bestimmt seyn sollte“[38].

Eben diese Irritation über die Abweichung Kants vom etablierten Methodenverständnis und Wortgebrauch dokumentiert sich denn auch in den zu diesen Preisfragen erschienenen Abhandlungen. So ist für Georg Samuel Francke in seiner 1805 von der Akademie preisgekrönten Abhandlung nach dem Erscheinen der *Kritik der reinen Vernunft* „der bisherige Begriff der Analyse schwankend, der Begriff der analytischen Methode in der Philosophie, womit man im Gegensatz der synthetischen oder scientifischen so sehr im Reinen zu seyn glaubte und zum Theil zu seyn glauben musste, minder bedeutsam, ja der Gehalt ganzer Wissenschaften disputabel geworden“[39]. Kant habe „das ganze Definitionssystem ..., worauf die analytische und formell-synthetische Lehrmethode ... bauete“, „erschüttert“[40], und es sei deutlich, „wie problematisch“ nach der „Revolution“, die „die Theorie des Königsberger Philosophen ... im ganzen Reiche der philosophischen Wissenschaften angerichtet hat“, „der Gebrauch der Analyse ..., und wie disputabel der Werth und Gebrauch der analytischen Methode in der Philosophie geworden ist“[41]. Demzufolge stellt Francke im Anhang der Schrift regelmäßig die „analytische ... Forschmethode“[42], die er insbesondere bei Mendelssohn[43], Eberhard, Tetens, Bonnet und Platner[44] angewendet sieht, der „kritischen“ Forschungsmethode gegenüber, wobei seine Sympathien zweifelsohne eher der analytischen[45] als der gelegentlich mißverstandenen kritischen Methode[46] gelten.

38 Ebd., S. 168.

39 Francke, G. S.: *Über die Eigenschaft der Analysis und der analytischen Methode in der Philosophie. Eine Abhandlung, welcher von der Königl. Academie der Wissenschaften zu Berlin der Preis von funfzig Dukaten zuerkannt worden ist.* — Berlin 1805 (Nachdruck: Aetas Kantiana 76, Brüssel 1968), S. 1. — Georg Samuel Francke, * 7. IX. 1763, † 28. III. 1844, rationalistischer Theologe, war zur Zeit der Niederschrift der Abhandlung Rektor in Husum und seit 1810 ordentlicher Professor der Theologie in Kiel (vgl. Carstens, C. Er.: *Geschichte der theologischen Facultät der Christian-Albrechts-Universität in Kiel.* In: *Zeitschrift der Gesellschaft für Schleswig-Holstein-Lauenburgische Geschichte* Bd. 5, 1875, S. 1—132, S. 67 ff.; vgl. ADB, Bd. 7, Leipzig 1878, S. 236). Er war bereits seit 1794 durch einige popularphilosophische Schriften, die sich unmittelbar mit Kant beschäftigen (vgl. Adickes, Erich: *German Kantian Bibliography.* — Boston 1895 f. (Nachdruck: Würzburg 1967), Nr. 1159, 1771, 2496, 2648 a), hervorgetreten und beteiligte sich auch an der zweiten Preisfrage: der Preis der Akademie wurde 1809 zwischen Hoffbauer und ihm geteilt. Diese zweite Preisschrift Franckes habe ich bis jetzt ebensowenig wie eine dritte Abhandlung unter dem Motto „Commenta hominum etc.“, der die Akademie „eine ehrenvolle Erwähnung schuldig zu seyn“ glaubte, als gedruckt ermitteln können. Zur Preisvergabe von 1809 vgl. *Abhandlungen der Königlichen Akademie* ... a.a.O., S. 11 und *Allgemeine Literatur-Zeitung.* Halle und Leipzig Intelligenzblatt Nr. 236 vom 30. August 1809, Bd. 2, Sp. 919.

40 Francke: *Über die Eigenschaft der Analysis* ... a.a.O., S. 22.

41 Ebd., S. 24.

42 Ebd., S. 62, 67, 69 u. ö.

43 Ebd., S. 21.

44 Ebd., S. 23, vgl. S. 63.

45 Vgl. ebd., z. B. S. 14 ff., 66, 69 u. ö.

46 Vgl. z.B. die Übertragung der Unterscheidung zwischen analytischen und synthetischen Urteilen auf analytische und synthetische Begriffe und das Mißverständnis von Kants Kategorien als „synthetische Begriffe höherer Art“, die „in ihren Merkmalen Prädikate ... enthalten“, „die vor der Synthesis nicht in ihnen

Dieser Schwierigkeit, die in der *Kritik der reinen Vernunft* vorgenommenen Methodenbestimmungen gegen das in der Popularphilosophie der zweiten Hälfte des 18. Jahrhunderts verbreitete Verständnis der philosophischen als der analytischen Methode abzuwägen, entzieht sich Johann Christoph Hoffbauer[47] — Preisträger der Aufgabe von 1809[48] und Verfasser einer weiteren, nicht prämierten Abhandlung zu der Preisfrage für 1805[49] — weitgehend, indem er im wesentlichen auf vorkritische Autoren wie Leibniz[50], Wolff[51], Baumgarten[52], Reimarus[53] und Lambert[54] rekurriert und Kant nur gelegentlich als Moralphilosophen erwähnt[55]. Daß er in seinen selbständigen und scharfsinnigen Abhandlungen dennoch zu einer eher skeptischen Beurteilung der Chancen der analytischen Methode in der Philosophie gelangt[56], ist hier nicht so sehr auf den Einfluß der kritischen Philosophie, als auf eine durchdringende Analyse mathematischer Argumentationen zurückzuführen[57].

Unter die eines Preises nicht gewürdigten Abhandlungen zu der Preisfrage für 1805 zählt eine Arbeit des französischen Philosophen Jean Baptiste Maugras[58]. Sie nimmt den

lagen" (ebd., S. 15). — Die *Rezension* dieser preisgekrönten Arbeit in der *Allgemeinen Literatur-Zeitung*. Halle und Leipzig. Nr. 301 vom 17. Dezember 1807, Sp. 1161—1167 ist denn auch durchweg kritisch: „die Urtheile des Vfs. über die Analyse in Beziehung auf die kritische Philosophie" werden als „schwankend und widersprechend" gekennzeichnet, es scheine fast, „als wenn Hr. *Fr.* noch nicht genug in die Kritik des Erkenntnisvermögens eingedrungen sey" (Sp. 1165 f.).

47 Johann Christoph Hoffbauer, * 19. V. 1766, † 4. VIII. 1827, Eberhardschüler und seit 1799 ordentlicher Professor der Philosophie in Halle, veröffentlichte insbesondere Abhandlungen aus dem Bereich der Logik, Psychologie und Moral, in denen er sich nur in den moralphilosophischen Schriften stärker von Kant, ansonsten aber eher von den teils rationalistischen, teils empiristischen Strömungen der deutschen Popularphilosophie des 18. Jahrhunderts beeinflußt zeigt (vgl. ADB, Bd. 12, Leipzig 1880, S. 567 f.; vgl. Adickes: *German Kantian Bibliography* ... a.a.O., Nr. 975—976, 1398—1403; vgl. Dessoir, Max: *Geschichte der neueren deutschen Psychologie.* Zweite, völlig umgearbeitete Auflage. — Berlin 1902 (Nachdruck: Amsterdam 1964), S. 240 ff. u. ö.).

48 Hoffbauer, Johann Christoph: *Versuch über die sicherste und leichteste Anwendung der Analysis in den philosophischen Wissenschaften. Eine von der Königl. Preussischen Akademie der Wissenschaften im Jahre 1809 gekrönte Preisschrift, mit einigen von der Akademie veranlassten Zusätzen.* — Leipzig 1810 (Nachdruck: Aetas Kantiana 112, Brüssel 1968).

49 Hoffbauer, Johann Christoph: *Ueber die Analysis in der Philosophie, ein grössten Theils analytischer Versuch, veranlasst durch die erste, diesen Gegenstand betreffende, Preisfrage der Königlichen Akademie der Wissenschaften zu Berlin nebst Abhandlungen verwandten Inhalts.* — Halle 1810.

50 Ebd., S. 78.

51 Ebd., S. 19, 23 u. ö.

52 Ebd., S. 6 f.

53 Ebd., S. 23.

54 Ebd., S. 64.

55 Hoffbauer: *Versuch* ... a.a.O., S. 63.

56 Ebd., S. 83: Zwar gibt es Regeln, „deren Befolgung uns das Geschäft der Analysis erleichtert, und uns leicht vor vergeblichen Versuchen bewahrt", aber wir dürfen „uns nicht mit der Hoffnung schmeicheln ..., für die Analysis in der Philosophie sichere und jederzeit zum Ziele führende Regeln zu erfinden"; vgl. Hoffbauer: *Ueber die Analysis* ... a.a.O., S. 58 ff.

57 Vgl. ebd., S. 27 ff.; Hoffbauer: *Versuch* ... a.a.O., S. 24 ff.

58 Maugras, J[ean] B[aptiste]: *Dissertation sur l'analyse en philosophie. Mémoire sur la question suivante proposée par l'Académie de Berlin, pour sujet du concours de l'an 1805: „Déterminer avec précision la nature de l'ana-*

Begriff der Analyse unbefangen aus der Tradition auf und versteht darunter das Fortschreiten vom Bekannten zum Unbekannten. In diesem Sinne grenzt sie ihn scharf gegen den Irrweg eines synthetischen Vorgehens ab, das nicht nur nutzlos, sondern sogar schädlich sei[59], und zeigt demgegenüber den Nutzen der analytischen Methode, die in den verschiedenen Disziplinen der Philosophie von den zugrunde liegenden Empfindungen über die ihnen zugeordneten Wörter zu den „principes analytiques" vorstoße[60]. Diese Arbeit dokumentiert also eine ungebrochene Tradition analytischen Philosophierens in Frankreich, die einerseits auf Ansätze Descartes' zurückgeht und in die andererseits empiristische Ansätze aus der englischen Philosophie aufgenommen wurden[61]; der Begriff der Analyse bleibt in Frankreich — weitgehend unbeeinflußt von seiner Problematisierung durch die ‚synthetischen' Ansätze in der kritischen Philosophie — bis zum Beginn des 19. Jahrhunderts und z. B. noch in der Schule der französischen Ideologen als intakter Methodenbegriff für die Ermittlung der ‚menschlichen Ideen' und für die darauf aufbauenden Entwürfe einer universellen Grammatik erhalten und bestimmt in dieser Form noch unmittelbar die französische Philosophie des späteren 19. Jahrhunderts. Umgekehrt beweist die völlige Nichtbeachtung dieses im philosophischen und politischen Frankreich nicht einflußlosen Autors[62] durch die Berliner Akademie, über die sich dieser bitter beklagt[63], und noch deulicher die geradezu verächtliche Rezension seiner Schrift in der *Allgemeinen Literatur-Zeitung*[64], wie weit sich die deutsche Philosophie unter dem Einfluß der *Kritik der reinen Vernunft* von dem analytischen Philosophieverständnis entfernt hat, das vierzig Jahre früher gemeinsame Überzeugung der europäischen Aufklärung gewesen war.

Eben diese Entfernung vom analytischen Philosophieverständnis der Aufklärung dokumentiert sich noch eindrucksvoller, wenn eine ganze Gruppe von Schriften zur Preisfrage von 1803 den Begriff der „philosophischen Analysis" programmatisch für sich in Anspruch nimmt. Hinter dieser Berufung auf den alten Titel der analytischen Methode steht bei diesen Schriften aus der Schule des ‚Rationalen Realismus' Bardilischer Prä-

lyse et de la méthode analytique, en philosophie; rechercher s'il est des moyens d'en assurer et d'en faciliter l'usage; et détailler ces moyens, s'il y en a". — Paris [1]1806 ([2]1808).

59 Ebd., S. 13: „Si l'analyse avance la science, la synthèse doit la faire reculer: si l'une repand la lumière, l'autre doit ramener les ténèbres".

60 Vgl. z. B. die „principes analytiques sur la théodicée" (ebd., S. 71).

61 Vgl. unten S. 114 f.

62 Vgl. Michaud, J[oseph] Fr[ançois]: *Biographie universelle ancienne et moderne.* Nouvelle édition. — Paris 1854 ff. (Nachdruck: Graz 1968), Bd. 27, S. 308—310.

63 Maugras: *Dissertation sur l'analyse* ... a.a.O., S. VII—XII.

64 Vgl. die Rezension der Arbeit in der *Allgemeinen Literatur-Zeitung.* Halle und Leipzig. Nr. 302 vom 18. Dezember 1807, Sp. 1169—1172, in der die Haltung der Akademie dadurch gerechtfertigt wird, daß die Arbeit — recht vom hohen Roß der Jenaer Zensur herab — als Beispiel dafür zitiert wird, „wie weit Frankreich in der Cultur der Philosophie als Wissenschaft zurückgeblieben" und noch im „lethargischen Schlummer" des „seichtesten Dogmatismus" liege: für den Verfasser wie für Frankreich überhaupt stelle „*Lockes* Empirismus, *Condillacs* Logik den Scheitelpunkt des philosophischen Wissens" dar; der „gute Wille" sei denn „auch das lobenswertheste an diesem Werke".

gung[65] nämlich alles andere als der aufklärerische Impetus der Preisschriften aus den 60er Jahren; vielmehr handelt es sich um Ausflüsse eines sich als analytisch interpretierenden logisch-ontologischen Systementwurfs, der sich bruchlos, wenn auch nicht ohne spezifische Ausprägung, in die Reihe der ‚Identitätssysteme' einfügt, die die Ergebnisse der Kantischen Kritik in einem geschlossenen System ‚aufzuheben' trachteten. Die Gegnerschaft gegen Kant also teilten die Vertreter des ‚Rationalen Realismus' mit der Berliner Akademie um Nicolai, und dies ermutigte sie offenbar — fälschlicherweise, wie das für sie enttäuschende Ergebnis der Preisvergabe zeigt — zur Teilnahme[66]; darüber hinaus aber mußten sie sich auch inhaltlich durch das Thema der Preisfrage gezielt angesprochen fühlen, hatten sie doch die „philosophische Analysis" bereits 1801 für sich reklamiert[67]. Bei ihnen gewinnt der Begriff der Analysis deshalb erneut fundamentale Bedeutung, weil sie — in scharfer Abgrenzung gegen Kantische und im Rückgriff auf vergröberte Leibnizsche Positionen[68] — Logik und Ontologie unmittelbar verknüpft sehen: „Was keinen Widerspruch enthält, das ist." „Was hingegen ... vorgestellt wird, und nicht ist, das enthält einen Widerspruch"[69].

Ausgangspunkt dieser mit Ploucquetschen Formeln durchsetzten Logik ist die Reflexion auf das Verhältnis von Begriff und Materie, wobei das Wesen des Begriffs in der formalen Identität des immer Gleichen und das der Materie in der Nichtidentität des immer Wechselnden, sich in der Einzelheit des Hier und Jetzt Verlierenden, gesehen wird. „Denken" heißt dann nichts anderes, als „A, als Einheit, ... im *Vielen* ... unendlichmal wiederholen können"[70]. Auf diese Weise wird Identität oder Einheit zur grund-

65 Christoph Gottfried Bardili, * 18. V. 1761, † 6. VI. 1808 war Vetter Schellings und studierte wie dieser in Tübingen Theologie und Philosophie, wurde 1790 Professor der Philosophie an der Karlsschule und lehrte nach deren Aufhebung 1795 bis zu seinem Tode am Stuttgarter Gymnasium. Seine Schriften beschäftigen sich zunächst vor allen Dingen mit Gegenständen der Psychologie; 1799 erfolgt die Wendung zum ‚Rationalen Realismus', die ihn für die Entwicklungsgeschichte der nachkantischen Philosophie interessant macht (vgl. Karsch, Fritz: *Christoph Gottfried Bardilis Logischer Realismus.* In: *Kant-Studien* Bd. 30, 1925, S. 437—452 und Garbeis, Franz Wolfgang: *Bibliographie zu Christoph Gottfried Bardili.* — Stuttgart - Bad Cannstatt 1979.

66 Offenbar hielt Bardili die Gegnerschaft gegen Kant, die er mit der Berliner Akademie, aber insbesondere mit Nicolai teilte, für eine tragfähige gemeinsame Basis. Das grundlegende Werk des ‚Rationalen Realismus', seinen *Grundriß der Ersten Logik, gereiniget von den Irrthümern bisheriger Logiken überhaupt, der Kantischen insbesondere; Keine Kritik sondern eine Medicina mentis, brauchbar hauptsächlich für Deutschlands Kritische Philosophie.* — Stuttgart 1800 (bereits zur Michaelismesse 1799 erschienen, Nachdruck: Aetas Kantiana 13, Brüssel 1970) dediziert er „Der Berliner Akademie der Wissenschaften, den Herren *Herder, Schlosser, Eberhard,* Jedem Retter des erkrankten Schulverstands in Deutschland, mithin vorzüglich auch dem Herrn *Friederich Nikolai*".

67 Reinhold, Karl Leonhard: *Die Elemente des rationalen Realismus oder der philosophischen Analysis.* In: *Beyträge zur leichtern Uebersicht des Zustandes der Philosophie beym Anfange des 19. Jahrhunderts.* Hrsg. v. K. L. Reinhold, Heft 2, 1801, Nr. 5, S. 179—205; fortgesetzt durch ders.: *Neue Darstellung der Elemente des rationalen Realismus. Den Herrn Professoren Maczek in Wien, Paulus in Jena, und Socher in Ingolstadt gewidmet.* In: *Beyträge zur leichtern Uebersicht* ... a.a.O., Heft 3, 1802, Nr. 3, S. 128—162.

68 Bardili: *Grundriß der Ersten Logik* ... a.a.O., S. 231 ff.

69 Ebd., S. 289 f.

70 Ebd., S. 4.

legenden Kategorie jeder Logik, darüber hinaus aber wird sie unmittelbar auch zur ontologischen Kategorie: die „stehende Einheit im Vielen" ist nicht etwa bloß Funktion unseres menschlichen Denkens, sondern „ist das, uns durch unser Denken gewordene, Facit eines Denkens *ausser uns*"[71]; Einheit ist das logische und das ontologische Prinzip des Seins. Eine so berichtigte Logik wird daher zur Grundlagenwissenschaft, mit deren Hilfe Wirklichkeit nicht auf empirischem, sondern auf ‚logischem' Wege bestimmt werden soll, indem die Objekte als Manifestationen des einen Absoluten, des „Ur-Eins", des „Urwahren", d. h. des „Urwesens" begriffen werden[72]. Diese Manifestationen des Absoluten haben verschiedene Grade und steigen nach Leibnizschem Vorbild stufenweise von der „schlummernden Monade" der Pflanze über die „träumende" des Tieres zur „wachen" des Menschen auf; im Menschen gelangt das Absolute zum Selbstbewußtsein[73].

Dieses Konzept der Grundlegung der Philosophie in einer Logik, deren ‚Entwicklung' ontologische und metaphysische Begriffe und Sätze hervorbringt, stellt in wichtigen Grundzügen einen Vorgriff auf die Hegelsche Logik und auf deren Stellung im System dar, das — soweit ich sehe — noch wenig beachtet worden ist; insbesondere scheint die Vielzahl der Schriften aus der Bardili-Schule, die Probleme einer so bestimmten Logik darstellen, noch nicht im einzelnen daraufhin geprüft worden zu sein, inwieweit sich in ihr die Gesichtspunkte geltend machen, die später in dem großen idealistischen Systementwurf weiter verfolgt werden.

Dies gilt auch für den Begriff der Analyse, der hier erneut in den Mittelpunkt speziell philosophischer Methodenüberlegungen tritt und — wie vierzig Jahre vorher — zur Bezeichnung der eigentlichen und wahren Methode in der Philosophie dient. Diese Renaissance der analytischen Methode steht jetzt allerdings unter völlig veränderten philosophischen Voraussetzungen; worin die analytische Methode besteht, wird geradezu im Gegenzug zu dem als bloß formallogisch und daher als inhaltsleer diffamierten Analysisbegriff der Tradition formuliert.

In diesem Sinne hatte Bardili schon seinen *Grundriß* von 1799 als Produkt einer „folgerechten Analysis unseres Denkens" interpretiert, in der er den einzigen Weg sah, „der bei den zerrütteten Umständen unserer erkrankten Deutschen Philosophie noch offen blieb"[74], und in diesem Sinne bezeichnet eine zwar verspätet erscheinende, aber ausdrücklich auf die Preisfrage bezogene Schrift[75] die Kantische Berufung auf die her-

71 Ebd., S. 176.

72 Ebd., S. 241 ff.

73 Ebd., S. 233, 235, 262, 325.

74 Ebd., S. 334.

75 Bardili, Christoph Gottfried: *Philosophische Elementarlehre mit beständiger Rücksicht auf die ältere Litteratur.* In zwei Heften. — Landshut 1802 und 1806. *Der Bardilischen Elementarlehre zweytes Heft bearbeitet und herausgegeben von einem Freunde des rationalen Realismus. Was ist und leistet die philosophische Analysis?* Untertitel: „Über die Natur der Analysis und der analytischen Methode in der Philosophie zugleich als Beantwortung der Aufgabe: ‚Die Natur der Analysis und der analytischen Methode in der Philosophie genau anzugeben' auf welche die Königliche Akademie der Wissenschaften in Berlin den Preis der philosophischen Classe für das Jahr 1805 setzte."

kömmliche Logik als diejenige falsche „Voraussetzung", derentwegen Kants „Zergliederung des menschlichen Erkenntnisvermögens" das eigentliche Ziel einer philosophischen Analyse verfehlt habe[76]. Auf der Grundlage einer formalen Logik nämlich, in der etwas „logisch wahr" sein könne, „ohne ... darum auch physisch wahr, oder wirklich, seyn" zu müssen, sei sowohl die Ergänzungsbedürftigkeit der Vernunft durch die Anschauung als auch die Einführung einer eigenen synthetischen „Vernunftlehre" unausweichlich[77]. Zwar sei Kant noch über die von ihm zunächst einfach vorausgesetzten „Thatsachen des Bewusstseyns" zur „ungetheilten und untheilbaren Einheit desselben" hinausgegangen, dies sei aber um den Preis „ihrer Subjektivität und Individualität" geschehen[78].

Der wahrhaft philosophischen Analyse aber müsse es um die sich im Denken manifestierende Einheit ganz ohne solche subjektive Bestimmung gehen: „Diese *Einheit und Identität* nun, bloss an und für sich, folglich weder mit dem Beysatze einer Seele, noch mit dem Kantischen Zusatze einer Subjektivität ..., sondern, wie gesagt, *bloss an und für sich betrachtet*, dürfte auch wirklich das Einzige gegebene ... und .. unbestreitbare seyn, dessen sich die philosophische Analysis zu ihren Absichten bedienen könnte, und durch dessen durchgeführten Gebrauch in der Vereinigung sowohl als Scheidung der Elemente unserer Erkenntniss, sie sich als *philosophische Analysis*, selbst bewähren und erproben würde"[79]. Aus dieser Einheit, die sich sowohl im Denken als auch in der Natur selbst findet[80], sollen sich dann die logisch-ontologischen Bestimmungen von Möglichkeit und Wirklichkeit, Prinzip und Grund, Subjekt und Objekt ableiten lassen[81].

Diese Ontologisierung der Logik bewirkt, daß sie „das Denken und den Verstand ... nicht mehr blos so psychologisch behandeln" darf, sondern sie „muß ihr Wesen vielmehr *objektiv, an und für sich*, und unabhängig von allem, was blos zu unserer Individualität gehört, verfolgen"[82]. Logik scheint in solcher Interpretation das Wesen der Natur selbst zu fassen: im Urteil werden in der Kopula der Identität die „Grundzüge" der „Natur" erfaßt, und im Schluß „beschreibt" die Natur „den ganzen Prozess ihrer ewigen Formgebung". „Die Form des Allgemeinen überall im Besonderen wieder abzudrucken; und zu wiederholen, ist Lauf der Welt, *als eines Systems;* und ist zugleich das eigentlich logische Wesen eines jeden Schlusses, *als eines Schlusses*"[83], so endet dieses „analytisch durchgeführte" „Identitätssystem"[84], das in merkwürdiger Weise den Anspruch der Leibnizschen Logik mit dem eines neuen, unleibnizschen Systembegriffs verbindet.

76 Ebd., S. VI ff.

77 Ebd., S. IX ff.

78 Ebd., S. 22 f.

79 Ebd., S. 25.

80 Ebd., S. 124: „Eine und eben dieselbe Identität" ist „außer dem Menschen, wie in ihm, ... unumgänglich erforderlich, wenn eine Einverständigung zwischen ihm und der Natur *in Begriffen* statt finden soll".

81 Ebd., S. 28, vgl. S. 162 ff.

82 Ebd., S. 231 f.

83 Ebd., S. 215 f.

84 Ebd., S. 213, Anm.

Vier weitere Arbeiten im Umkreis der Preisfrage, zwei davon mit ausdrücklichem Hinweis auf sie, sind anonym erschienen[85]. Ihr Verfasser ist Karl Leonhard Reinhold[86], der in den 80er Jahren mit seinen *Briefen über die Kantische Philosophie*[87] und anschließend mit seiner Tätigkeit als Publizist und als philosophischer Lehrer in Jena eine kaum zu überschätzende Bedeutung für die Breitenwirkung der kritischen Philosophie gewonnen hat[88]. 1804/5 allerdings hat er sich bereits weit von seiner ursprünglichen Rolle als Kommentator und Apologet der kritischen Philosophie entfernt. Geleitet von dem Wissenschaftsideal des geschlossenen Systems, in dem alle Sätze von einem ersten und obersten Grundsatz ableitbar sind[89], hatte er zunächst selbständig den Versuch unternom-

85 [Reinhold, Karl Leonhard]: *Prolegomenen zur Analysis in der Philosophie. Anstatt eines Programms zu der philosophischen Preisaufgabe der königlichen Akademie der Wissenschaften zu Berlin auf das Jahr 1805. Den Kampfrichtern, Wettkämpfern und Zuschauern gewidmet von einem der Mitkämpfenden.* — Berlin 1804.
[Ders.]: *Etwas über den Widerspruch* o. O. o. J. [1804].
[Ders.]: *Versuch einer Auflösung der von der philosophischen Classe der königl. Akademie der Wissenschaften in Berlin für 1805 aufgestellten Aufgabe: „Die Natur der Analysis und der analytischen Methode in der Philosophie genau anzugeben, und zu untersuchen: ob und was es für Mittel gebe, ihren Gebrauch sicherer, leichter und nützlicher zu machen.“* — München 1805.
[Ders.]: *Versuch einer Critic der Logik aus dem Gesichtspunkte der Sprache* o. O. o. J. [Kiel: 1806].

86 Vgl. Reinhold, Ernst: *Karl Leonhard Reinhold's Leben und litterarisches Wirken, nebst einer Auswahl von Briefen Kant's, Fichte's, Jacobi's und andrer philosophirender Zeitgenossen an ihn.* — Jena 1825, der S. 106 den *Versuch einer Auflösung* ... a.a.O. als Schrift seines Vaters anführt. In der *Allgemeinen Literatur-Zeitung.* Halle und Leipzig. Nr. 5 vom 6. Januar 1807, Sp. 36—38 werden die früher rezensierten „*Prolegomenen* zur Auflösung der gegebenen Preisfrage“ demselben Verfasser zugeschrieben. Damit bestätigt sich — zumindest für die Arbeiten, die sich unmittelbar auf die Preisfrage beziehen — die Vermutung von Adickes: *German Kantian Bibliography* ... a.a.O., Nr. 2376, der schon aufgrund eines inhaltlichen Vergleiches dieser Schriften mit Reinholds *Anleitung zur Kenntniß und Beurtheilung der Philosophie in ihren sämmtlichen Lehrgebäuden. Ein Lehrbuch für Vorlesungen und Handbuch für eigenes Studium.* — Wien 1805 die Autorschaft Reinholds für unzweifelhaft hielt.

87 Die *Briefe* erschienen von August 1786 bis September 1787 zunächst in Fortsetzungen im *Teutschen Merkur* Wielands. In Buchform erschienen sie — sieht man von einem Raubdruck Frankfurt und Leipzig 1790 ab erheblich vermehrt 1790 und 1792 in zwei Bänden in Leipzig.

88 Welche Bedeutung Kant selbst dem Wirken Reinholds beimißt, wird in seinem ersten Brief an Reinhold vom 28. und 31. Dezember 1787 deutlich, in dem er Reinholds „herrlichen Briefen“ das „Verdienst“, welches sie um die „Erleichterung“ der Gedanken Kants haben, bescheinigt und ihre „mit Gründlichkeit verbundene Anmuth“ lobt: die Briefe hätten denn „auch nicht ermangelt ... in unserer Gegend alle erwünschte Wirkung zu thun“ (Nr. 313, KA X 513—516, 513). Ähnlich äußerte er sich auch in dem gleichzeitig verfaßten Aufsatz *Über den Gebrauch teleologischer Principien in der Philosophie,* wo er das „Verdienst“ der „lichtvollen, sogar anmuthigen Darstellung trockener abgezogener Lehren ohne Verlust ihrer Gründlichkeit“ anerkennt und seinen „Dank öffentlich abstattet“ (KA VIII 183).

89 Vgl. dazu Reinhold, Karl Leonhard: *Rechenschaft über mein Systemwechseln.* In: *Beyträge zur leichtern Uebersicht* ... a.a.O., Heft 5, 1803, Nr. 2, S. 23—46, S. 45: „Mein *Systemwechseln* hat sonach in einem fortwährenden, und fortschreitenden Bestreben: die *erste Aufgabe* der Philosophie aufzulösen bestanden, wobey ich zum Behuf der Ergründung der Realität des Erkennens und des Seyns anfangs, mit der *Critik* der *reinen* und der *praktischen Vernunft,* die *Erfahrung* und das *moralische Selbstbewußtseyn,* hierauf mit meiner Elementarphilosophie — das *Bewußtseyn* als solches, dann mit *Fichte* die *unmittelbare* Wahrnehmung der Selbstthätigkeit, die *intellektuelle Anschauung* der *Wissenschaftslehre* und endlich mit Bardili *das Denken als Denken in der Anwendung* als das *Erste im Erkennen* annahm, und geltend machte“.

men, die nach seinem Urteil bei Kant als bloß gegeben vorausgesetzten Vermögen der Sinnlichkeit und des Verstandes aus dem Prinzip der „Vorstellung" zu deduzieren[90], um sich dann — ungewöhnlich beeindruckbar durch jede neue ‚Grundlegung' der Philosophie — nacheinander den Standpunkten Fichtes, Schellings, Jacobis anzuschließen und schließlich neben Bardili zum „zweiten Begründer" des ‚Rationalen Realismus' zu werden[91].

Der Ansatz, den er in den beiden Schriften zur Preisfrage der Akademie verfolgt, stellt den Versuch einer Neuinterpretation der „bisher sogenannten, Logik" dar, die keineswegs — wie Kant meinte — seit den Zeiten des Aristoteles nicht mehr zu verbessern sei[92], sondern die sich bisher im Gegenteil durch den „gänzlichen *Mangel*" „*einer analytischen Kenntniß* der Grundgesetze der logischen Analysis" auszeichne[93] und also noch gar nicht zu ihrem eigenen Selbstverständnis gelangt sei[94]. Die bisher so genannte Logik präsentiere vielmehr eine eigentümliche Mischung aus „der *tautoligischen Sinnlosigkeit* der beyden höchsten Principien" einerseits und der „mannigfaltigen *Vieldeutigkeit* der übrigen ... *Denkformen*" andererseits, die sich „wechselseitig unsichtbar" machten[95]. Der unbefriedigende Zustand der bisherigen Philosophie habe seinen Grund denn auch „al-

90 Dies geschieht bereits im *Versuch einer neuen Theorie des menschlichen Vorstellungsvermögens.* — Prag und Jena 1789 (Nachdruck: Darmstadt 1963) und stellt den ersten Schritt jener ‚Weiterentwicklung' der kritischen Philosophie in Richtung auf die idealistischen Identitätssysteme dar, der gelegentlich für Beck, Jacob Sigismund: *Einzig—möglicher Standpunct, aus welchem die critische Philosophie beurtheilt werden muß (= Erläuternder Auszug aus den critischen Schriften des Herrn Prof. Kant, auf Anrathen desselben. Dritter Band, welcher den Standpunct darstellt, aus welchem die critische Philosophie zu beurtheilen ist).* — Riga 1796 (Nachdruck: Aetas Kantiana 20,3; Brüssel 1968) in Anspruch genommen wird. Tatsächlich beeinflußt die „Elementarphilosophie" des durch Kants Lob gleichsam autorisierten Reinhold nicht nur mit ihrer Deduktion von Form und Stoff Schillers philosophische Schriften der 90er Jahre weit stärker als bisher gesehen, sondern wird von Fichte als die entscheidende Vorbereitung der eigenen ‚Realisation' der Transzendentalphilosophie in den Schriften von 1794 zitiert: Fichte ist „innig überzeugt, daß nach dem genialischen Geiste *Kants* der Philosophie kein höheres Geschenk gemacht werden konnte, als durch den systematischen Geist *Reinholds*"; und er glaubt, „den ehrenvollen Platz zu kennen, welchen die Elementar-Philosophie des letztern, bei den weiteren Vorschritten, die die Philosophie, an wessen Hand es auch sey, nothwendig machen muß, dennoch immer behaupten wird". Er sieht Reinholds Elementarphilosophie als eine „Stuffe" an, die in der „Wissenschaft ... erst bestiegen seyn mußte, ehe sie [mit Fichte] eine höhere betreten konnte". (Fichte, Johann Gottlieb: *Ueber den Begriff der Wissenschaftslehre oder der sogenannten Philosophie.* In: *J. G. Fichte—Gesamtausgabe der bayerischen Akademie der Wissenschaften.* Hrsg. v. Reinhard Lauth und Hans Jacob. — Stuttgart-Bad Cannstatt 1962 ff., Abt. I: Werke, Bd. 2, S. 91—172, S. 110 f.).

91 Vgl. Adickes: *German Kantian Bibliography* ... a.a.O., Nr. 2360: „Almost the only convert made by the *Grundriss* [of Bardili] was K. Leonh. Reinhold: and he, it must be admitted, was a very notable acquisition". Nr. 2361: Reinhold expresses „so clearly and easily the twisted and unintelligible jargon of Bardili's book, and shows so forcibly the line of philosophic development from the system as published, that we cannot hesitate to regard Reinhold as the second founder of 'rational realism'."

92 [Reinhold]: *Versuch einer Auflösung* ... a.a.O., S. 13; vgl. *KrV* B VIII, KA III 7.

93 Ebd., S. 17.

94 Ebd., S. 12: „Aber ist die allgemeingeltende *Wissenschaft dieser* Analysis, ist die *Logik* selber auch wohl schon die *Analysis der logischen Analysis?*"

95 Ebd., S. 22: „Vieldeutigkeit" wirft Reinhold z. B. den logischen Begriffen der Einheit, der Mannigfaltigkeit, des Grundes usw. vor.

lein“ in dieser Logik der *„leeren Formen“* und sei nur durch eine Reflexion auf das wahre Wesen der Logik zu verbessern[96], die den bisher gemachten „Unterschied ... zwischen *Logik* und *Philosophie*“ als „grundlos“ und „als eine blosse *Verirrung* der *Spekulation*“ entlarvt[97].

Diese neue, nicht mehr bloß formale Logik soll die erste Aufgabe aller Philosophie lösen und „die Realität des Seyns und des Erkennens aus dem Erkennen an sich selbst ableiten“[98], das als „ein von aller Subjektivität geläutertes, von der Verwechslung mit dem Vorstellen befreytes Denken“[99] gefaßt wird. Diesen Weg beschreitet Reinhold mit Hilfe einer Neuinterpretation des Satzes vom Widerspruch[100] und des Satzes der Identität[101], aus denen er mit Hilfe eines Viererschrittes aus Thesis, Hypothesis[102], Antithesis und Synthesis nicht nur die logischen Formen systematisch zu gewinnen sucht, sondern zu ‚logischen‘ Bestimmungen der Wirklichkeit, der Möglichkeit, des Seins und des Nichtseins gelangt[103] und als *„letztes Element* der *vollendeten* rein logischen Analysis“ schließlich „Denjenigen“ gewinnt, „welcher *Nichts voraussetzt“*, das *„denkende Urwesen“*, den *„mit der Natur unmischbaren,* und *untrennbaren Gott“*[104].

Sieht man von einer Würdigung dieser Art Logik ab, die offenbar nicht nur beim Rezensenten der *Allgemeinen Literatur-Zeitung*, sondern auch bei der Akademie „so manche Schwierigkeiten und Zweifel“ hervorrief[105], und konzentriert sich auf die gegebene Beurteilung der philosophiegeschichtlichen Zusammenhänge, dann wird bei Reinhold

96 Ebd., S. 22.

97 Ebd., S. 73.

98 Reinhold: *Rechenschaft* ... a.a.O., S. 35.

99 Ebd., S. 39.

100 [Reinhold]: *Versuch einer Auflösung* ... a.a.O., S. 42: Als Satz des Widerspruchs, der den Widerspruch nicht *„verhüllt“*, sondern *„enthüllt“*, fungiert bei Reinhold: „„Der Widerspruch ist das Vorstellen der Identität und der Nichtidentität, welches beyde mischt und trennt, folglich die Identität nicht als die Thesis in ihrer Antithesis und Synthesis mit der Nichtidentität, als der Hypothesis vorstellt‘“.

101 Ebd., S. 44: „Die Idendität, *als die Thesis in ihrer* Antithesis und Synthesis mit der Nichtidentität, als der Hypothesis — ist die *Anwendung der Identität, als der Identität* — das Identische, *als das Identische — der positive Nichtwiderspruch.*“

102 Die über den üblich gewordenen Dreischritt von Thesis, Antithesis und Synthesis hinausgehende Aufstellung einer Hypothesis bezeichnet den Punkt, in dem der Ansatz des logischen Realismus sich vom logischen Idealismus unterscheidet: Hypothesis bezeichnet hier — im Platonischen Sinne als Bedingung des weiteren Fortschreitens genommen — die Nichtidentität als das bloß alogisch Materiale, dessen die Thesis zu ihrer Entfaltung in Antithesis und Synthesis bedarf.

103 [Reinhold]: *Versuch einer Auflösung* ... a.a.O., S. 94 ff.

104 Ebd., S. 91; vgl. ders.: *Populäre Darstellung des rationalen Realismus.* In: *Beyträge zur leichtern Uebersicht* ... a.a.O., Heft 5, 1803, Nr. 1, S. 1—22: „Das Bewußtseyn, daß das Denken, als Denken in seiner Anwendung, die Vernunft, als Vernunft gebraucht, die Offenbarung Gottes an der Natur, oder die Manifestation des Urwahren am Wahren und des Wahren durchs Urwahre sey, ist die ... *philosophische* ... Erkenntniß, das reine Wissen, die Vernunftwissenschaft als solche, der *rationale Realismus*“ (S. 12 f.).

105 So in der Rezension des *Versuchs einer Kritik der Logik* ... a.a.O. in der *Allgemeinen Literatur-Zeitung*. Halle und Jena. Nr. 187 vom 6. August 1806, Sp. 248—252, 252. Die Rezension der *Prolegomenen* (ebd., Sp. 252—253) und die Rezension des *Versuchs einer Auflösung* vom 6. Januar 1807 (a.a.O.) zeichnen sich gleichermaßen durch den Unwillen und das Unverständnis des Rezensenten aus, der seinen Artikel im wesentlichen mit wohl als selbstentlarvend verstandenen Zitaten aus beiden Schriften bestreitet.

noch deutlicher als bei den anderen Verfassern die Bedeutung der kritischen Philosophie für die Problematisierung des analytischen Verfahrens betont. Die *Kritik der reinen Vernunft* stellt für ihn die entscheidende Wendemarke „zwischen dem *analytischen* und dem *synthetischen* Denken" dar[106]: die „*sogenannte Synthesis,* die durch *Kants Critik der reinen Vernunft* zur Sprache gebracht wurde", habe mit ihrer Rückführung „der mit der Nichtidentität verwechselten *Mannigfaltigkeit* auf die mit der Identität verwechselte *Einheit des Mannigfaltigen*" das analytische Philosophieren in Verruf gebracht[107]. Als analytisches Philosophieren erscheine nach diesem Einschnitt sowohl der Rationalismus eines Leibniz als auch der Empirismus Lockes, Humes und der französischen Enzyklopädie: die *Kritik der reinen Vernunft* habe den „*analysirenden, metaphysischen Rationalismus*" ebenso wie den „*analysirenden Empirismus* und *Skeptizismus*"[108] durch den Machtspruch eingeholt, daß das analytische Denken bloß das „*formelle* und *logische Denken*" sei, „*welches nicht über die gehaltlose Form des blossen Vorstellens hinaus geht; während das Synthetische ... das ... nicht gehaltlose Denken ist*"[109]: „seit der Critik der reinen Vernunft" seien sowohl „die *demonstrirenden, metaphysischen,* Analysen" eines Descartes, Spinoza und Leibniz als auch „die *Antimetaphysischen*" eines Locke und Hume in Mißkredit geraten[110].

Die *Kritik der reinen Vernunft* habe so eine Epoche des synthetischen Philosophierens eingeleitet, die Reinhold bei Kant und Fichte beginnen und — vorläufig — bei Schelling und Bouterwek enden läßt. Für die Charakterisierung dieser Epoche verwendet Reinhold die Begriffe synthetisch und transzendental durchweg synonym: die „*transcendentalen Synthetiker*" seien sich zwar „über die Begründung und Beschaffenheit des neuerfundenen *synthetischen* oder *transcendentalen* Denkens" durchaus uneins, „*Einhelligkeit*" aber herrsche bei der Reduktion des analytischen Denkens auf die bloß formale Logik[111]: der dort falsch verstandene, „in seinem Grund und Wesen verborgene *Widerspruch* ist ... im Fundamente der Kantischen, Fichteschen, und Schellingschen Philosophie ... vorhanden"[112]. Eben durch diese Reduktion der Analysis auf die allgemeingeltende Logik der leeren Formen sei „*die nicht bloß logische*" und eigentlich philosophische „Analysis" problematisch geworden[113]:der erste Abschnitt von Reinholds Schrift handelt dementsprechend „Von dem gegenwärtigen problematischen Zustand der Analysis in der Philosophie"[114].

Dieser „*problematische* Zustand der Analysis in der Philosophie" habe — so vermutet Reinhold — niemandem „weniger unbekannt, und weniger gleichgültig seyn" können

106 [Reinhold]: *Versuch einer Auflösung* ... a.a.O., S. 3.
107 [Reinhold]: *Etwas über den Widerspruch* ... a.a.O., § 3, S. 7.
108 [Reinhold]: *Versuch einer Auflösung* ... a.a.O., S. 2.
109 Ebd., S. 3.
110 Ebd., S. 6 f.
111 Ebd.
112 [Reinhold]: *Etwas über den Widerspruch* ... a.a.O., § 3, S. 8.
113 [Reinhold]: *Versuch einer Auflösung* ... a.a.O., S. 8 f.
114 Ebd., S. 1.

„als der königlichen Akademie der Wissenschaften zu Berlin"[115]; die Akademie habe — so meinte auch Francke — „das Schwankende ... abgestellt wissen" wollen, das durch „die Abweichungen" insbesondere der kritischen von der Leibniz-Wolffschen Philosophie in der Beurteilung der analytischen Methode und in der unterschiedlichen Verwendung der Schlüsseltermini entstanden sei[116].

§ 2 Die wichtigsten terminologischen Verschiebungen der leitenden Methodenbegriffe in der Kritik der reinen Vernunft

In der Tat läßt sich der Einschnitt, den die *Kritik der reinen Vernunft* für das philosophische Denken des 18. Jahrhunderts bedeutet, auch schon äußerlich an der veränderten Verwendung der Begriffe analytisch und synthetisch ablesen. Diese Begriffe waren von alters her Zentralbegriffe der philosophischen Methodenlehre und daher schon immer von den in ihr stattfindenden Veränderungen betroffen. In der kritischen Philosophie Kants aber erfolgt eine der weitreichendsten Modifikationen ihrer Verwendung, die das gesamte Feld, auf das diese Begriffe anwendbar sind, in einer Weise neu bestimmt und neu strukturiert hat, die vielfach bis in die Gegenwart verbindlich geblieben ist. Der veränderte Gebrauch dieser Begriffe in der *Kritik der reinen Vernunft* läßt sich — kurz und nicht erschöpfend — durch den Hinweis auf drei wichtige Modifikationen in der Verwendung dieser Begriffe beschreiben.

1. Das Anwendungsfeld der traditionellen Methodenbegriffe wird in der *Kritik der reinen Vernunft* erheblich ausgeweitet. Dies betrifft erstens die Verwendung des Begriffspaars analytisch und synthetisch für die zentrale Unterscheidung der Erläuterungs- von den Erweiterungsurteilen, die nicht erst seit Bertrand Russell, sondern schon im 18. Jahrhundert eine schier unübersehbare Diskussion ausgelöst hat[1], die zumindest auch auf die ungewohnte Verwendung von ursprünglichen Methodentermini zur Unterscheidung von Urteilen zurückzuführen ist. Zweitens wird der Begriff des Analytischen als „Analytik" zur Bezeichnung des ersten Teils der Logik benutzt und in dieser Verwendung als „Logik der Wahrheit" der „Dialektik" als „Logik des Scheins" entgegengesetzt[2]. Wenn es sich dabei auch um die Wiederaufnahme eines Gliederungsprinzips

115 Ebd., S.9.

116 Francke: *Über die Eigenschaft der Analysis* ... a.a.O., S. 4.

1 Vgl. die Zusammenstellung einschlägiger Arbeiten bei Adickes: *German Kantian Bibliography* ... a.a.O., S. 612; die neuere Diskussion um die Unterscheidung zwischen dem analytischen und synthetischen Urteil zeichnet sich fast durchgehend durch das völlige Ignorieren dieser umfangreichen Literatur des 18. Jahrhunderts aus und versperrt sich dadurch die Chance, Argumente für oder gegen die Kantische Unterscheidung zur Kenntnis zu nehmen, deren Logikverständnis zeitlich und sachlich dem Kantischen näher steht als das des 20. Jahrhunderts.

2 *KrV* B 82 ff., KA III 79 ff.

der Logik aus der aristotelischen Tradition des 17. Jahrhunderts handelt, das sich noch bei J. G. Darjes[3] und G. F. Meier[4] wiederfindet, durchbricht diese Verwendung doch die im 18. Jahrhundert vorherrschende Entgegensetzung von analytisch und synthetisch; darüber hinaus steht dieser Begriff der Analytik jetzt in der Gefahr, mit der in der psychologisch orientierten Popularphilosophie geübten „Analyse der Seelenkräfte" verwechselt zu werden[5]. Drittens schließlich rückt der Begriff des Synthetischen als Bezeichnung des Aktes der Verbindung des Mannigfaltigen unter dem Namen der „Synthesis" in den Kern der Kantischen Theorie, bezeichnet hier den ursprünglichen Akt der Spontaneität des menschlichen Denkens und wird einer „Analysis" entgegengestellt, die erstens nicht mehr ohne weiteres mit der analytischen Methode zu identifizieren ist und die zweitens im Gegensatz zu der aus der Methodendiskussion geläufigen Aufeinanderfolge von Analyse und Synthese hier auf die Synthesis folgen soll[6]. Auf diese neue, im Zentrum der *Kritik der reinen Vernunft* stehende Verwendung der Begriffe und nicht auf die in den *Prolegomena* diskutierte Unterscheidung zwischen analytischer und synthetischer Methode bezieht sich denn auch die Rede von der nach der *Kritik* problematisch gewordenen analytischen Methode in den zitierten Preisschriften.
Kant selbst war sich bewußt, daß diese tiefgreifenden Veränderungen des Anwendungsbereichs der Begriffe „analytisch" und „synthetisch" einen der „schon classisch gewordnen Ausdrücke, die noch von dem Kindheitsalter der Wissenschaft her sind", „in einige Gefahr der Verwechselung" bringen würde. Es handelt sich in diesem Fall in der Tat nicht bloß um die Neufestsetzung eines „schwankend" gewordenen Begriffs, wie sie Kant in anderem Zusammenhang empfiehlt[7], sondern um die Anwendung eines geläufigen und sogar modischen Begriffs der zeitgenössischen Methodologie auf ganz neue Gegenstandsbereiche. Kant unternimmt daher eine ausdrückliche Festsetzung des Begriffs innerhalb seiner eigenen Terminologie, indem er verschiedene Anwendungen des Begriffspaars analytisch-synthetisch unterscheidet und dabei vorschlägt, die Begriffe analytisch und synthetisch als Methodenbegriffe gänzlich fallenzulassen und durch das Begriffspaar regressiv und progressiv zu ersetzen[8]. Daß dieser Vorschlag, der im Zeitalter einer sich weitgehend als analytisch verstehenden Aufklärungsphilosophie wohl ohnehin unrealistisch war, sich nicht durchsetzt, geschieht nicht ohne Kants eigene Mitwir-

3 Vgl. Tonelli, Giorgio: *Der historische Ursprung der kantischen Termini „Analytik" und „Dialektik"*. In: *Archiv für Begriffsgeschichte* Bd. 7, 1962, S. 120—139.

4 Meier, George Friedrich: *Auszug aus der Vernunftlehre.* — Halle 1752. Wiederabgedruckt in KA XVI. § 6, KA XVI 72: „Jene ist *die Vernunftlehre der ganz gewissen gelehrten Erkenntniss* (analytica), und diese *die Vernunftlehre der wahrscheinlichen gelehrten Erkenntniss* (dialectica, logica probabilium)."

5 Vgl. z. B. Francke: *Über die Eigenschaft der Analysis* ... a.a.O., S. 8 ff.

6 *KrV* B 102 ff. und 129 f., KA III 91 f. und 107.

7 *KrV* B 369, KA III 245: „Neue Wörter zu schmieden, ist eine Anmaßung zum Gesetzgeben in Sprachen, die selten gelingt, und ehe man zu diesem verzweifelten Mittel schreitet, ist es rathsam, sich in einer todten und gelehrten Sprache umzusehen, ob sich daselbst nicht dieser Begriff sammt seinem angemessenen Ausdrucke vorfinde; und wenn der alte Gebrauch desselben ... auch etwas schwankend geworden wäre, so ist es doch besser, die Bedeutung, die ihm vorzüglich eigen war, zu befestigen ...".

kung: regelmäßig nämlich verwendet er entgegen seinem Vorschlag die Begriffe analytisch und synthetisch auch weiterhin als Methodenbegriffe[9].

2. Wenn Kant so die Unterscheidung zwischen analytischer und synthetischer Methode auch in seiner kritischen Philosophie beibehält, so ist doch offensichtlich, daß sie, gemessen an der entscheidenden Stellung, die Kant ihr 1762 zugesprochen hatte, jetzt weniger bedeutsam erscheint. Dies hat seinen Grund zuallererst wohl darin, daß sie hinter den in der *Kritik der reinen Vernunft* neu eingeführten Methodenbegriffen zurücktreten muß. Dort nämlich teilt Kant die „scientifische Methode" überhaupt in das dogmatische, skeptische und kritische Verfahren ein[10]. Diese jetzt entscheidend werdende Einteilung orientiert sich an der zentralen Frage nach den Quellen, dem Umfang und den Grenzen der Vernunft, deren Beantwortung vor jeder Analyse oder Synthese bestimmter Inhalte vorherzugehen habe, um die Rechtmäßigkeit der dabei zu erlangenden Ergebnisse sicherzustellen. Entsprechend versteht Kant unter der dogmatischen Denkart ein Vorgehen, das blind „auf das Vermögen der Vernunft, ohne Kritik sich a priori durch bloße Begriffe zu erweitern", vertraut und dabei in die Irre geht[11]; unter skeptischer Denkart das im Gegenzug entstehende „allgemeine Mißtrauen" „gegen die reine Vernunft ... um des Mißlingens ihrer Behauptungen willen", das wiederum nicht kritisch die Grenzen der Vernunft bestimmt, sondern in einen generellen „Verdacht gegen alle Erkenntniß a priori" mündet, „welcher denn zuletzt die allgemeine metaphysische Zweifellehre herbeiführt"[12]. Der eigenen, kritischen Methode schreibt er dagegen die Fähigkeit zu, „vermittelst einer nach sicheren Grundsätzen vollzogenen Gränzbestim-

8 *Prolegomena* A 42, Anm., KA IV 276: „Analytische Methode, sofern sie der synthetischen entgegengesetzt ist, ist ganz was anderes als ein Inbegriff analytischer Sätze: sie bedeutet nur, daß man von dem, was gesucht wird, als ob es gegeben sei, ausgeht und zu den Bedingungen aufsteigt, unter denen es allein möglich ist. In dieser Lehrart bedient man sich öfters lauter synthetischer Sätze, wie die mathematische Analysis davon ein Beispiel giebt; und sie könnte besser die *regressive* Lehrart zum Unterschiede von der synthetischen oder *progressiven* heißen. Noch kommt der Name Analytik auch als ein Haupttheil der Logik vor, und da ist es die Logik der Wahrheit und wird der Dialektik entgegengesetzt, ohne eigentlich darauf zu sehen, ob die zu jener gehörige Erkenntnisse analytisch oder synthetisch seien".

9 Vgl. ebd. A 38 f., KA IV 274 f.

10 *KrV* B 884, KA III 552.

11 *Logik* A 130, KA IX 83 f.

12 *Über eine Entdeckung* BA 78 f., KA VIII 226 f. – Dabei ist auf die Ambivalenz hinzuweisen, mit der Kant die Begriffe dogmatisches und skeptisches Verfahren benutzt. Einerseits dienen ihm diese Begriffe in der oben dargestellten Weise zur Charakterisierung grundsätzlich falscher Voraussetzungen des Philosophierens, andererseits bedient er sich ihrer aber durchaus auch positiv und verwendet den Begriff des dogmatischen Verfahrens zur Bezeichnung eines systematischen Vorgehens, das „aus sicheren Prinzipien a priori strenge beweisend" ist (*KrV* B XXXV f., KA III 21 f.) und den der skeptischen Methode zur Benennung eines Verfahrens, das Gewißheit dadurch anstrebt, daß es angesichts eines philosophischen Streites die Argumente beider Parteien erwägt und in beiden „den Punkt des Mißverständnisses zu entdecken sucht" (*KrV* B 451 f., KA III 292; zur Entwicklung dieses skeptischen Methodenmodells bei Kant vgl. Hinske, Norbert: *Kants Weg zur Transzendentalphilosophie. Der dreißigjährige Kant.* – Stuttgart, Berlin, Köln, Mainz 1970, S. 123 ff.). In diesem Sinne nimmt Kant sowohl die dogmatische als auch die skeptische Methode ausdrücklich für die *Kritik der reinen Vernunft* in Anspruch.

mung“ sowohl vom „Blendwerk“ der dogmatischen als auch vom „schalen Spott“ des skeptischen Verfahrens „über so oft fehlgeschlagene Versuche“ zu befreien[13].

Das Gewicht dieser neuen Methodeneinteilung wird in der kritischen Philosophie noch dadurch verstärkt, daß Kant eben diese Methodentermini zur Klassifikation philosophischer Systeme benutzt[14] und damit den methodischen Aspekt bei der Beurteilung vorliegender philosophischer Überlegungen in den Vordergrund rückt[15]. Die Attraktivität dieser neuen Methodenbegriffe dürfte aber darüber hinaus darin bestanden haben, daß sie eine Konstruktion der „Geschichte der reinen Vernunft“ zulassen, die die vorliegenden philosophischen Systeme entweder dem Verdikt des Dogmatismus oder dem des Skeptizismus unterwirft und den kritischen Weg, „den einzigen, der übriggelassen“ und „allein noch offen“ ist[16], als den „wahren Mittelweg“[17] „zwischen diesen beiden Klippen“[18] oder — noch deutlicher historisch gefaßt — als den „dritten Schritt“ erscheinen läßt, der die beiden vorausgegangenen, unvollkommeneren Phasen in der Entwicklung des philosophischen Denkens ablöst und Zeugnis von der jetzt „gereiften und männlichen Urtheilskraft“ ablegt[19].

Gegenüber diesen erst mit der Fragestellung der *Kritik der reinen Vernunft* möglich gewordenen Methodenbegriffen verblaßt die 1762 zentrale Unterscheidung zwischen der analytischen und synthetischen Methode und tritt immer mehr in den Hintergrund. Zwar betont Kant, wenn er auf die „nach *synthetischer Lehrart* abgefaßte“ *Kritik der reinen Vernunft* die *Prolegomena,* die „nach *analytischer Methode* angelegt“ sind[20], folgen läßt, daß das Werk (der *Kritik der reinen Vernunft*) selbst synthetisch abgefaßt sein mußte, um voraussetzungslos, systematisch und vollständig zu sein[21]. Aber die analytische Auflösung der vier Hauptfragen der *Prolegomena* kann dennoch „den wesentlichen

13 *KrV* A 395, KA IV 247.

14 Vgl. die ausdrückliche Gleichsetzung von Methoden- und Schulbegriff in der Einleitung zur Logik: „Diese Methode des Philosophirens ist die *skeptische* Denkart oder der *Skepticismus.* Sie ist der dogmatischen Denkart oder dem *Dogmatismus* entgegengesetzt“ (*Logik* A 130, KA IX 83 f.).

15 Vgl. dazu die durchgängige Benutzung dieser Termini bei der Beurteilung der neuzeitlichen Philosophen in der *Kritik der reinen Vernunft,* in den *Prolegomena* und in den *Fortschritten,* aber auch gegenüber der antiken Philosophie (*Logik* A 34 ff., KA IX 27 ff.).

16 *KrV* A XII, KA IV 9; B 884, KA III 552.

17 *Prolegomena* A 180, KA IV 360.

18 *KrV* B 128, KA III 106.

19 *KrV* B 789, KA III 497. — Die Gefahr einer solchen Geschichtskonstruktion, in der die bisherige Geschichte der Philosophie im eigenen Denken „aufgehoben“, ihre Gegensätze versöhnt und der eigene Standpunkt als der fortschrittliche von vornherein als der überlegene erscheint, macht sich spätestens beim Übergang zum deutschen Idealismus geltend, für den gerade das hier vorliegende Dreierschema zum bevorzugten Interpretationsansatz von Methoden, Systemen und für die Geschichte wird.

20 *Prolegomena* A 20 f., KA IV 263.

21 Ebd., A 16 f. und A 38 f., KA IV 261 und 274. — Die synthetische Methode der *Kritik der reinen Vernunft* und ihr Gegensatz zu der analytischen der *Prolegomena* ist an der ersten Auflage der *Kritik der reinen Vernunft* deutlicher ablesbar als an der zweiten, in die Kant in Vorrede, Einleitung und in die transzendentale Erörterung des Raumes Argumente der *Prolegomena* einfügt und in stärkerem Maße das Faktum synthetischer Urteile a priori in der Mathematik als Argument zu benutzen scheint als in der ersten, in der es vornehmlich als Phänomen erscheint, dessen Möglichkeit — synthetisch — erklärt werden muß.

Inhalt der Kritik" darstellen[22] und ebenso wie die *Kritik der reinen Vernunft* die Hauptfrage nach der Möglichkeit von Metaphysik beantworten[23]. Stand 1762 die Unterscheidung zwischen analytischem oder synthetischem Verfahren noch so sehr im Zentrum der Kantischen Methodenüberlegungen, daß die Vollkommenheit und Sicherheit der Metaphysik von der richtigen Entscheidung für eine dieser beiden Methoden abhängig gemacht wurde, so bleibt dem Autor jetzt die Freiheit, nach der synthetischen Darstellung aus dem äußeren Grund „einer gewissen", dort verbliebenen „Dunkelheit"[24] eine analytische Darstellung des Hauptinhalts anzuschließen. Es ist daher verständlich, daß die Unterscheidung zwischen der analytischen und der synthetischen Methode in der Nachfolge Kants gar nicht mehr als genuin methodologisches Problem, sondern bloß noch als eines der geeigneten Darstellungsweise begriffen wird und damit zur Frage der ars docendi verblaßt, wie sie in den zeitgenössischen Logiken unter bloß noch pragmatischen Gesichtspunkten erörtert wird: in Werken, die ausdrücklich Fragen der Methodologie thematisieren, taucht die Unterscheidung zwischen der analytischen und synthetischen Methode nicht mehr auf[25], und wo der Begriff der synthetischen Methode — jetzt ohne sein Pendant — weiterverwendet wird, wird er mit dem der kritischen Methode gleichgesetzt[26] und in das Kantische Dreierschema eingeordnet, das damit zu einer Quelle des neuen Synthesisbegriffs im deutschen Idealismus wird[27].

3. Darüber hinaus treten bei Kant jetzt, da die Frage der analytischen Methode für ihn nicht mehr zentraler Gegenstand der methodischen Überlegungen ist, Zweideutigkeiten in ihrer präzisen Bestimmung auf, in denen sich das traditionelle Nebeneinander unterschiedlicher Konzepte der analytischen Methode nun auch bei Kant durchzusetzen scheint[28]. Was nämlich Ziel der analytischen Methode ist, bestimmt Kant — darauf hat bereits Vaihinger aufmerksam gemacht[29] — in den *Prolegomena* nicht immer in demselben Sinn. Zwar gilt allgemein, daß die analytische Methode „a principiatis ad principia", vom Bedingten zu den Bedingungen, fortschreitet[30], aber ob das zum

22 Ebd., A 48, KA IV 280.

23 Ebd., A 38, KA IV 274.

24 Ebd., A 16, KA IV 261.

25 Vgl. z. B. Bergk, J[ohann] A[dam]: *Die Kunst, zu philosophiren.* — Leipzig 1805, S. VII f.: Es gibt „nur zwei Methoden ..., die man beim Philosophiren befolgen kann, entweder daß man von einer Untersuchung des menschlichen Geistes ausgeht ... oder daß man eine solche Untersuchung bei Seite setzt". Die erste Methode ist die kritische, die zweite ist „die dogmatische Methode, die entweder die eigentlich dogmatische, oder die sceptische ist".

26 [Reinhold]: *Versuch einer Auflösung* ... a.a.O., S. 6 f.

27 Vgl. z. B. Krug, Wilhelm Traugott: *Über die verschiednen Methoden des Philosophirens und die verschiednen Systeme der Philosophie in Rücksicht ihrer allgemeinen Gültigkeit. Eine Beylage zum Organon.* — Meißen 1802 (Nachdruck: Aetas Kantiana 159, Brüssel 1968), S. X: Es „werden zuerst *drey Methoden des Philosophirens* charakterisirt, die *thetische* oder *dogmatische*, die *antithetische* oder *skeptische*, und die *synthetische* oder *kritische*", die das „synthetische" „System" oder den „transzendentalen Synthetism" begründet.

28 Vgl. dazu die Unterscheidung zwischen den Methodenmodellen B und C unten S. 78—102.

29 Vaihinger, H[ans]: *Kommentar zu Kants Kritik der reinen Vernunft.* Bd. I — Stuttgart, Berlin, Leipzig ²1922, S. 417 ff

30 *Logik* A 230, KA IX 149.

Zwecke der Prüfung des Bedingten oder zu dem der Ermittlung der Bedingungen oder Prinzipien geschieht, ist damit nicht festgelegt. In der bereits zitierten Anmerkung der *Prolegomena* ist offensichtlich von der Prüfung des Bedingten die Rede: man folgt der analytischen Methode, indem „man von dem, was gesucht wird, *als ob es gegeben sei*, ausgeht und zu den Bedingungen aufsteigt“[31]. Der Beweis der Wirklichkeit des Vorausgesetzten bestünde in einem solchen Verfahren darin, daß man auf diesem analytischen Wege zu Prinzipien vorstößt, die aus anderen Überlegungen bereits als gesichert angesehen werden. Ebenso scheint es sich um die Prüfung des Bedingten, nämlich hier der Existenz synthetischer Urteile a priori, zu handeln, wenn Kant davon spricht, daß wir „nach analytischer Methode ... *voraussetzen,* daß solche Erkenntnisse aus reiner Vernunft wirklich sind“[32] oder daß sie zunächst „als möglich eingeräumt werden“[33], um dann durch den Vollzug der Analyse als wirklich bewiesen zu werden. Dieses Methodenmodell scheint zwar vor allem dann benutzt zu werden, wenn es um die noch ungeklärte Möglichkeit synthetischer Urteile a priori in der Metaphysik geht, wird aber gelegentlich auch unvermerkt auf die Urteile der reinen Mathematik bezogen, wenn als Resultat der transzendentalen Frage erster Teil festgehalten wird, daß jetzt die Übereinstimmung der äußeren Gegenstände unserer Sinnenwelt mit den Sätzen der Geometrie „unwidersprechlich bewiesen“ und die objektive Realität der letzteren „auf solche ... Art ... gesichert“ sei[34]; — als ob die Sätze der Mathematik in den *Prolegomena* eines solchen Beweises bedürften.

Neben dieser Interpretation des analytischen Verfahrens der *Prolegomena* als Beweisverfahren für die Existenz synthetischer Urteile a priori gibt Kant aber — ohne ausdrücklich auf den Unterschied hinzuweisen und gelegentlich beide Modelle in einem und demselben Satz vermischend — eine zweite, die für den Gesamtaufbau der *Prolegomena* offensichtlich von größerer Bedeutung als die erste ist. Bei dieser Interpretation geht es nicht um die Prüfung des hypothetisch Vorausgesetzten durch Rückführung auf bereits sichere Prinzipien, sondern gerade umgekehrt darum, aus sicheren und bekannten Tatsachen auf die noch unbekannten „Bedingungen ihrer Möglichkeit“ zu schließen: Die *Prolegomena* „müssen sich also auf etwas stützen, was man schon als zuverlässig kennt, von da man mit Zutrauen ausgehen und zu den Quellen aufsteigen kann, die man noch nicht kennt ... Das methodische Verfahren der Prolegomenen ... wird also *analytisch* sein“. Ausgangspunkt ist hier also, daß „gewisse reine synthetische Erkenntniß a priori wirklich und gegeben sei, nämlich *reine Mathematik* und *reine Naturwissenschaft*“, daß es also „einige wenigstens *unbestrittene* synthetische Erkenntniß a priori“ gibt und daß wir nicht fragen müssen, „ob sie möglich sei (denn sie ist wirklich), sondern nur *wie sie möglich sei*“[35]. Ebenso heißt es auf der folgenden Seite: „da die Methode, die wir jetzt befolgen, analytisch sein soll, so werden wir davon anfangen, daß dergleichen syntheti-

31 *Prolegomena* A 42, Anm., KA IV 276; Hervorhebung vom Verf.

32 Ebd., A 47, KA IV 279; Hervorhebung vom Verf.

33 Ebd., A 53, KA IV 283.

34 Ebd., A 60 ff., KA IV 287 f.

35 Ebd., A 39 f., KA IV 275.

sche, aber reine Vernunfterkenntniß wirklich sei; aber alsdann müssen wir den Grund dieser Möglichkeit dennoch *untersuchen* und fragen, *wie* diese Erkenntniß möglich sei"[36]. Von einer als gesichert angesehenen Grundlage wird hier also analytisch zu den dann vorauszusetzenden Bedingungen fortgeschritten.

§ 3 Die Bedeutung des Methodenproblems bei Kant und das Programm einer wissenschaftlichen Philosophie

Daß sich der philosophiegeschichtliche Einschnitt, den die *Kritik der reinen Vernunft* darstellt, in so deutlichen Verschiebungen und Modifikationen der leitenden Methodentermini dokumentiert, geschieht nicht zufällig, sondern spiegelt die zentrale Rolle, die Kant dem Methodenproblem beimißt. Das Methodenproblem steht bei Kant so sehr im Mittelpunkt der philosophischen Anstrengung, daß man darin „das Wesentliche und Neue bei Kant" hat sehen wollen: charakteristisch für ihn sei, „dass er die sachlichen Fragen von der Erledigung der methodologischen Probleme abhängig macht" und daß er „seine eigene Richtung vor Allem als die Einführung eines neuen *Philosophirmodus* betrachtet wissen wollte"[1].

Tatsächlich findet sich die Tendenz, sachliche Probleme und Streitfälle durch den Rekurs auf methodologische Fragen zu lösen, nicht erst mit der Wendung zur kritischen Philosophie, sondern durchgängig und von Anfang an bei Kant. Schon 1747 in seiner Erstlingsschrift führt er „die Tyrannei der Irrthümer über den menschlichen Verstand" auf einen Mangel der „Methode" zurück[2] und sucht in der Anwendung einer richtigen Methode den dort behandelten Streit zwischen Descartes und Leibniz in einer Abhandlung zu schlichten, die „einzig und allein ein Geschöpf von dieser Methode zu denken"

36 Ebd., A 41, KA IV 276.

1 Vaihinger: *Kommentar zu Kants Kritik der reinen Vernunft* ... a.a.O., Bd. I, S. 26 f.

2 *Gedanken* A 115, KA I 95: „Der Mangel dieser Methode ist eine Ursache mit gewesen, woher gewisse offenbare Irrthümer sehr lange sind verborgen geblieben". — Auf diese frühe Schlüsselstellung des Methodenbegriffs hat neben Riehl, Alois: *Der philosophische Kritizismus. Geschichte und System.* Bd. I: *Geschichte des philosophischen Kritizismus.* — Leipzig ³1924 (²1908, ¹1876), S. 273 ff. und 249 ff. in jüngster Zeit ausführlich Hinske: *Kants Weg zur Transzendentalphilosophie* ... a.a.O., S. 119 ff. hingewiesen und gegenüber Erdmann, Benno: *Die Entwicklungsperioden von Kants theoretischer Philosophie.* In: *Reflexionen Kants zur kritischen Philosophie.* Hrsg. v. Benno Erdmann. Bd. II: *Reflexionen Kants zur Kritik der reinen Vernunft.* — Leipzig 1884, S. XXI ff. und Schmalenbach, Herman: *Leibniz.* — München 1921, S. 566 ff., die das entscheidende Hervortreten des Methodenproblems bei Kant in die Jahre 1762—1769 verlegen, betont, daß „thematisch metaphysische und kritisch methodologische Fragestellungen ... für Kant schon zu Beginn seines Philosophierens unauflöslich verknüpft" sind (S. 120).

ist[3]; 1762 wendet er die Preisfrage der Akademie ins Methodische und sucht eine erste Lösung des Problems der „ächten" und „einzig sichern Methode der Metaphysik" zu geben[4], für 1766 ist ein weiteres Werk über die *„eigentliche* [oder „eigenthümliche"] *Methode der Metaphysic"* im Leipziger Meßkatalog angekündigt[5], 1770 handelt ein Hauptabschnitt seiner Dissertation „de methodo ... in metaphysicis" und sucht den sachlichen Vorrang des Methodenproblems für die Metaphysik und die Eigentümlichkeit der in ihr anzuwendenden Methode zu erweisen[6], 1772 soll der 2. Abschnitt des geplanten Werkes über *Die Grentzen der Sinnlichkeit und der Vernunft* die „Metaphysik, und zwar nach ihrer Natur u. Methode" behandeln[7], in der *Enzyklopädievorlesung* wird wie schon früher die Wichtigkeit der Vermittlung der Methode und nicht der Kenntnisse in der Philosophie betont[8], und 1781 erscheint schließlich die *Kritik der reinen Vernunft*, die

3 *Gedanken* A 113, KA I 94; vgl. A 112, KA I 93: „Man muß eine Methode haben, vermittelst welcher man in jedwedem Falle durch eine allgemeine Erwägung der Grundsätze, worauf eine gewisse Meinung erbauet worden, und durch die Vergleichung derselben mit der Folgerung, die aus denselben gezogen wird, abnehmen kann, ob auch die Natur der Vordersätze alles in sich fasse, was in Ansehung der hieraus geschlossenen Lehren erfordert wird".

4 *Deutlichkeit* A 82, KA II 286; vgl. *Beweisgrund* A 4, KA II 71: „Diese Methode ist es allein, kraft welcher ich einige Aufklärungen hoffe, die ich vergeblich bei andern gesucht habe".

5 Vgl. Lamberts Brief an Kant vom 13. 11. 1765 (KA X 51—54) und Kants Antwort vom 31. 12. 1765 (KA X 54—57), in der Kant in bezug auf dieses geplante, dann aber zurückgestellte Werk und seine Genesis schreibt: „Ich habe verschiedene Jahre hindurch meine philosophische Erwägungen auf alle erdenkliche Seiten gekehrt, und bin nach so mancherley Umkippungen, bey welchen ich jederzeit die Qvellen des Irrthums oder der Einsicht in der Art des Verfahrens suchte, endlich dahin gelangt, daß ich mich der Methode versichert halte ... Alle diese Bestrebungen laufen hauptsächlich auf die eigenthümliche Methode der Metaphysick und vermittelst derselben auch der gesammten Philosophie hinaus" (KA X 55 f.). Vgl. dazu Kants Brief an Mendelssohn vom 8. April des nächsten Jahres (KA X 69—73), in dem er „die im Schwang gehende Methoden" der Metaphysik dafür verantwortlich macht, „den Wahn und die Irrthümer ins unendliche vermehrt" zu haben und sich davon überzeugt zeigt, „daß der Weg den man gewählt hat ganz verkehrt sey" (KA X 70).

6 *De mundi sens.* A 28 f., KA II 410 f.: „Verum in philosophia pura, qualis est metaphysica ..., *methodus antevertit omnem scientiam"*; „illa [methodus] autem, quae singulari metaphysicae ingenio sit accommodata, plane ignoratur". Vgl. den Begleitbrief Kants, mit dem er diese Schrift am 2. 9. 1770 an Lambert sendet: er habe darin nichts „minderes" als „eine bestimte Idee der eigenthümlichen Methode" „in derjenigen Wissenschaft, worauf Sie damals Ihre Aufmerksamkeit richteten", dargestellt [in der Metaphysik; vgl. Lamberts Brief an Kant vom 3. 2. 1766, KA X 62—67, 62], „nach welcher man leichtlich selbst weitergehen kan" (KA X 96—99, 96 f.); vgl. *Refl.* 5061, KA XVIII 76: „Alle Betrachtung über die Methode ist das wichtigste einer wissenschaft".

7 Vgl. Kants Brief an Marcus Herz vom 21.2. 1772, KA X 129—135, 129.

8 Kant, Immanuel: *Vorlesungen über Enzyklopädie und Logik.* Bd. 1. *Vorlesungen über Philosophische Enzyklopädie* (= Immanuel Kant: Vorlesungen. I. Abt.) [Hrsg. v. Gerhard Lehmann]. — Berlin 1961, S. 32: „Nicht sowohl die Erkenntnis selbst, sondern die Methode zu philosophieren, muß unterrichtet werden". Zur Datierung der Enzyklopädievorlesung vgl. Tonelli, Giorgio: *Rezension* zu: I. Kant. Vorlesungen über Enzyklopädie und Logik Band I, Vorlesungen Philosophische Enzyklopädie, Akademie-Verlag, Berlin, 1961, pp. 132, a cura di Gerhard Lehmann. In: *Filosofia* Bd. 13, 1962, S. 511—514 und Hinske, Norbert: *Rezension* zu: Immanuel Kant. Vorlesungen über Enzyklopädie und Logik. Bd. 1: Vorlesungen über Philosophische Enzyklopädie. Berlin: Akademie-Verlag 1961. In: *Deutsche Literaturzeitung* Jg. 85, 1964, Sp. 486—489. — Zum Hintergrund dieser Unterscheidung vgl. die Dreiteilung der Wissenschaften in die phi-

in der Vorrede von 1787 als „Tractat von der Methode“ bezeichnet wird[9]. Wenn dabei in den verschiedenen Zeiten auch jeweils verschiedene Methoden angesprochen sind und man die Unterschiede insbesondere zwischen der in den sechziger Jahren ins Auge gefaßten Methode, die im wesentlichen als analytische bestimmt wird, und dem in der *Kritik der reinen Vernunft* praktizierten Verfahren trotz des Weiterwirkens einiger wichtiger Ansätze nicht übersehen darf, so kann an der durchgängigen Bedeutung des Methodenproblems schon für den vorkritischen Kant kein Zweifel bestehen.

Dieser Vorrang des Methodenproblems stellt sich bei Kant nicht als das Resultat einer im Laufe des 17. und 18. Jahrhunderts kontinuierlich erworbenen und schließlich erreichten Höhe der Reflexion dar, von der aus selbstbewußt die sachlichen Fragen von der Warte eines geschärften Methodenbewußtseins beurteilt werden könnten. Vielmehr ist diese unaufhörliche Bemühung um Probleme der Methode und die Entwicklung der verschiedenen Methodenkonzepte für die Philosophie in erster Linie als der Reflex eines ausgeprägten Krisenbewußtseins zu begreifen. Es findet seinen Ausdruck in der beständigen Klage über den „Zwiespalt und die Uneinigkeit unter den Philosophen“[10], über den „ewigen Unbestand der Meinungen und Schulsecten“[11] und über das „bloße Herumtappen“ im Felde der Metaphysik[12], die Kants Schriften als „‚fixe‘, von Anfang an feststehende ... ‚Grundidee‘“[13] durchzieht und die sich dementsprechend in toposartig festgehaltenen Bildern niederschlägt: Philosophische Erkenntnisse werden mit den „Meteoren“, „deren Glanz nichts für ihre Dauer verspricht“[14] oder mit dem „Stein des Sisyphus“ verglichen, den man „in Ewigkeit“ vergeblich wälzt[15]; das Feld der Philosophie erscheint als „Schattenreich“, in dem „die Philosophen ... den Grundriß“ „zeichnen“, „ändern“ „oder verwerfen ..., wie ihre Gewohnheit ist“[16] oder — in einem seit dem Beweisgrund unaufhörlich wiederholten Bild — als „ein finsterer Ocean ohne Ufer

losophischen, die historischen und die mathematischen (*Nachricht* A 5, KA II 306), mit der Kant die Wolffsche Unterscheidung der „triplicis cognitionis humanae, historicae, philosophicae et mathematicae“ aufnimmt (Wolff, Christian: *Philosophia rationalis sive Logica, methodos scientifica pertractata et ad usum scientiarum atque vitae aptata, praemittitur discursus praeliminaris de philosophia in genere.* — Frankfurt und Leipzig [1]1728, *Disc. prael.* Cap. I, S. 1 ff.). In ähnlicher Weise, wie Wolff dort (*Disc. prael.* § 8, S. 3) zwischen der bloß historischen Erkenntnis philosophischer Sätze und der genuin philosophischen Erkenntnis unterscheidet, trennt Kant hier das „*Philosophie lernen*“ vom „*philosophiren lernen*“, welches das eigentliche Ziel des philosophischen Unterrichts sei.

9 *KrV* B XXII, KA III 15.

10 *Gedanken* A 193, KA I 148 f.

11 *Deutlichkeit* A 69, KA II 275.

12 *KrV* B XV, KA III 11: Metaphysik ist „ein Kampfplatz ..., der ganz eigentlich dazu bestimmt zu sein scheint, seine Kräfte im Spielgefechte zu üben, auf dem noch niemals irgend ein Fechter sich auch den kleinsten Platz hat erkämpfen und auf seinen Sieg einen dauerhaften Besitz gründen können“.

13 Hinske: *Kants Weg zur Transzendentalphilosophie* ... a.a.O., S. 113.

14 *Deutlichkeit* A 79, KA II 283.

15 *De mundi sens.* A 29, KA II 411.

16 *Träume* A 3, KA II 317.

und ohne Leuchtthürme", als noch „unbeschifftes Meer" und „bodenloser Abgrund"[17]. Die sich in solchen Bildern manifestierende Beunruhigung über die Unsicherheit in der Metaphysik also ist das Motiv für den Vorrang, den Kant dem Methodenproblem einräumt. „Die zerstöhrende Uneinigkeit der vermeinten Philosophen"[18] bestimmt sein Denken in einem solchen Ausmaß, daß nach scheiternden Versuchen, sie in einem irenischen Lösungsmodell aufzulösen[19] oder durch das analytische Herausarbeiten sicherer Grundlagen zu vermeiden, in der Dissertation von 1770 und in der *Kritik der reinen Vernunft* eben diese Uneinigkeit im Begriff der Antinomie als genuin philosophisches Thema begriffen wird und zur Ausbildung der kritischen Methode selbst führt[20]. Verantwortlich für dieses Ungenügen am bisherigen Zustand der Philosophie ist nicht zuletzt der Anspruch, den Kant an sie stellt. Dieser Anspruch, gegenüber dem ihr bisheriges Verfahren als bloßes Herumtappen und als ständiges Steckenbleiben erscheint, wird am deutlichsten in der Vorrede zur zweiten Auflage der *Kritik der reinen Vernunft* namhaft gemacht: es ist der der Wissenschaftlichkeit. „Die Kritik" ist die „Veran-

17 *Beweisgrund* A 5, KA II 66; weitere Belege s. bei Vaihinger: *Kommentar zu Kants Kritik der reinen Vernunft* ... a.a.O., Bd. I, S. 39 ff.; vgl. auch *Refl.* 6335, KA XVIII 656. — Die bei Vaihinger angedeutete, allmähliche Modifikation dieses Bildes, die dazu führt, daß es schließlich sogar zur Charakterisierung des Dogmatismus, des Skeptizismus und des kritischen Philosophierens verwendet werden kann (*KrV* B 294 f., KA III 202; *Prolegomena* A 17, KA IV 262), bedarf der Ergänzung. Wie häufig, scheint es sich bei diesem Bild — sieht man von den bei Vaihinger angeführten vorkantischen Belegen ab — um ein korrigierendes Selbstzitat Kants zu handeln. Der früheste Beleg, den ich finde, bringt das Ozeanbild im Gegensatz zu den späteren Ausdeutungen in positiver Wendung: in den Praenotanda der *Monadologia physica* werden diejenigen *getadelt,* die sich wegen des nicht immer geradlinigen Fortschreitens auf dem Wege der Wahrheit davon abhalten lassen, sich auf die hohe See zu wagen und immer nur am Ufer entlangsegeln: „quidam huic legi usque adeo indulserunt, ut in indaganda veritate alto se committere minime ausi, semper litus legere satius duxerint" (KA I 475). — Zur Aufnahme dieses Topos in der Literatur nach Kant vgl. neben der bei Vaihinger angegebenen Literatur die für Kantgegner heute sicher willkommene Modifikation dieses Bildes bei Schwab, Johann Christoph: *Ausführliche Erörterung der von der Königl. Akademie der Wissenschaften zu Berlin für das Jahr 1792 vorgelegten Frage: „Welches sind die wirklichen Fortschritte, die die Metaphysik seit Leibnitzens und Wolffens Zeiten in Deutschland gemacht hat?"* In: *Preisschriften über die Frage: Welche Fortschritte hat die Metaphysik seit Leibnitzens und Wolffs Zeiten in Deutschland gemacht? Von Johann Christoph Schwab, Karl Leonhard Reinhold und Johann Heinrich Abicht.* Hrsg. v. d. Königl. Preuss. Akademie der Wissenschaften. — Berlin 1796, S. 1—170, S. 114 f.: „Man setze, in dem Südmeer liege eine kleine Insel, deren geistreiche Bewohner seit undenklichen Zeiten mit dem Projekt umgegangen, ein Schiff zu bauen, womit man in den Mond segeln könnte. Sie hätten unsäglich viele Zeit, Mühe und Kosten auf die Erfindung eines solchen Schiffes verwendet ... Würde es nicht eine wahre Wohltat für dieses kleine Volk seyn, wenn ein weiser Mann unter ihnen aufträte, und ihnen auf eine *einleuchtende* und *unwidersprechliche* Art bewiese, dass ein solches Project weder ihren Kräften, noch ihrer ganzen Bestimmung angemessen, und die Hoffnung, in den Mond zu schiffen, ganz grundlos und chimärisch sey? — Was dieser weise Mann für seine Insel und auch seine Landsleute wäre; das würde H. *Kant* für das Land der Metaphysik und seine speculativen Mitbrüder seyn"; vgl. aber S. 118.

18 Erster Brief Kants an Lambert vom 31. XII. 1765, KA X 54—57, 55 f.

19 Hinske: *Kants Weg zur Transzendentalphilosophie* ... a.a.O., S. 123 ff.

20 *Prolegomena* A 215, KA IV 379: Es ist „ausgemacht, daß in der Metaphysik ein Erbfehler liege, der nicht erklärt, viel weniger gehoben werden kann, als wenn man bis zu ihrem Geburtsort, der reinen Vernunft selbst, hinaufsteigt".

staltung zur Beförderung einer gründlichen Metaphysik als Wissenschaft"[21]; „durch diese Kritik" soll Metaphysik „in den sicheren Gang einer Wissenschaft gebracht" werden[22]. Nur von diesem sicheren Gang einer Wissenschaft verspricht sich Kant die „Abstellung aller Irrungen ..., die bisher die Vernunft ... mit sich selbst entzweiet hatten"[23], und die Aufhebung „des Blendwerks, das aus Mißdeutung entsprang"[24]; in ihm sieht er einen Weg, „der, wenn er einmal gebahnt ist, niemals verwächst und keine Verirrungen verstattet"[25] und der wie in anderen Wissenschaften „eine Heeresstraße macht, welche noch die späteste Nachkommenschaft mit Zuversicht betreten kann"[26].
Diese angestrebte Wissenschaftlichkeit der Philosophie wird aber in der *Kritik der reinen Vernunft* trotz der Proklamation einer spezifisch philosophischen Methode nicht wie beispielsweise später im deutschen Idealismus durch eine Reflexion auf die eigentümliche Natur philosophischer Wahrheit bestimmt, sondern orientiert sich an Normen, die von außen vorgegeben sind. In der Vorrede zur zweiten Auflage werden im einzelnen die Logik, die Mathematik und die Naturwissenschaft als diejenigen Disziplinen angeführt, die den sicheren Gang einer Wissenschaft bereits erreicht haben. An diesen Wissenschaften und ihrer glücklichen Entwicklung orientiert sich das Verdikt Kants gegenüber der bisherigen Metaphysik, vor diesem Hintergrund wird ihr bisheriger Weg als unwissenschaftliches Herumtappen bewertet.
Aber als Beispiel für den in der Metaphysik einzuschlagenden Weg können die genannten Wissenschaften nicht in gleichem Maße dienen. Zwar geht die Logik „diesen sicheren Gang schon von den ältesten Zeiten her", aber aufgrund ihrer „Eingeschränktheit" auf die „formalen Regeln alles Denkens" macht sie „als Propädeutik gleichsam nur den Vorhof der Wissenschaften aus" und ist nicht zu den „eigentlich und objectiv so genannten Wissenschaften" zu rechnen[27]. Weil sie es nicht wie diese mit Objekten zu tun hat und deshalb bei ihr die Notwendigkeit einer „Revolution der Denkart"[28] entfällt, kann sie nicht als Beispiel für die Metaphysik dienen, obwohl sie mit der einmal wissenschaftlich verbesserten Metaphysik die „Vollständigkeit" der Grundwissenschaften teilt[29].
Deshalb werden schließlich die Mathematik und die Naturwissenschaft als diejenigen „Beispiele" für den sicheren Weg einer Wissenschaft genannt, die, „so viel ihre Analo-

21 *KrV* B XXXVI, KA III 21.

22 *KrV* B XXIII, KA III 15; vgl. dazu den vollständigen Titel der *„Prolegomena zu einer jeden künftigen Metaphysik, die als Wissenschaft wird auftreten können"* (A 1, KA IV 253) und die einleitenden Fragen des Vorworts: „Ist sie Wissenschaft, wie kommt es, daß sie sich nicht wie andre Wissenschaften in allgemeinen und dauernden Beifall setzen kann? Ist sie keine, wie geht es zu, daß sie doch unter dem Scheine einer Wissenschaft unaufhörlich groß thut". „Zu fragen, ob eine Wissenschaft auch wohl möglich sei, setzt voraus, daß man an der Wirklichkeit derselben zweifle" (A 4 ff., KA IV 255 f.).

23 *KrV* A XII, KA IV 9.

24 *KrV* A XIII, KA IV 10.

25 *KrV* B 878, KA III 549.

26 *KrV* B 754, KA III 476.

27 *KrV* B VIII f., KA III 7 f.

28 *KrV* B XII, KA III 10.

29 *KrV* B XXIV, KA III 15; vgl. *KrV* B VIII, KA III 7 f.

gie, als Vernunfterkenntnisse, mit der Metaphysik verstattet, ... wenigstens zum Versuche nachzuahmen“ sind[30]. Aber auch die Rolle der Naturwissenschaft wird gegenüber der der Mathematik relativiert. Sie erreichte den „Heeresweg der Wissenschaft“ viel später und bedurfte dazu nicht nur jener „vortheilhaften Revolution ihrer Denkart“, derzufolge sie die Naturgesetze als Produkte der systematisch fragenden Vernunft zu verstehen lernte[31], sondern insbesondere der Hilfe der Mathematik selbst. Deren Funktion wird vor allem in dem Nutzen mathematischer und hier besonders geometrischer Überlegungen innerhalb physikalischer Forschung gesehen, wie er sich für Kant insbesondere in Newtons Werken manifestiert. Derjenige Teil der Naturwissenschaft, der „mathematischer Bestimmungen fähig“ ist, hat am ehesten auf „Vollkommenheit zu hoffen“[32]; der Unterschied zwischen den „Entdeckungen alter und neuer Zeiten“ ist vor allem in dem „unendlichen Vorzug“ begründet, „den die letztere durch die glückliche Anwendung der Geometrie vor jenen erhalten haben“[33]. Das Verfahren der neueren Naturwissenschaften ist gleichermaßen in „Erfahrung und Geometrie“ begründet[34], in der Naturwissenschaft bieten „Meßkunst und Philosophie ... einander die Hand“[35].

Nach den Ergebnissen der *Kritik der reinen Vernunft* aber führt die jetzt für Philosophie und Mathematik gleichermaßen nachgewiesene Existenz apriorischer Erkenntnis zu einer noch deutlicheren Verschärfung des Begriffs der „eigentlichen Wissenschaft“, der sich jetzt völlig am Modell der Mathematik orientiert: „*Eigentliche* Wissenschaft kann“ — jetzt — „nur diejenige genannt werden, deren Gewißheit apodiktisch ist“; folgerichtig kann dann „in jeder besonderen Naturlehre nur so viel *eigentliche* Wissenschaft angetroffen werden ..., als darin *Mathematik* anzutreffen ist“, „eine reine Naturlehre über *bestimmte* Naturdinge ... ist nur vermittelst der Mathematik möglich“[36]. So fungiert die Mathematik sogar gegenüber der Naturwissenschaft, deren empirischer Teil zur „historischen Naturlehre“ und deren „blos empirische Gewißheit“ zum „nur uneigentlich so genannten *Wissen*“ abgewertet wird[37], als zwingendes Vorbild und tritt damit schließlich auch ihr gegenüber in die Stellung der vorbildlichen Wissenschaft par excellence, die sie gegenüber der Philosophie von Anfang an einnahm.

30 *KrV* B XV f., KA III 11.

31 *KrV* B XII ff., KA III 10: „Mit der Naturwissenschaft ging es weit langsamer zu, bis sie den Heeresweg der Wissenschaft traf; denn es sind nur etwa anderthalb Jahrhunderte, daß der Vorschlag des sinnreichen *Baco* von Verulam diese Entdeckung ... veranlaßte“. Vorher war auch „sie so viel Jahrhunderte durch nichts weiter als ein bloßes Herumtappen“.

32 *Naturgeschichte* A XXXV f., KA I 230.

33 *Neue Anmerkungen zur Erläuterung der Theorie der Winde,* KA I 502 f.

34 *Deutlichkeit* A 69, KA II 275; vgl. A 82, KA II 286.

35 *KrV* B 754, KA III 477.

36 *Metaphysische Anfangsgründe der Naturwissenschaft* A V ff., KA IV 468 ff.; vgl. A XII, KA IV 472.

37 Ebd. A IV f., KA IV 468; vgl. dazu noch im *Opus postumum* die Charakterisierung der Physik als „fragmentarisches Aggregat der Naturforschung“, dem „es an der Idee mangelt welche ein innerlich begründetes und zugleich *sich selbst begrenzendes Gantze ausmacht*“, und den aus dieser Einschätzung resultierenden Plan, durch einen Brückenschlag zwischen den metaphysischen Anfangsgründen der Naturwissenschaft und der empirischen Physik „der Physik und gesammten Naturwissenschaft endlich die Form eines Systems zu geben“ (KA XXI, 163 f., 161, 164). Vgl. dazu Adickes, Erich: *Kants Opus postumum, dargestellt und beurteilt* (= Kantstudien-Ergänzungshefte 50). — Berlin 1920, S. 155 ff.

§ 4 Die Mathematik als Wissenschaftsideal

Gegenüber der Philosophie nämlich ist die Mathematik das beständig zitierte Beispiel einer vorbildlichen Wissenschaft, das nicht selbst einer Prüfung unterzogen wird, sondern im Gegenteil denjenigen Maßstab liefert, an dem die in der Philosophie erreichte Wissenschaftlichkeit gemessen werden kann. Demnach ändert sich mit der wechselnden Einschätzung der Dignität philosophischer Erkenntnis zwar die Beurteilung ihres Verhältnisses zur mathematischen Erkenntnis, die Mathematik selbst aber wird in diesem Vergleich als stehender Orientierungspunkt festgehalten.

In den 50er Jahren[1] ist die Kantische Beschäftigung mit dem Verhältnis zwischen Philosophie und Mathematik im wesentlichen durch die Anstrengung gekennzeichnet, bei einzelnen naturphilosophischen Problemen[2] auftretende Widersprüche zwischen mathematischen und philosophischen Überlegungen dadurch als scheinbar zu dekuvrieren, daß die Berechtigung einer zweifachen Betrachtungsweise des in Frage stehenden Problems nachgewiesen und damit einer „Art ‚doppelter Wahrheit'"[3] bzw. einem *„irenischen* Lösungsmodell"[4] das Wort geredet wird. Diese Lösung, in der die Mathematik und die Philosophie als unterschiedliche, aber gleichberechtigt nebeneinanderstehende Wissenschaften gesehen werden, ist von dem Bemühen geleitet, eine drohende Diskrepanz zwischen mathematischen und philosophischen Wahrheiten zu verhindern[5]. Dabei erscheint von Anfang an die Philosophie als der durch seinen scheinbaren Widerspruch

1 Vgl. dazu die ausführliche Darstellung von Menzel, Alfred: *Die Stellung der Mathematik in Kants vorkritischer Philosophie.* In: *Kant-Studien* Bd. 16, 1911, S. 140—213.

2 Im wesentlichen handelt es sich dabei erstens um das in Kants erster Schrift erörterte Problem der Messung der lebendigen Kräfte, bei dem alle Argumente der Mathematik für die Cartesiche Lösung ($m \cdot v$) sprechen, während die Beobachtungen der physischen Mechanik für die Leibnizsche Formel ($m \cdot v^2$) angeführt werden (*Gedanken* A 37 f., KA I 41 f. und A 185 ff., KA I 142 ff.). Zweitens geht es in der *Monadologia physica* um das später in der zweiten Antinomie der *Kritik der reinen Vernunft* erneut behandelte Verhältnis zwischen der mathematisch beweisbaren Aussage von der unendlichen Teilbarkeit des Raumes und der metaphysischen These von der finiten Anzahl einfacher Elemente, aus denen sich die Materie zusammensetze (*Monadologia*, prop. II und III, KA I 477 ff.).

3 Menzel: *Die Stellung der Mathematik* ... a.a.O., S. 159.

4 Zwar bezieht Hinske: *Kants Weg zur Transzendentalphilosophie* ... a.a.O., S. 127 diesen Terminus unmittelbar nur auf die Kantische Haltung gegenüber dem Parteienstreit in der Philosophie, aber „die ‚Konzilianz'" und „der *irenische Grundzug dieser ersten Etappe des Kantischen Denkens*" läßt sich angesichts der programmatisch angestrebten Harmonisierung mathematischer und philosophischer Wahrheiten (vgl. hier Anm. 5) auch für die Behandlung der vermuteten Diskrepanz zwischen den beiden Wissenschaften konstatieren.

5 Ausdrücklich geht es Kant darum, daß die Mathematik „mit den Lehren der Metaphysik zusammen genommen" oder daß die „metaphysischen Gesetze mit den Regeln der Mathematik verknüpft" werden. Nur dadurch könne „die Harmonie, die sich unter den Wahrheiten befindet", sichtbar werden (*Gedanken* A 133, KA I 107). Und schärfer beleuchtet er die Schwierigkeit desselben Programmes in der *Monadologia physica:* „Sed quo tandem pacto hoc in negotio metaphysicam geometriae conciliare licet, cum gryphes facilius equis, quam philosophia transscendentalis geometriae iungi posse videantur" (praenotanda, KA I 475; vgl. auch den Titel der Schrift).

zur Mathematik bedrohte Teil, die Stellung der Mathematik dagegen als ungefährdet: „Denn was in einem geometrischen Beweise als wahr befunden wird, das wird auch in Ewigkeit wahr bleiben“[6]. Die metaphysische Auflösung einer Frage mag dann noch ungeklärt sein; die Mathematik tut „doch einmal den Ausspruch, und nach ihrem Urtheile kann man nicht länger zweifeln“[7]. Der „Donner“ des „geometrischen Bannes“ und die „Gewalt der Mathematik“[8] entscheiden jede Streitfrage, bei der sie zu Recht ins Feld geführt werden.

Demgemäß erscheint die „mathematische Schärfe“ von jetzt an als das Ideal des Argumentes überhaupt und wird auch in den folgenden Schriften beständig angeführt: „Betrachtungen und Beweise“ sollen von der Art sein, „daß sie, so viel als nur die Natur der Sache zuläßt, den mathematischen Begriffen und ihrer Klarheit gleich kommen“[9]. In Untersuchungen, deren Natur verhindert, daß dieses Ideal der „größten geometrischen Schärfe und mathematischen Unfehlbarkeit“[10] erreicht werden kann, wird es wenigstens zitiert, in anderen ausdrücklich als Prüfungsinstanz angelegt: sogar die Gottesbeweise werden auf ihre „mathematische Gewißheit und Genauigkeit“[11], auf ihre „mathematische Evidenz“ und auf den „Grad mathematischer Gewißheit“[12] geprüft, und „einzig möglich“ ist derjenige, der in diesem Sinne als „strenger Beweis“ „der Schärfe einer Demonstration fähig ist“[13].

In den 60er Jahren verschärft sich für Kant die Diskrepanz zwischen Mathematik und Philosophie. Dabei verändert sich die Beurteilung der Mathematik im Hinblick auf ihre Sicherheit nicht, sie fungiert weiterhin als vorzügliches Beispiel der sicheren Wissenschaft. Aber die skeptischer werdende Beurteilung des bislang in der Philosophie Erreichten und der grundsätzliche Zweifel am bisher eingeschlagenen Weg erweitern die Kluft zwischen beiden. Ein Vergleich zeigt jetzt, daß die bisher erreichten „philosophischen Erkenntnisse ... verschwinden, aber die Mathematik bleibt“[14]. Das „Glück“ der Mathematik wird mit dem „unglücklichen Zwiste“ konfrontiert, der in der Philosophie herrscht[15]. Mathematik und Philosophie sind jetzt „Wissenschaften, deren die eine alle insgesammt an Gewißheit und Deutlichkeit übertrifft, die andere sich aber allererst bestrebt dazu zu gelangen“[16]. Die Philosophie befindet sich für Kant also jetzt — gemessen an der Mathematik — nicht mehr in einem Zustand, der es erlaubte, sich darauf zu beschränken, einzelne Widersprüche zwischen beiden Wissenschaften auszuräumen[17].

6 *Gedanken* A 51, KA I 50.
7 Ebd., A 99, KA I 85.
8 Ebd., A 132, KA I 106.
9 Ebd., A 195, KA I 149 f.
10 *Naturgeschichte* A XLVIII, KA I 235.
11 *Beweisgrund* A 199, KA II 160.
12 Ebd., A 188, KA II 155.
13 Ebd., A 204, KA II 162.
14 *Deutlichkeit* A 78, KA II 283.
15 Ebd., A 72, KA II 277.
16 *Negative Größen* A II f., KA II 168.
17 Die veränderte Sicht Kants dokumentiert sich in der Vorrede zu den *Negativen Größen* (A III ff., KA II 168 f.). Dort bezieht er sich stillschweigend auf die *Gedanken* und die *Monadologia* zurück, hat jetzt aber

Vielmehr erscheint es jetzt nötig, Philosophie gegenüber der Mathematik allererst in den Rang einer Wissenschaft zu erheben[18].

Diesen Versuch unternimmt Kant in der Preisschrift von 1762, in der er eine grundsätzliche Methodenreform für die Philosophie vorschlägt. Dabei ergibt der durch den Wortlaut der Preisfrage[19] nahegelegte Vergleich zwischen Mathematik und Philosophie zwar zahlreiche grundsätzliche Unterschiede zwischen beiden Wissenschaften und führt vor allem zu einem Konzept der in der Philosophie anzuwendenden Methode, das ausdrücklich im Gegenzug zur Methode der Mathematik formuliert wird[20]. Das Ergebnis der dort projektierten Methodenreform aber soll und kann — trotz bestimmter Unterschiede zwischen der Natur der philosophischen und der mathematischen Gewißheit[21] — wiederum am Maßstab der Mathematik gemessen werden: „Die Metaphysik hat ... keine formale oder materiale Gründe der Gewißheit, die von anderer Art wären als die der Meßkunst". Nach der Verbesserung ihrer Methode kann sie also „eben sowohl eine zur Überzeugung nöthige Gewißheit" erlangen, „als welcher die Mathematik fähig ist"[22].

Steht so die Gewißheit der Mathematik zur Zeit der Preisschrift von 1762 der Philosophie wie ein fremder und noch unerreichter Maßstab gegenüber, so wird sie in der folgenden Zeit bis hin zur *Kritik der reinen Vernunft* näher für die Philosophie selbst fruchtbar gemacht. Dabei kommt der Theorie des Raumes und der Zeit eine entscheidende Funktion zu: wenn sie in der Dissertation von 1770 als reine Anschauungsformen erkannt sind, wird es möglich, eine erste Trennung zwischen Sinnlichkeit und Verstand vorzunehmen und damit „einen nicht zu verachtenden Teil der Methode"[23] darzustellen, die in der *Kritik der reinen Vernunft* vollständig und verbessert ausgeführt wird.

Für diese neue Theorie des Raumes aber spielt die Mathematik und näher die Geometrie eine entscheidende Rolle. Schon in der Schrift *Von dem ersten Grunde des Unterschiedes der Gegenden im Raume*, in der mit der These, daß der „Grundbegriff" des „reinen Raumes" ursprünglich gegeben sei[24], ein erster Schritt auf das neue Verständnis des

keine Skrupel mehr, Argumentationen gegen die „zuverlässig erwiesenen Data" der Mathematik von vornherein als „finstere und schwer zu prüfende Abstraktionen" zu verwerfen. Es ist jetzt nicht mehr von möglichen Widersprüchen zwischen mathematischen und philosophischen Erkenntnissen, sondern nur noch von der Anwendung der sicheren mathematischen Erkenntnisse in Teilen der Weltweisheit die Rede: „die Nutzbarkeit davon ist unermeßlich" (*Deutlichkeit* A 79, KA II 283).

18 „Die Metaphysik ist ohne Zweifel die schwerste unter allen menschlichen Einsichten; allein es ist noch niemals eine geschrieben worden" (*Deutlichkeit* A 78 f., KA II 283). Vgl. dazu *Nachricht* A 6, KA II 307: „Um also auch Philosophie zu *lernen*, müßte allererst eine wirklich vorhanden sein."

19 Vgl. oben S. 26.

20 Vgl. unten S. 62—64.

21 Vgl. unten S. 59, Anm. 35.

22 *Deutlichkeit* A 93, KA II 295 f.

23 *De mundi sens.* A 29, KA II 411: „partem huius methodi haud contemnendam".

24 *Von dem ersten Grunde*, KA II 383. Während diese These von der Ursprünglichkeit des Raumbegriffes ohne weiteres in die Dissertation von 1770 und in die *Kritik der reinen Vernunft* übernommen werden kann, vertritt Kant hier noch die Newtonsche These von der „Realität" des Raumes (KA II 378, 383), an

Raumes hin getan ist, hatte Kant die Geometrie als entscheidende Instanz für seine Theorie des Raumes herangezogen: „in den anschauenden Urtheilen der Ausdehnung, dergleichen die Meßkunst enthält", soll „ein evidenter Beweis" für seinen hier entwickelten Raumbegriff zu finden sein[25].

Aber erst, wenn in der Dissertation von 1770 der Raum als subjektive Anschauungsform begriffen ist, wird die Beweiskraft der Mathematik voll entfaltet. Dabei werden insbesondere zwei Momente der mathematischen Erkenntnis für den Beweis der neuen Theorie vom Raume herangezogen, die erst in der *Kritik der reinen Vernunft* abschließend auf den Begriff gebracht und dann auch unmittelbar für das neue Konzept einer wissenschaftlichen Philosophie fruchtbar gemacht werden.

Es handelt sich erstens um die Sicherheit geometrischer Sätze. Von dieser Sicherheit geht Kant aus, sie wird als Kronzeuge für die — wie es hier noch heißt — Subjektivität des Raumbegriffes herangezogen: die entgegenstehende Leibnizsche Ansicht, derzufolge der Raum nichts als das Verhältnis der existierenden Dinge zueinander sei, stürze „die Geometrie von der Höhe ihrer Gewißheit herab" und überantworte sie „der Prüfung durch diejenigen Wissenschaften, deren Grundsätze empirisch sind"[26]. Ihnen gegenüber wird die Gewißheit der Geometrie schon hier durch das Kriterium der strengen Allgemeinheit bestimmt: wenn für Leibniz „alle Eigenschaften des Raumes nur durch Erfahrung von äußeren Verhältnissen erborgt sind, wohnt den geometrischen Axiomen nur eine vergleichsweise Allgemeinheit inne, wie sie durch Induktion erworben wird", d. i. die sich so weit erstreckt, wie man beobachtet, nur eine Notwendigkeit nach bestimmten Gesetzen der Natur[27]. Weil diese Ansicht „mit offener Stirn" „dem verläßlichsten Ausleger aller Phaenomena, der Geometrie," widerstreitet, ist sie also als unzutreffend abzulehnen[28].

Eben diese Argumentation wird in der *Kritik der reinen Vernunft* für die Apriorität der Raumvorstellung benutzt: die apodiktische Gewißheit aller geometrischen Sätze widerlegt die Annahme, daß der Raum ein a posteriori erworbener Begriff sei, die Grundsätze der mathematischen Bestimmung würden dann nichts als Wahrnehmungen und nur von komparativer Allgemeinheit sein[29]. Darüber hinaus wird die Gewißheit mathemati-

deren Stelle aber bereits 1770 die vom reinen Anschauungscharakter des Raumes tritt. Wie nahe dennoch die Schrift von 1768 bereits der späteren Auffassung gekommen ist, zeigt sich daran, daß dasselbe Argument der „incongruenten Gegenstücke" (KA II 382) 1770 für den reinen Anschauungscharakter des Raumes in Anspruch genommen werden kann: „patet hic nonnisi quadam intuitione pura diversitatem, nempe discongruentiam, notari posse" (*De mundi sens.* A 19, KA II 403; vgl. dazu die Wiederaufnahme dieses Argumentes in *Prolegomena* A 57 ff., KA IV 285 f. und in den *Metaphysischen Anfangsgründen der Naturwissenschaft* A 7 ff., KA IV 483 f.).

25 *Von dem ersten Grunde*, KA II 378.

26 *De mundi sens.* A 21, KA II 404: „geometriam, ab apice certitudinis deturbatam, in earum scientiarum censum reiiciunt, quarum principia sunt empirica".

27 Ebd.: „Nam si omnes spatii affectiones nonnisi per experientiam a relationibus externis mutuatae sunt, axiomatibus geometricis non inest universalitas nisi comparativa, qualis acquiritur per inductionem".

28 Ebd.: „omnium phaenomenorum fidissimo interpreti, geometriae, adversa fronte repugnant".

29 *KrV* A 24, KA IV 32.

scher Sätze hier an zentraler Stelle für die allgemeine Theorie des Erkennens herangezogen: die der Mathematik zugeschriebenen Merkmale der strengen Allgemeinheit und strengen Notwendigkeit werden jetzt als die entscheidenden Kriterien einer scharfen Abgrenzung aller Urteile a priori überhaupt benutzt und legen so den Grundstein für eine Präzisierung der Frage nach der Metaphysik als Wissenschaft. Für einen ersten Nachweis aber, daß es solche „Urtheile a priori im menschlichen Erkenntniß wirklich gebe“, wird wiederum die Mathematik herangezogen: „Will man“ für solche Sätze „ein Beispiel aus Wissenschaften, so darf man nur auf alle Sätze der Mathematik hinaussehen“[30]. Eine Analyse der mathematischen Erkenntnis kann denn auch in den *Prolegomena* dazu dienen, den „Erkenntnißgrund a priori“ aufzusuchen, „der tief verborgen liegt, der sich aber durch diese seine Wirkungen offenbaren dürfte, wenn man den ersten Anfängen derselben nur fleißig nachspürte“[31].

Die zweite Eigenschaft geometrischer Sätze, die Kant zur Argumentation heranzieht, ist ihr intuitiver Charakter. Daß die Mathematik „das Allgemeine unter den Zeichen in concreto“ betrachtet[32], stand zwar schon seit 1762 fest, aber erst in der Dissertation von 1770 konfrontiert Kant dieses Merkmal mathematischer Sätze gezielt mit der diskursiven Erkenntnis aus Begriffen: ein Axiom der Geometrie „kann nicht aus irgendeinem allgemeinen Begriff des Raumes geschlossen, sondern nur in ihm gleichsam in concreto geschaut werden“[33]; die Geometrie beweist ihre allgemeinen Sätze dadurch, daß sie den Gegenstand „durch eine einzelne Anschauung vor Augen stellt“[34]. Durch diese Anschaulichkeit ihrer Sätze wird die Geometrie „das Urbild ... aller Evidenz in anderen Wissenschaften“: „die Evidenz bei Beweisen ... ist in ihr nicht allein die größte, sondern sogar die einzige, die es in reinen Wissenschaften gibt“[35].

Eben dasselbe Argument der Anschaulichkeit wird in der *Kritik der reinen Vernunft* wiederaufgenommen: „alle geometrischen Grundsätze“ werden „niemals aus allgemeinen Begriffen von Linie und Triangel, sondern aus der Anschauung und zwar a priori mit apodiktischer Gewißheit abgeleitet“[36]; mathematische Erkenntnis ist Vernunfterkenntnis „aus der *Construction* der Begriffe. Einen Begriff aber *construiren*, heißt: die ihm correspondirende Anschauung a priori darstellen“[37]. Und wieder wird erst hier die volle Konsequenz dieser schon 1770 vertretenen These gezogen: daß Raum und Zeit

30 *KrV* B 4, KA III 29.

31 *Prolegomena* A 49, KA IV 280.

32 *Deutlichkeit* A 73, KA II 278.

33 *De mundi sens.* A 19, KA II 402 f.: Principium geometriae „non ex universali aliqua spatii notione concludi, sed in ipso tantum velut in concreto *cerni* potest“.

34 Ebd., A 20, KA II 403: „geometria propositiones suas universales non demonstrat obiectum cogitando per conceptum universalem ..., sed illud oculis subiiciendo per intuitum singularem“.

35 Ebd.: „*evidentia* in demonstrationibus ... non solum in ipsa [geometria] est maxima, sed et unica, quae datur in scientiis puris, omnisque *evidentia* in aliis *exemplar*“.

36 *KrV* B 39, KA III 53.

37 *KrV* B 741, KA III 469; zur Bestimmung dieser Anschauung als „ein einzelnes Object“ (ebd.) vgl. Hintikka, Jaakko: *Logic, Language-Games and Information. Kantian Themes in the Philosophy of Logic.* — Oxford 1973, S. 207 ff. und hier S. 65 f.

reine Anschauungen sind, wird jetzt als entscheidender Grund für den synthetischen Charakter mathematischer Sätze formuliert. Mathematische Sätze kommen dadurch zustande, daß man „in einer reinen Anschauung eben so wie in der empirischen das Mannigfaltige ... hinzusetze, wodurch allerdings allgemeine synthetische Sätze construirt werden müssen“[38]; „wie die empirische Anschauung es ohne Schwierigkeit möglich macht, daß wir unseren Begriff, den wir uns von einem Object der Anschauung machen, durch neue Prädicate, die die Anschauung selbst darbietet, in der Erfahrung synthetisch erweitern, so wird es auch die reine Anschauung thun“[39]; „*mathematische Urtheile sind insgesammt synthetisch*“[40].

Beide die Mathematik als Wissenschaft auszeichnenden Merkmale der Apriorität und des synthetischen Charakters ihrer Sätze werden in der *Kritik der reinen Vernunft* also zum Schlüsselbegriff des synthetischen Urteils a priori zusammengefaßt. Und in dieser Gestalt wird die mathematische Erkenntnis jetzt unmittelbar zum Vorbild der metaphysischen[41]. Ebenso wie bei der mathematischen Erkenntnis können ihre Quellen „nicht empirisch sein“, metaphysische Erkenntnis ist „Erkenntniß a priori, oder aus reinem Verstande und reiner Vernunft“[42]. Und ebenso wie der Mathematik ist es der Metaphysik „gar nicht darum zu thun, Begriffe, die wir uns a priori von Dingen machen, bloß zu zergliedern und dadurch analytisch zu erläutern, sondern wir wollen unsere Erkenntniß a priori erweitern“[43]; auf solchem „neuen Erwerb“, auf solchen „Erweiterungs-Grundsätzen“ beruht „die ganze Endabsicht unserer speculativen Erkenntniß a priori“[44]. Wenn Metaphysik zu diesen Urteilen auch nicht wie die Mathematik mit Hilfe einer reinen Anschauung gelangen kann, besteht sie dennoch „*ihrem Zwecke nach* aus lauter synthetischen Sätzen a priori“[45]. Und eben deshalb fällt die Frage: „*Wie ist Metaphysik als Wissenschaft möglich?*“[46] für Kant mit der Frage zusammen: „*Wie sind synthetische Urtheile a priori möglich?*“[47].

38 *KrV* B 746, KA III 472.

39 *Prolegomena* A 50, KA IV 281.

40 *KrV* B 14, KA III 36. — Diese Klassifikation mathematischer Sätze durch Kant prägt auch die Gesamtbeurteilung und -einschätzung der Mathematik und läßt sie nicht nur als diejenige Wissenschaft erscheinen, die sich durch die Sicherheit ihrer Ergebnisse auszeichnet, sondern auch als diejenige, die ihre Erkenntnisse in vorbildlicher Weise beständig zu erweitern versteht: Mathematik ist „das glänzendste Beispiel einer sich ... von selbst glücklich erweiternden reinen Vernunft“ (*KrV* B 740, KA III 468), sie hat „unvergleichlichen Fortgang“ (*Refl.* 4633, KA XVII 616), führt „in unendliche Weiten“ (*KrV* B XI, KA III 9) und verspricht „unbegrenzte Ausbreitung auf die Zukunft“(*Prolegomena* A 49, KA IV 280): „Die Erweiterung der Einsichten in der Mathematik und die Möglichkeit immer neuer Erfindungen geht ins Unendliche“ (ebd., A 167, KA IV 352; vgl. *Metaphysische Anfangsgründe der Naturwissenschaft* A XV, KA IV 473).

41 Vgl. *Prolegomena* A 24, KA IV 266: In diesem Punkte hat Philosophie „nichts Unterscheidendes von der reinen Mathemathik“.

42 *Prolegomena* A 23 f., KA IV 265 f.

43 *KrV* B 18, KA III 39.

44 *KrV* B 13 f., KA III 36.

45 *KrV* B 18, KA III 39.

46 *Prolegomena* A 48, KA IV 280.

47 *KrV* B 19, KA III 39.

Diese zentrale Fragestellung der *Kritik der reinen Vernunft* bezieht damit einerseits die Grundlagenprobleme der Mathematik in die philosophische Erörterung mit ein. Dies hat zur Folge, daß die Mathematik wieder als Objekt der Philosophie betrachtet und daß in der *Kritik der reinen Vernunft* implizit eine Philosophie der Mathematik entwickelt werden kann. Insofern sichert sie der Transzendentalphilosophie die Rolle einer Grundlagenwissenschaft auch gegenüber der Mathematik. Andererseits dokumentiert sich in dieser Fragestellung der Geltungsanspruch der Mathematik als das Vorbild von Wissenschaft auch gegenüber der Metaphysik: die an der Mathematik gewonnenen Kriterien der Wissenschaftlichkeit dienen unmittelbar zur Bestimmung der Anforderungen, die an eine wissenschaftliche Philosophie zu stellen sind.

§ 5 Die Ablehnung der mathematischen Methode durch Kant

Der Vorrang des Methodenproblems bei Kant stellt sich vor diesem Hintergrund als Resultante einer bestimmten wissenschaftshistorischen Konstellation dar, in der die Mathematik uneingeschränkt als Ideal eigentlicher Wissenschaftlichkeit fungiert. An diesem Maßstab gemessen, genügt die bisherige Philosophie nicht, von ihm aus gesehen scheint sie sich insgesamt auf dem Felde noch vorwissenschaftlicher Erkenntnis zu bewegen. Angesichts dieser Beurteilung erscheint die Beschäftigung mit isolierten philosophischen Einzelproblemen nicht als sinnvoll; was ihr vorausgehen muß, ist eine grundsätzliche Methodenreform, durch die die Philosophie allererst in den Rang einer Wissenschaft erhoben wird.
Aus dieser Einschätzung der Lage der Philosophie wird die andauernde Konzentration Kants auf das Methodenproblem verständlich, aus ihr erklärt sich die Selbstverständlichkeit, mit der Kant dann, wenn er zu einer befriedigenden Lösung des Methodenproblems gelangt zu sein glaubt, eben diese Lösung zum „Creditiv" des Philosophen überhaupt erklärt[1], aus ihr läßt sich die Entschiedenheit und Schärfe, mit der nach der *Kritik der reinen Vernunft* die philosophische Tradition als Irrweg abgetan wird, verstehen[2], und schließlich erscheinen vor diesem Hintergrund die Hoffnungen verständlich, die Kant auf diese Lösung des Methodenproblems in der *Kritik der reinen Vernunft* setzt. „dasjenige, was viele Jahrhunderte nicht leisten konnten", soll jetzt „noch vor Ablauf des gegenwärtigen erreicht werden ...: nämlich die menschliche Vernunft in dem, was ihre Wißbegierde jederzeit, bisher aber vergeblich beschäftigt hat, zur völligen

1 *Prolegomena* A 44 f., KA IV 278: „Alle Metaphysiker sind demnach von ihren Geschäften feierlich und gesetzmäßig so lange suspendirt, bis sie die Frage: *Wie sind synthetische Erkenntnisse a priori möglich?* gnugthuend werden beantwortet haben".

2 Vgl. oben S. 45 f.

Befriedigung zu bringen“[3]. Aber weder diese wissenschaftshistorische Konstellation, noch die sich daraus ergebende Konzentration auf das Methodenproblem sind das „Neue bei Kant“[4]. Sowohl in der Beurteilung der Mathematik als des verbindlichen wissenschaftlichen Ideals als auch in der sich daraus ergebenden Konzentration auf das Methodenproblem steht Kant eher am Ende als am Anfang einer durch diese Konstellation bestimmten philosophischen Epoche kontinentaleuropäischen Philosophierens.

Das „Neue bei Kant“ besteht — spricht man wie Vaihinger von größeren Zusammenhängen und vernachlässigt beispielsweise den näheren Einfluß von Crusius auf Kant — vielmehr darin, daß er das philosophische Methodenproblem nicht mehr durch die Übertragung der mathematischen Methode auf philosophische Gegenstände lösen zu können glaubt, sondern in solchen Übertragungen nichts als eine eitle und auch groteske Maskerade sieht, in der sich die Philosophie mit fremden Federn schmückt[5]. Insbesondere verleite diese Übernahme die Philosophie zu der falschen Hoffnung, durch die Befolgung der Methode der Mathematik zu ähnlich sicherer und gründlicher Erweiterung ihrer Erkenntnis wie diese zu gelangen[6]. „Nichts“ ist, so schreibt er schon 1762, „der Philosophie schädlicher gewesen ... als die Mathematik, nämlich die *Nachahmung* derselben in der Methode zu denken“[7].

Diese scharfe Abgrenzung der philosophischen von der mathematischen Methode entspricht einerseits gewissen Strömungen in der zeitgenössischen deutschen Philosophie, die sich — von empiristischen Ansätzen beeinflußt — gegen die Gleichsetzung der mathematischen und der philosophischen Methode insbesondere bei Wolff wenden[8]. Eine weitere Ursache, die für die inhaltliche Bestimmung der mathematischen und der philosophischen Methode bei Kant wichtiger ist, besteht darin, daß Kant im Verlauf seiner philosophischen Methodenüberlegungen eine eigenständige Theorie der Mathematik entwickelt, deren Hauptthese darin besteht, daß mathematische Begriffe und Sätze sich fundamental von allen anderen Begriffen und Sätzen unterscheiden, so daß die übliche Übertragung der mathematischen Methode auf andere Gebiete und insbesondere auf das der Philosophie „den specifischen Unterschied des einen Vernunftgebrauchs von dem andern“[9] außer acht läßt. Diese Reflexion auf den spezifischen Status mathematischer

3 So der letzte Satz der *KrV* B 884, KA III 552.

4 Vaihinger: *Kommentar zu Kants Kritik der reinen Vernunft* ... a.a.O., Bd. I, S. 26.

5 *KrV* B 763, KA III 482: „Aus allem diesem folgt nun, daß es sich für die Natur der Philosophie gar nicht schicke, vornehmlich im Felde der reinen Vernunft, mit einem dogmatischen Gange zu strotzen und sich mit den Titeln und Bändern der Mathematik auszuschmücken, in deren Orden sie doch nicht gehört“.

6 *KrV* B 740 f., KA III 468 f.; vgl. oben S. 60, Anm. 40.

7 *Deutlichkeit* A 79, KA II 283; vgl. *Beweisgrund* A 3 f., KA II 71: „Die Methodensucht, die Nachahmung des Mathematikers, der auf einer wohlgebähnten Straße sicher fortschreitet, auf dem schlüpfrigen Boden der Metaphysik hat eine Menge ... Fehltritte veranlaßt“; *Negative Größen* A I, KA II 167: „Der Gebrauch, den man in der Weltweisheit von der Mathematik machen kann, besteht entweder in der Nachahmung ihrer Methode, oder in der wirklichen Anwendung ihrer Sätze auf die Gegenstände der Philosophie. Man sieht nicht, daß der erstere bis daher von einigem Nutzen gewesen sei, so großen Vortheil man sich auch anfänglich davon versprach“.

8 Vgl. Tonelli: *Der Streit über die mathematische Methode* ... a.a.O.

9 *KrV* B 753, KA III 476.

Gegenstände stellt den entscheidenden Unterschied zwischen Kant und der rationalistischen Philosophie dar, die ohne solche Vorüberlegungen unmittelbar zur Übernahme der mathematischen Methode in die Philosophie schritt.

Die verschiedenen Entwicklungsstufen dieser Kantischen Theorie der Mathematik dokumentieren sich vor allem in Texten dreier Schriften, und zwar in den ersten Paragraphen der *Deutlichkeit* von 1762, in der dritten Sektion der *Inauguraldissertation* von 1770 und in der Methodenlehre der *Kritik der reinen Vernunft.* In allen drei Texten hat die jeweils erreichte mathematiktheoretische Position Kants Rückwirkungen auf die Bestimmung der philosophischen Methode, so daß man in der Entwicklung der Kantischen Theorie der Mathematik einen wesentlichen — wenn auch vor allem negativ und zur Abgrenzung verwendeten — Faktor für die Herausbildung der eigenständigen philosophischen Methode sehen kann.

Die Theorie der Mathematik in der *Deutlichkeit* faßt Kant 1765 dahingehend zusammen, daß das mathematische Verfahren „*synthetisch*" sei[10]. Diese pauschale Charakterisierung verführt dazu, die in der „Deutlichkeit" entwickelte Theorie der Mathematik mit dem synthetischen Methodenmodell Wolffs, das sich vor allem auf die geregelte Anordnung von Definitionen, Axiomen, Postulaten usw. bezieht, zu parallelisieren. Eine solche Parallelisierung aber verfehlt den Kern der Kantischen Interpretation[11]. „Synthetisch" ist die Mathematik schon 1762 nicht so sehr aufgrund der Anordnung ihrer Sätze, sondern aufgrund des synthetischen Charakters dieser Sätze und insbesondere der Definitionen selbst: „*§ 1. Die Mathematik gelangt zu allen ihren Definitionen synthetisch*"[12]. Dieser synthetische Charakter mathematischer Definitionen wird hier von Kant noch ganz begriffskombinatorisch als „*willkürliche Verbindung* der Begriffe" interpretiert: „man gedenkt sich z.E. willkürlich vier gerade Linien, die eine Ebene einschließen, so daß die entgegenstehende Seiten nicht parallel sind, und nennt diese Figur ein *Trapezium*"[13]; die ‚Definition' des Trapezes entsteht durch die willkürliche Verbindung einfacherer Begriffe (vier, gerade Linie, Ebene, einschließen usw.) zu dem neuen Begriff des Trapezes. Diese Kombination einfacherer Begriffe wird nicht nur als der einzige Weg bestimmt, auf dem die Mathematik zu Definitionen gelangt[14], sondern zugleich als der, durch den mathematische Begriffe überhaupt entstehen: „Der Begriff, den ich erkläre, ist [in der Mathematik] nicht vor der Definition gegeben, sondern er entspringt

10 *Nachricht* A 8, KA II 308.

11 Vgl. dazu meinen demnächst erscheinenden Aufsatz: *Analytische und synthetische Methode bei Wolff und beim vorkritischen Kant. Zur Bedeutung Wolffs für die Methodendiskussion der deutschen Aufklärungsphilosophie.* In: Schneiders, Werner (Hrsg.): *Christian Wolff (1679—1754)* (= Studien zum achtzehnten Jahrhundert, Bd. 4).

12 *Deutlichkeit* A 71, KA II 276; die übrigen Bestimmungen der mathematischen Methode in den ersten vier Paragraphen der *Deutlichkeit* lauten: „§ 2. *Die Mathematik betrachtet ... das Allgemeine unter den Zeichen in concreto*"; „§ 3. *In der Mathematik sind nur wenig unauflösliche Begriffe und unerweisliche Sätze*"; „§ 4. *Das Object der Mathematik ist leicht und einfältig*" (A 73 ff., KA II 278 ff.).

13 Deutlichkeit A 71, KA II 276.

14 Ebd.: „Die Mathematik faßt niemals anders Definitionen ab als auf erstere Art", nämlich als „durch die *willkürliche Verbindung* der Begriffe".

allererst durch dieselbe"[15]. Es handelt sich also hierbei um so etwas wie eine genetische Definition, durch die der „Begriff" allererst entsteht; er bezeichnet „ein Object, dessen Gedanke eben dadurch [durch die willkürliche Verbindung einfacherer Begriffe miteinander] zuerst möglich wird"[16].

Dieser synthetische Charakter mathematischer Begriffe sichert ihnen schon 1762 eine Sonderstellung: alle anderen Begriffe und insbesondere die der Philosophie werden nicht synthetisch hergestellt, sondern sind uns „gegeben", ohne daß wir über ihre Definition verfügten. Sie sind also „verworren oder nicht genugsam bestimmt", so daß zumindest der erste Schritt einer philosophischen Methode in der Begriffsanalyse zu sehen ist. Während die Philosophie also darauf angewiesen ist, gegebene Begriffe „zu zergliedern ..., ausführlich und bestimmt zu machen", kann die Mathematik „Begriffe von Größen ... verknüpfen und ... vergleichen, um zu sehen, was hieraus gefolgert werden könne"[17].

Eine solche Definition durch die willkürliche Verbindung einfacherer Begriffe, in der Kant hier das spezifische Mittel der mathematischen Begriffsbildung sieht, ist bereits in der vorkantischen Philosophie bekannt, ohne dort auf die Mathematik eingegrenzt zu sein. Ihre Benutzbarkeit wurde dort aber regelmäßig von der Bedingung abhängig gemacht, daß man die Möglichkeit der Vereinigung der verschiedenen einfacheren Begriffe zu einem einzigen nachweisen müsse, um nicht in den Fehler der Kombination unvereinbarer Begriffe zu verfallen[18], der also hier beispielsweise darin bestehen könnte, durch Definition den Begriff eines geradlinigen Zweiecks einzuführen, der unter den Bedingungen der euklidischen Geometrie widerspruchsvoll ist oder dem in ihr kein „Object" entspricht. 1762 ist bei Kant explizit keine solche Bedingung der Möglichkeit für die synthetischen Definitionen angegeben[19]; allerdings kann man in der Bestimmung des § 2, wonach die Mathematik „das Allgemeine unter den Zeichen in concreto" betrachtet[20], schon einen noch nicht explizierten Hinweis auf die Bindung mathematischer Begriffe an die Konstruktion in der Anschauung sehen.

Diese Bedingung für die Bildung mathematischer Begriffe wird nach der Unterschei-

15 Ebd.

16 *Deutlichkeit* A 75, KA II 280; vgl. A 79, KA II 283: „In der Mathematik fange ich mit der Erklärung meines Objects, z. E. eines Triangels, Zirkels u.s.w., an"; „in der Mathematik habe ich ehe gar keinen Begriff von meinem Gegenstande, bis die Definition ihn giebt".

17 *Deutlichkeit* A 71 ff., KA II 276 ff.

18 Vgl. z. B. Wolff: *Deutsche Logik,* cap. 1, § 33; WW I 1, S. 140: „*Möglichkeit der willkührlich formirten Begriffe.* § 33. Allein wenn wir nach unserem eigenem Willkühre etwas determiniren (§ 30.), können wir nicht wissen, ob dieselbigen Begriffe möglich sind, oder ob wir nur leere Worte gedencken ... Derowegen müssen wir in dergleichen Fällen beweisen, daß die erlangten Begriffe etwas mögliches in sich fassen ... Z. E. Es ist so wohl möglich, daß zwey Linien gerade sind, als daß sie krumm seyn: wenn man aber dazu setzet, daß sie einen Raum einschliessen, oder in ihren beyden Enden zusammen stossen sollen: so gehet solches zwar in dem andern Falle, aber nicht in dem ersten an".

19 Vgl. dazu später in der *KrV* B 268, KA III 187: „So ist in dem Begriffe einer Figur, die in zwei geraden Linien eingeschlossen ist, kein Widerspruch ..., sondern die Unmöglichkeit beruht nicht auf dem Begriffe an sich selbst, sondern der Construction desselben im Raume".

20 *Deutlichkeit* A 73, KA II 278.

dung zwischen dem mundus sensibilis und dem mundus intelligibilis von 1770 dann deutlich formuliert: Kant kennt hier erste formale Gründe der *„allgemeinen Verknüpfung“* in der Sinnenwelt im allgemeinen[21] und in der Mathematik im besonderen, und dies sind die reinen Anschauungsformen Raum und Zeit[22]. Nicht mehr der Verstand, sondern die subjektiven Anschauungsformen der Sinnlichkeit werden jetzt für den synthetischen Charakter z.B. von geometrischen Sätzen verantwortlich gemacht: daß zwischen zwei Punkten nur eine einzige Gerade ist, dieses und ähnliche Axiome können „nicht aus irgendeinem allgemeinen Begriff des Raumes geschlossen, sondern nur in ihm ... *angeschaut* werden“[23]. Jetzt also kommt die Verbindung der Begriffe in den Axiomen der Geometrie nicht mehr durch willkürliche Verbindung zustande, sondern sie wird in der einen Anschauung des Raumes „in concreto“ gesehen. Dies rückt aber die Mathematik in noch stärkerem Maße als 1762 in eine Sonderstellung: ihre Grundsätze sind in reiner Anschauung anzuschauen, während die Gesetze der Naturwissenschaften in bloß empirischer Anschauung gefunden und die Grundsätze der Metaphysik nur im ‚realen Verstandesgebrauch‘ ermittelt werden können[24].

Diese Sonderstellung der Mathematik wird in der *Kritik der reinen Vernunft* endgültig dahingehend bestimmt, daß mathematische Erkenntnis *„Vernunfterkenntniß* ... aus der *Construction* der Begriffe“ sei. Damit rückt der klassische Begriff der Konstruktion wieder in sein Recht: Garantie eines mathematischen Begriffs oder eines mathematischen, also synthetischen Urteils a priori, ist, daß „die ihm correspondirende Anschauung a priori“ dargestellt werden kann. Dabei vereint die mathematische „Construction“ zwei sonst unvereinbare Momente miteinander: „Zur Construction eines Begriffs wird ... eine *nichtempirische* Anschauung erfordert, die folglich, als Anschauung, ein *einzelnes* Object ist[25], aber nichts destoweniger als die Construction eines Begriffs (einer allgemeinen Vorstellung) Allgemeingültigkeit für alle mögliche Anschauungen, die unter denselben Begriff gehören, in der Vorstellung ausdrücken muß“[26]. Anschauung eines einzelnen Objektes wie in der empirischen Erkenntnis und Allgemeingültigkeit eines Satzes a

21 *De mundi sens.* A 14, KA II 398: „Principium formae *mundi sensibilis* est, quod continet rationem *nexus universalis* omnium, quatenus sunt *phaenomena*“.

22 Ebd.: „Haec principia formalia *universi phaenomeni* absolute prima ... bina esse, tempus et spatium, iam demonstrabo“.

23 *De mundi sens.* A 19, KA II 402 f.: „Non dari enim in spatio plures quam tres dimensiones, inter duo puncta non esse nisi rectam unicam ... etc., non ex universali aliqua spatii notione concludi, sed in ipso tantum velut in concreto *cerni* potest“.

24 *De mundi sens.* A 28 f., KA II 410 f.

25 Die Formel von der Betrachtung des Allgemeinen in concreto (vgl. oben Anm. 12) verschärft sich jetzt also zu der der Betrachtung des Allgemeinen im Einzelnen; vgl. *KrV* B 742, KA III 469: „Die philosophische Erkenntniß betrachtet also das Besondere nur im Allgemeinen, die mathematische das Allgemeine im Besonderen, ja gar im Einzelnen, gleichwohl doch a priori und vermittelst der Vernunft, so daß, wie dieses Einzelne unter gewissen allgemeinen Bedingungen der Construction bestimmt ist, eben so der Gegenstand des Begriffs, dem dieses Einzelne nur als sein Schema correspondirt, allgemein bestimmt gedacht werden muß“.

26 *KrV* B 741, KA III 469.

priori gehen also in der mathematischen Konstruktion eine einmalige Verbindung ein, die weder in der empirischen noch in der philosophischen Erkenntnis nachzuahmen ist[27].

Wer also meint, daß „reine Vernunft im transscendentalen [d. h. hier philosophischen] Gebrauche sich ebenso glücklich und gründlich erweitern“ werde, „als es ihr im mathematischen gelungen ist, wenn sie vornehmlich dieselbe Methode dort anwendet“[28], verkennt die Sonderstellung der Mathematik, deren synthetische Sätze a priori durch die Konstruktion der Begriffe in der reinen Anschauung garantiert sind. Versucht man, solchen Mathemata in der Philosophie synthetische Sätze a priori aus Begriffen als Dogmata an die Seite zu stellen, dann ist festzustellen, daß „die ganze reine Vernunft in ihrem bloß speculativen Gebrauche nicht ein einziges direct synthetisches Urtheil aus Begriffen“ enthält[29]; da es aber solche Dogmata nicht gibt, „so ist alle *dogmatische* Methode, sie mag nun dem Mathematiker abgeborgt sein, oder eine eigenthümliche Manier werden sollen, für sich unschicklich“[30].

Wenn es also Aufgabe der Kritik ist, „die Grenzen der reinen Vernunft im transscendentalen Gebrauche genau und mit Gewißheit zu bestimmen“, so besteht eine dieser notwendigen Grenzbestimmungen darin, die Nichtanwendbarkeit der mathematischen Methode in der Philosophie aufzuzeigen: Es ist „nothwendig, noch gleichsam den letzten Anker einer phantasiereichen Hoffnung wegzunehmen und zu zeigen, daß die Befolgung der mathematischen Methode in dieser Art Erkenntniß nicht den mindesten Vortheil schaffen könne ..., daß Meßkunst und Philosophie zwei ganz verschiedene Dinge seien“[31].

Damit nimmt Kant eine historisch bedeutsame und nur auf den ersten Blick zwiespältige Stellung gegenüber der Mathematik ein. Einerseits hält er wie die rationalistische Philosophie der vorangegangenen zwei Jahrhunderte daran fest, in der Mathematik das auch für die Philosophie verbindliche Wissenschaftsideal zu sehen, andererseits bricht er in der Frage der Anwendbarkeit der mathematischen Methode in der Philosophie mit eben derselben Tradition; einerseits übernimmt er damit die in der empiristischen Tradition der angelsächsischen und dann auch der französischen Philosophie in anderer Form vorweggenommene Trennung der Mathematik von den anderen Wissenschaften, andererseits hält er dennoch daran fest, daß die Philosophie eine Sicherheit ihrer Aussagen gewinnen könne und müsse, die der mathematischer Aussagen vergleichbar sei. Die Ausbildung der kritischen als der eigentümlichen Methode der Philosophie dürfte we-

27 Dementsprechend würde Kant die Begriffe ‚Definition‘, ‚Axiom‘ und ‚Demonstration‘ am liebsten ganz für die Mathematik reservieren. Vgl. *KrV* B 757 ff., KA III 478 ff.: „Also blieben keine andere Begriffe übrig, die zum Definiren taugen, als solche, die eine willkürliche Synthesis enthalten, welche a priori construirt werden kann, mithin hat nur die Mathematik Definitionen“. In der Philosophie wird „kein Grundsatz anzutreffen sein, der den Namen eines Axioms verdiene. Die Mathematik dagegen ist der Axiomen fähig“. „Nur die Mathematik enthält also Demonstrationen“.

28 *KrV* B 740 f., KA III 468 f.

29 *KrV* B 764, KA III 482 f.

30 *KrV* B 765, KA III 483.

31 *KrV* B 754, KA III 476 f.

sentlich durch das Aushalten dieser Spannung zwischen dem weiter aufrecht erhaltenen Anspruch einer an der Mathematik orientierten Wissenschaftlichkeit einerseits und der Einsicht in die Nichtübertragbarkeit der mathematischen Methode andererseits bestimmt sein. Philosophiehistorisch bedeutet die Ausbildung dieser kritischen Methode für die deutsche Philosophie das endgültige Ende einer Epoche, die die mathematische Methode unmittelbar in der Philosophie anzuwenden suchte, die demzufolge ihre methodologischen Leitbegriffe der Analyse und Synthese unmittelbar von dort bezog und deren Selbstverständnis durch die Verwendung dieser Begriffe in der Mathematik entscheidend geprägt war. Sowohl die terminologischen Verschiebungen der leitenden Methodenbegriffe in der *Kritik der reinen Vernunft*[32] als auch die Unsicherheit in der Verwendung des Begriffs der Analyse nach der *Kritik der reinen Vernunft*[33] erscheinen daher nicht als akzidentell und zufällig, sondern dokumentieren den Bruch in der Geschichte der philosophischen Methodologie, den die *Kritik der reinen Vernunft* bedeutet: in methodologischer Hinsicht stellt sie das Ende einer ersten, in Deutschland und in der kontinentaleuropäischen Philosophie vor allem rationalistisch geprägten Epoche der Neuzeit dar, deren Methodendiskussion seit dem 16. Jahrhundert unter dem Leitbild der mathematischen Methode stand.

32 Vgl. oben S. 43—47.
33 Vgl. oben S. 47—49.

II Analytisch-synthetische Methodenmodelle

§ 6 Die Rezeption der antiken Methodenmodelle im 16. Jahrhundert

Schon bei der ersten Ausbildung eines methodologischen Bewußtseins überhaupt in der antiken Philosophie spielen mathematische Methodenüberlegungen eine entscheidende Rolle[1]. Ihr Einfluß tritt im Mittelalter hinter dem der boethianischen und später der aristotelischen Wissenschaftsauffassung zurück, so daß zwar die dort überlieferten mathematischen Methodentermini auch für das Mittelalter Leitbegriffe der Diskussion sind[2], ohne daß damit — sieht man vom zeitweiligen Einfluß Euklids ab[3] — eine allgemeine Orientierung der Methodendiskussion an der Mathematik verbunden gewesen wäre[4]. Dies geschieht im wesentlichen erst wieder im neuzeitlichen Denken, dessen Bestimmung des rationalen Vorgehens im allgemeinen und des wissenschaftlichen Verfahrens im besonderen sich bis hin zu Kant weitgehend an der mathematischen Methode orientiert.

Diese Epoche der Wissenschaftsgeschichte kündigt sich zwar bereits in den Quantifizierungs- und Mathematisierungstendenzen der Oxfordschule des 13. Jahrhunderts an und wird im 15. Jahrhundert durch die Aufnahme mathematischer Überlegungen in die allgemeine Methodendiskussion des naturwissenschaftlich orientierten italienischen Aristotelismus eingeleitet[5]; ebenso dokumentiert sich die Hochschätzung mathematischer oder pseudomathematischer Verfahren in der Wiederaufnahme der lullschen Kombinatorik[6] beispielsweise durch Giordano Bruno. Die entscheidende Wendung zu einem am Vorbild der Mathematik orientierten Wissenschaftsbegriff aber erfolgt erst nach der Herausgabe und Übersetzung der mathematischen Schriften von Proklos[7] und Pappos[8] in der Mitte des 16. Jahrhunderts. Die Elemente Euklids lagen zwar bereits seit dem 12.

1 Vgl. unten § 7 und 8.

2 Vgl. dazu Régis, Louis M. O. P.: *Analyse et synthèse dans l'oeuvre de saint Thomas.* In: *Studia Mediaevalia. In honorem admodum Reverendi Patris Raymundi Josephi Martin O. P., S. T. M., LXXum natalem diem agentis.* — Brugis Flandrorum 1948, S. 303—330.

3 Vgl. unten Anm. 9 und 10.

4 Dolan, S. Edmund F. S. C.: *Resolution and Composition in Speculative and Practical Discourse.* In: *Laval théologique et philosophique* Bd. 6, 1950, S. 9—62.

5 Vgl. unten S. 89, Anm. 3.

6 Vgl. unten § 11.

7 Die erste Ausgabe des prokleischen Werks hat 1533 Grynaeus seiner Euklidausgabe angefügt unter dem Titel „Commentariorum Procli editio prima, quae Simonis Grynaei opera addita est Euclidis elementis graece editis Basileae apud Ioan. Hervagium anno MDXXXIII"; die erste lateinische Übersetzung erfolgte im Jahre 1560 durch Barocius unter dem Titel: „Procli in primum Euclidis elementorum librum commentariorum libri IIII a Francisco Barocio, patritio veneto editi, Patavii 1560". Vgl. dazu: Proclus Diado-

Jahrhundert in vollständigen lateinischen Übersetzungen vor[9] und wurden schon in der Scholastik gelegentlich als methodisches Vorbild sogar für theologische Schriften benutzt[10], aber erst die Herausgabe und Übersetzung dieser beiden Hauptquellen für die explizite methodologische Reflexion der in der griechischen Mathematik benutzten Verfahren vermitteln diejenigen Grundüberlegungen der mathematischen Methodologie der Antike, die zu einer eigenständigen Interpretation der euklidschen Elemente führen und sie damit für die allgemeine Methodendiskussion fruchtbar machen.

Die Rezeption dieser mathematischen Methodenschriften im 16. Jahrhundert wird zunächst durch ihre wirkliche oder vermutete Kompatibilität mit dem aristotelischen Wissenschaftsideal entscheidend erleichtert. Insbesondere der Kommentar von Proklos wird geradezu als Ergänzung der Analytica posteriora und als Ersatz für das verlorengegangene aristotelische Werk über die Mathematik interpretiert[11]. Auf diese Weise kann ein aus mathematischen und aus aristotelischen Methodenkonzepten gebildetes Wissenschaftsideal gegen die Beliebigkeit der scholastischen „disputatio in forma" ausgespielt werden; gemessen an den strengen Forderungen der aristotelischen Beweistheorie und der mathematischen Methodenmodelle erscheint die disputatio jetzt als „die Wurzel des Skeptizismus und der Unsicherheit in allen Wissenschaften"[12]. Wenn auf diese Weise Mathematik zunächst in Verbindung mit dem aristotelischen Wissenschaftsideal als vorbildliche Wissenschaft perzipiert und ihr propädeutisches Studium — mit der pseudoplatonischen Maxime ἀγεωμέτρητος μηδεὶς εἰσίτω begründet — gerade auch von Aristoteli-

chus (410—485): *Kommentar zum ersten Buch von Euklids „Elementen"*. Aus dem Griechischen ins Deutsche übertragen und mit textkritischen Anmerkungen versehen von P. Leander Schönberger. Eingeleitet, mit Kommentaren und bibliographischen Nachweisen versehen und in der Gesamtedition besorgt von Max Steck. Hrsg. im Namen der Kaiserlich Leopoldinisch-Carolinisch Deutschen Akademie der Naturforscher von Emil Abderhalden. — Halle 1945, S. 7 f. und Tafel I—III. — Dem Mittelalter ist prokleisches Gedankengut nur durch die *Elementa theologiae* (erste lateinische Übersetzung 1268 von Wilhelm von Moerbeke) und durch die kompendiöse Zusammenfassung dieser Schrift im *Liber de causis* (erste lateinische Übersetzung 1167—87 durch Gerhard von Cremona) vermittelt worden. Vgl. dazu Bardenhewer, Otto: *Die pseudo-aristotelische Schrift „Ueber das reine Gute", bekannt unter dem Namen „Liber de causis"*. — Freiburg im Breisgau 1882 (Nachdruck. Frankfurt 1957).

8 *Pappi Alexandrini mathematicae collectiones.* A Federico Commandino Urbinatae in Latinum conversae, et commentariis illustratae. — Venedig 1589; vgl. dazu Gilbert, Neal W.: *Renaissance Concepts of Method.* — New York 1960, S. 82.

9 Die erste bekannte vollständige Übersetzung der Elemente Euklids ins Lateinische erfolgt noch vor 1142—46 durch Adelard von Bath aus dem Arabischen; dazu und zur Einzelanalyse der verschiedenen Fassungen von Adelard von Bath, Hermann von Carinthia und Gerhard von Cremona vgl. Clagett, Marshall: *The Medieval Latin Translations from the Arabic of the Elements of Euclid, with Special Emphasis on the Versions of Adelard of Bath.* In: *Isis* Bd. 44, 1953, S. 16—42.

10 Schüling: *Die Geschichte der axiomatischen Methode* ... a.a.O. — Schüling nennt als erste Schrift *De arte seu articulis catholicae fidei libri 5* des Nikolaus von Amiens im Jahre 1189 und verweist auf den vermutlich bereits von Proklos beeinflußten deduktiven Aufbau der *Summa contra gentiles* des Thomas von Aquin (S. 21 ff.).

11 Gilbert: *Renaissance Concepts of Method* ... a.a.O., S. 86 ff.

12 Schüling: *Die Geschichte der axiomatischen Methode* ... a.a.O., S. 78 ff. — Diese Abneigung gegen die scholastische disputatio bleibt für die ganze Epoche, in der Mathematik Vorbild für Wissenschaft überhaupt

kern, wie z. B. in Deutschland von Philipp Melanchthon, gefordert werden kann, so löst sie sich im 17. Jahrhundert aus der Einbettung in die aristotelische Theorie und tritt isoliert als Bezugspunkt methodologischer Überlegungen auf. Sie avanciert jetzt zum Vorbild aller Wissenschaftlichkeit überhaupt und der Philosophie im besonderen und beherrscht seitdem auch die genuin philosophische Methodendiskussion ganz unmittelbar: das Schlagwort von „der mathematischen Methode“ wird zum Schlüsselbegriff dieser Epoche, ohne den die philosophischen Ansätze von Descartes, Pascal, Spinoza, Leibniz und Wolff — um hier nur die herausragendsten zu nennen — nicht denkbar sind.

Was Kant in der *Kritik der reinen Vernunft* über das Verhältnis von Mathematik und Philosophie und über die Hoffnungen sagt, die sich mit der Anwendung der mathematischen Methode auch im Felde der Philosophie verbanden, reflektiert deshalb nicht nur die damit verbundenen Erwartungen seiner unmittelbaren Vorgänger, sondern die allgemeine Tendenz, die die philosophischen Anstrengungen der vorangegangenen zwei Jahrhunderte beherrscht hat: „die Mathematik“ — so Kant — „giebt das glänzendste Beispiel einer sich ohne Beihülfe der Erfahrung von selbst glücklich erweiternden reinen Vernunft. Beispiele sind ansteckend ... Daher hofft reine Vernunft im transscendentalen Gebrauche sich eben so glücklich und gründlich erweitern zu können, als es ihr im mathematischen gelungen ist, wenn sie vornehmlich dieselbe Methode dort anwendet, die hier von so augenscheinlichem Nutzen gewesen ist“[13]. „Das große Glück, welches die Vernunft vermittelst der Mathematik macht, bringt ganz natürlicher Weise die Vermuthung zuwege, daß es ... ihrer Methode auch außer dem Felde der Größen gelingen werde“, zu einer entsprechenden Gründlichkeit und sicheren Vermehrung des Wissens in der Philosophie zu gelangen[14].

Eben diese bei Kant zitierten Hoffnungen führen zu einer ausdrücklichen Gleichsetzung der philosophischen bzw. der wissenschaftlichen Methode überhaupt mit der mathematischen und bilden das Hauptmotiv für das Programm einer Einheitswissenschaft, das zwei Jahrhunderte lang insbesondere die kontinentaleuropäische Philosophie beherrschte. Wenn nämlich Descartes in der Methode der Mathematiker „erste Ansätze der menschlichen Vernunft“ sieht und sie zum Vorbild seiner allgemeinen Methodologie macht, wenn Pascal seinen Methodenbegriff an „l'esprit géometrique“ orientiert, Spinoza seine Ethik „more geometrico“ demonstriert, wenn Leibniz Wissenschaft generell als mathesis universalis aufbauen und die Wahrheit über alle Dinge durch bloßes Rechnen ermitteln will und wenn schließlich Wolff die philosophische Methode

ist, als mehr oder weniger feststehender Topos erhalten. Noch die Kantische Beschreibung der Antinomie als eines „Zweykampfes“ „der Vernunft mit sich selbst“, in dem beide Parteien „falsch urtheilen möchten“, kann als später Reflex dieses humanistischen Mißtrauens gegen die Disputation gesehen werden: hier wie dort wird als Ergebnis des als orientierungslos empfundenen Meinungsstreites „eine Verzweiflung der Vernunft an sich selbst“ und „der Zustand des dogmatischen Scepticismus“ diagnostiziert (*Fortschritte* A 188 f., KA XX 327).

13 *KrV* B 740 f., KA III 468 f.

14 *KrV* B 752 f., KA III 475 f.

schlechthin mit der mathematischen gleichsetzt, dann stehen alle diese Ansätze und damit die wesentlichen Repräsentanten von zwei Jahrhunderten kontinentaleuropäischer Philosophiegeschichte unter dem Bann des Schlagworts von der mathematischen Methode und der mit ihrer Anwendung im Felde der Philosophie verbundenen Hoffnungen.

Aber hinter dieser scheinbar einheitlichen Berufung auf die mathematische Methode verbergen sich in Wirklichkeit tiefgreifende Unterschiede. Was nämlich unter mathematischer und damit auch, was unter philosophischer oder wissenschaftlicher Methode zu verstehen sei, wird von den einzelnen Autoren ganz unterschiedlich beantwortet. Das hat seinen Grund zunächst darin, daß die antike mathematische Tradition, auf die man sich seit dem 16. Jahrhundert unmittelbar bezieht, selbst nicht einheitlich ist, sondern unterschiedliche oder unterschiedlich interpretierbare Modelle der mathematischen Methode überliefert. Darüber hinaus gehen diese verschiedenen Mathematikmodelle bei der Rezeption des 16. und 17. Jahrhunderts neue Verbindungen untereinander, aber auch mit der überlieferten aristotelischen Methodentradition ein. Und schließlich entwickelt das 17. Jahrhundert noch ein eigenes Konzept von ‚der' mathematischen Methode, und dies geschieht — um die Verwirrung vollkommen zu machen — wiederum im Rückgriff auf eines der antiken Modelle.

Die Verwechslung und Vermischung dieser verschiedenen mathematischen Methodenmodelle führt zu erheblichen Komplikationen auch in der sich an ihnen orientierenden philosophischen Methodendiskussion, die nicht zuletzt dadurch zustande kommen, daß in den zugrunde liegenden mathematischen Modellen dieselben methodologischen Schlüsselbegriffe verwendet werden. Insbesondere gilt dies für die noch bei Kant zentralen Begriffe „analytisch" und „synthetisch" bzw. „resolutio" und „compositio", die in den verschiedenen Konzeptionen unterschiedliche Funktionen übernehmen und sich dementsprechend schon in der Methodologie des 17. Jahrhunderts durch die Vieldeutigkeit ihrer Verwendung auszeichnen.

Um den Einfluß, den die verschiedenen mathematischen Methodenmodelle auf die philosophische Methodologie gewinnen, im einzelnen zu bestimmen, ist es daher erforderlich, die unterschiedlichen Modelle von mathematischer Methode, wie sie bis hin zu Kant als Vorbild für die philosophische Methode verstanden und benutzt wurden, zunächst im Rahmen der mathematischen Methodendiskussion selbst voneinander zu unterscheiden. Dabei geht es nicht so sehr um eine Analyse der faktisch verwendeten mathematischen Verfahren selbst als um die Charakterisierung der unterschiedlichen, historisch vorliegenden Theorien zu diesen mathematischen Verfahren. Die philosophische Methodendiskussion ist nämlich eher mittelbar durch solche Auslegungen und Interpretationen der mathematischen Verfahren als unmittelbar durch die mathematische Praxis selbst bestimmt; deshalb ist im folgenden von mathematischen Methodenmodellen und nicht von mathematischen Methoden die Rede.

Zur Bestimmung und Unterscheidung dieser unterschiedlichen mathematischen Methodenmodelle wird dabei jeweils auf einen frühen und grundlegenden Text der mathematisch-methodologischen Tradition zurückgegriffen, in dem die formalen Strukturen des jeweils vorliegenden Methodenmodells oft deutlicher als in späteren Auslegungen zutage treten, in denen sich häufig bereits unterschiedliche Methodenansätze überlagern. Dabei ist keine Vollständigkeit und also auch keine ‚kurzgefaßte Geschichte der mathematischen Methodologie' beabsichtigt; worum es geht, ist, diejenigen mathematischen Methodenmodelle, die unmittelbar Einfluß auf die philosophische Methodendiskussion des 17. und 18. Jahrhunderts gewinnen, zu identifizieren und so weit zu charakterisieren, daß die verschiedenen methodologischen Ansätze deutlich und unterscheidbar werden, die mit der Berufung auf ‚die' mathematische Methode in die philosophische Methodendiskussion Eingang finden und diese für zwei Jahrhunderte lang beherrschen.

§ 7 Die synthetische Methode der antiken Geometrie (Modell A)

Das prominenteste mathematische Methodenmodell, das bis ins 18. Jahrhundert hinein als Vorbild für die wissenschaftliche Methode überhaupt und für die philosophische Methode im besonderen fungiert, orientiert sich am Aufbau der *Elemente* Euklids. Zwar finden sich im überlieferten Text der *Elemente*[1] selbst so gut wie keine methodologischen Darlegungen allgemeinerer Art, aber ihr Aufbau und die unterschiedliche Behandlung verschiedener Satzgruppen in ihnen erlaubt eine Interpretation im Sinne der *Analytica posteriora* des Aristoteles, in der sie zum Muster methodischen Vorgehens und zum Beispiel für die geglückte Anwendung der dort entwickelten wissenschaftlichen Methode überhaupt werden konnten. Eine solche Parallelisierung mit der aristotelischen Methodologie haben die *Elemente* Euklids ansatzweise bereits im Kommentar[2] des Neuplatonikers Proklos Diadochos[3] aus dem 5. Jahrhundert n. Chr. gefunden, und in dieser Interpretation sind sie in der frühen Neuzeit rezipiert worden[4]; eine Darstellung, der es um die wirksam gewordenen mathematischen Methodenmodelle geht, ist daher darauf verwiesen, die euklidischen *Elemente* zunächst in dieser bestimmten Interpretation in den Blick zu nehmen.
In den *Elementen* Euklids werden zwar nicht ausdrücklich, aber durch die Art ihrer Be-

1 *Euklidis Elementa.* Edidit et latine interpretatus est I. L. Heiberg (= *Euclidis opera omnia.* Ediderunt I. L. Heiberg et H. Menge, Bd. 1—5). — Leipzig 1883—88; vgl. Euklid: *Die Elemente.* Buch I—XIII. Hrsg. und ins Deutsche übersetzt von Clemens Thaer. — Darmstadt 1969.

2 *Procli Diadochi in primum Euclidis elementorum librum commentarii.* Ex recognitione Godofredi Friedlein. — Leipzig 1873 (Nachdruck: Hildesheim 1967); vgl. auch oben S. 68 f., Anm. 7.

3 Proklos Diadochos, 411 n. Chr. in Konstantinopel geboren und 485 in Athen gestorben; zur Biographie vgl. Noe, A. R.: *Proklos und seine Philosophie.* — Diss. Heidelberg 1937.

4 Vgl. Schüling: *Die Geschichte der axiomatischen Methode* ... a.a.O., S. 35—109: „Die Geschichte der axiomatischen Methode im 16. und beginnenden 17. Jahrhundert".

handlung zwei Gruppen von Sätzen unterschieden: die Sätze der ersten Gruppe werden kommentarlos eingeführt, die Sätze der zweiten Gruppe werden aus denen der ersten abgeleitet. Im überlieferten Text werden innerhalb der ersten Gruppe drei Arten von Sätzen durch — offenbar spät eingefügte — Überschriftenbegriffe unterschieden; der Prokloskommentar kennt dieselben Unterscheidungen in einer gelegentlich abweichenden und einflußreich gewordenen Terminologie[5]:

1. Die Definitionen (im Euklidtext ὅροι, bei Proklos meist ὑποθέσεις), mit denen die geometrischen Begriffe, die eingeführt werden, mehr oder weniger anschaulich bestimmt und charakterisiert werden, z. B.: „eine gerade Linie ist eine solche, die zu den Punkten auf ihr gleichmäßig liegt"[6].
2. Die Postulate (αἰτήματα), die nach Proklos ein bestimmtes Tun für ohne weitere Konstruktion möglich erklären[7], z. B. „daß man von jedem Punkt nach jedem Punkt die Strecke ziehen kann"[8].
3. Die Axiome (im Euklidtext κοιναὶ ἔννοιαι, bei Proklos nach dem Vorbild von Aristoteles meist ἀξιώματα), die allgemein einleuchtende und deshalb verbindliche Aussagen darstellen wie „was demselben gleich ist, ist auch einander gleich"[9].

Wie in der ersten Gruppe von Sätzen zwischen praktischen und theoretischen Sätzen, Postulaten und Axiomen, unterschieden wird, so in der zweiten Gruppe der ableitbaren Sätze. Im Euklidtext ist diese Unterscheidung durch die unterschiedlichen Schlußwendungen der Ableitung angedeutet[10], bei Proklos findet sich die für die weitere Terminologie bestimmende Unterscheidung zwischen προβλήματα und θεωρήματα:

4. Probleme stellen praktische Konstruktions-„Aufgaben"[11] dar wie die, über einer gegebenen Strecke ein gleichseitiges Dreieck zu errichten[12]; durch sie erhalten wir also den praktischen Auftrag, etwas zu finden oder zu tun[13].
5. Theoreme oder „Lehrsätze"[11] dagegen sind theoretische Aussagen über die mathematischen Eigenschaften bestimmter Figuren wie etwa die, daß in jedem Dreieck der größeren Seite der größere Winkel gegenüberliegt[14].

Für die Rezeption der euklidischen *Elemente* als Methodenvorbild für wissenschaftliches Vorgehen überhaupt wird die Interpretation von Proklos in mehrfacher Hinsicht bedeutsam. Erstens interpretiert Proklos die *Elemente* Euklids im Sinne eines axiomati-

5 Zum Verhältnis der euklidischen und prokleischen Terminologie vgl. Szabó, Árpád: *Anfänge des euklidischen Axiomensystems.* In: Becker, Oskar (Hrsg.): *Zur Geschichte der griechischen Mathematik* (= Wege der Forschung Bd. 33). — Darmstadt 1965, S. 355—461.

6 Euklid: *Elementa I,* 4. Definition; a.a.O. I 2, 4 f.

7 Vgl. dazu unten S. 75, zu davon abweichenden Interpretationen der Postulate vgl. Anm. 20.

8 Euklid: *Elementa I,* 1. Postulat; a.a.O. I 8, 7 f.

9 Euklid: *Elementa I,* 1. Axiom; a.a.O. I 10, 1.

10 Vgl. den Hinweis darauf bei Proklos a.a.O. 81, 5 ff.

11 Zur deutschen mathematischen Terminologie und zur Bedeutung, die Wolff für ihre Stabilisierung hat, vgl. unten S. 232—235.

12 Euklid: *Elementa I,* 1. Problem; a.a.O. I 10, 13 ff.

13 Proklos a.a.O. 179, 1 f.

14 Euklid: *Elementa I,* 11. Theorem; a.a.O. I 46, 1 ff.; vgl. Proklos a.a.O. 178, 14 — 179, 1.

schen Systems, indem er eine scharfe Trennungslinie zwischen den ersten drei Satzarten als den Prinzipien der Geometrie und den letzten beiden als den aus ihnen abgeleiteten Folgerungen zieht: Definitionen, Postulate und Axiome sollen als die allgemeinen Prinzipien der Geometrie ohne Beweis oder argumentative Rechtfertigung eingeführt werden dürfen, nur die Theoreme und Probleme unterliegen als daraus folgende Sätze der Rechtfertigungspflicht. Damit orientiert sich Proklos deutlich am aristotelischen Wissenschaftsbegriff[15], wie er im zweiten Kapitel des ersten Buches der *Analytica posteriora* entwickelt ist[16]: wie dort jede Wissenschaft als ein Zusammenhang von Aussagen verstanden wird, in dem aus obersten, in dieser Wissenschaft selbst nicht ableitbaren Grundsätzen alle anderen Sätze durch Beweis abgeleitet werden sollen, so muß für Proklos „der Verfasser eines geometrischen Elementarbuchs gesondert die Prinzipien der Wissenschaft lehren und gesondert die Folgerungen aus den Prinzipien; von den Prinzipien braucht er keine Rechenschaft zu geben, wohl aber von den Folgerungen hieraus“[17].

Zweitens betrachtet Proklos die so vorausgesetzten Prinzipien nicht als axiomatische Setzungen, durch die die auftauchenden Begriffe allererst explizit oder — im Falle der Axiome und Postulate — implizit definiert werden, sondern als wahre Sätze. Da die Wahrheit dieser Sätze nach dem Gesagten aber wenigstens in der Geometrie nicht weiter begründet werden kann, nimmt Proklos für diese Prinzipien Selbstevidenz in Anspruch: „Denn keine Wissenschaft beweist ihre eigenen Prinzipien und stellt sie zur Diskussion, sondern hält sie für an sich gewiß; sie sind ihr klarer als die Ableitungen; erstere erkennt sie in deren eigenem Licht, die Ableitungen aber durch die Prinzipien“[18]. Damit orientiert sich Proklos erneut am aristotelischen Wissenschaftsbegriff der *Analytica posteriora.* Wie dort die beweisenden Wissenschaften auf wahren Prämissen beruhen, die die ersten und unvermittelt sind, einsichtiger und früher als das aus ihnen Bewiesene und dieses begründend[19], so nimmt auch Proklos für alle geometrischen Prinzipien Selbstevidenz in Anspruch.

Dabei finden sich bei der Behandlung der Axiome und Postulate im einzelnen zwar auch Interpretationsansätze, die von diesen gründsätzlichen Bestimmungen abweichen und auf andere, ebenfalls bei Aristoteles auftauchende begriffsgeschichtliche Traditionen zurückweisen[20]. Aber für die weitere Diskussion wird die ausführliche Prinzipienlehre

15 *Aristotelis opera.* Edidit Academia Regia Borussica. Aristoteles graece ex recognitione Immanuelis Bekkeri. Bd. 1—5. — Berolini 1831—70 (Nachdruck: Darmstadt 1960 ff.); vgl. Aristoteles: *Organon.* Übersetzt und erläutert von Eugen Rolfes (= Philosophische Bibliothek Bd. 8—13). — Leipzig 1922 ff.

16 Aristoteles: *Analytica posteriora I 2;* a.a.O. I 71 b, 19 ff.

17 Proklos a.a.O. 75, 6—15: "ἐπειδὴ τὴν ἐπιστήμην ταύτην τὴν γεωμετρίαν ἐξ ὑποθέσεως εἶναί φαμεν καὶ ἀπὸ ἀρχῶν ὡρισμένων τὰ ἐφεξῆς ἀποδεικνύναι … ἀνάγκη δή που τὸν τὴν ἐν γεωμετρίᾳ στοιχείωσιν συντάττοντα χωρὶς μὲν παραδοῦναι τὰς ἀρχὰς τῆς ἐπιστήμης, χωρὶς δὲ τὰ ἀπὸ τῶν ἀρχῶν συμπεράσματα, καὶ τῶν μὲν ἀρχῶν μὴ διδόναι λόγον, τῶν δὲ ἑπομένων ταῖς ἀρχαῖς.“

18 Proklos a.a.O. 75, 14—17: "οὐδεμία γὰρ ἐπιστήμη τὰς ἑαυτῆς ἀρχὰς ἀποδείκνυσιν, οὐδὲ ποιεῖται λόγον περὶ αὐτῶν, ἀλλ’ αὐτοπίστως ἔχει περὶ αὐτάς, καὶ μᾶλλόν εἰσιν αὐτῇ καταφανεῖς τῶν ἐφεξῆς.“

19 Aristoteles: *Analytica posteriora I 2;* a.a.O. I 71 b, 19 ff.

20 Vgl. Fritz, Kurt von: *Die APXAI in der griechischen Mathemathik.* In: *Archiv für Begriffsgeschichte* Bd. 1,

zu Beginn des dritten Buches entscheidend, in der ausdrücklich die Selbstevidenz auch der Axiome und Postulate behauptet wird: beide, das Axiom und das Postulat, haben für Proklos hier den Charakter des Einfachen und leicht Faßlichen; das Axiom ist „eine ohne Beweise einleuchtende Erkenntnis“ und das Postulat beschreibt „ein müheloses Finden ohne Konstruktion“[21]. Wenn so alle geometrischen Prinzipien, auch die Axiome und Postulate, „durch Einfachheit, durch den Wegfall von Beweisen und durch die eigene Evidenz“ ausgezeichnet sind[22], dann erscheint die Geometrie in dieser Interpretation also als ein System von Aussagen, in dem der unmittelbar einsichtige positive Wahrheitswert der einfachen Prinzipien durch korrekte Ableitungen auf kompliziertere, nicht mehr unmittelbar einsichtige Sätze übertragen wird: „Jede Wissenschaft“, auch die Geometrie, „ist zweifacher Art: entweder bemüht sie sich um die unmittelbaren Sätze, oder sie liefert, gestützt auf diese, Beweise und Konstruktionen, zieht überhaupt Folgerungen aus den Prinzipien und entwickelt so ihr System“[23].

Entscheidend für die Rolle der euklidischen *Elemente* als methodologisches Vorbild für alle anderen Wissenschaften aber ist drittens, daß ihr Aufbau nicht bloß als Muster für die geordnete Darstellung einer wissenschaftlichen Theorie, sondern zugleich als Darstellung der in der Geometrie verwendeten *Methode* verstanden wird: die geometrische Methode erscheint dann als Deduktion von Konklusionen aus wahren Prämissen und wird unmittelbar mit dem Beweis der *Analytica posteriora* identifiziert. Zwar findet sich schon in einem Zusatz zum Euklidtext eine differenzierende Unterscheidung zwischen einer analytischen und einer synthetischen Verfahrensweise[24], die auch der Prokloskommentar kennt und im Sinne seiner Euklidinterpretation auslegt: Synthetisch geht die

1955, S. 13—103. Fritz findet in seiner ausführlichen Analyse drei unterschiedliche Interpretationen der Postulate und Axiome durch Proklos und setzt alle drei in Beziehung zu den *Analytica posteriora:*

1. Eine Interpretation im Sinne der dialektischen Tradition, der Proklos vor allem in der zweiten Einleitung seines Kommentars (Proklos a.a.O. 76 f.) unter Hinweis auf Aristoteles (*Anal. post. I 10,* a.a.O. 76 b, 27—34) folgt: hier werden die Axiome als die dem Lernenden unmittelbar einleuchtenden Prinzipien, die Definitionen als die ihm nach Auseinandersetzung einleuchtenden Prinzipien und die Postulate als diejenigen Prinzipien angesehen, die angenommen werden, ohne daß sie dem Lernenden einleuchten.

2. Eine Interpretation der Axiome und Postulate als selbstevidente Sätze (Proklos a.a.O. 178 ff.), die sie zu den Sätzen zählt, die gemäß *Anal. post. I 2,* a.a.O. I 71 b, 19 ff. selbstevidente Prinzipien der Wissenschaft sind und in ihr keiner Begründung bedürfen; diese Interpretation der Axiome und Postulate wird im 16. und 17. Jahrhundert vorherrschen.

3. Eine von Proklos abgelehnte Zuordnung der Axiome zur mathematischen Grundwissenschaft und der Postulate zur Einzelwissenschaft Geometrie (Proklos a.a.O. 182), die ihr Vorbild in *Anal. post. I 10,* a.a.O. I 76 a, 37 ff. hat.

21 Proklos a.a.O. 179, 8—10: "γνῶσις ἄρα ἐναργὴς καὶ ἀναπόδεικτος καὶ λῆψις ἀκατάσκευος διορίζουσι τά τε αἴτηματα καὶ τὰ ἀξιώματα.“

22 Ebd. 12 11: "δεῖ γὰρ δὴ πανταχοῦ τὰς ἀρχὰς τῶν μετὰ τὰς ἀρχὰς διαφέρειν τῇ ἁπλότητι, τῷ ἀναποδείκτῳ, τῷ αὐτοπίστῳ.“

23 Ebd. 200, 22—201, 3: "Τῆς ἐπιστήμης πάσης διττῆς οὔσης καὶ τῆς μὲν περὶ τὰς ἀμέσους προτάσεις ἀσχολουμένης, τῆς δὲ περὶ τὰ ἐξ ἐκείνων δεικνύμενα καὶ πορίζομενα καὶ ὅλως περὶ τα ἀκόλουθα ταῖς ἀρχαῖς ἐξελιττούσης τὴν ἑαυτῆς πραγματείαν.“

24 Euklid: *Elementa XIII,* § 1a; a.a.O. IV 364, 18—366, 2: „Eine Analysis ist die Zugrundelegung des Gesuchten als anerkannt um seiner auf anerkannt Wahres führenden Folgerungen willen. Eine Synthesis ist die

Geometrie für Proklos vor, wenn sie „von den Prinzipien zu den Folgerungen schreitet“, diese Methode „läßt den ganzen Reichtum der Prinzipien sich entfalten und führt so zu den mannigfachen Wegen der wissenschaftlichen Theorie“; die analytische Methode dagegen leitet von den Folgerungen zu den Prinzipien zurück, sie „führt die vielen Ableitungen wieder zurück auf die eigenen Voraussetzungen“[25]. Darüber hinaus nimmt Proklos gelegentlich sogar eine noch größere Methodenvielfalt für die Mathematik in Anspruch und schreibt ihr unter Berufung auf die platonische Dialektik die analytische, die trennende, die bestimmende und die beweisende Methode zu[26]. Und schließlich unterscheidet Proklos beim Kommentar zum ersten Problem aus Euklids *Elementen* sechs Teilschritte, die bei der Lösung jedes geometrischen Problems und jeder Aufgabe zu vollziehen seien: die Aufgabe, die Angabe, die Thesis, die Konstruktion, den Beweis, die Schlußfolgerung[27] und verweist darüber hinaus auf Hilfssätze, Fälle, Porismen, Einwände und Zurückführungen als weiter häufig benützte methodische Mittel[28].

Trotz all dieser Differenzierungen, die sich zum Teil eng an die geometrische Praxis in Euklids *Elementen* anlehnen, setzt sich unter dem Einfluß des aristotelischen Wissenschaftsbegriffs bei der Rezeption des Prokloskommentars im 16. Jahrhundert eine Interpretation durch, in der die geometrische Methode insgesamt mit dem wissenschaftlichen Beweis im Sinne der *Analytica posteriora* identifiziet wird[29]. Dabei kann man sich auf entsprechende Äußerungen in den *Analytica posteriora* selbst stützen, in denen die Geometrie erstens zu denjenigen Wissenschaften gerechnet wird, die ihre Beweise durch Schlüsse, vorzugsweise in der ersten Schlußfigur, führen[30], also lediglich das Enthaltensein eines Gattungsbegriffs im anderen betrachten. Und zweitens werden die der Geometrie zugeschriebenen Schlüsse als Beweisgang gewertet, der von den Gründen oder Ursachen zu den Folgerungen oder Wirkungen führt (ἀπ' ἀρχῶν; demonstratio propter quid): während nachgeordnete Wissenschaften wie die Optik häufig die Ursachen aus den Wirkungen beweisen (ἐπ' ἀρχάς, demonstratio quia), besitzen die Mathematiker die Beweise aus den Gründen[31].

Durch diese Identifikation der geometrischen Methode mit dem vollkommenen wissen-

Zugrundelegung des Anerkannten um seiner auf Vollendung oder Ergreifung des Gesuchten führenden Folgerungen willen“. ("'Ανάλυσις μὲν οὖν ἐστι λῆψις τοῦ ζητουμένου ὡς ὁμολογουμένου διὰ τῶν ἀκολούθων ἐπί τι ἀληθὲς ὁμολογούμενον. Σύνθεσις δὲ λῆψις τοῦ ὁμολογουμένου διὰ τῶν ἀκολούθων ἐπί τι ἀληθὲς ὁμολογούμενον.“)

25 Proklos a.a.O. 19, 6—9: "Δυνάμεις γε μὴν ἔχει διττάς, τὰς μὲν εἰς πλῆθος προαγούσας τὰς ἀρχὰς καὶ ἀπογεννώσας τὰς πολυειδεῖς τῆς θεωρίας ἀτραπούς, τὰς δὲ συναγωγοὺς τῶν πολλῶν διεξόδων εἰς τὰς οἰκείας ὑποθέσεις“; vgl. auch 255, 12 ff.

26 Ebd. 42, 12—43, 21.

27 Ebd. 203, 4 ff.; vgl. die Verwendung dieser Aufgliederung bei der Rekonstruktion der analytischen Methode unten S. 83—86.

28 Ebd. 210, 25 ff.

29 Vgl. Schüling: *Die Geschichte der axiomatischen Methode* ... a.a.O., S. 41 ff.: „Die mangelnde Unterscheidung von aristotelischer Apodeixis und geometrischer Methode“.

30 Aristoteles: *Analytica posteriora I 14;* a.a.O. I 79 a, 17 ff.

31 Ebd. *I 13;* I 78 b, 32 ff.

schaftlichen Beweis im aristotelischen Sinne reduziert sich die geometrische Methode also auf ein Verfahren, das aus wahren Prinzipien, als die die Definitionen, Axiome und Postulate verstanden werden, mittels einer Reihe von Syllogismen Konklusionen (Theoreme und Probleme) ableitet. Dabei werden sowohl die komplizierten Lösungsstrategien, die im Euklidtext gegenüber konkreten Aufgaben und Lehrsätzen faktisch benutzt werden[32], als auch die theoretischen Äußerungen dazu, wie sie sich ansatzweise bei Euklid und ausführlicher bei Proklos finden, zugunsten eines — um mit Lakatos zu sprechen — „deduktionistischen Ansatzes" vernachlässigt, in dem die wissenschaftliche Methode auf die beweisende Darstellung der als wahr erkannten Sätze beschränkt wird[33]. Zieht man zur Charakterisierung dieses deduktionistischen Ansatzes die bei Euklid und Proklos getroffene Unterscheidung zwischen der analytischen und der synthetischen Methode heran, dann ist die geometrische Methode in dieser Interpretation nur noch „synthetisch": sie schreitet von den Prinzipien zu den Folgerungen fort. Und in diesem Sinne wird dann die „methodus Euclideae" auch regelmäßig als synthetisches Vorgehen interpretiert, wenn sich nach der Rezeption der griechischen Kommentare die griechischen Methodentermini gegenüber den lateinischen durchsetzen.
Die Identifikation der euklidischen mit der aristotelischen Methodologie hat weitreichende Folgen für die Methodendiskussion des 17. Jahrhunderts, aber auch noch für das Euklidverständnis beispielsweise von Wolff. Die hier vorliegende Verbindung eines tatsächlich durchgeführten axiomatischen Systems in der Geometrie mit dem aristotelischen Programm der beweisenden Wissenschaft ist erstens verantwortlich dafür, daß die so verstandene Methode Euklids trotz des Existierens abweichender mathematischer Methodenmodelle und trotz des Aufkommens der modernen Analysistheorien bis ins 18. Jahrhundert hinein immer wieder als „die" mathematische Methode verstanden wird. Und zweitens bewirkt diese Identifikation ‚der' mathematischen Methode mit dem allgemeinen Wissenschaftsprogramm des Aristoteles, daß sie in dieser Interpretation für lange Zeit zum Vorbild aller wissenschaftlichen und philosophischen Methodologie avanciert: die so verstandene mathematische Methode spielt eine entscheidende Rolle bei der „Wandlung der Wissenschaftsauffassung" im 16. Jahrhundert[34], sie bildet das Ziel des pascalschen Rekonstruktionsversuches der idealen mathematischen Methode und wird in Spinozas „nach geometrischer Methode dargestellten" Ethik unmittelbar auf philosophische Fragen angewendet. Im 17. Jahrhundert gehört sie zum gesicherten Methodeninventar[35] und prägt das einflußreichste Logiklehrbuch, die von Descartes einerseits und von Pascal andererseits beeinflußte *Logik von Port Royal*[36]. Und die Me-

32 Zur Analyse der geometrischen Praxis vgl. unten S. 83—86.

33 Lakatos, Imre: *Proofs and Refutations. The Logic of Mathematical Discovery.* Edited by John Worrall and Elie Zahar. — Cambridge, London, New York, Melbourne 1976; vgl. insbesondere den Anhang 2: „*The Deductivist versus the Heuristic Approach*" (S. 142—154).

34 Vgl. Schüling: *Die Geschichte der axiomatischen Methode* ... a.a.O., S. 57 ff.

35 Vgl. vor allem Vleeschauwer: *More seu ordine geometrico demonstratum* ... a.a.O. und Angelis: *Il metodo geometrico* ... a.a.O.

36 Vgl. unten S. 131 f.

thodologie Wolffs und seiner Schule stellt die letzte wichtige Ausprägung dieser einflußreichen Tradition dar und liefert die Interpretation, in der das 18. Jahrhundert den „mos geometricus" rezipiert[37].

Dabei bleibt offen und bis ins 18. Jahrhundert umstritten, welche Funktion genau diese synthetische Methode in der Wissenschaft erfüllen könne. Ihre Orientierung am aristotelischen Beweisbegriff macht es zwar unzweifelhaft, daß sie zum Begründungszusammenhang der Wissenschaft gehört: mit ihrer Hilfe richtig abgeleitete Sätze sind aus den Prinzipien begründet. Offen und umstritten bleibt jedoch, ob sie zugleich und in eins damit die erfindende Funktion erfüllt, ob also die Deduktion, durch die Sätze bewiesen werden, zugleich das Mittel ihrer Er- und Auffindung ist. Die Autoren, die neben dieser synthetischen Methode andere Methodenmodelle zulassen wie Descartes und Leibniz, neigen dazu, sie auf den Begründungszusammenhang zu beschränken[38]; bei anderen, für die diese Methode ‚die' mathematische Methode schlechthin und als solche Vorbild für ‚die' wissenschaftliche Methode überhaupt ist, muß die Tendenz bestehen, der synthetischen Ableitung von Konklusionen auch erfindende Kraft zuzuschreiben: in diesem Sinne wird noch Wolff in der syllogistischen Deduktion ein Mittel der Erfindung sehen[39].

§ 8 Die analytische Methode der antiken Geometrie (Modell B)

Im zweiten großen Euklidkommentar, der neben dem Kommentar von Proklos für die Methodendiskussion der frühen Neuzeit bedeutsam wird, in der Sammlung mathematischer Schriften des Pappos von Alexandrien[1], findet sich eine Interpretation der mathematischen Methode, die in wesentlichen Punkten vom Methodenmodell A abweicht: die in der antiken Geometrie und bei Euklid befolgte Methode wird hier nicht als synthetische, sondern als analytische oder als analytisch-synthetische Methode verstanden. Die Ansicht, daß es in der Geometrie eine analytische Methode gebe, war in der Antike verbreitet. Sie wird Platon zugeschrieben, der zugleich als Erfinder dieser analytischen Methode gilt[2]; sie taucht bei Aristoteles auf, wenn er den Lösungsweg in der Geometrie mit dem analytischen Vorgehen in der Ethik parallelisiert[3], sie findet sich —

37 Vgl. unten S. 231—237.

38 Vgl. unten S. 130 f. und S. 195—198.

39 Vgl. unten S. 237—240.

1 *Pappi Alexandrini collectionis quae supersunt.* E libris manu scriptis edidit, latina interpretatione et commentariis instruxit Fridericus Hultsch. 3 Bde. — Berlin 1875—78 (Nachdruck Amsterdam 1965).

2 Proklos a.a.O. 211, 18 ff.

3 Aristoteles: *Nikomachische Ethik III 5;* a.a.O. I 1112 b, 20 ff.

wie gesagt — im Euklidtext und bei Proklos[4], und Apollonios von Perge und Aristaios der Ältere werden von Pappos neben Euklid als Gewährsmänner genannt[5]. Eine ausführliche Darstellung und theoretische Erörterung dieser analytischen Methode hat sich im Grunde aber bloß in den Schriften des Pappos erhalten; sie findet sich inmitten konkreter geometrischer Aufgaben zu Beginn des 7. Buches seiner Collectio[6]. Das Kernstück der theoretischen Erörterung dieser analytischen Methode lautet in der üblichen Übersetzung[7]:

634,3 „Der sogenannte ἀναλυόμενος, mein Sohn Hermodorus, ist, kurz gesagt, eine spezielle Lehre für diejenigen, die schon mit den gewöhnlichen Elementen vertraut sind und die die Fähigkeit zu erwerben wünschen, vorgelegte Probleme durch Konstruktion zu lösen. Und nur für diesen Zweck ist sie nützlich. Sie ist von drei Männern, von Euklid, dem Verfasser der Elemente, von Apollonios von Perge und von Aristaios dem Älteren behandelt worden und geht durch die Analysis und die Synthesis vor sich. Die Analysis nun ist ein Weg, von dem Gesuchten, das als zugestanden betrachtet wird, durch die sich daraus

4 Vgl. oben S. 75 f.

5 Pappos a.a.O. 634, 8 ff.

6 Pappos a.a.O. 634, 3—636, 14: "῾Ο καλούμενος ἀναλυόμενος, ῾Ερμόδωρε τέκνον, κατὰ σύλληψιν ἰδία τίς ἐστιν ὕλη παρεσκευασμένη μετὰ τὴν τῶν κοινῶν στοιχείων ποίησιν τοῖς βουλομένοις ἀναλαμβάνειν ἐν γραμμαῖς δύναμιν εὑρετικὴν τῶν προτεινομένων αὐτοῖς προβλημάτων, καὶ εἰς τοῦτο μόνον χρησίμη καθεστῶσα. γέγραπται δὲ ὑπὸ τριῶν ἀνδρῶν, Εὐκλείδου τε τοῦ στοιχειωτοῦ καὶ Ἀπολλωνίου τοῦ Περγαίου καὶ Ἀρισταίου τοῦ πρεσβυτέρου, κατὰ ἀνάλυσιν καὶ σύνθεσιν ἔχουσα τὴν ἔφοδον. ἀνάλυσις τοίνυν ἐστὶν ὁδὸς ἀπὸ τοῦ ζητουμένου ὡς ὁμολογουμένου διὰ τῶν ἑξῆς ἀκολούθων ἐπί τι ὁμολογούμενον συνθέσει· ἐν μὲν γὰρ τῇ ἀναλύσει τὸ ζητούμενον ὡς γεγονὸς ὑποθέμενοι τὸ ἐξ οὗ τοῦτο συμβαίνει σκοπούμεθα καὶ πάλιν ἐκείνου τὸ προηγούμενον, ἕως ἂν οὕτως ἀναποδίζοντες καταντήσωμεν εἴς τι τῶν ἤδη γνωριζομένων ἢ τάξιν ἀρχῆς ἐχόντων· καὶ τὴν τοιαύτην ἔφοδον ἀνάλυσιν καλοῦμεν, οἷον ἀνάπαλιν λύσιν. ἐν δὲ τῇ συνθέσει ἐξ ὑποστροφῆς τὸ ἐν τῇ ἀναλύσει καταληφθὲν ὕστατον ὑποστησάμενοι γεγονὸς ἤδη, καὶ ἑπόμενα τὰ ἐκεῖ προηγούμενα κατὰ φύσιν τάξαντες καὶ ἀλλήλοις ἐπισυνθέντες, εἰς τέλος ἀφικνούμεθα τῆς τοῦ ζητουμένου κατασκευῆς· καὶ τοῦτο καλοῦμεν σύνθεσιν.
Διττὸν δ' ἐστὶν ἀναλύσεως γένος, τὸ μὲν ζητητικὸν τἀληθοῦς, ὃ καλεῖται θεωρητικόν, τὸ δὲ ποριστικὸν τοῦ προταθέντος, ὃ καλεῖται προβληματικόν. ἐπὶ μὲν οὖν τοῦ θεωρητικοῦ γένους τὸ ζητούμενον ὡς ὂν ὑποθέμενοι καὶ ὡς ἀληθές, εἶτα διὰ τῶν ἑξῆς ἀκολούθων ὡς ἀληθῶν καὶ ὡς ἔστιν καθ' ὑπόθεσιν προελθόντες ἐπί τι ὁμολογούμενον, ἐὰν μὲν ἀληθὲς ᾖ ἐκεῖνο τὸ ὁμολογούμενον, ἀληθὲς ἔσται καὶ τὸ ζητούμενον, καὶ ἡ ἀπόδειξις ἀντίστροφος τῇ ἀναλύσει, ἐὰν δὲ ψεύδει ὁμολογουμένῳ ἐντύχωμεν, ψεῦδος ἔσται καὶ τὸ ζητούμενον. ἐπὶ δὲ τοῦ προβληματικοῦ γένους τὸ προταθὲν ὡς γνωσθὲν ὑποθέμενοι, εἶτα διὰ τῶν ἑξῆς ἀκολούθων ὡς ἀληθῶν προελθόντες ἐπί τι ὁμολογούμενον, ἐὰν μὲν τὸ ὁμολογούμενον δυνατὸν ᾖ καὶ ποριστόν, ὃ καλοῦσιν οἱ ἀπὸ τῶν μαθημάτων δοθέν, δυνατὸν ἔσται καὶ τὸ προταθέν, καὶ πάλιν ἡ ἀπόδειξις ἀντίστροφος τῇ ἀναλύσει, ἐὰν δὲ ἀδυνάτῳ ὁμολογουμένῳ ἐντύχωμεν, ἀδύνατον ἔσται καὶ τὸ πρόβλημα."

7 Die Übersetzung orientiert sich zunächst an der lateinischen Übersetzung durch Hultsch (vgl. Anm. 1), an der deutschen Übersetzung von Gerhardt, C. I. (Hrsg.): *Der Sammlung des Pappus von Alexandrien siebentes und achtes Buch. Griechisch und deutsch.* — Halle 1871, S. 3 ff. und an der englischen von Heath, C. L. (Hrsg.): *The Thirteen Books of Euclid's Elements.* Translated from the Text of Heiberg with Introduction and Commentary. Bd. 1—3. — Cambridge 1908 ff., Bd. I, S. 138 f.; zu den abweichenden Übersetzungen von Commandinus, Cornford und Hintikka/Remes vgl. unten Anm. 16, 18, 28 und 30.

> ergebenden Folgerungen[8] zu etwas fortzuschreiten, das in der Synthesis bereits zugestanden ist. Denn in der Analysis setzen wir das Gesuchte als bereits zustande gekommen voraus und fassen das ins Auge, woraus dieses sich ergibt[9], und wiederum das, was jenem vorhergeht, bis wir bei diesem Zurückschreiten auf etwas treffen, das schon erkannt worden ist oder den Rang eines Prinzips hat. Und ein solches Vorgehen nennen wir Analysis, gleichsam eine Rückwärtsauflösung. In der Synthesis dagegen setzen wir umgekehrt das, worauf wir in der Analysis als letztes gestoßen sind, als zustande gekommen voraus, behandeln das dort Vorausgehende der natürlichen Ordnung gemäß hier als Folgerungen[10], verbinden eines mit dem anderen und erreichen so am Ende die Konstruktion des Gesuchten. Und dies nennen wir Synthesis.
>
> Die Analysis aber ist doppelter Art; die eine dient zum Suchen des Wahren und heißt die theoretische; die andere zum Ausführen dessen, was getan werden soll, und heißt die problematische Analysis. In der theoretischen Analysis setzen wir das Gesuchte als bestehend und als wahr voraus und gelangen durch die sich daraus ergebenden Folgerungen[10], die ebenfalls als wahr und als durch unsere Voraussetzung gesichert angesehen werden, zu einer Behauptung. Wenn nun diese Behauptung wahr ist, ist auch das Gesuchte wahr, und der Beweis wird die Umkehr der Analysis sein; ist aber die Behauptung falsch, dann wird auch das Gesuchte falsch sein. In der problematischen Analysis setzen wir das Geforderte als bekannt voraus und gelangen durch die daraus folgenden Folgerungen[10], die als wahr angenommen werden, zu irgendeiner Behauptung. Wenn nun das Behauptete möglich ist und getan werden kann, d.h. das ist, was die Mathematiker als ‚gegeben' bezeichnen, so ist auch das Geforderte möglich und der Beweis wird wiederum die Umkehr der Analysis sein. Ist aber das Behauptete unmöglich, dann wird auch das Geforderte unmöglich sein".

Dieser Text ist zumindest auf den zweiten Blick so vieldeutig, unscharf und zum Teil widersprüchlich, daß die Kette der einander korrigierenden Interpretationsversuche von seiner Rezeption im 16. Jahrhundert bis heute reicht. Eine erste, noch äußerliche Unschärfe des Pappostextes betrifft die Zuordnung der Schlüsselbegriffe Analyse und Synthese, weil sowohl die ganze Methode als auch ihr erster Teilschritt mithilfe derselben Begrifflichkeit bezeichnet werden: das von Euklid, Apollonios von Perge und Aristaios dem Älteren benutzte Gesamtverfahren (ὁ καλούμενος ἀναλυόμενος) besteht bei Pappos aus den beiden Teilschritten der Analyse und Synthese (κατὰ ἀνάλυσιν καὶ σύνθεσιν)[11]. Diese Unschärfe führt bei der späteren Verwendung dieser Methode gelegentlich zu Unklarheiten darüber, ob das Gesamtverfahren aus Analyse und Synthese oder nur der erste Teilschritt als analytische Methode zu bezeichnen sei.

8 Vgl. unten Anm. 16 und 18.
9 Vgl. unten Anm. 28.
10 Vgl. unten Anm. 30.
11 Pappos a.a.O. 634,3 und 10 f.

Wesentlicher ist, daß der Pappostext den analytischen Teilschritt selbst in unterschiedlicher Weise charakterisiert. Das Verfahren beginnt zwar in jedem Falle damit, daß das Gesuchte als zugestanden angenommen und dann analysiert wird; worin diese Analyse aber im einzelnen besteht, wird in unterschiedlicher Weise beschrieben. Einerseits wird die Analyse in einer Passage A als Fortschreiten von dem Gesuchten zu seinen Bedingungen verstanden: „in der Analysis ... setzen wir das Gesuchte als bereits zustande gekommen voraus und fassen das ins Auge, *woraus dieses sich ergibt,* und wiederum das, was jenem vorhergeht, bis wir bei diesem Zurückschreiten auf etwas treffen, das schon erkannt worden ist oder den Rang eines Prinzips hat“[12]. Andererseits wird das analytische Fortschreiten in einer Passage B auch als das Ableiten von Folgerungen aus dem versuchsweise Gesetzten verstanden: „Analysis ... ist ein Weg, von dem Gesuchten, das als zugestanden betrachtet wird, *durch die sich daraus ergebenden Folgerungen* zu etwas fortzuschreiten, das in der Synthesis bereits zugestanden ist“[13]. Diese Widersprüchlichkeit des Textes hat noch im 20. Jahrhundert zu zwei unterschiedlichen Interpretationen des analytischen Teilschritts geführt; er wird entweder als „aufwärtsgerichtetes“ Fortschreiten zu den Bedingungen oder als „abwärtsgerichtetes“ Fortschreiten zu den Folgerungen verstanden.

Cornford[14] stützt sich auf die Passage A und versteht die Analyse entsprechend als Aufsteigen von einem zu prüfenden Satz zu seinen Bedingungen, wobei er die Aussage der Passage B und der Parallelstellen 636,2 und 636,9 dadurch zu entkräften sucht, daß er die an allen drei Stellen auftauchende Wendung διὰ τῶν ἑξῆς ἀκολούθων nicht wie üblich als „durch seine Folgerungen“[15], sondern als „durch die folgenden Schritte“[16] übersetzt und also als rein zeitliches Fortschreiten zu den Bedingungen des zu prüfenden Satzes versteht[17]. In ähnlicher Weise stützen sich Hintikka und Remes in ihrer umfassenden Untersuchung über die Methode der Analysis bei der Interpretation des theoretischen Pappostextes — nicht aber bei der Rekonstruktion seiner geometrischen Praxis — auf die Passage A; sie übersetzen τὸ ἀκόλουθον in der Passage B und in ihren Parallelstellen als „zusammengehen mit“: es bezeichne keine logische Konsequenz, sondern sei ein viel unbestimmterer Ausdruck für all das, was mit der gewünschten Folgerung in den Prämissen zusammengeht, von denen sie deduziert werden kann[18]. Auch Gulley interpre-

12 Ebd. 13 ff.

13 Ebd. 11 f.; vgl. 636,1 ff. und 7 ff.

14 Cornford, F. M.: *Mathematics and Dialectics in the Republic VI—VII.* In: *Mind* NS Bd. 41, 1932, S. 37—52, 173—190.

15 Hultsch a.a.O., S. 635: „per ea, quae deinceps consequuntur“; Gerhardt a.a.O., S. 3: „mittelst der sich daraus ergebenden Folgerungen“; Heath a.a.O., S. 138: „through its successive consequences“.

16 Cornford: *Mathematics and Dialectics* ... a.a.O., S. 45: „through the sequent steps“.

17 Vgl. dagegen die überzeugende Argumentation von Robinson, Richard: *Analysis in Greek Geometry.* In: ders.: *Essays in Greek Philosophy.* — Oxford 1969, S. 1—15.

18 Hintikka/Remes: *The Method of Analysis* ... a.a.O., S. 14: „We want to suggest that τὸ ἀκόλουθον in Pappus' description of analysis and synthesis does not mean a logical consequence, but is a much more vague term for whatever ‚corresponds to', or better, ‚goes together with' the desired conclusion in the premisses from which it can be deduced, perhaps in the sense of enabling one to deduce the conclusion from

tiert die Passage A in dem Sinne, daß in ihr von einem analytischen Fortschreiten zu den Bedingungen des zu prüfenden Satzes die Rede sei, nimmt aber — anders als Cornford und Hintikka/Remes — keine Korrekturen an der üblichen Übersetzung der Passage B vor und gelangt deshalb zu der Ansicht, daß Pappos zwei verschiedene Arten der geometrischen Analysis in einer Methodenbeschreibung kontaminiert habe[19]. Demgegenüber stützen sich Heath[20], Robinson[21], Cherniss[22], Lakatos[23] und Rehder[24] auf die Passage B und suchen die Passage A von ihr aus zu interpretieren. Die Analyse wird von ihnen also als das Fortschreiten von dem zu prüfenden Satz zu seinen Folgerungen verstanden, und die Passage A in dem Sinne interpretiert, daß in ihr die Schritte der Analysis nicht so beschrieben werden, wie sie sich darstellen, wenn man die Analyse vollzieht, sondern so, wie sie in der nachfolgenden Synthesis auftreten[25]: dort nämlich erweise sich das, wozu die Analysis fortgeschrittten sei, als diejenige Bedingung, aus der sich der zu prüfende Satz ableiten lasse[26]. Diese Interpretation der Analysis als ein Fortschreiten von dem zu prüfenden Satz zu seinen Folgerungen läßt sich außerdem durch eine textkritische Analyse der Passage A stützen. Alle bisherigen Übersetzungen und Interpretationen dieser Passage gehen von dem bei Hultsch gebotenen Text und seiner lateinischen Übersetzung aus, und dieser Text und seine Übersetzung stützt sich an entscheidender Stelle auf die Handschriften B und S und erwähnt die Abweichung der älteren Handschrift A nur in der Fußnote[27]. Commandinus, der erste Übersetzer dieses Pappostextes, stützt sich demgegenüber auf dieses ältere Manuskript und nimmt innerhalb der Passage A eine entscheidende Änderung vor, durch die die Analyse auch hier als ein Fortschreiten zu den Folgerungen aus dem Gesuchten erscheint: sie fragt für ihn danach, *„was aus dem Gesuchten folgt“* (quid ex hoc contingat) und nicht danach, woraus das Gesuchte folgt; allerdings spricht er dann doch im nächsten Teilsatz wieder von einem analytischen Fortschreiten zur Bedingung (antecedens)[28]. Die erste

them. Hence our translation ‚concomitant‘ instead of the usual ‚consequence‘“; vgl. dagegen Rehder, Wulf: *Über Hintikkas Interpretation von De Interpretatione 12—13.* In: *Archiv für Geschichte der Philosophie* Bd. 62, 1980, S. 58—66.

19 Gulley, Norman: *Greek Geometrical Analysis.* In: *Phronesis* Bd. 3, 1958, S. 1—14.

20 Heath a.a.O., S. 139 f.

21 Robinson: *Analysis in Greek Geometry* ... a.a.O., S. 8 ff.

22 Cherniss, H.: *Plato as Mathematician.* In: *Review of Metaphysics* Bd. 4, 1951, S. 395—425.

23 Lakatos: *Proofs and Refutations* ... a.a.O., S. 64; vgl. dazu ders.: *Mathematics, Science and Epistemology (= ders.: Philosophical Papers 2).* Edited by John Worrall and Gregory Currie. — Cambridge, London, New York, Melbourne 1978, S. 70—103: „The Method of Analysis-Synthesis“.

24 Rehder, Wulf: *Die Analysis und Synthesis bei Pappus. Ein Bericht.* In: *Philosophia naturalis* Bd. 19, 1981.

25 Robinson: *Analysis in Greek Geometry* ... a.a.O., S. 14: „The reason why he [Pappos] expresses himself here in this unexpected way is that he is looking at analysis as existing for the sake of synthesis; this makes him describe the steps of the analysis, not as they appear while you are doing the analysis, but as they appear in the subsequent synthesis“.

26 Heath a.a.O., S. 139 f.

27 Pappos a.a.O. 634 f.

28 Commandinus a.a.O. (vgl. oben S. 69, Anm. 8), S. 156: „in resolutione enim id quod quaeritur tamquam factum ponentes, *quid ex hoc contingat,* consideramus: et rursum illius antecedens, quousque ita *progre-*

Änderung in der Passage A aber liefert genau den Text, den Robinson von seinem Standpunkt her erwartet hätte[29]. Ebenso charakterisiert Commandinus bei der Übersetzung des nächsten Satzes über die Synthesis die vorangehende Analysis als ein Fortschreiten zu den Folgerungen: in der Synthesis werden für ihn diejenigen Sätze, die dort — in der Analysis — Folgerungen waren, als Bedingungen gesetzt[30].

Wendet man sich angesichts dieser Unklarheiten der theoretischen Methodenbeschreibung bei Pappos der geometrischen Praxis zu, wie sie sich in den zahlreichen Aufgabenlösungen der *Collectio* dokumentiert, dann wird als erstes deutlich, daß in der geometrischen Argumentation tatsächlich nicht nach den Bedingungen des infrage stehenden Satzes gesucht wird, sondern daß er „als zugestanden betrachtet wird", um Folgerungen abzuleiten[31]. Diese Folgerungen werden aber nicht etwa — wie es die Passage B des Pappostextes nahelegt — allein aus dem Gesuchten abgeleitet; aus einem einzelnen Satz kann man bekanntlich nicht viel folgern. Vielmehr wird in der geometrischen Praxis bei der Aufgabenstellung eine bestimmte Konfigaration geometrischer Objekte und der Beziehungen zwischen ihnen als gegeben (G) und eine vorerst angenommene Beziehung zwischen einzelnen Elementen dieser geometrischen Figur als das Gesuchte (S) eingeführt; außerdem wird die Klasse (P) der grundlegenden geometrischen Prinzipien, der Definitionen, Axiome und Postulate, und der anderwärts bereits bewiesenen Theoreme und gelösten Probleme als gültig vorausgesetzt. Und die Aufgabe besteht dann darin, aus G & P, deren Geltung für diese Aufgabenlösung vorausgesetzt wird, das infrage stehende Gesuchte S zu beweisen.

Dabei besteht der erste Teilschritt der Analysis, die sogenannte Transformation, aufgrund des Wortlauts der Passage B darin, das Gesuchte S als zugestanden zu betrachten und aus ihm Folgerungen T, U, V, W abzuleiten. Diese Ableitungen beruhen aber nicht nur auf der angenommemen Geltung von S, vielmehr geht in die Argumentation auch die angenommene Geltung von P & G ein: schon Robinson weist in seiner Rekonstruktion des euklidischen Beweises von XIII,1 nach, daß für die Ableitung von T, U, V, W aus S jedenfalls für die meisten der Ableitungsschritte die Benutzung weiterer Sätze X, Y, Z aus P & G erforderlich ist[32]; Hintikka und Remes zeigen in ihrer präzi-

dientes incidamus in aliquod iam cognitum, vel quod sit è numero principiorum". (Hervorhebungen vom Verf.).

29 Robinson: *Analysis in Greek Geometry* ... a.a.O., S. 14: „On the conventional view of analysis we might have expected him to say ‚what results from this' instead of ‚what it is from which this results'".

30 Commandinus a.a.O. (vgl. oben S. 69, Anm. 8), S. 157: „in compositione autem per conversionem ponentes tamquam iam factum id, quod postremum in resolutione sumpsimus: atque hic ordinantes secundum naturam ea *antecedentia, quae illic consequentia erant*" (Hervorhebung vom Verf.); vgl. dazu Rehder: *Die Analysis und die Synthesis bei Pappus* ... a.a.O., Anm. 13.

31 Zum folgenden vgl. vor allem die Untersuchungen der geometrischen Argumentation bei Robinson: *Analysis in Greek Geometry* ... a.a.O.; bei Hintikka/Remes: *The Method of Analysis* ... a.a.O.; vgl. auch dies.: *Ancient Geometrical Analysis and Modern Logic.* In: Cohen, R. S. (Hrsg.): *Essays in Memory of Imre Lakatos.* — Dordrecht, Boston 1976, S. 253—276 und die *Rezension* des Verf. in *Erkenntnis* Bd. 13, 1978, S. 327—337.

32 Robinson: *Analysis in Greek Geometry* ... a.a.O., S. 11 f.

sen Rekonstruktion des Satzes 4 aus dem 4. Buch der *Collectio* von Pappos darüber hinaus, daß die Ableitung der ‚Folgerungen' aus S(a) darüber hinaus häufig die Einführung von Hilfskonstruktionen erfordert, durch die, wieder auf der Grundlage von P & G(a) & S(a), neue Objekte b, c in die Konstruktion eingeführt werden, so daß sich Sätze der Form U(a,b), W(a,b,c) ergeben[33].

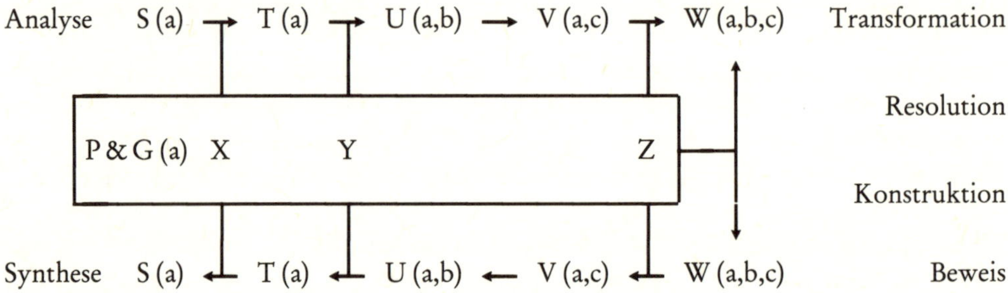

Die Benutzung weiterer Sätze aus P & G und die Einführung von Hilfskonstruktionen zeigt die Nichttrivialität der geometrischen Argumentation; man kann bei keiner Aufgabenlösung sicher sein, daß man diejenigen Sätze herangezogen und diejenigen Hilfskonstruktionen eingeführt hat, die es erlauben, S aus P & G abzuleiten; in diesem Sinne hat der erste Teilschritt der Analysis erfindende Kraft.

Die Aufgabe des zweiten Teilschritts der Analysis, der sog. Resolution, besteht in der Prüfung, ob der so gefundene Satz W auch allein aus P & G ableitbar ist; es handelt sich dabei also um die Beantwortung der Frage, ob die Analyse zu etwas führt, „das schon erkannt worden"[34] und also eine wahre Behauptung ist[35]. Pappos unterscheidet dabei zwei mögliche Ausgänge: entweder gelangt die Analyse zu einer wahren oder sie gelangt zu einer falschen Behauptung; beides hat positive, aber zu unterscheidende Konsequenzen.

Stößt man nämlich in der Transformation auf einen Satz, der sich in der Resolution aus P & G als falsch nachweisen läßt, so ergibt sich eine unkomplizierte Interpretation: in diesem Falle ist nachgewiesen, daß der zu prüfende Ausgangssatz S falsch ist. Denn wenn man alle Sätze der Klasse P & G wie angenommen als wahr betrachtet und die Richtigkeit der Folgerungen von S bis W unterstellt, dann ist der infrage stehende Satz S die einzige mögliche Quelle der Falschheit von W. Und unter Voraussetzung des Satzes vom ausgeschlossenen Dritten gilt dann, daß das Gegenteil von S, also ~S, wahr ist. Der zwischen den Ergebnissen der Transformation und Resolution auftretende Widerspruch führt also nicht etwa, wie es der Pappostext 636,6 f. nahelegen könnte, zur Ergebnislosigkeit, sondern zu dem positiven Ergebnis, daß das Gegenteil des Ausgangssatzes wahr ist: hinter der Formulierung von 636,6 f. verbirgt sich der bei Euklid und bei Pappos so häufig benutzte apagogische Beweis, in dem man, um einen Satz ~S zu

33 Hintikka/Remes: *The Method of Analysis* ... a.a.O., S. 22 ff.

34 Pappos a.a.O. 634, 16.

35 Ebd. 636, 5.

beweisen, die Richtigkeit seines Gegenteils S annimmt, mit seiner Hilfe einen Widerspruch deduziert und auf diese Weise die Wahrheit von ~S bewiesen hat; auf die grundlegende Bedeutung dieses indirekten Beweises für die geometrische und philosophische Argumentation der Griechen hat in jüngster Zeit vor allem Szabó hingewiesen[36].

Aber Pappos kennt nicht nur die Möglichkeit des widersprüchlichen Ausgangs dieser beiden analytischen Teilschritte, sondern hält auch das Erreichen eines bereits als wahr erkannten Satzes für beweiskräftig: „Wenn nun diese Behauptung", zu der die Transformation gelangt, auch aufgrund der Resolution „wahr ist, ist auch das Gesuchte wahr, und der Beweis wird die Umkehr der Analysis sein"[37]. Diese Aussage ist deshalb etwas schwer zu verstehen, weil bekanntlich aus falschen Prämissen wahre Folgerungen abgeleitet werden können; die Ableitbarkeit des wahren Satzes W aus S & P & G garantiert also die Wahrheit von S noch keineswegs. Pappos konstatiert die Wahrheit des Gesuchten S an dieser Textstelle sozusagen zu früh, nämlich noch vor dem eigentlichen Beweis, was auch daran deutlich wird, daß in seinem Satz der Beweis als die Umkehr der Analysis funktionslos wird, wenn er die Wahrheit von S schon am Ende der Analysis feststellen zu können glaubt. Vielmehr ist hier zum Nachweis der Wahrheit von S der Beweis als die Umkehr der Analysis durchaus erforderlich: ein positiver Ausgang der Analyse macht im Gegensatz zum negativen Ausgang die nachfolgende Synthese unumgänglich: durch sie muß nachgewiesen werden, daß S aus W ableitbar ist. Denn weil W in der Resolution seinerseits aus P & G und ohne Berücksichtigung von S abgeleitet wurde, wird damit nachgewiesen, daß S aus P & G folgt.

Pappos beschreibt diesen synthetischen Beweis als die „Umkehr der Analysis"[38]: sie setzt das, was in der Analysis Folgerungen waren, als Bedingungen[39] und schreitet also über dieselben Zwischenschritte zum Gesuchten S zurück. Dies bedeutet, daß der Beweis nur gelingen kann, wenn man in der Synthesis die Sätze der Analysis in umgekehrter Reihenfolge ableiten kann: eben dadurch wird die Ableitbarkeit von S aus T, U, W und letztlich aus P & G nachgewiesen.

Die Notwendigkeit dieser Umkehrbarkeit der Argumentation in der Synthesis hat man als die Forderung nach der Äquivalenz der Sätze S, T, U und W verstanden; jeder der Sätze müßte dann eine notwendige und hinreichende Bedingung für den nächstfolgenden sein[40], und zwischen ihnen müßte die strenge Äquivalenz $S \leftrightarrow T \leftrightarrow U \leftrightarrow W$ herrschen[41]. Diese Forderung nach der Äquivalenz der einzelnen Aussagen verlangt m. E.

36 Szabó, Á.: *Anfänge der griechischen Mathematik.* — München, Wien 1969.

37 Pappos a.a.O. 636, 4 f.

38 Ebd. 636, 5 und 12.

39 Vgl. oben Anm. 30.

40 Vgl. Lakatos: *Mathematics, Science and Epistemology* ... a.a.O., S. 74: „If we deduce from C the basic statement P and from P again C, then P is necessary and sufficient condition for C and vice versa".

41 Rehder: *Die Analysis und Synthesis bei Pappus* ... a.a.O. rekonstruiert die analytisch-synthetische Methode bei Pappos als „Äquivalenzbeweis" und schreibt: „Schließlich muß noch jeder der (analytischen) Schritte von P_0 nach P_n auch in umgekehrter Richtung von P_n bis P_0 logisch folgen, so daß bei erfolgreicher Analysis und Synthesis P_0 sogar äquivalent zu P_1 und P_2 und ... P_n ist".

zu viel; sie ist zu eng an der Vorstellung der Transformation von Gleichungen orientiert[42] und berücksichtigt nicht, daß in der geometrischen Argumentation auch andere Sätze als S, T, U, W benötigt werden. Wie nämlich schon in der Analysis Folgerungen nicht etwa nur aus dem Gesuchten S, sondern aus S und weiteren Sätzen X, Y, Z der Klasse P & G gezogen werden, so werden auch in der Synthesis Folgerungen nicht nur aus W, sondern aus W und aus weiteren Sätzen der Klasse P & G gezogen. Und selbst wenn man in der Synthesis dabei denselben Satz Z aus der Klasse P & G zur Ableitung von U aus W benutzt, mit dessen Hilfe die analytische Ableitung von W aus U erfolgte, ergibt sich keine Äquivalenz im strengen Sinne: wenn analytisch von U & Z auf W und synthetisch aus W & Z auf U geschlossen wird, dann ist das eine nicht einfach die Umkehr des anderen Abhängigkeitsverhältnisses. In diesem Sinne macht schon Robinson darauf aufmerksam, „that in a really strict use of language the synthesis does not traverse exactly the same steps as the analysis“[43]. Mit anderen Worten: damit der nachfolgende Beweis gelingt, ist es nicht erforderlich, daß jeder einzelne Ableitungsschritt der Analyse umkehrbar im strikten Sinne ist, sondern es genügt, wenn S überhaupt aus W, und zwar u.U. auch über andere Zwischenschritte als die, die in der Analyse benutzt wurden, ableitbar ist: schon damit ist nämlich die Ableitbarkeit von S aus P & G nachgewiesen. Dies allerdings ist zum Nachweis der Wahrheit von S erforderlich und mit dem Erreichen eines wahren Satzes in der Analyse noch nicht geleistet. Vielmehr hat die Analyse hier nur die Funktion, den Weg zur Ableitbarkeit von S aus P & G zu finden und erst die Synthese die, den Beweis von S aus G & P zu vollziehen; in diesem Sinne kann man den analytischen Teilschritt mit Lakatos als inventives test thought-experiment ansehen, dem die Synthese als proof thought-experiment folgen muß[44].

B_1 Diese Rekonstruktion der geometrischen Methode zeigt, daß in der Praxis die Ableitung sowohl im analytischen als auch im synthetischen Teilschritt in der Form erfolgt, daß Folgerungen aus vorliegenden Sätzen gezogen werden; die Interpretationen, die die Analyse als ein aufwärtsgerichtetes Fortschreiten zu den Bedingungen eines vorliegenden Satzes verstanden, finden in ihr keine Bestätigung. Aber diese Interpretationen waren ja nicht einfach aus der Luft gegriffen, sondern konnten sich für die entscheidende Passage A auf die antike Überlieferung stützen, in der die Analyse als Aufstieg zu den Prämissen des Anfangssatzes verstanden wurde. Und diese Passage A gehört — wie Gulley[45] und Hintikka/Remes[46] nachgewiesen haben — in den Kontext einer breiten antiken Tradition, in der die geometrische Analysis regelmäßig als Aufstieg zu den Prämissen und zu letzten Prinzipien verstanden wird. Um nur die wichtigsten Quellen zu

42 Vgl. unten das Modell D, S. 103—110.

43 Robinson: *Analysis in Greek Geometry* ... a.a.O., S. 12; vgl. auch Lakatos: *Mathematics, Science and Epistemology* ... a.a.O., S. 75: „In going in the opposite direction we might use different lemmas“.

44 Lakatos: *Mathematics, Science and Epistemology* ... a.a.O., S. 96.

45 Gulley: *Greek Geometrical Analysis* ... a.a.O., S. 5 ff. verweist auf Platon, Aristoteles, Alexander, Proklos, Ammonius, Philoponus, Eustratius u.a. und hat gegenüber der Vielzahl von Stellen, in denen die Analyse als Fortschreiten zu den Bedingungen gedeutet wird, Mühe, auch solche zu identifizieren, in denen wie bei Pappos die Analyse als Fortschreiten zu den Konsequenzen erscheint.

nennen: in diesem Sinne wird Platon die Erfindung der analytischen Methode zugeschrieben: er habe dem Leodamas eine Methode überliefert, „die das gesuchte Problem auf analytischem Wege zurückführt auf ein anerkanntes Prinzip“[47]. Auch Aristoteles versteht die geometrische Analyse als eine Methode, in der der gewünschte Ausgang als erreicht gesetzt wird und dann „analytisch“ die vorhergehenden Bedingungen für das Erreichen dieses Ausgangs aufgesucht werden, wenn er sie mit den Zweck-Mittel-Überlegungen der Ethik parallelisiert[48]. Und ebenso interpretiert Proklos die Analyse, wenn sie für ihn „die Ableitungen auf die eigenen Voraussetzungen zurückführt“[49].

Wenn in der antiken Tradition eine solche, von der faktischen Praxis abweichende Interpretation des geometrischen Methodenmodells B so weit verbreitet ist, dann ist es für eine philosophiehistorische Untersuchung, der es um den Einfluß solcher Methodenvorstellungen geht, erforderlich, auch diese Interpretation B_1 der analytisch-synthetischen Methode eigens in den Blick zu nehmen. Diese Interpretation B_1 der geometrischen Methode ist ganz offenbar von dem Gedanken bestimmt, daß die Analysis die Umkehr derjenigen Synthesis sei, die im Methodenmodell A vorgestellt wurde. Dort wurde die synthetische Methode als die Ableitung von Theoremen aus zugrundeliegenden Prinzipien verstanden, die Umkehr dieser Synthesis wäre dann also der Aufstieg zu diesen Prinzipien. Was hier geschieht, ist, daß sich eine bei Plato angelegte und bei Aristoteles entfaltete Unterscheidung, wonach es im wesentlichen zwei Wege des Erkennens gebe, von denen der eine vom Besonderen zu den Prinzipien und der andere deduktiv von den Prinzipien zum Besonderen führt, die Interpretation einer geometrischen Methode beeinflußt, die faktisch anderen Regeln folgt; weil die Synthesis als Beweisgang ἀπ' ἀρχῶν verstanden wird, wird die ihr entgegengesetzte Analysis mit dem Beweisgang ἐπ' ἀρχάς identifiziert, in dem von den Folgen zu den Gründen fortgeschritten wird.

In dieser Interpretation erscheint die Analyse nicht eigentlich mehr als geometrische, sondern als die logische Analyse eines Satzes, wie Aristoteles sie in den *Analytica priora* beschrieben hat[50]: durch sie wird ein gegebener Satz daraufhin untersucht, aus welchen Prämissen er ableitbar ist. In dieser Interpretation bildet erstens der einzelne Satz S wirklich den isolierten Ausgangspunkt der Analyse: während in der Transformation der geometrischen Praxis eine Konjunktion aus schon bekannten Sätzen P, dem Gegebenen G und dem Gesuchten S analysiert wurde, sollen hier aus dem isolierten Satz S seine Prämissen ermittelt werden. Wie eine solche Analyse vor sich geht, bleibt dabei zunächst ungeklärt: logisch könnte man die Prämissen nur dann aus dem Anfangssatz

46 Vgl. Hintikka/Remes: *The Method of Analysis* ... a.a.O., S. 84—104: „Pappus and the Tradition of Geometrical Analysis“.

47 Proklos a.a.O. 211, 18—23: "μέθοδοι δὲ ὅμως παραδίδονται, καλλίστη μὲν ἡ διὰ τῆς ἀναλύσεως ἐπ' ἀρχὴν ὁμολογουμένην ἀνάγουσα τὸ ζητούμενον, ἣν καὶ ὁ Πλάτων ὡς φασὶν Λεωδάμαντι παραδέδωκεν, ἀφ' ἧς καὶ ἐκεῖνος πολλῶν κατὰ γεωμετρίαν εὑρετὴς ἱστόρηται γενέσθαι.“

48 Aristoteles: *Nikomachische Ethik III 5;* a.a.O. I 47 a, 2 ff.

49 Vgl. oben S. 76, Anm. 25.

50 Aristoteles: *Analytica priora I 32;* a.a.O. I 47 a, 2 ff.

ableiten, wenn man von vornherein davon ausginge, daß der Anfangssatz und seine Prämissen sich wechselweise implizieren. Akzeptiert man diese weitreichende Annahme nicht, dann kann das analytische Fortschreiten hier zweitens bloß als ein intuitives Erfassen der Prämissen gedeutet werden: die Analyse erscheint dann als wirkliche Erfindungs*kunst*: sie findet *intuitiv* die Prämissen, aus denen der Satz ableitbar ist. Wenn eine so verstandene Analyse gelingt, muß sie letzten Endes zu Prämissen gelangen, die „schon erkannt worden sind oder den Rang eines Prinzips haben". Dies stellt keine Alternative dar, weil in dieser beweisanalytischen Interpretation der geometrischen Methode das schon Erkannte selbst wieder nur aus den Prinzipien erkannt worden ist; letzten Endes führt die Analyse den Anfangssatz also in jedem Fall auf die zugrunde liegenden Prinzipien zurück und findet also den vollständigen Beweis des infrage stehenden Satzes aus den grundlegenden Prinzipien der Geometrie.
In der Passage A und in den anderen Quellen, in denen diese Interpretation der geometrischen Methode auftaucht, folgt auf die so verstandene Analyse regelmäßig ein synthetischer Teilschritt, verstanden im Sinne des Methodenmodells A als demonstratio propter quid. Dieser synthetische Teilschritt wäre aber nach dem Gesagten nicht mehr notwendig. Wenn nämlich die Analyse wirklich die Prämissen findet, aus denen der Anfangssatz ableitbar ist, und wenn sie dabei zu den geometrischen Prinzipien vorstößt, dann ist bereits damit die Ableitbarkeit des Satzes bewiesen, und der synthetische Teilschritt hätte keine Funktion außer vielleicht einer darstellenden. Die Analyse liefert in dieser Interpretation bereits den Beweis, und der synthetische Teilschritt ist in dieser Interpretation — und zwar im Gegensatz zu seiner Rolle in der geometrischen Praxis — wirklich nichts als die präzise Umkehr des analytischen Schritts, so daß die wiederholte Versicherung, die Synthese sei nichts als die Umkehr der Analyse, ihre Quelle vielleicht eher in dieser beweisanalytischen Interpretation B_1 als in der geometrischen Praxis hat. Will man aber das regelmäßige Nachfolgen eines synthetischen Teilschritts in dieser Interpretation nicht bloß als die Übernahme einer in der geometrischen Praxis notwendigen Synthese in ein Methodenmodell werten, in dem sie nicht notwendig ist, dann bietet sich die Möglichkeit, den synthetischen Teilschritt als so etwas wie eine Probe zu verstehen: durch den Vollzug des synthetischen Teilschritts wird bewiesen, daß die analytisch aufgefundenen Prämissen tatsächlich *hinreichen,* um den infrage stehenden Satz abzuleiten; d. h., es wird nachgewiesen, daß der Ausgangssatz nicht noch von anderen, unentdeckt gebliebenen und möglicherweise falschen Prämissen abhängt, sondern tatsächlich aus den Prinzipien deduzierbar ist. Die Prüfung eines Satzes geschieht in B_1 dann also dadurch, daß analytisch diejenigen Zwischenprämissen gefunden werden, durch die der Satz aus den Prinzipien ableitbar ist, und daß in der Synthesis nachgewiesen wird, daß die so gefundenen Prämissen zur Ableitung des Satzes hinreichen. Und dann stellt diese Interpretation B_1 nichts als eine Vervollständigung des Methodenmodells A um einen analytischen Teilschritt dar: hier wie dort handelt es sich um eine beweisanalytische Interpretation der geometrischen Praxis, die aus dem aristotelischen Ideal der aus sicheren Prinzipien beweisenden Wissenschaft unmittelbar methodische Regeln abzuleiten sucht. Anders als im Modell A aber erlaubt es hier die Unterscheidung eines analytischen von einem synthetischen Teilschritt, zwischen dem Erfindungs- und

dem Begründungskontext der Wissenschaft zu differenzieren; die Rede von der erfindenden Kraft der Analyse und der beweisenden Kraft der Synthese prägt denn auch die Rezeptionsgeschichte dieses Methodenmodells.

§ 9 Das regressus-Modell der empirischen Naturwissenschaft (Modell C)

Die Wirkungsgeschichte des Papposmodells und die seiner verschiedenen Interpretationen ist wesentlich durch den Einfluß eines naturwissenschaftlichen Methodenmodells bestimmt, das aufgrund der Ähnlichkeit der äußeren Struktur in Konkurrenz zu diesem mathematischen Methodenmodell tritt und häufig mit ihm verwechselt und identifiziert wird. Dieses Methodenmodell bildet sich heraus, wenn die für die Naturwissenschaften ursprünglich angenommene Methodenvielfalt auf die beiden bei Aristoteles unterschiedenen Beweisgänge der demonstratio quia (ἐπ' ἀρχάς) und der demonstratio propter quid (ἀπ' ἀρχῶν) reduziert wird, und wenn diese beiden Beweisgänge mit den ersten beiden der von Galen angegebenen Lehrarten[1] identifiziert und als doctrina resolutiva und doctrina compositiva bezeichnet werden. Ein solches resolutiv-kompositives Methodenmodell taucht bereits in der Oxfordschule des 13. Jahrhunderts und vor allem bei Grosseteste auf[2], wird dann im 15. und 16. Jahrhundert in der Schule von Padua[3] in Ausführlichkeit entwickelt, bestimmt in der dort gewonnenen Form die Methodenüberlegungen Galileis und avanciert nach Newton zum vorherrschenden Programm der neuzeitlichen empirischen Wissenschaft.

1 Galen, neben Aristoteles für das Mittelalter und die frühe Neuzeit die Autorität insbesondere für die Medizin und die Naturwissenschaften, unterscheidet in seiner *Ars medica* drei Lehrarten: die *analysis*, die das zu Erklärende auf seine Bedingungen hin untersucht, die *synthesis*, die von den Bedingungen zum Bedingten fortschreitet, und die *dissolution einer Definition.* Vgl. *Claudii Galeni opera omnia.* Ed. curavit C. G. Kühn. 20 Bde. — Leipzig 1821 ff. (Nachdruck: Hildesheim 1964 ff.), I 305; vgl. die zusammenfassende Darstellung des Galenschen Methodenkonzeptes bei Gilbert : *Renaissance Concepts of Method* ... a.a.O., S. 13—24.

2 Vgl. Crombie, A. C.: *Robert Grosseteste and the Origins of Experimental Science 1100—1700.* — Oxford 1971, S. 52—90.

3 Vgl. Strong, Edward W.: *Procedures and Metaphysics. A Study in the Philosophy of Mathematical-Physical Science in the Sixteenth and Seventeenth Centuries.* — Berkeley 1936 (Nachdruck: Hildesheim 1966); Randall, John Herman: *The School of Padua and the Emergence of Modern Science.* — Padua 1961; Gilbert: *Renaissance Concepts of Method* ... a.a.O.; Edwards, William F.: *Randall on the Development of Scientific Method in the School of Padua — a Continuing Reappraisal.* In: Anton, John P. (Hrsg.): *Naturalism and Historical Understanding. Essays on the Philosophy of John Herman Randall, Jr.* — New York [1967], S. 53—68; Crescini, Angelo: *Le origini del metodo analytico. Il cinquecento.* — Udine 1965; ders.: *Il problema metodologico alle origini della scienza moderna.* — Roma 1972; Mittelstraß, Jürgen: *Neuzeit und Aufklärung. Studien zur Entstehung der neuzeitlichen Wissenschaft und Philosophie.* — Berlin, New York 1970, S. 179 ff.

Eine ausführliche Darstellung findet dieses Methodenmodell bei Zabarella[4] als dem wichtigsten Repräsentanten der Paduaer Schule. Zabarella[5] unterscheidet die wissenschaftliche Methode, durch die man Unbekanntes aus Bekanntem ermittelt, scharf von der Ordnung, in der man das so Ermittelte darstellt[6]: nur die methodus ist für ihn ein Mittel, zu neuen Kenntnissen zu gelangen[7]. Dieser Methodenbegriff erlaubt es Zabarella, aus den bei Galen überlieferten Methoden[8] sowohl die definitio als auch die divisio als Methoden im eigentlichen Sinne auszuschließen: beide schreiten nicht vom Bekannten zum Unbekannten fort[9]. Von den bei Galen auftauchenden Methoden bleiben für ihn dann nur zwei Methoden übrig, die den Namen im eigentliche Sinne verdienen: erstens die *demonstrative Methode*, die Zabarella auch „demonstratio potissima" oder „demonstratio propter quid" nennt und als „compositio" charakterisiert, und zweitens die *resolutive Methode*, die auch demonstratio quia heißt[10].

Den Unterschied zwischen diesen beiden Methoden bestimmt Zabarella, indem er die subjektive Erkenntnisrelation zwischen dem uns besser Bekannten und dem uns noch Unbekannten mit der ontologischen Relation des *Früher*(prior)- oder *Später*(posterior)-*Seins* der Dinge konfrontiert: beide Methoden können nur von dem uns besser Bekann-

4 Iacobus Zabarella (1533—1589) war seit 1563 Professor an der in Italien führenden Universität Padua und faßte die Diskussion der Aristoteliker des 16. Jahrhunderts in seinen *Opera logica* zusammen; auf seine Bedeutung als Vermittlungsinstanz zwischen dem Aristotelismus und der neuen empirischen Naturwissenschaft haben vor allem aufmerksam gemacht Cassirer, Ernst: *Das Erkenntnisproblem in der Philosophie und Wissenschaft der neueren Zeit.* 4 Bde. — Berlin (später Darmstadt) ^{3}1922—1973; Bd. I, S. 117—120, S. 136—144; Randall: *The School of Padua...* a.a.O., S. 50—68; Gilbert: *Renaissance Concepts of Method ...* a.a.O., S. 167—173.

5 Iacobus Zabarella: *Opera logica:* Quorum argumentum, seriem et utilitatem ostendet tum versa pagina, tum affixa Praefatio Ioannis Ludovici Havvenrevteri. Rerum quoque et verborum maxime memorabilium Indices accesserunt locupletissimi. Editio tertia. — Köln 1597 (Als Nachdruck hrsg. v. Wilhelm Risse: Hildesheim 1966).

6 *De methodis,* lib. 3, cap. 1; a.a.O. Sp. 223 c: „Quo discrimine methodus ab ordine discrepet, iam in praecedentibus declaratum est: quum enim ambo sint instrumenta logica, et processus a noto ad ignotum, ordo tamen ... vim colligendi non habet, sed disponendi solum: methodus vero vim habet illatricem, et hoc ex illo colligit".

7 Ebd. cap. 2; a.a.O. Sp. 224e—225a: „Methodus est intellectuale instrumentum faciens ex notis cognitionem ignoti ...: facere autem ex notis cognitionem ignoti est differentia, qua methodus ab ordine separatur".

8 Ebd. cap. 5; a.a.O. Sp. 231 e: „Est hac tempestate communis omnium sententia, quattuor esse methodos, demonstrativam et resolutivam ... et praeter has etiam definitivam, ac divisivam".

9 Ebd. cap. 7; a.a.O. Sp. 235 e: „si hoc modo intelligatur via divisiva, nullam habet illationis necessitatem, neque ex noto notificat aliquid ignotum: quare methodus appellanda non est"; ebd. cap. 11; a.a.O. Sp. 246 c: „definitio ... est simplex quaedam essentiae expressio ..., in qua nullum processum ab aliqua re ad aliam rem notare queamus: ideo per magnum errorem ab omnibus fuit inter methodos collocata".

10 Ebd. cap. 4; a.a.O. Sp. 230 e—f: „duae igitur scientificae methodi oriuntur, non plures, nec pauciores, altera per excellentiam demonstrativa methodus dicitur, quam Graeci, κύριον ἀπόδειξιν, vel ἀπόδειξιν τοῦ διότι vocant; nostri, potissimam demonstrationem, vel demonstrationem propter quid appellare consueverunt: altera, quae ab effectu ad causam progreditur, resolutiva nominatur: huiusmodi enim progressus resolutio est, sicuti a causa ad effectum dicitur compositio. methodum hanc vocant Graeci συλλογισμὸν τοῦ ὅτι, vel διὰ σημεῖον, nostri demonstrationem quia, vel syllogismum a signo, vel secundi gradus demonstrationem".

ten zum noch Unbekannten fortschreiten, aber in der demonstrativen Methode soll das ein Fortschreiten von notwendigen Sätzen, Prinzipien oder Ursachen zu abgeleiteten Sätzen oder Wirkungen sein, während die resolutive Methode von Dingen ausgeht, die „posterior" und Wirkungen sind, und von dort zur Entdeckung der Dinge fortschreitet, die „prior" und Ursachen sind[11].

Hinter der Relation des prior und posterior verbergen sich bei Zabarella zwei unterschiedliche Tatbestände: „prior" sind für Zabarella sowohl die Ursachen gegenüber den Wirkungen als auch das Allgemeine gegenüber dem Einzelnen. Dies wird deutlich, wenn Zabarella die resolutive Methode in zwei Arten unterteilt: die eine ist der Beweis der Ursache aus der Wirkung (demonstratio ab effectu, demonstratio a signo), die andere die Induktion[12]. Durch die Induktion werden nur solche Prinzipien gefunden, die „natürlicherweise bekannt" sind[13]; „bekannt gemäß der Natur" aber ist für Zabarella, was sinnlich wahrnehmbar ist. Und darunter zählt er auch die allgemeinen Sätze, die auf der sinnlichen Wahrnehmung beruhen: der Satz beispielsweise „der Mensch ist ein sinnliches Wesen" ist deshalb naturgemäß bekannt, weil nicht der Mensch im allgemeinen, sondern weil die einzelnen individuellen Menschen sinnlich sind[14]. Durch Induktion werden also aus einzelnen singulären Beobachtungssätzen allgemeine Sätze ermittelt, und dieses Verfahren nennt Zabarella resolutiv, weil es sich dabei um ein Fortschreiten vom posterior zum prior handelt: das Allgemeine ist für Zabarella früher (prior) als das Einzelne[15].

Wichtiger aber ist für Zabarella der andere Typ der resolutiven Methode, die demonstratio ab effectu, die nicht bloß das naturgemäß Bekannte, sondern das naturgemäß Unbekannte, die Ursachen, aus den Wirkungen ermittelt. Diese Ermittlung der Ursachen ist resolutiv möglich, weil für Zabarella in einem Gegenstand, an dem wir eine bestimmte Wirkung beobachten, auch die Ursache enthalten (inesse) sein muß[16]; daher

11 Ebd. cap. 17; a.a.O. Sp. 265 f—266 a: „omnis enim a noto ad ignotum scientificus progressus vel a causa est ad effectum, vel ab effectu ad causam; illa quidem est methodus demonstrativa, haec autem resolutiva"; ebd. cap. 18; a.a.O. Sp. 268 c—d: „Methodus demonstrativa est syllogismus scientiam pariens ex propositionibus necessariis, medio carentibus notioribus, et causis conclusionis ...; Methodus autem resolutiva est syllogismus ex propositionibus necessariis constans, qui a rebus posterioribus, et effectis notioribus ad priorum et causarum inventionem ducit".

12 Ebd. cap. 19; a.a.O. Sp. 268 f—269 a: „Methodus autem resolutiva in duas species dividitur ...; altera est demonstratio ab effectu ..., altera est inductio".

13 Ebd.; a.a.O. Sp. 270 c: „duo principiorum genera nobis offeruntur: alia quidem naturaliter nota sunt: ideo nullo egent instrumento logico, nisi inductione".

14 Ebd., a.a.O. Sp. 269 e: „notum secundum naturam illud dicitur, quod sensile est. eiusmodi autem sunt non ea solum, quae singularia sunt, sed ea quoque universalia, quorum singularia sensu percipi possunt; hominem enim rem sensilem esse dicimus, non quod hominem universalem sensus cognoscat, sed quia singuli individui homines sensiles sunt".

15 Ebd.: „Est autem inductio processus a posterioribus ad priora: quia universale est natura prius particularibus, et habet rationem causae: ideo a particularibus ad universale progredi, est a posterioribus ad priora procedere, idque dicit clare Aristoteles".

16 *Liber de speciebus demonstrationis*, cap. 4; a.a.O. Sp. 418 e: „ex eo enim quod illi subiecto hunc effectum inesse accipimus, colligimus in eodem inesse causam quoque illius effectus, non quod eam esse illius causam cognoscamus, sed quia novimus, duo illa perpetuo coniuncta esse".

kann eine Analyse des vorliegenden Gegenstandes die Ursache als notwendiges und untrennbares Prädikat ermitteln[17]. Dabei ist es für Zabarella nicht etwa nötig, alle einzelnen Fälle zu untersuchen, in denen diese Wirkung auftaucht: es handele sich hier um eine beweisende Induktion, die im Felde des Notwendigen vor sich geht, daher genüge die Untersuchung einiger Fälle, um die notwendige Verknüpfung zwischen Ursache und Wirkung zu bemerken und sie auch für die nicht untersuchten Fälle geltend zu machen[18].

Zabarella weist der demonstrativen und der resolutiven Methode unterschiedliche Funktionen zu. Das Ziel der demonstrativen Methode ist die vollkommene Wissenschaft, d.i. die Erkenntnis der Dinge durch ihre Ursachen; die resolutive Methode dagegen hat „eher die Entdeckung als die Wissenschaft zum Ziel", denn durch die resolutio suchen wir die Ursachen aus den Wirkungen zu ermitteln, und zwar nicht, um bei der Erkenntnis der Ursachen stehenzubleiben, sondern, um danach aus den Ursachen die Wirkungen zu erkennen[19]. In diesem Sinne ist die resolutio „Dienerin" (serva) der demonstrativen Methode[20] und ein gewissermaßen „sekundärer Weg": nur weil uns wegen der Ohnmacht unseres Geistes und unserer Kräfte die Prinzipien, aus denen zu beweisen ist, unbekannt sind, und weil wir vom Unbekannten nicht fortschreiten können, sind wir gezwungen, Zuflucht zur resolutiven Methode zu nehmen, die uns zur Entdeckung der Prinzipien führt[21]. Hier wird der Erfindungs- und der Begründungszusammenhang, in dem die Sätze stehen, also klar getrennt: resolutiv werden die Prinzipien *gefunden*, aus denen dann mit Hilfe der demonstrativen Methode *bewiesen* wird.

Zur vollen Entfaltung gelangt dieses Methodenmodell in Zabarellas Schrift *De regressu.* Unter dem „regressus" versteht Zabarella nicht bloß die „resolutio", die ja schon in der bisherigen Darstellung nur Teil eines geschlossenen Methodenkonzeptes war, sondern das Methodenkonzept im ganzen: „Der regressus findet zwischen Ursache und Wirkung statt, wenn sie einander wechselweise bedingen und die Wirkung uns bekannter als die Ursache ist. Denn weil wir immer vom uns Bekannteren ausgehen müssen, beweisen wir als erstes aus der bekannten Wirkung die unbekannte Ursache und kehren

17 *Liber de regressu,* cap. 4; a.a.O. Sp. 486 d: „Hic itaque est primus processus in regressu, quo solam invenimus inhaerentiam causae in subiecto proposito ... ut praedicatum quoddam necessarium, et inseparabile".

18 Ebd.; a.a.O. Sp. 485 d: „inductio autem demonstrativa fit in materia necessaria, et in rebus, quae essentialem inter se connexionem habent. ideo in ea non omnia sumuntur particularia, quoniam mens nostra quibusdam inspectis statim essentialem connexum animadvertit, ideoque spretis reliquis singularibus statim colligit universale: cognoscit enim necessarium esse, ut ita res se habeat in reliquis".

19 *De methodis,* lib. 3, cap. 18; a.a.O. Sp. 267 d—e: „Ex his colligere possumus, finem methodi demonstrativae esse perfectam scientiam, quae est rei cognitio per suam causam. methodi autem resolutivae finem esse inventionem potius, quam scientiam; quoniam enim resolutione causas inquirimus ex effectis, ut postea ex causis effecta cognoscamus, non ut in ipsarum causarum cognitione quiescamus".

20 Ebd.; a.a.O. Sp. 266 e.

21 Ebd.; a.a.O. Sp. 267 b: „quum enim propter ingenii nostri viriumque nostrarum imbecillitatem ignota nobis occurrant principia, ex quibus demonstrandum est, ab ignotis autem progredi non possimus: ideo necessitate coacti ad secundariam quandam viam confugimus, quae est methodus resolutiva ad principiorum inventionem ducens, ut ex eis inventis postea effectus naturales demonstremus".

dann von der [jetzt] bekannten Ursache zu der zu beweisenden Wirkung zurück"[22]. Diese Beschreibung des regressus steht für Zabarella in gefährlicher Nähe zum logischen Zirkel; deshalb arbeitet er als unterscheidendes Merkmal heraus, daß im Zirkel jeweils B aus A und A aus B durch denselben Beweis propter quid abgeleitet werden, im regressus dagegen sei der erste Ableitungsschritt eine demonstratio quod und erst der zweite eine propter quid[23]. Diese Unterscheidung bewahrt das Modell in der Tat vor der Gefahr des logischen Zirkels: Ausgangspunkt und Endpunkt dieses ‚Zirkels' sind zwar auf der Objektseite dasselbe: die Wirkung, aber diese Wirkung wird am Anfang des regressus anders erkannt als an seinem Ende.

Um dies zu charakterisieren, führt Zabarella eine Unterscheidung zwischen zwei Erkenntnisarten desselben Objekts ein, die später für die Geschichte der analytischen Philosophie des 17. und 18. Jahrhunderts von grundlegender Bedeutung werden soll: er unterscheidet zwischen der cognitio confusa und distincta eines Objekts, zwischen seiner „undeutlichen" und „deutlichen Erkenntnis", wie diese Begriffe später ins Deutsche übersetzt werden. Undeutlich wird eine Wirkung für Zabarella erkannt, „wenn wir ohne Erkenntnis der Ursache wissen, daß sie ist, deutlich aber, wenn wir sie durch die Erkenntnis der Ursache erkennen; jene heißt cognitio quod est, diese aber cognitio propter quid und zugleich quid est"[24]. Am Anfang des regressus steht jetzt also die undeutliche Erkenntnis der Wirkung: man weiß, daß sie existiert, aber nicht, warum. Und an seinem Ende die deutliche Erkenntnis der Wirkung: man kennt ihre Ursache, weiß also, warum sie ist, und erkennt deutlich, was sie ist. Dieselbe Unterscheidung zwischen der undeutlichen und der deutlichen Erkenntnis führt Zabarella für die Ursache ein: eine Ursache wird undeutlich erkannt, „wenn wir bloß erkennen, daß sie ist, aber nicht wissen, was sie in Wahrheit ist; deutlich aber, wenn wir auch erkennen, was sie ist, und ihre Natur durchschauen"[25].

Diese Unterscheidung zweier Erkenntnisstufen auch gegenüber den Ursachen bewirkt, daß Zabarella sein bisher zweiphasiges Methodenmodell des regressus um eine wichtige mittlere Phase erweitert: durch den ersten Teilschritt des regressus, die resolutio, werden die Ursachen nämlich bloß undeutlich erkannt, daher ist es nötig, vor der Rückkehr zur Wirkung „eine dritte mittlere Anstrengung (labor) einzuschieben, durch die

22 *Liber de regressu,* cap. 1; a.a.O. Sp. 481 b: „Regressus vero est inter causam, et effectum, quando reciprocantur, et effectus est nobis notior, quam causa, quum enim semper a notioribus nobis progrediendum sit, prius ex effectu noto causam ignotam demonstramus, deinde causa cognita ab ea ad effectum demonstrandum regredimur, ut sciamus propter quid est".

23 Ebd.; a.a.O. Sp. 481 b—c: „Hoc igitur inter circulum, et regressum interest, quod in circulo uterque processus est demonstratio propter quid ...; in regressu autem prior processus est demonstratio quod, posterior vero est demonstratio propter quid".

24 Ebd. cap. 4; a.a.O. Sp. 484 c: „effectum confuse cognoscimus, quando absque causae cognitione novimus ipsum esse: distincte vero, quando per cognitionem causae: illa quidem dicitur cognitio quod est, haec vero propter quid est, et simul etiam quid est".

25 Ebd.; a.a.O. Sp. 484 f: „datur ... causae quoque cognitio tum confusa, tum distincta: confusa quidem, quando ipsam esse cognoscimus, sed quidnam sit ignoramus: distincta vero, quando cognoscimus etiam quid sit, et ipsius naturam penetramus".

wir zu einer deutlichen Erkenntnis dieser Ursache gelangen können, die bisher nur undeutlich erkannt ist"[26]. Diese mittlere Phase des regressus bestimmt Zabarella als ein „mentales Examen" oder als eine „geistige Erwägung"[27] der Ursache, in der ihre Natur einerseits an hypothetischen Voraussagen geprüft[28] und andererseits durch Vergleich mit der Wirkung ermittelt wird[29]; dieses „mentale Examen" der Ursache stellt so etwas wie ein nicht nur an die Wahrnehmung gebundenes, sondern auf die Vernunft verwiesenes Element innerhalb des empiristischen Gesamtkonzeptes Zabarellas dar[30], durch das die empirisch gefundene Ursache auf ihre innere Konsistenz geprüft und ihre Natur verdeutlicht wird. Das Gesamtverfahren des regressus besteht also jetzt aus drei Teilen: „Der erste ist die demonstratio quod, durch die wir von der undeutlichen Erkenntnis der Wirkung zur undeutlichen Erkenntnis der Ursache geführt werden; der zweite ist jene geistige Erwägung, mit deren Hilfe wir aus der undeutlichen Kenntnis der Ursache ihre deutliche Erkenntnis erwerben; der dritte aber ist die demonstratio potissima, durch die wir von der deutlich erkannten Ursache schließlich zur deutlichen Erkenntnis der Wirkung gelangen"[31].

Die Parallelen zwischen diesem naturwissenschaftlichen Methodenmodell und der Beschreibung der geometrischen Methode bei Pappos sind überdeutlich; insbesondere weist die Interpretation B_1 des Papposmodells Übereinstimmungen mit den Methodenmodell Zabarellas auf und ist gelegentlich wohl auch von ihm beeinflußt. Die erste Übereinstimmung besteht darin, daß in beiden Fällen ein noch nicht Gesichertes oder Geklärtes am Anfang der Untersuchung steht, bei Pappos das Gesuchte, das als bereits zustande gekommen vorausgesetzt wird, und bei Zabarella die erst undeutlich erkannte Wirkung. Zweitens besteht sowohl bei Zabarella als auch in der Interpretation B_1 des Papposmodells das Gesamtverfahren aus einem resolutiven oder analytischen und einem

26 Ebd. cap. 5; a.a.O. Sp. 486 f: „Facto itaque primo processu, qui est ab effectu ad causam, antequam ab ea ad effectum retrocedamus, tertium quendam medium laborem intercedere necesse est, quo ducamur in cognitionem distinctam illius causae, quae confuse tantum cognita est".

27 Ebd.

28 Ebd.; a.a.O. Sp. 487 b: „Duo sunt, ut ego arbitror, quae nos iuvant ad causam distincte cognoscendam; unum quidem cognitio quod est, quae nos praeparat ad inveniendum quid sit: quando enim in re aliquid praenoscimus, in ea aliquid aliud indagare, et invenire possumus".

29 Ebd.; a.a.O. Sp. 487 c: „Alterum vero, sine quo illud non sufficeret, est comparatio causae inventae cum effectu, per quem inventa fuit".

30 Mittelstraß: *Neuzeit und Aufklärung*... a.a.O., S. 186 übersieht dieses bei Zabarella allerdings auch nicht sehr präzis bestimmte rationale Element innerhalb des regressus, wenn er Zabarellas regressus-Modell mit Galileis rationaler Mechanik vergleicht und als empiristisch abtut; der Unterschied zwischen beiden dürfte eher in der inhaltlichen Bestimmung der mittleren Phase des regressus liegen: bei Zabarella handelt es sich um eine Prüfung der qualitativen Eigenschaften der Ursache; bei Galilei um die Bestimmung der quantitativen Relationen; vgl. unten S. 99 f.

31 *Liber de regressu*, cap. 5; a.a.O. Sp. 489 c-d: „Ex tribus igitur partibus necessario constat regressus; prima quidem est demonstratio quod, qua ex effectus cognitione confusa ducimur in confusam cognitionem causae: secunda est consideratio illa mentalis, qua ex confusa notitia causae distinctam eiusdem cognitionem acquirimus: tertia vero est demonstratio potissima, qua ex causa dictincte cognita ad distinctam effectus cognitionem tandem perducimur".

demonstrativen, kompositiven oder synthetischen Teilschritt. Und die beiden Teilschritte werden in beiden Fällen in der Tradition der *Analytica posteriora* als das Aufsteigen zu Prämissen oder als das Ableiten von Konklusionen interpretiert. Dementsprechend wird drittens den Teilschritten dieselbe Funktion innerhalb des Gesamtverfahrens zugewiesen: im ersten Teilschritt wird der Beweis gefunden, im zweiten vollzogen. Und schließlich ist in beiden Fällen Anfangs- und Endpunkt des Verfahren objektiv identisch; in einem nichtvitiosen ‚Zirkel' wird das, was am Anfang unsicher oder ungeklärt war, zur Sicherheit oder Klarheit gebracht.

Alle diese Übereinstimmungen führten dazu, daß beide Methodenmodelle häufig miteinander kontaminiert oder sogar als ein- und dasselbe verstanden wurden oder daß zumindest ihre Interpretationen sich wechselseitig beeinflußten. Zabarella allerdings wollte sein naturwissenschaftliches Methodenmodell streng vom mathematischen unterschieden wissen. Bei einem Vergleich zwischen der resolutio seines Regressusmodells und der mathematischen resolutio (= analysis) stellt er ausdrücklich fest, daß die mathematische resolutio nicht mit seiner resolutiven Methode identisch sei. In der mathematischen resolutio werde nämlich nicht vom Bekannteren zum Unbekannteren fortgeschritten, sondern, da in ihr spätere Lehrsätze in frühere und diese schließlich in erste Prinzipien aufgelöst würden, handele es sich im Gegenteil um ein Fortschreiten vom Unbekannteren zum Bekannteren, das vielleicht für den bereits Ausgebildeten den Wert einer Übung haben könne, den Namen ‚Methode' aber nicht verdiene, weil es keine Erkenntnis erzeuge[32]. Die Mathematik gehöre nämlich zu den Wissenschaften, in denen wir über die Kenntnisse aller Prinzipien verfügen und in denen die resolutio also überflüssig ist, weil wir in solchen Wissenschaften geradewegs und ohne Benutzung der resolutio mithilfe der demonstrativen Methode von den bekannten Prinzipien zu den Wirkungen fortschreiten können. Die resolutive Methode gehört also nicht in die Mathematik[33], sondern zum Methodeninventar anderer Wissenschaften, insbesondere zu dem der Naturwissenschaft[34].

Zabarellas Interpretation der Mathematik kann zunächst als ein Beispiel für die oben[35] konstatierte Identifikation der geometrischen Methode mit dem vollkommenen wissenschaftlichen Beweis im aristotelischen Sinne gelten: die mathematische Methode ist für ihn die demonstratio potissima. Und zweitens versteht er den analytischen Teilschritt

32 *De methodis*, lib. 3, cap. 18; a.a.O. Sp. 267 a: „resolutio illa mathematica, qua post factas onmes demonstrationes retrocedimus, et posteriora theoremata in priora, et haec denique in prima principia resolvimus, est potius quaedam eruditorum exercitatio, quam methodus resolutiva, de qua in praesentia loquimur; est enim processus ab ignotioribus ad notiora, qui cuilibet rudi ad eam scientiam capessendam accedenti esset prorsus inutilis: quia nullam cognitionem pareret".

33 Ebd.; a.a.O. Sp. 266 f — 267 a: „certum est, si nos ad aliquam scientiam accedentes principia omnia nota haberemus, supervacuam ibi resolutionem fore: quia statim methodo demonstrativa a principiis notis ad effectus, qui semper secundum naturam sunt ignoti, absque resolutionis usu progrederemur, quod in mathematicis evenit: proinde in ipsis locum non habet methodus resolutiva".

34 Ebd.; a.a.O. Sp. 267 b: „nos autem de illa resolutiva methodo sermonem facimus, quae in aliis scientiis locum habet, praesertim in scientia naturali".

35 Vgl. oben S. 76 f.

des Papposmodells im Sinne der Interpretation B_1 als Beweisanalyse, als Rückgang von den Lehrsätzen zu den Prinzipien. Drittens aber macht seine Unterscheidung zwischen der Analysis des Papposmodells und der resolutio im regressus auf wichtige Differenzen zwischen beiden beweisanalytisch interpretierten Methodenmodellen aufmerksam, die durchaus nicht immer klar gesehen wurden[36]: Die Analysis des Papposmodells bewegt sich innerhalb des geschlossenen Axiomensystems der euklidischen Geometrie, im analytischen Teilschritt werden noch ungeprüfte und versuchsweise angenommene Sätze auf diese sicheren Axiome zurückgeführt, der Weg führt — um mit Zabarella zu sprechen — vom Unbekannteren zum Bekannteren. Dagegen findet der regressus bei Zabarella nicht innerhalb eines solchen vorausgesetzten Axiomensystems statt: in ihm bilden nicht irgendwelche vorausgesetzten Axiome, sondern die beobachteten Wirkungen, von denen die resolutio ausgeht, die zwar noch ungeklärte, aber nicht in Frage stehende empirische Grundlage des regressus: schon in der undeutlichen Erkenntnis der Wirkung am Anfang des regressus wird erkannt, *daß* sie ist. Die resolutio hat hier nicht die Aufgabe, bloß *einen Weg* von dem zu prüfenden Satz zu ‚schon bekannten' Prinzipien *zu finden,* sondern die, die *noch unbekannten Prinzipien* oder Ursachen *selbst* aus den bekannten Wirkungen *zu erfinden.* Anders ausgedrückt: zwar benutzen beide Methodenmodelle den nichtvitiosen Zirkel, aber die Eingabe des Wahrheitswertes erfolgt an unterschiedlichen Stellen dieses Zirkels: im Papposmodell nur auf der Seite der zugrunde gelegten Prinzipien, bei Zabarella nur auf der Seite des faktisch Beobachteten; der Wahrheitswert wird durch den Zirkel dort von den Prinzipien zu den abgeleiteten Sätzen und hier von den der Sache nach späteren, aber auf Beobachtung beruhenden Sätzen zu ihren Prinzipien transportiert.

Dabei geht Zabarella allerdings nicht so weit, die resolutiv aufgefundenen Prinzipien als bloße Hypothesen aufzufassen; in einer solchen Deutung des regressus-Modells wäre die demonstratio propter quid aus den Hypothesen nicht so sehr ein Beweis des Abgeleiteten, sondern im modernen Sinne eine Prüfung der Hypothesen an der Erfahrung. Wenn jetzt nämlich eine solche Ableitung des Beobachtbaren aus den angenommenen Hypothesen mißlänge, erforderte dies eine Revision der Hypothesen; auf diese Weise ergäbe sich die Möglichkeit einer kontinuierlichen Korrektur der Hypothesen an der Erfahrung. Dies stellt zweifellos eine mögliche Auslegung des regressus-Modells dar, die schon von Zeitgenossen Zabarellas[37] vertreten wurde. Bei Zabarella selbst allerdings finden sich für eine solche Auslegung keine Anhaltspunkte: für ihn werden die Prinzipien oder Ursachen nicht bloß hypothetisch gesetzt, sondern mit Hilfe der demonstratio ab effectu aus den Wirkungen *bewiesen,* und diese demonstratio ab effectu ist für ihn ein Beweis im vollgültigen Sinne: die in der demonstratio ab effectu auftauchenden Sätze sind, wenn wir sie an sich betrachten, nicht weniger notwendig, als die der demonstra-

36 Randall: *The School of Padua...* a.a.O., S. 30—50 und Edwards: *Randall on the Development of Scientific Method...* a.a.O., S. 56—66 rekapitulieren die heftige Diskussion in der Schule von Padua, ob man, wie es der arabische Galen-Kommentator Hali (Ali ibn Ridwan, † 1061) tut, die doctrina resolutiva Galens mit der analysis der griechischen Mathematiker identifizieren solle oder nicht.

37 Vgl. Randall: *The School of Padua...* a.a.O., S. 42—48 und S. 60.

tio potissima[38]; der Weg von der Beobachtung zu den Prinzipien erscheint als so sicher, daß die Möglichkeit einer bloß allmählichen Annäherung der Prinzipien an die Erfahrung im wiederholten Durchlaufen des Zirkels nicht ins Auge gefaßt wird.
Zabarella entwickelt dieses regressus-Modell vor dem Hintergrund der aristotelischen Naturwissenschaft, in der qualitative Relationen wie die zwischen Ursache und Wirkung und nicht wie in der neuzeitlichen Naturwissenschaft quantitative Relationen im Vordergrund stehen. Dennoch übt dieses Methodenmodell und die ihm verwandten des Paduaer Aristotelismus einen nachhaltigen Einfluß auf die methodologische Reflexion der neuen, messenden Naturwissenschaft aus. Allerdings hat die Mathematisierung der Naturwissenschaften der Sache nach eine Modifikation des regressus-Modells zur Folge, die am deutlichsten in den methodologischen Äußerungen Galileis nachzuweisen ist.

C_1 Galilei, dessen unmittelbare oder mittelbare Abhängigkeit von Zabarella[39], von Robert Grosseteste[40], von Nikolaus von Oresme[41] und von den verschiedenen antiken Autoren[42] hier nicht erörtert werden soll, sieht die naturwissenschaftliche Methode wie Zabarella durch den Doppelschritt von „metodo resolutivo" und „metodo compositivo" bestimmt[43]. Wie bei Zabarella soll dabei die resolutive Methode mit einem Satz

38 *Liber de speciebus demonstrationis*, cap. 10; a.a.O. 429 c: „propositiones acceptae in demonstratione ab effectu, si rem ipsam spectemus, non minus sunt necessariae, non minus per se, et quatenus ipsum, quam propositiones demonstrationis potissimae".

39 Zur Auseinandersetzung über diese Frage vgl. Randall: *The School of Padua...* a.a.O., S. 15—27, 61—68; Cassirer, Ernst: *Galilei's Platonism.* In: Ashley Montagu, M. F. (Hrsg.): *Studies and Essays in the History of Science and Learning. Offered in Homage to George Sarton on the Occasion of his Sixtieth Birthday.* — New York 1946, S. 277—297; Gilbert, Neal W.: *Galileo and the School of Padua.* In: *Journal of the History of Philosophy* Bd. 1, 1963, S. 223—231; Edwards: *Randall on the Development of Scientific Method...* a.a.O.; Mc Tighe, Thomas P.: *Galileo's ‚Platonism': A Reconsideration.* In: Mc Mullin, Earnon (Hrsg.): *Galileo. Man of Science.* — New York, London 1967, S. 365—387; Mittelstraß: *Neuzeit und Aufklärung...* a.a.O., S. 179—187.

40 Vgl. Crombie: *Robert Grosseteste...* a.a.O.

41 Vgl. Duhem, P.: *Études sur Léonard da Vinci.* 3 Bde. — Paris 1906—1913; ders.: *Un précurseur français de Copernic: Nicole Oresme (1377).* In: *Revue générale des Sciences pures et appliqueés* Bd. 20, 1909, S. 866—873; zur Kritik an Duhems These vgl. Rosen, Edward: *Renaissance Science as Seen by Burckhardt and his Successors.* In: Helton, T. (Hrsg.): *The Renaissance: A Reconsideration of the Theories and Interpretations of the Age.* — Madison 1964, S. 77—103 und Mittelstraß. *Neuzeit und Aufklärung...* a.a.O., S. 188—193.

42 Die Bedeutung der aristotelischen Tradition betonen vor allem Duhem: *Études sur Léonard da Vinci ...* a.a.O.; Randall: *The School of Padua ...* a.a.O. und Edwards: *Randall on the Development of Scientific Method ...* a.a.O.; die Bedeutung des Platonismus Cassirer, Ernst: *Mathematical Mysticism and Mathematical Science.* In: Mc Mullin: *Galileo ...* a.a.O., S. 338—351; Cassirer: *Galilei's Platonism ...* a.a.O.; Koyré, A.: *Galileo and Plato.* In: *Journal of the History of Ideas* Bd. 4, 1943, S. 400—428; auf Entsprechungen zwischen der Archimedischen Statik und Galileis Mechanik verweist Mittelstraß: *Neuzeit und Aufklärung ...* a.a.O., S. 243—263 und auf Parallelen zu Ptolomaios verweist Drake, Stillman: *Ptolemy, Galileo and Scientific Method.* In: *Studies in History and Philosophy of Science* Bd. 9, 1978, S. 99—115; Hintikka and Remes: *The Method of Analysis ...* a.a.O., S 108—110 ordnen auch Galilei bruchlos in die Papposttradition ein.

43 *Le opere di Galileo Galilei. Nuova ristampa della edizione nazionale.* 20 Bde. — Florenz 1965—66; vgl. *Brief vom 5. Juni 1637 an Pietro Carcavy;* Bd. XVII, S. 88—93; *Risposta alle Opposizioni del S. Lodovico delle Colombe, e del S. Vincenzio di Grazia;* Bd. IV, S. 521.

beginnen, der aufgrund der sinnlichen Beobachtung und Erfahrung als „sicher" gelten kann[44]: „wenn nämlich dieser Satz sicher ist, gelangt man bei Anwendung der resolutiven Methode leicht auf irgendeinen schon bewiesenen Satz oder auf ein per se bekanntes Prinzip; ist aber der Satz falsch, so wird man ins Unendliche weitergehen können, ohne auf eine schon bekannte Wahrheit zu treffen, wenn man nicht gar auf etwas Unmögliches oder auf eine offensichtliche Absurdität stößt"[45]. In diesem Text scheinen zwei Argumentationsstränge verknüpft: erstens will Galilei wie Zabarella von Sätzen ausgehen, die aus der Erfahrung als sicher und wahr bekannt sind, zweitens aber will er dadurch zu Sätzen aufsteigen, die wie bei Pappos „schon bewiesen oder ein per se bekanntes Prinzip" sind. Dies stellt jedoch nicht etwa eine Kontamination zweier unverträglicher Argumentationen dar, sondern ist ein präziser Ausdruck des neuen Forschungsprogramms, in das empirische Beobachtung und mathematische Konstruktion gleichermaßen eingehen.

Dies wird deutlich, wenn Galilei in einer ausführlichen Beschreibung dieses Forschungsprogramms am Beispiel der Kosmographie, auf die kürzlich Drake aufmerksam gemacht hat[46], innerhalb des resolutiv-kompositiven Gesamtverfahrens vier Phasen unterscheidet, nämlich 1. die sinnliche Beobachtung der Erscheinungen, 2. die Bildung von Hypothesen über die Bewegung der Himmelskörper, 3. geometrische Beweise auf der Grundlage dieser Hypothesen, durch die die besonderen Ereignisse, die aus diesen Hypothesen folgen, bewiesen werden und 4. das Umsetzen der geometrischen Konstruktion in Zahlenangaben und Tabellen, aus denen man die Stellung der Himmelskörper für jeden Zeitpunkt ablesen kann[47]. Im Sinne eines solchen Forschungsprogramms knüpft Galilei auch bei der Ermittlung der Fallgesetze an einzelne Beobachtungen an und sucht als erstes eine Definition der gleichmäßig beschleunigten Bewegung zu finden, in der diese durch das quantitative Verhältnis zwischen Fallzeit und Geschwindigkeitszuwachs bestimmt wird: die gleichmäßig beschleunigte Bewegung erwirbt in gleichen Zeiten gleiche Geschwindigkeitszuwächse[48]. Eine solche Definition erlaubt es, die Eigenschaften der so definierten Bewegung allein aufgrund geometrischer Konstruktionen zu ermitteln. Wenn die so aufgrund der geometrischen Konstruktionen ermittelten

44 *Dialogo sopra i due massimi sistemi del mondo I;* a.a.O. Bd. VII, S. 75: „La certezza della conclusione aiuta a ritrovar col metodo resolutivo la dimostrazione".

45 Ebd.: „perchè io tengo per fermo ch' e' [Aristotile] proccurasse prima, per via de' sensi, dell' esperienze e delle osservazioni, di assicurarsi quanto fusse possibile della conclusione, e che doppo andasse ricercando i mezi da poterla dimostrare, perchè così si fa per lo più nelle scienze dimostrative: e questo avviene perchè, quando la conclusione è vera, servendosi del metodo resolutivo, agevolmente si incontra qualche proposizione già dimostrata, o si arriva a qualche principio per sè noto; ma se la conclusione sia falsa, si può procedere in infinito senza incontrar mai verità alcuna conosciuta, se già altri non incontrasse alcun impossibile o assurdo manifesto".

46 Drake: *Ptolemy, Galileo and Scientific Method* ... a.a.O.

47 *Trattato della sfera ovvero cosmografia;* a.a.O. Bd. II, S. 211 f.

48 *Discorsi e dimostrazioni matematiche intorno à due nuove scienze III;* a.a.O. Bd. VIII, S. 191: „Aequalem, seu uniformem, motum intelligo eum, cuius partes quibuscunque temporibus aequalibus a mobili peractae, sunt inter se aequales".

Eigenschaften für die definierte Bewegung dann wieder mit der Erfahrung konfrontiert werden und sich zeigt, daß ihre Eigenschaften mit der Bewegung der beschleunigt fallenden Körper übereinstimmen, dann „werden wir annehmen dürfen, daß unsere Definition den Fall der schweren Körper umfaßt"[49].

Der entscheidende Unterschied zwischen dem regressus-Modell Zabarellas und dieser Methodenbeschreibung Galileis besteht in der Bestimmung und Interpretation der mittleren Phase des regressus zwischen dem Aufstieg von und dem Abstieg zu den Beobachtungen: sie wurde bei Zabarella eher unscharf als mentales Examen der Ursache verstanden, während in ihr bei Galilei erstens Definitionen und Axiome formuliert werden, aus denen zweitens mithilfe der geometrischen Konstruktionen Eigenschaften der so definierten Bewegung abgeleitet werden. Die Ableitung dieser Eigenschaften geschieht hier allein unter Voraussetzung der gesetzten Definitionen und Axiome und mit Hilfe der mathematischen Konstruktionen und unterliegt nicht der Kontrolle der Erfahrung: sollte sich herausstellen, daß die so ermittelten Eigenschaften nicht mit denen der natürlich fallenden Körper übereinstimmen, dann „verlieren unsere Beweise dennoch nichts von ihrer Kraft und Schlüssigkeit, da sie ja allein für unsere Annahmen gelten sollten"[50]. Die Hoffnung freilich geht dahin, daß die so abgeleiteten Eigenschaften mit den beobachtbaren übereinstimmen, und diese Hoffnung hat ihren Grund in der Überzeugung von der mathematischen Struktur der Natur: weil das Buch der Natur in geometrischen Figuren geschrieben ist[51], wird man beim Ausgang von sicheren Beobachtungen leicht zu Sätzen gelangen, die in der Geometrie schon bewiesen oder per se bekannt sind, während die Analyse eines falschen Satzes die geometrische Struktur der Natur verfehlt und ins Unendliche fortgeführt werden kann, ohne auf einen solchen Satz zu stoßen[52].

Durch diese Mathematisierung der Naturwissenschaft wird also in das regressus-Modell Zabarellas ein dort fehlendes oder unterentwickeltes theoretisches Moment eingebracht: es wird ein physikalisches Axiomensystem formuliert, aus dem mit Hilfe der Mathematik Sätze kontrolliert abgeleitet und aus den gesetzten Voraussetzungen bewiesen wer-

49 Ebd.; a.a.O. Bd. VIII, S. 202: „e se s' incontrerà che gli accidenti che poi saranno dimostrati si verifichino nel moto de i gravi naturalmente descendenti ed accelerati, potremo reputare che l' assunta definizione comprenda cotal moto de i gravi".

50 *Brief vom 5. Juni 1637 an Pietro Carcavy;* a.a.O. Bd. XVII, S. 90 f.: „soggiungo poi, che se l'esperienza mostrasse che tali accidenti si ritrovassero verificarsi nel moto dei gravi naturalmente descendenti, potremmo senza errore affermare questo essere il moto medesimo che da me fu definito e supposto; quanto che no, le mie dimostrazioni, fabricate sopra la mia supposizione, niente perdevano della sua forza e concludenza; sì come niente progiudica alle conclusioni dimostrate da Archimede circa la spirale il non ritrovarsi in natura mobile che in quella maniera spiralmente si muova".

51 *Il saggiatore;* a.a.O. Bd. VI, S. 232: „Sign. Sarsi, la cosa non istà così. La filosofia è scritta in questo grandissimo libro che continuamente ci sta aperto innanzi a gli occhi (io dico l'universo), ma non si può intendere se prima non s'impara a intender la lingua, e conoscer i caratteri, ne'quali è scritto. Egli è scritto in lingua matematica, e i caratteri son triangoli, cerchi, ed altre figure geometriche, senza i quali mezi è impossibile a intenderne umanamente parola; senza questi è un aggirarsi vanamente per un oscuro laberinto".

52 Vgl. oben S. 98.

den. Die Eingabe des Wahrheitswertes in den Zirkel des regressus erfolgt hier also nicht mehr bloß auf der Seite des Beobachtbaren, sondern auch auf Seiten der ‚Prinzipien': die im kompositiven Schritt verwendeten mathematischen Sätze und Ableitungen werden als durch Erfahrung nicht korrigierbare Wahrheiten behandelt; ihr Wahrheitswert geht in den Zirkel ebenso ein wie der der Beobachtungssätze, und die Aufgabe des Zirkels besteht eben darin, die an zwei unterschiedlichen Punkten des Zirkels eingegebenen Wahrheitswerte miteinander zu vermitteln. In diesem Sinne verbirgt sich hinter der Formel von der „Mathematisierung der Natur" bei Galilei die Einsicht, daß die wissenschaftliche Methode durch Beobachtung und Theorie gleichermaßen bestimmt ist[53]. Und diese Betonung auch des theoretischen Elements stellt den entscheidenden Schritt Galileis über die Methodenbeschreibung Zabarellas dar: wurde dort das theoretische Element entweder ganz vernachlässigt oder unscharf als geistige Erwägung der Ursache gefaßt, so steht an dieser Stelle bei Galilei ein geordnetes System von Sätzen, in dem aus vorangestellten Definitionen und Axiomen mit Hilfe der geometrischen Konstruktion Sätze kontrolliert abgeleitet und erst anschließend mit der Erfahrung konfrontiert werden.

Durch diese Axiomatisierung und Mathematisierung ist die Entwicklung der nachgalileischen Physik faktisch bestimmt: Newton, um das prominenteste Beispiel zu zitieren, baut seine *Principia mathematica* nach dem Vorbild der Galileischen Mechanik als axiomatisches System mit vorangestellten Definitionen und Axiomen auf, aus denen mit Hilfe mathematischer Ableitungen Theoreme ermittelt werden. Aber diese faktisch durch Axiomatisierung und Mathematisierung bestimmte Entwicklung der neuzeitlichen Physik ist von einer empiristischen Methodendoktrin begleitet, in der das theoretische Moment weitgehend übersehen oder sogar ausdrücklich geleugnet wird[54]. Dafür ist Newton selbst das beste Beispiel. In der Vorrede zur ersten Auflage eben dieses durch seinen axiomatischen Aufbau bestimmten Werkes beschreibt Newton die benutzte Methode ganz im Sinne Zabarellas bloß als resolutiven Aufstieg von den Phänomenen zu den Kräften der Natur und als demonstrativen Abstieg von diesen Kräften zu den übrigen Phänomenen[55] und läßt den axiomatischen Aufbau seines Werkes und seine mathematischen Ableitungen völlig unerwähnt. Für ihn hat es nach der vierten Regula philosophandi die Physik nur mit Sätzen zu tun, die durch Induktion aus den Phä-

53 Diesen Gesichtspunkt arbeitet überzeugend heraus Mittelstraß: *Neuzeit und Aufklärung...* a.a.O., S. 207—232.

54 Vgl. dazu Feyerabend, Paul K.: *Bemerkungen zur Geschichte und Systematik des Empirismus.* In: Weingartner, Paul (Hrsg.): *Grundfragen der Wissenschaften und ihre Wurzeln in der Metaphysik.* — Salzburg, München 1967, S. 136—180

55 Newton, Isaac: *Philosophiae naturalis principia mathematica.* The Third Edition (1726) with Variant Readings. Assembled and Edited by Alexandre Koyré and I. Bernard Cohen with the Assistance of Anne Whitman. 2 Bde. — Cambride 1972; praefatio ad lectorem zur 1. Auflage, S. 16: „Omnis enim philosophiae difficultas in eo versari videtur, ut a phaenomenis motuum investigemus vires naturae, deinde ab his viribis demonstremus phaenomena reliqua".

nomenen gewonnen sind[56]; die Wahrheitswerteingabe in den Zirkel erfolgt in dieser Methodenbeschreibung wieder nur auf der Seite der Phänomene. Und dementsprechend stellt die ausführlichste Beschreibung der naturwissenschaftlichen Methode durch Newton, die sich in der Query 31 der *Opticks* von 1730 findet, eine präzise Paraphrase des Methodenmodells von Zabarella dar: „Wie in der Mathematik sollte in der Naturwissenschaft die Erfindung schwieriger Dinge durch die Methode der Analysis immer der Methode der Komposition vorangehen. Diese Analysis besteht darin, Experimente anzustellen und Beobachtungen zu machen und daraus durch Induktion allgemeine Schlußfolgerungen zu ziehen, und keine Einwände gegen diese Schlußfolgerungen zuzulassen als solche, die aus Experimenten oder aus anderen gewissen Wahrheiten stammen ... Und wenn bei den Phänomenen keine Ausnahme erscheint, kann die Schlußfolgerung als genereller Satz aufgestellt werden ... Durch diesen Weg der Analysis können wir vom Zusammengesetzten zu den Bestandteilen, von den Bewegungen zu den Kräften, die sie hervorbringen, und allgemein von den Wirkungen zu ihren Ursachen, und von besonderen zu mehr allgemeinen Ursachen fortschreiten, bis die Beweisführung in den allgemeinsten endet. Das ist die Methode der Analysis: Und die Synthesis besteht darin, die entdeckten Ursachen als Prinzipien vorauszusetzen und durch sie die Phänomene, die von ihnen abhängen, zu erklären, und die Erklärungen zu beweisen“[57].

An dieser Passage ist erstens auffällig, daß Newton die naturwissenschaftliche Methode ausdrücklich mit der mathematischen des Papposmodells identifiziert; es handelt sich um ein erstes Beispiel für die Verwechslung der beiden Methodenmodelle, die bei Zabarella noch streng getrennt waren und deren Unterscheidung — auch auf Grund der Übernahme der griechischen Terminologie in das naturwissenschaftliche Methodenmodell — in Zukunft immer unsicherer wird. Und zweitens ist zu beachten, daß Newton die Identifikation beider Methodenmodelle nicht etwa durch eine Orientierung der na-

56 Ebd. lib. 3, regula philosophandi 4; a.a.O. S. 555: „In philosophia experimentali, propositiones ex phaenomenis per inductionem collectae, non obstantibus contrariis hypothesibus, pro veris aut accurate aut quamproxime haberi debent, donec alia occurrerint phaenomena, per quae aut accuratiores reddantur aut exceptionibus obnoxiae“.

57 Newton, Isaac: *Opticks or a Treatise of the Reflections, Refractions, Inflections and Colours of Light.* Based on the Fourth Edition London, 1730. With a Foreword by Albert Einstein, an Introduction by Edmund Whittaker, a Preface by I. Bernard Cohen and an Analytical Table of Contents Prepared by Duane H. D. Roller. — New York 1952, S. 404 f.: „As in Mathematicks, so in Natural Philosophy, the Investigation of difficult Things by the Method of Analysis, ought ever to precede the Method of Composition. This Analysis consists in making Experiments and Observations, and in drawing general Conclusions from them by Induction, and admitting of no Objections against the Conclusions, but such as are taken from Experiments, or other certain Truths ... And if no Exception occur from Phaenomena, the Conclusion may be pronounced generally ... By this way of Analysis we may proceed from Compounds to Ingredients, and from Motions to the Forces producing them; and in general, from Effects to their Causes, and from particular Causes to more general ones, till the Argument end in the most general. This is the Method of Analysis: And the Synthesis consists in assuming the Causes discover'd, and establish'd as Principles, and by them explaining the Phaenomena proceeding from them, and proving the Explanations“.

turwissenschaftlichen Methode am Papposmodell vornimmt[58], sondern umgekehrt dadurch, daß er die Mathematik und insbesondere die Geometrie als Teildisziplin der Naturwissenschaft behandelt: die Geometrie ist für Newton in der mechanischen Praxis begründet und nichts als derjenige Teil der allgemeinen Mechanik, der die Kunst des Messens behandelt[59]. Wenn so noch die Mathematik dem naturwissenschaftlichen Methodenmodell unterworfen wird, kann sich im Verlauf des 18. und 19. Jahrhunderts eine empiristische Wissenschaftstheorie ausbilden, in der das regressus-Modell Zabarellas auf alle Wissenschaften ausgedehnt wird: das Fundament der Wissenschaften (und der Philosophie) sind allein die beobachtbaren Phänomene; sie werden in „analytisch" gefundenen Generalisierungen erfaßt, aus denen dann die Phänomene wiederum erklärt oder vorausgesagt werden können. Und diese empiristische Wissenschaftstheorie gewinnt mit ihrer Fassung des Begriffs der Analysis unmittelbar Einfluß auf das analytische Selbstverständnis der Aufklärungsphilosophie. Dafür liefert der vorkritische Kant das beste Beispiel: bei seiner eingangs zitierten Stellungnahme für ein analytisches Vorgehen in der Philosophie beruft er sich ausdrücklich auf das Vorbild der „analytischen" Naturwissenschaften: „die ächte Methode der Metaphysik" sei „mit derjenigen im Grunde einerlei, die *Newton* in die Naturwissenschaft einführte"[60]. Und worin diese Methode besteht, das beschreibt Kant in enger Anlehnung an die in der Zabarellatradition stehenden methodologischen Äußerungen Newtons und insbesondere an die 4. Regula philosophandi der *Principia*: in der Naturwissenschaft, „heißt es daselbst [bei Newton]", soll man „durch sichere Erfahrungen, allenfalls mit Hülfe der Geometrie die Regeln aufsuchen, nach welchen gewisse Erscheinungen der Natur vorgehen"; entsprechend soll man für Kant in der Philosophie analytisch von der „sicheren ... Erfahrung ausgehen" und in ihr „die Grundlage zu allen Folgerungen" sehen[61]. Dieses analytische Ausgehen von der Erfahrung entspricht dem Grundansatz des Methodenmodells C, der hier von Kant allerdings begriffsanalytisch ausgelegt wird, wenn er die sichere Erfahrung, von der auszugehen sei, als das „unmittelbar augenscheinliche Bewußtsein" davon versteht, daß ein Merkmal in einem Begriff enthalten sei, und es als Ziel eines solchen analytischen Vorgehens in der Philosophie bestimmt, die Definitionen der Begriffe als Sammlungen solcher unmittelbarer Urteile zu gewinnen[62]. Durch eine solche Übertragung einzelwissenschaftlicher Methodenmodelle auf philosophische Fragestellungen sucht die Aufklärungsphilosophie die analytischen Methodenkonzepte der neuzeitlichen Naturwissenschaften und der modernen Mathematik unmittelbar für ihr philosophisches Selbstverständnis fruchtbar zu machen[63].

58 Dies setzen Hintikka und Remes: *The Method of Analysis* ... a.a.O., S. 105—110 stillschweigend voraus, wenn sie diese Passage bruchlos und unter weitgehender Vernachlässigung des naturwissenschaftlichen regressus-Modells für die Pappostradition in Anspruch nehmen und sie — ohne die tiefgreifenden Differenzen auch nur zu erwähnen — darüber hinaus mit dem Methodenkonzept Galileis parallelisieren.

59 *Principia, praefatio ad lectorem;* a.a.O. S. 15: „Fundatur igitur *geometria* in praxi mechanica, et nihil aliud est quam *mechanicae universalis* pars illa, quae artem mensurandi accurate proponit ac demonstrat".

60 *Deutlichkeit* A 82, KA II 286.

61 Ebd. A 81, KA II 285 f.

62 Ebd. A 82, KA II 286.

63 Vgl. unten S. 111—115.

§ 10 Der Analysisbegriff der neuzeitlichen Mathematik (Modell D)

Eine von den bisher geschilderten wesentlich abweichende Bedeutung gewinnt der Begriff der Analysis schließlich mit der Entwicklung der neuzeitlichen Mathematik, in deren Verlauf die Algebra unter dem Titel der „Analysis" ins Zentrum der mathematischen Diskussion rückt und die bisher als grundlegend angesehene Disziplin Geometrie aus dieser Stellung verdrängt. Diese Entwicklung setzt gegen Ende des 16. Jahrhunderts ein, bildet sich im Laufe des 17. Jahrhunderts aus und bestimmt das Mathematikverständnis des 18. Jahrhunderts beinahe vollständig[1].
Ihren Ausgang nimmt diese Entwicklung bei dem französischen Mathematiker Franciscus Vieta (1540—1603), der 1591 seine Schrift *In artem analyticen isagoge* veröffentlicht[2]. In dieser „Einleitung in die analytische Kunst" unternimmt es Vieta, eine Verbindung zwischen der Algebra, deren Verhältnis zur Geometrie bei den Griechen ungeklärt geblieben und die von den Arabern und den Cossisten des 15. und 16. Jahrhunderts als eigenständige Disziplin entwickelt worden war, und der Geometrie herzustellen, indem er von dem bisher als fundamental angesehenen Unterschied zwischen den diskreten Quantitäten der Arithmetik und den kontinuierlichen der Geometrie absieht und beide Wissenschaften in einer „logistica speciosa" begründen will. Gegenüber der Arithmetik als der logistica numerosa zeichnet sich diese logistica speciosa dadurch aus, daß sie anstelle von Zahlen mit „species", mit Buchstabensymbolen für die einzelnen Größen, operiert[3], und dabei nicht nur wie der alexandrinische Mathematiker Diophant (ca. 250

1 Zur Geschichte dieser Entwicklung vgl. Weissenborn, Hermann: *Die Principien der höheren Analysis in ihrer Entwickelung von Leibniz bis auf Lagrange, als ein historisch-kritischer Beitrag zur Geschichte der Mathematik dargestellt.* — Halle 1856 (Nachdruck: Leipzig 1972); Gerhardt, C[arl] I[mmanuel]: *Die Entdeckung der höheren Analysis* (= ders.: Die Geschichte der höheren Analysis, Erste Abtheilung). — Halle 1855; ders.: *Geschichte der Mathematik in Deutschland* (= Geschichte der Wissenschaften in Deutschland ..., hrsg. durch die historische Commission bei der Königl. Academie der Wissenschaften. Neuere Zeit. Bd. 17) — München 1877; Cantor, Moritz: *Vorlesungen über Geschichte der Mathematik.* — Leipzig (^{1}1880—1898), Bd. 1: ^{3}1907, Bd. 2: ^{2}1913, Bd. 3: ^{2}1901, Bd. 4: ^{1}1908 (Nachdruck: New York, Stuttgart 1965); Zeuthen, H[ieronymus] G[eorg]: *Geschichte der Mathematik im XVI. und XVII. Jahrhundert.* Deutsche Ausgabe, unter Mitwirkung des Verfassers besorgt von Raphael Meyer (= Abhandlungen zur Geschichte der mathematischen Wissenschaften mit Einschluß ihrer Anwendungen. Begründet von Moritz Cantor. Heft 17). — Leipzig 1903; Klein, Jacob: *Die griechische Logistik und die Entstehung der Algebra.* In: *Quellen und Studien zur Geschichte der Mathematik, Astronomie und Physik,* Abtl. B: Studien Bd. 3, 1936, S. 18—105; Bd. 4, 1937, S. 122—235; Becker, Oskar und Hofmann, Jos[eph] E[hrenfried]: *Geschichte der Mathematik.* — Bonn 1951; Boyer, Carl B.: *Analysis: Notes on the Evolution of a Subject and a Name.* In: *The Mathematics Teacher* Bd. 47, 1954, S. 450—462; ders.: *The History of the Calculus and its Conceptual Development.* With a Foreword by Richard Courant — New York 1959; Baron, Margaret E.: *The Origins of the Infinitesimal Calculus.* — Oxford, London, Edinburgh, New York, Toronto, Sydney, Paris, Braunschweig 1969.

2 Vieta, Franciscus: *In artem analyticen isagoge.* In: ders.: *Opera mathematica, in unum volumen congesta, ac recognita, opera atque studio Francisci à Schooten.* — Lugduni Batavorum 1646 (als Nachdruck mit Vorwort und Register hrsg. v. Joseph E. Hofmann. — Hildesheim, New York 1970), S. 1—12.

3 Ebd. cap. 4; a.a.O. S. 4: „Logistice numerosa est quae per numeros, Speciosa quae per species seu rerum formas exhibetur, ut pote per Alphabetica elementa".

n. Chr.), auf dessen Vorbild sich Vieta beruft, die unbekannten, sondern auch die bekannten oder gegebenen Größen symbolisch darstellt: zur Unterscheidung werden die gesuchten Größen mit den Buchstaben A oder einem anderen Vokal E, I, O, U, Y; die gegebenen mit den Buchstaben B, G, D oder einem anderen Konsonanten bezeichnet[4]. Und diese symbolische Darstellung der Größen erlaubt bei Beachtung des Homogenitätsgesetzes, wonach Längen nur zu Längen, Flächen nur zu Flächen addiert (oder von ihnen subtrahiert) werden können[5], zugleich die algebraische Erfassung geometrischer Größen: die „species" sind zugleich „formae rerum"[6]; beide, sowohl die Arithmetik als auch die Geometrie, haben ihre gemeinsame Basis also in der logistica speciosa.
Diese logistica speciosa sieht Vieta nicht als seine Erfindung an, sondern vermutet in ihr eine Geheimwissenschaft der antiken Mathematik; seine ars analytica sei daher nur in dem Sinne neu, daß er ihr eine vollkommen neue Form gegeben und neue Bezeichnungen eingeführt habe, in Wahrheit handele es sich dabei um eine alte Kunst, die von den Barbaren (den Arabern) nur verunstaltet worden sei[7]: schon Diophant, der seine Arithmetik so darstellt, als sei sie in den Zahlen gegründet und nicht auch in den species, habe sich der species bedient und dies bloß verborgen, damit seinem Scharfsinn und seiner Geschicklichkeit umso mehr Bewunderung gezollt würde[8]; ebenso habe in der antiken Geometrie der artifex Geometra diese Kunst hinter einer synthetischen Darstellung verborgen, obwohl er in jener ausgebildet gewesen sei[9].
Für die weitere Entwicklung der mathematischen Begrifflichkeit ist entscheidend, daß Vieta für seine symbolische Buchstabenrechnung den arabischen Titel „Algebra" zwar nicht völlig unterdrückt, aber seine logistica speciosa vor allem als „restitutio" der Analysis der antiken Mathematik betrachtet und sie deshalb unter den Titel „Analysis" stellt[10]. Die Verbindung zwischen seiner logistica speciosa und der Analysis der antiken Mathematik stellt Vieta im ersten Kapitel der *Isagoge* mit folgenden Worten her:
„Es gibt in der Mathematik einen Weg zum Aufsuchen der Wahrheit, den Plato als er-

4 Ebd. cap. 5; a.a.O. S. 8: „Quod opus, ut arte aliqua juvetur, symbolo constanti et perpetuo ac bene conspicuo datae magnitudines ab incertis quaesititiis distinguantur, ut pote magnitudines quaesititias elemento A aliave litera vocali, E, I, O, U, Y, datas elementis B, G, D, aliisve consonis designando".

5 Ebd. cap. 3; a.a.O. S. 2: „Prima et perpetua lex aequalitatum seu proportionum, quae, quoniam de homogeneis concepta est, dicitur lex homogeneorum, haec est: Homogena homogeneis comparari".

6 Vgl. oben Anm. 3.

7 Vieta: Widmungsbrief an Catherine de Partenay; a.a.O. S. XI: „Ecce ars quam profero nova est, aut demum ita vetusta, et a barbaris defoedata et conspurcata, ut novam omnino formam ei inducere ... necesse habuerim, et emittere nova vocabula".

8 Vieta: *Isagoge* cap. 5; a.a.O. S. 10: „Zeteticen autem subtilissime omnium exercuit Diophantus in iis libris, qui de re Arithmetica conscripti sunt. Eam vero tanquam per numeros, non etiam per species (quibus tamen usus est) institutam exhibuit, quo sua esset magis admirationi subtilitas et solertia".

9 Ebd. cap. 7; a.a.O. S. 10: „Itaque artifex Geometra, quanquam Analyticum edoctus, illud dissimulat, et tanquam de opere efficiundo cogitans profert suum syntheticum problema et explicat".

10 Die *Isagoge* erscheint 1591 als Teilstück einer Sammlung mit dem Titel „Opere restitutae Mathemacicae Analyseos seu Algebra nova continentur"; vgl. dazu François Viète: *Einführung in die neue Algebra.* Übersetzt und erläutert v. Karin Reich u. Helmuth Gericke (= Historiae scientiarum Elementa 5). — München 1973, S. 13.

ster gefunden haben soll und der von Theon[11] Analysis genannt und von ihm definiert worden ist als die Annahme des Gesuchten als anerkannt um seiner auf etwas als wahr Anerkanntes führenden Folgerungen willen. Die Synthesis dagegen ist die Annahme des Anerkannten um seiner auf Vollendung und Erfassung des Gesuchten führenden Folgerungen willen. Während aber die Alten nur eine zweifache Analysis behandelt haben, die Zetetike und Poristike, auf die sich die Definition Theons vor allem bezieht, habe ich noch eine dritte aufgestellt, welche Rhetike oder Exegetike genannt sei. Bekanntlich ist die Zetetike diejenige [Analysis], durch welche die Gleichung oder Proportion zwischen der Größe, nach der gesucht wird, und denjenigen, die gegeben sind, gefunden wird; die Poristike die, durch welche die Wahrheit eines aufgestellten Satzes über eine Gleichung oder Proportion geprüft wird, und die Exegetike die, durch welche aus einer aufgestellten Gleichung oder Proportion die gesuchte Größe selbst ermittelt wird. Und so kann die ganze analytische Kunst, die diese dreifache Aufgabe zu lösen für sich in Anspruch nimmt, bestimmt werden als die Lehre vom rechten Finden in der Mathematik"[12].

In diesem Text nimmt Vieta also die analytische Methode der antiken Geometrie zunächst in der Beschreibung auf, die sich im Scholion zum 13. Buch der *Elemente* Euklids findet[13], und trifft eine Unterscheidung zwischen zwei überlieferten Arten der Analysis, die sich vielleicht an die Gegenüberstellung zwischen theoretischer und praktischer Analysis bei Pappos anlehnt[14]. Die inhaltliche Bestimmung der verschiedenen Arten der Analysis aber geschieht bei ihm nicht mehr im Blick auf die Geometrie, sondern im Hinblick auf eine allgemeine Gleichungs- oder Proportionenlehre: alle drei Formen der Analysis werden durch ihre unterschiedlichen Funktionen gegenüber der Gleichung bestimmt.

11 Vermutlich ist hier Theon von Alexandria (zweite Hälfte des 4. Jhds. n. Chr.) und nicht — wie bei Reich /Gericke (vgl. Anm. 10) S. 141 angegeben — der Platonkommentator Theon von Smyrna (um 130 n. Chr.) angesprochen: die nachfolgende Bestimmung der Analysis und Synthesis stellt eine Paraphrase der Zusätze zum 13. Buch der Elemente Euklids dar, die Theon von Alexandria in einer unabhängig von der arabischen Tradition überlieferten griechischen Ausgabe herausgab (vgl. Cantor: *Vorlesungen...* a.a.O., Bd. I, S. 277 ff.); darüber hinaus wurde Theon von Alexandria lange Zeit für den Verfasser der Beweise und Zusätze von Euklids Elementen gehalten (vgl. Cantor: *Vorlesungen...* a.a.O., Bd. II, S. 102, 339, 366, 439, 551, 556, 563).

12 Vieta: *Isagoge* cap. 1; a.a.O. S. 1: „Est veritatis inquirendae via quaedam in Mathematicis, quam Plato primus invenisse dicatur, a Theone nominata Analysis, et ab eodem definita, Adsumptio quaesiti tanquam concessi per consequentia ad verum concessum. Ut contra Synthesis, Adsumptio concessi per consequentia ad quaesiti finem et comprehensionem. Et quanquam veteres duplicem tantum proposuerunt Analysin ζητητικὴν καὶ ποριστικὴν, ad quas definitio Theonis maxime pertinet, constitui tamen etiam tertiam speciem, quae dicatur ῥητικὴ ἢ ἐξηγητικὴ, consentaneum est, ut sit Zetetice qua invenitur aequalitas proportiove magnitudinis, de qua quaeritur, cum iis quae data sunt. Poristice, qua de aequalitate vel proportione ordinati Theorematis veritas examinatur. Exegetice, qua ex ordinata aequalitate vel proportione ipsa de qua quaeritur exhibetur magnitudo. Atque adeo tota ars Analytice triplex illud sibi vendicans officium definiatur, Doctrina bene inveniendi in Mathematicis".

13 Vgl. oben S. 75 f., Anm. 24.

14 Vgl. oben S. 80.

Dabei wird der an erster Stelle genannten Zetetik eine doppelte Funktion zugewiesen: erstens stellt sie die Gleichung zwischen den durch Buchstabensymbole gekennzeichneten bekannten und unbekannten Größen gemäß den in der Aufgabe angegebenen Bedingungen auf, und zweitens formt sie diese Gleichung durch die Anwendung der Gesetze der Zetetik zur Normalform um, so daß „schließlich etwas gefunden wird, was der gesuchten Größe ... gleich ist, und zwar ein Produkt aus lauter gegebenen Größen"[15]; die Größe der Unbekannten ist damit allgemein in ihrer Abhängigkeit von den gegebenen Größen bestimmt. Die Aufgabe der an zweiter Stelle genannten Analysis poristike wird undeutlicher beschrieben: sie prüft die Wahrheit eines aufgestellten Satzes über eine Gleichung oder Proportion und stellt ein Prüfungsverfahren für den Sonderfall dar, daß etwas bisher Unbekanntes vorgelegt wird, das gefunden wurde oder sich durch Zufall zeigte[16]; sie ordnet sich jedenfalls nicht bruchlos in das von Vieta beschriebene Gesamtverfahren ein. Vielmehr folgt nach den zwei Schritten der Zetetik unmittelbar die Analysis rhetike oder exegetike, durch die die in der Aufgabe als bekannt vorausgesetzten Größen in ihrer bestimmten Quantität in die allgemeine Gleichung eingesetzt werden. Dabei differenziert Vieta mit Hilfe der Begriffe Rhetike und Exegetike zwischen zwei möglichen Aufgabenstellungen: sind die bekannten Größen als Zahlen gegeben, dann wird die Analysis rhetike die gesuchte Größe durch Rechnen als Zahl bestimmen; sind die bekannten Größen aber geometrisch als Längen, Flächen oder Körper eingeführt, dann wird die Analysis exegetike aus der Gleichung die geometrische Konstruktion der gesuchten Größe entnehmen[17]. In jedem Fall besteht das Gesamtverfahren also 1. aus dem Aufstellen der Gleichung in symbolischer Schreibweise, 2. aus ihrer Transformation in die Normalform, die die unbestimmte Lösung liefert, und 3. aus der numerischen oder geometrischen Auswertung dieser Gleichung durch Einsetzen der bestimmten Größen.

Der Punkt, in dem Vietas ars analytica mit dem Verfahren der antiken Geometrie übereinkommt, ist die „Annahme des Gesuchten als zugestanden": wie im analytischen Schritt des Papposmodells das Gesuchte als zugestanden oder wie gegeben betrachtet wird, um aus seinen Beziehungen zu anderen gegebenen Objekten Folgerungen abzuleiten, so wird hier das Gesuchte in symbolischer Schreibweise in die Gleichung eingeführt und ‚wie bereits gegeben' betrachtet, um aus seinem Verhältnis zu anderen gegebenen Größen Folgerungen abzuleiten. Dabei übernimmt die Gleichung, die am An-

15 Vieta: *Isagoge* cap. 5, a.a.O. S. 8: „Magnitudines tam datae quam quaesitae secundum conditionem quaestioni dictam adsimilantor et comparantor, addendo, subducendo, multiplicando et dividendo constanti ubique homogeneorum lege servata. Manifestum est igitur aliquid tandem inventurum iri magnitudini de qua quaeritur ... aequale, idque factum omnino sub magnitudinibus datis".

16 Ebd. cap. 6; a.a.O. S. 10: „Quod si alienum proponitur inventum, vel fortuito oblatum, cujus veritas expendenda et inquirenda est; tunc tentanda primum Poristices via est".

17 Ebd. cap. 7; a.a.O. S. 10: „Ordinata Aequatione magnitudinis de qua quaeritur, ῥητικὴ ἢ ἐξηγητικὴ, quae reliqua pars Analytices censenda est, atque potissimum ad artis ordinationem pertinere ... suum exercet officium; tam circa numeros, si de magnitudine numero explicanda quaestio est, quam circa longitudines, superficies, corporave, si magnitudinem re ipsa exhiberi oporteat".

fang der Analysis zetetike aufgestellt wird, die Rolle, die in der geometrischen Praxis die geometrische Figur hatte, in die sowohl die gegebenen als auch die gesuchten Objekte eingeführt wurden[18]: in der Gleichung werden die in der Aufgabe angegebenen Beziehungen zwischen den verschiedenen Größen in eine Form gebracht, die auf die Bekanntheit oder Unbekanntheit der in der Aufgabe vorkommenden Größen keine Rücksicht nimmt. Und wie dort aus der so zustande gekommenen Konfiguration von bekannten und unbekannten geometrischen Objekten oder ihrer Beziehungen mit Hilfe vorausgesetzter Grundsätze Folgerungen abgeleitet wurden, so werden hier aus der Anfangsgleichung mit Hilfe der im 5. Kapitel der *Isagoge* dargestellten leges Zeteticis Folgerungen gezogen, durch die die Gleichung auf ihre Normalform gebracht wird, in der das Gesuchte, die Größe der Unbekannten, sich als Funktion der als bekannt eingeführten Größen ergibt.

Diese Parallelität darf aber nicht über die tiefgreifenden Unterschiede zwischen Vietas ars analytica und der analytischen Methode der antiken Geometrie hinwegtäuschen. Erstens reduziert sich die analytische Kunst bei ihm ganz auf die Lösung von praktischen Aufgaben: die theoretische Analysis, in der bei Pappos die Geltung eines infrage stehenden Satzes durch den Nachweis seiner Ableitbarkeit aus anderen, als wahr vorausgesetzten Sätzen erwiesen wurde, taucht hier nicht mehr auf; es handelt sich überhaupt nicht mehr um eine Methode der Rückführung noch ungesicherter Sätze auf gesicherte, sondern um ein Verfahren der Bestimmung von unbekannten Größen aus ihrem Verhältnis zu bekannten. Wenn für dieses Verfahren der Begriff Analysis beibehalten wird, dann bezeichnet er jetzt also nicht mehr die methodische Ordnung einer Abfolge von Schritten, die von einem infrage stehenden Satz zu gesicherten Grundlagen führt, sondern die Technik der Aufstellung und Umformung von Gleichungen und also eher das spezifische Verfahren der mathematischen Disziplin der Algebra als eine allgemeine Methode. Dieses Verfahren zeichnet sich gegenüber dem geometrischen Methodenmodell B dadurch aus, daß nach dem Aufstellen der Anfangsgleichung aus ihr und nur aus ihr weitere Gleichungen abgeleitet werden, die untereinander im Verhältnis der strengen Äquivalenz stehen. Die leges Zeteticis, nach denen die Umformung der Gleichungen geschieht, sind nämlich Regeln wie die, daß bei der Umformung von Gleichungen das Herüberschaffen eines Gliedes von einer Seite der Gleichung auf die andere die Gleichheit dann nicht beeinträchtigt, wenn man das Vorzeichen umkehrt[19]; sie garantieren also die Äquivalenz zwischen den verschiedenen Gleichungen einer Rechnung. Erst hier also und noch nicht im geometrischen Methodenmodell B ist von einer Äquivalenz im strengen Sinne zwischen den einzelnen abgeleiteten Gleichungen auszugehen[20].

Und zweitens verliert dieser Begriff der Analysis in Vietas Beschreibung seinen Gegenbegriff der Synthesis. Zwar kann man die Analysis rhetike, in der die numerischen

18 Vgl. oben S. 83 f.

19 Vieta: *Isagoge* cap. 5; a.a.O. S. 9: „Antithesi aequalitatem non immutari".

20 Vgl. oben S. 85 f.

Werte der gegebenen Größen in die algebraische Gleichung eingesetzt werden und die Unbekannte als bestimmte Zahl errechnet wird, vielleicht der Sache nach mit dem ersten Teilschritt der Synthesis im Papposmodell parallelisieren, in dem die Konstruktion des Gesuchten aus dem Gegebenen konkret vollzogen wird[21], und in der sich anschließenden Probe, in der die so gefundenen Werte in die Ausgangsgleichung eingesetzt werden, das Gegenstück zum abschließenden Beweis des Papposmodells sehen, aber das findet keinen Niederschlag in Vietas Terminologie. Wo er von Synthesis redet, erscheint sie entweder nur noch als Darstellung der analytisch gefundenen und analytisch bewiesenen Ergebnisse, die man benutzt, weil dieser synthetische Weg des Beweises als logisch besser angesehen wird; da man dabei aber den Weg der Analysis noch einmal durchläuft, gehört auch dies für Vieta im Grunde noch zur Analysis selbst[22]. Oder der synthetische Vortrag des Geometers wird nur noch als Mittel verstanden, die Analytik, mit deren Hilfe er zu seinen Ergebnissen gelangte, aus Gründen der Eitelkeit oder wegen der Eleganz der Darstellung zu verbergen[23]. Weil bei Vieta schon die Analysis allein die Ergebnisse liefert und die Synthesis, deren Vollzug im Papposmodell für den Beweis des analytisch Gefundenen unabdingbar war, für ihn außerhalb des eigentlichen Verfahrens steht, ist die Synthesis nur noch eine Form der möglichen Darstellung der anders gefundenen Ergebnisse; das Verfahren selbst ist nur noch analytisch.

Damit gewinnt der isolierte Begriff der Analysis bei Vieta zugleich eine gänzlich neue Bedeutung: was er jetzt bezeichnet, ist das Feld der Algebra und das ihrer Anwendung auf die anderen Zweige der Mathematik. Und in dieser Bedeutung wird der Begriff Analysis im 17. und 18. Jahrhundert zum Schlüssel- und Titelbegriff der neuen Entwicklung in der Mathematik, in der die Geometrie aus der Rolle der mathematischen Grundlagenwissenschaft verdrängt und die Algebra unter dem Titel der Analysis an ihre Stelle gesetzt wird. Diese Entwicklung deutet sich bereits bei Vieta an, seine ars analytica sollte auch die Grundlage für die Lösung geometrischer Probleme liefern. Allerdings begreift Vieta „Unbekannte" noch nicht als Variable, sondern als Größen, deren Werte in Abhängigkeit von fest gegebenen bekannten Größen bestimmbar sind. Und er kennt auch noch nicht das Koordinatensystem, nach dessen Einführung durch Fermat und Descartes Punkte der Ebene oder des Raumes durch Paare oder Tripel reeller Zahlen und ebene Kurven in einer Gleichung mit zwei Variablen erfaßbar werden[24]. Der für diese Anwendung der Algebra auf geometrische Probleme heute übliche Name „analytische Geometrie" setzte sich allerdings erst spät durch: Descartes' Werk trägt einfach den Tiel „La Geometrie", Fermat nennt sein Werk „Ad locos planos et solidos isagoge", und erst gegen Ende des 18. Jahrhunderts etabliert sich der heute übliche Begriff der analytischen Geometrie endgültig[25].

21 Vgl. Klein: *Die griechische Logistik* ... a.a.O., S. 167.

22 Vieta: *Isagoge* cap. 6; a.a.O. S. 10: Theoremata „quanquam suam habent ex Zetesi demonstrationem et firmitudinem; attamen legi syntheseos, quae via demonstrandi censetur λογικωτέρη, subjiciuntur ... Atque idcirco repetuntur Analyseos vestigia. Quod et ipsum Analyticum est".

23 Vgl. oben Anm. 8 u. 9.

24 Vgl. unten S. 143 f.

25 Tropfke, Johannes: *Geschichte der Elementar-Mathematik in systematischer Darstellung mit besonderer Be-*

Wichtiger für die Verbreitung des Begriffs der Analysis dürfte daher die Entwicklung der Differential- und Integralrechnung um die Wende vom 17. zum 18. Jahrhundert sein, weil diese neuen Disziplinen von Anfang an unter den Begriff der Analysis gestellt werden. Hatte Cavaleri noch vom „methodus indivisibilium“[26] und Wallis von der „arithmetica infinitorum“[27] gesprochen, so steht die Infinitesimalrechnung bei Leibniz von Anfang an unter dem Titel der Analysis[28]. Ebenso geschieht das bei Newton, der seine „Method of Fluxions“, also seine früher gefundene, aber erst nach den Aufsätzen von Leibniz publizierte Fassung der Differentialrechnung mit der Algebra endlicher Größen parallelisiert und beide unter den Titel Analysis stellt: „was die gewöhnliche Analysis durch Gleichungen mit einer endlichen Zahl von Gliedern leistet ... , das kann diese neue Methode ebenso mit Hilfe unendlicher Gleichungen leisten: ich habe daher nicht gezögert, ihr ebenfalls den Namen der Analysis zu geben“[29].

Endgültig dürfte sich diese Bezeichnung mit dem Erscheinen des weitverbreiteten Lehrbuchs von l'Hospital durchgesetzt haben, der die erste zusammenfassende Darstellung der Differentialrechnung vorträgt und dafür den Titel *Analyse des infiniment petits, pour l'intelligence des lignes courbes*[30] wählt. Ebenso wie Newton verweist er für die Wahl dieses Titelbegriffs auf die gewöhnliche Analysis endlicher Größen, übernimmt deren Titelbegriff, aber grenzt seine „Analyse des unendlich Kleinen“ gegen sie ab[31]: sie vergleiche die unendlich kleinen Differenzen endlicher Größen[32]. Weil sie sich aber, so

rücksichtigung der Fachwörter. Zweite, verbesserte und sehr vermehrte Auflage. 7 Bde. — Berlin u. Leipzig 1921—1924, Bd. VI, S. 112 vertritt die Ansicht, daß erst S. F. Lacroix gegen Ende des 18. Jahrhunderts den Namen „Analytische Geometrie“ im heute üblichen Sinn verwendet; Boyer: *Analysis* ... a.a.O., S. 456 verweist dagegen auf frühere Belege, fügt aber hinzu: „Nevertheless, the designation ‚analytic geometry‘ did not really take hold until the nineteenth century“.

26 Vgl. dazu Gerhardt: *Die Entdeckung der höheren Analysis* ... a.a.O., S. 18 ff.

27 Wallis, Johannes: *Arithmetica infinitorum, sive nova methodus inquirendi in curvilineorum quadraturam, aliaque difficiliora matheseos problemata.* Anno 1655 typis edita. In: ders.: *Opera mathematica.* 3 Bde. — Oxoniae 1689—1699, Bd. I, S. 355—478.

28 Das Manuskript, „in dem eine der ersten Gleichungen“ mit dem „Summen oder Integralzeichen“ auftaucht, hat die Überschrift: *Analysis Tetragonistica ex Centrobarycis* (vgl. Gerhardt: *Die Entdeckung der höheren Analysis* ... a.a.O., S. 58 ff., 117 ff.), und die erste Veröffentlichung, in der das geschieht, den Titel: *De geometria recondita et analysi indivisibilium atque infinitorum.* In: *Acta Eruditorum,* 1686, S. 292—300.

29 Newton, Isaac: *Two Treatises of the Quadrature of Curves, and Analysis by Equations of an Infinite Number of Terms.* Hrsg. v. John Stewart. — London 1745, S. 340: „And whatever the common Analysis performs by Means of Equations of a finite Number of Terms ... this new method can always perform the same by Means of infinite Equations: So that I have not made any Question of giving this the Name of Analysis likewise“.

30 [l'Hospital, Guillaume François, Marquis de]: *Analyse des infiniment petits, pour l'intelligence des lignes courbes.* — Paris [1]1696, ([2]1716; diese wie die folgenden Veröffentlichungen des Werkes erfolgten unter dem Namen des Autors).

31 Ebd., Vorrede S. 1 (unpag.): „L'Analyse qu'on explique dans cet Ouvrage, suppose la commune; mais elle en est fort différente. L'Analyse ordinaire ne traitte que des grandeurs finies: celle-ci penetre jusques dans l'infini même“.

32 Ebd.: „Elle compare les différences infiniment petites des grandeurs finies; elle découvre les rapports de ces différences: et par-là elle fait connoître ceux des grandeurs finies, qui comparées avec ces infiniment petits sont comme autant d'infinis“.

rechtfertigt er den ebenso üblichen Titel einer Analysis des Unendlichen, nicht auf die unendlich kleinen Differenzen beschränkt, sondern die Verhältnisse der Differenzen dieser Differenzen usw. usw. aufdeckt, deshalb könne man gleichermaßen sagen, daß diese Analyse sich noch über das Unendliche hinaus erstreckt[33].
Zu Beginn des 18. Jahrhunderts hat sich dieser neue Begriff der Analysis dann endgültig etabliert. In Wolffs *Mathematischem Lexicon* von 1716 tritt er auf, ohne daß sein klassisches Pendant Synthesis auch nur erwähnt würde, und wird unter ausdrücklicher Berufung auf Leibniz als „Auflösungs-Kunst" eingeführt, unter der „heute zu Tage meistens die Buchstaben-Rechen-Kunst, die Algebra und die Differential-Rechnung des Herrn von Leibnitz" verstanden werde: diese „Erfindungs-Künste zusammen" pflege man seitdem „die Analysin" zu nennen[34]. Die sieben Unterabschnitte des Artikels unterscheiden nicht etwa diese neue mathematische Bedeutung der Analysis von älteren, sondern reflektieren nur noch verschiedene Unterdisziplinen und Anwendungsgebiete des modernen Begriffs: der Unterabschnitt „Analysis Diophantea" verweist auf den antiken Vorläufer dieses Rechnungsverfahrens; darauf folgen zwei Abschnitte, in denen die Analysis entsprechend der bei Newton und l'Hospital vorliegenden Gliederung in zwei Disziplinen unterteilt wird: die „Analysis finitorum, die endliche Auflösungs-Kunst", soll „aus einigen gegebenen endlichen Größen andere ... finden"[35], und die „Analysis infinitorum" oder die „unendliche Auflösungs-Kunst" hat die Aufgabe, „aus einigen gegebenen unendlich kleinen Größen andere endliche zu finden"[36]. Die weiteren Unterabschnitte mit den Titeln „Analysis potentiarum", „Analysis transcendens", „Analytica curva faciei hominis" und „Analytici libri"[37] behandeln spezielle Anwendungsbereiche der Infinitesimalrechnung. Entsprechend der sich schon im Lexikon dokumentierenden Einsicht Wolffs in die grundlegende Bedeutung dieser neuen Disziplin der Analysis nehmen die *Elementa Analyseos mathematicae* in Wolffs lateinischem Lehrbuch der Mathematik von 1741 dann auch die gesamte zweite Hälfte des ersten Bandes ein; sie gliedern sich wie im Lexikon in die Analysis des Endlichen und des Unendlichen[38].
Damit wird zu Anfang des 18. Jahrhunderts eine analytische Interpretation der gesamten Mathematik bestimmend. Am deutlichsten prägt sich die Vorherrschaft dieses ‚analytischen' Verständnisses von Mathematik überhaupt bei Euler aus. Sein Lehrbuch der Infinitesimalrechnung von 1748 trägt den Titel *Introductio in analysin infinitorum* und diese „Analysis infinitorum" wird als „Scientia sublimior" sowohl gegen die gewöhnliche Algebra, die die endlichen Größen behandelt[39], als auch gegen die Geometrie abge-

33 Ebd., S. 1 f. (unpag.): „On peut même dire que cette Analyse s'étend au delà de l'infini: car elle ne se borne pas aux différences infiniment petites; mais elle découvre les rapports des différences des ces différences, ceux encore des différences troisiémes, quatriémes, et ainsi de suite".

34 Wolff: *Mathematisches Lexicon;* WW I 11, Sp. 51 f.

35 Ebd., Sp. 53.

36 Ebd., Sp. 53 f.

37 Ebd., Sp. 54 ff.

38 *Elementa matheseos universae,* tom. 1, WW II 29, S. 293 ff.: „Elementa analyseos mathematicae tam finitorum quam infinitorum".

39 Euler, Leonhard: *Introductio in analysin infinitorum.* In: ders.: *Opera omnia.* Sub auspiciis societatis scien-

hoben, von der alles Wissenswerte im zweiten Band analytisch abgehandelt wird, „weil man die analysis infinitorum ja so abzuhandeln pflegt, daß man zugleich ihre Anwendung auf die Geometrie zeigt“[40]. Noch deutlicher wird der Ausschließlichkeitsanspruch der neuen ‚Analysis‘ dort, wo sie auf die empirische Naturwissenschaft angewendet wird. Eulers *Mechanica* von 1736 trägt den Untertitel „sive motus scientia analytice exposita“[41] und in der Vorrede schreibt er der mathematischen „Analysis unendlich kleiner Größen“ das entscheidende Verdienst bei den damals erreichten Fortschritten der Physik zu: nach ihrer Erfindung haben die Statik und die Mechanik so große Fortschritte gemacht, „daß alles dasjenige, was vorher in einem so langen Zeitraum erforscht worden war, hiergegen fast verschwindet“[42]. Es sei daher geradezu unzeitgemäß, daß die bisherigen Werke zur Mechanik und insbesondere auch Newtons *Principia mathematica* „alles nach Art der Alten mittels synthetisch-geometrischer Beweise behandeln und die Analysis, durch welche man zu einer vollständigen Erkenntnis der Dinge gelangt“, verheimlichen[43]. Was aber seine „nach analytischer Methode“ abgefaßte Abhandlung[44] von den vorhergehenden Schriften unterscheidet, ist nicht etwa der Gesamtaufbau des Werkes, der mit Definitionen und Zusätzen, Lehrsätzen und Beweisen, Aufgaben und Auflösungen geradezu als Muster einer Abhandlung gelten kann, die nach euklidischem Vorbild more geometrico und synthetisch verfaßt ist, sondern die Verwendung der Infinitesimalrechnung in Beweis und Auflösung, die an die Stelle der geometrischen Argumentation tritt: analytisch verfahren bezeichnet jetzt in der Mathematik nicht mehr eine bestimmte Methode des Vorgehens, sondern nur noch das Rechnen mit variablen Größen und die sich daraus ergebenden Disziplinen der modernen Mathematik.

Dieses Selbstverständnis der Mathematik als „Analysis“ gewinnt in einer Epoche, in der die Mathematik das Vorbild für alle Wissenschaften darstellt, unmittelbar Bedeutung für die allgemeine Methodendiskussion: wenn die Mathematik als das „glänzendste Bei-

tiarum naturalium Helveticae edenda curaverunt Ferdinand Rudio, Adolf Krazer, Andreas Speiser, Louis Gustave du Pasquier. – Lipsiae et Berolini 1911 ff., Serie 1, Bd. VIII u. IX; Bd. VIII, S. 8: „Primum eas [functiones] distinxi in algebraicas et transcendentes; quarum illae per operationes in Algebra communi usitatas ex quantitatibus variabilibus formantur, hae vero vel per alias rationes componuntur vel ex iisdem operationibus infinities repetitis efficiuntur“.

40 Ebd. S. 7: „Divisi hoc opus in duos libros, in quorum priori, quae ad meram Analysin pertinent, sum complexus; in posteriori vero, quae ex Geometria sunt scitu necessaria, explicavi, quoniam Analysis infinitorum ita quoque tradi solet, ut simul eius applicatio ad Geometriam ostendatur“.

41 Euler: *Opera omnia* ... a.a.O., Serie 2, Bd. I u. II.

42 Ebd. Bd. I, S. 7: „His vero posterioribus temporibus post inventam Analysin infinitorum tanta utraque scientia cepit incrementa, ut, quae ante tam longo temporis intervallo erant eruta, prae his propemodum evanescant“.

43 Ebd. S. 8: „Praeterea, quod lectorem [Hermanni Phoronomiae] maxime distinet, omnia more veterum synthetice geometricis demonstrationibus est persecutus, atque analysin, qua ad completam harum rerum cognitionem pervenitur, celavit. Non multum dissimile quoque modo conscripta sunt NEUTONI *Principia Mathematica Philosophiae*“.

44 Ebd.

spiel"[45] der Wissenschaft sich selbst als analytisch versteht, dann verleiht das dem Begriff der Analyse eine Dignität, die ihm auch in außermathematischen und philosophischen Methodenüberlegungen einen besonderen Rang sichert. Für die neue Bewertung der Analysis auch in solchen allgemeinen Methodenüberlegungen werden insbesondere zwei Aspekte wichtig, die der Begriff noch innerhalb der mathematischen Methodendiskussion selbst gewonnen hat.

Erstens wird der neuen Analysis in der Mathematik regelmäßig eine erfindende Funktion zugeschrieben. Dies beginnt bereits bei Vieta, der seine Analysis als „Doctrina bene inveniendi in Mathematicis" bezeichnet[46]: seine Buchstabenrechnung ‚erfindet' vorher unbekannte Größen, und liefert darüber hinaus nicht bloß wie das numerische Rechnen ein einzelnes Ergebnis, sondern eine Formel, mit deren Hilfe beim Einsetzen unterschiedlicher Werte für die ‚bekannten' Größen die Lösungen neuer Aufgaben ‚erfunden' werden können: die ars analytica läßt kein Problem ungelöst[47]. Noch deutlicher treten die Vorteile der Formalisierung bei ihrer Anwendung auf geometrische Probleme hervor: mit ihrer Hilfe können bei Descartes nicht mehr bloß wie in der antiken Geometrie Eigenschaften einzelner Kurven geometrisch bestimmt werden, sondern ihre Darstellung in algebraischen Gleichungen erlaubt es, sie systematisch in Gruppen mit denselben Eigenschaften zusammenzufassen und immer neue Kurven „zu erfinden"[48]. Und entsprechend ist der gewöhnliche Ausdruck, den Leibniz für das Aufstellen von Gleichungen der höheren Analysis benutzt, der der Invention[49]; und eben diese inventive Funktion des Kalküls in der Mathematik gewinnt Einfluß auf das Programm einer kalkülmäßigen Erfindung neuer Wahrheiten auch in der Philosophie, wie es Leibniz in den Entwürfen zur scientia generalis entwickelt[50]. Für Wolff jedenfalls gibt es im *Mathematischen Lexikon* bereits eine fest Koppelung zwischen diesem Analysisbegriff und der Aufgabe der Erfindung: die mathematischen „Erfindungskünste zusammen" pflegt man „die Analysin zu nennen"[51]. Diese Koppelung der inventiven Funktion an den Analysisbegriff der modernen Mathematik färbt das philosophische Verständnis des Begriffs mehr oder weniger stark und tritt dabei entweder in Konkurrenz zu Analysisbegriffen anderer Herkunft oder wird — oft vorschnell — mit ihnen parallelisiert.

Zweitens kommt es im Laufe dieser Entwicklung zu einer neuen Gegenüberstellung und Bewertung der Begriffe analytisch und synthetisch. Nachdem sich nämlich die Bezeichnung „Analysis" für die modernen algebraischen Verfahrensweisen durchgesetzt hat, wird ihnen das geometrische Verfahren als synthetisches gegenübergestellt: die In-

45 Kant: *KrV* B 740; KA III 468.

46 Vgl. oben Anm. 12.

47 Vieta: *Isagoge* cap. 8; a.a.O. S. 12: „Denique fastuosum problema problematum ars Analytice, triplicem Zetetices, Poristices et Exegetices formam tandem induta, jure sibi adrogat, Quod est, NULLUM NON PROBLEMA SOLVERE".

48 Vgl. unten S. 143 f.

49 Vgl. Gerhardt: *Die Entdeckung der höheren Analysis* ... a.a.O., S. 56.

50 Vgl. unten S. 192—195, 206—208, 213—218.

51 Vgl. oben S. 110.

terpretation der Geometrie orientiert sich erneut ausschließlich am Aufbau der *Elemente* Euklids (Modell A), und die konkurrierende analytische Methodenbeschreibung der Geometrie (Modell B) wird bloß noch als Vorausdeutung auf die neue analytische Kunst verstanden und schon bei Vieta der Algebra und nicht der Geometrie zugerechnet[52]. Mit diesen Zuordnungen ist zugleich eine neue Bewertung der Methodenbegriffe verbunden: Wo sich — wie beispielsweise im England des 18. Jahrhunderts — ein in der Geometrie gegründetes Verständnis der Mathematik hält[53], erscheint dies — von der analytisch bestimmten kontinentalen Mathematik her gesehen — als Rückfall in die überlieferte synthetische Methode; Synthesis gilt hier nur noch als ein veraltetes Verfahren der antiken Geometrie, das durch die neue Grundlegung der Mathematik in der Analysis überholt ist: auch die geometrischen Probleme werden besser durch Gleichungen und das heißt analytisch angegangen. So kommt beispielsweise Euler nach einem Vergleich zwischen der Angemessenheit der synthetischen und der analytischen Methode für die Mechanik zu einem Ergebnis, das auffallende Parallelen zu der bereits bei Descartes vorliegenden Einschätzung der beiden Methoden im Felde der Philosophie aufweist[54]: die nach synthetischer Methode verfaßten Schriften seien zwar in der Lage, den Leser von der Wahrheit der vorgetragenen Sätze zu überzeugen, aber durch sie erlange er keine hinreichend klare und deutliche Erkenntnis derselben. Deshalb habe schon eine kleine Änderung der Fragen zur Folge, daß er sie aus eigenen Kräften kaum lösen könne, wenn er nicht selbst analytisch verfahre[55]. Entwickele man dieselben Sätze dagegen nach der analytischen Methode, dann vermehre sich die Einsicht bedeutend und man erhalte eine klare und bestimmte Erkenntnis; er selbst sei dadurch nicht nur auf viele vorher noch nicht behandelte Aufgaben verfallen, sondern habe dadurch auch mehrere neue Methoden für die Behandlung mechanischer und mathematischer Probleme gefunden[56].

Daß der isolierte Terminus „Analysis" im Laufe dieser Entwicklung zum Schlüsselbegriff der modernen Mathematik überhaupt avanciert, hat schon bei Descartes Einfluß auf die Einschätzung seiner Bedeutung auch in philosophischen Kontexten, prägt die Verwendung des Begriffs in der scientia generalis bei Leibniz, bestimmt seine Rolle in den methodologischen Reflexionen Wolffs und wird über diese Vermittlungen für das analytische Selbstverständnis der Aufklärungsphilosophie wichtig. So begründet beispielsweise Mendelssohn in seiner Preisschrift von 1762 sein Votum für den Vorrang

52 Vgl. oben S. 101–106.

53 Vgl. Boyer: *Analysis* ... a.a.O., S. 456 f.

54 Vgl. unten S. 130 f.

55 Euler: *Mechanica* ... a.a.O., Bd. I, S. 8: „Sed quod omnibus scriptis, quae sine analysi sunt composita, id potissimum Mechanicis obtingit, ut Lector, etiamsi de veritate eorum, quae proferuntur, convincatur, tamen non satis claram et distinctam eorum cognitionem assequatur, ita ut easdem quaestiones, si tantillum immutentur, proprio marte vix resolvere valeat, nisi ipse in analysin inquirat easdemque propositiones analytica methodo evolvat".

56 Ebd.: „Illo igitur iam tempore, quantum potui, conatus sum analysin ex synthetica illa methodo elicere easdemque propositiones ad meam utilitatem analytice pertractare, quo negotio insigne cognitionis meae augmentum percepi".

der analytischen Methode in der Philosophie unmittelbar mit dem Erfolg der Analysis in der Mathematik: wie „in der Mathematik überhaupt unsere Begriffe von der Grösse ... entwickelt und auseinander gesetzet werden“[57], so soll das philosophische Verfahren in einer „Analysis der Begriffe“ bestehen: „sie macht die Theile und Glieder dieser Begriffe deutlich und kenntbar, die vorhin dunkel und unbemerkt waren“[58]. Zwar stellt diese ‚analytische‘ Interpretation der Mathematik trotz eines Hinweises auf die „Fluxional-Rechnung“ Newtons[59] alles andere als eine adäquate Interpretation der mathematischen Analysis dar. Vielmehr wird die Analysis der Mathematik ins Begriffsanalytische umgebogen, wenn behauptet wird, „daß in dem Begriff von der Ausdehnung alle geometrische Warheiten eingewickelt anzutreffen seyn müssen, die uns die Geometrie darinn entwickeln lehret“[60]. Aber gerade in solchen Assimilationsversuchen dokumentiert sich der ungebrochene Vorbildcharakter der Mathematik: wenn sich diese Wissenschaft als analytische versteht, dann wird eine Interpretation der Analysis gesucht und gefunden, die für beide Wissenschaften, Mathematik und Philosophie gleichermaßen, Geltung beansprucht. Und dementsprechend gilt die Analysis bei Mendelssohn auch als die philosophische Methode schlechthin; ihr traditionelles Gegenstück, die synthetische Methode, taucht in der Preisschrift nur noch als „äusserliche Lehrart“ auf: früher habe man auf ihre Anwendung in der Philosophie Hoffnungen gesetzt, aber „man weiß, wie wenig der Erfolg dieser Hofnung entsprochen hat“[61].

Ebenso ist die französische Aufklärung maßgeblich von der neuen, sich analytisch interpretierenden Mathematik beeinflußt. Am deutlichsten wird dieser Einfluß bei Condillac, dessen Werk bis ins frühe 19. Jahrhundert Orientierungspunkt der französischen Aufklärung und die Hauptquelle für ihr analytisches Pathos ist[62]. Sein Werk[63] stellt inhaltlich eine Paraphrase und Fortsetzung des Lockeschen Empirismus dar; methodisch aber orientiert sich Condillac an Euler und Lagrange, die für ihn „große Mathematiker sind, weil sie große Analytiker sind“[64]. Die von ihnen in der Mathematik angewandte analytische Methode wird für Condillac zum Vorbild für die wissenschaftliche Methode überhaupt: „Alle unsere Studien werden mit derselben Methode betrieben, und diese

57 Mendelssohn: *Abhandlung über die Evidenz* ... a.a.O., S. 7.

58 Ebd., S. 8.

59 Ebd., S. 5.

60 Ebd., S. 7, vgl. S. 11: in der Geometrie „zergliedert“ man „nemlich den ursprünglichen Begriff von der Ausdehnung, und zeigt, daß dieselbe mit gewissen davon abgeleiteten Folgen in einer unzertrennlichen Verbindung stehe, und ohne dieselben einen offenbaren Widerspruch enthalte. Mit einem Worte, man zeigt, daß der ursprüngliche Begriff, den wir von der Ausdehnung haben, mit denen darvon abgeleiteten Begriffen und Folgerungen objective betrachtet, einerley sey“.

61 Ebd., S. 66.

62 Vgl. z. B. noch die Arbeit von Maugras: *Dissertation sur l'analyse* ... a.a.O.; oben S. 34 f., Anm. 58.

63 Condillac, Étienne Bonnot de: *La Logique, ou les premiers développmens de l'art de penser.* In: ders.: *Oeuvres complètes.* Revues, corrigées par l'Auteur, imprimées sur ses manuscrits autographes, et augmentées de la langue des calculs, ouvrage posthume. 23 Bde. — Paris 1798; Bd. 22, S. 1—191.

64 Ebd. part. 2, cap. 7; a.a.O. Bd. 22, S. 152: „MM. Euler et La Grange ... sont grands mathématiciens, parce qu'ils sont grands analystes“.

Methode ist die Analyse"[65]. Was er dabei konkret unter Analyse versteht, orientiert sich eng an der Algebra: die analytische Methode läßt sich „von der Regel leiten, daß man eine Wahrheit, die man nicht kennt, nur insofern entdecken kann, als sie in bekannten Wahrheiten zu finden ist, und daß also die Lösung jeder Frage auf Voraussetzungen beruht, in denen die Bekannten und Unbekannten [wie in einer Gleichung] gemischt sind"[66]. „Es sind also zwei Dinge bei jeder Frage zu berücksichtigen: die Aussage der Voraussetzungen und die Isolierung der Unbekannten. Die Aussage der Voraussetzungen ist eigentlich das, was man unter der Fragestellung versteht, und die Isolierung der Unbekannten ist das Schließen, das die Frage löst"[67]. Und wie die Analysis in der neuzeitlichen Mathematik ohne den Gegenbegriff der Synthesis auskommt, so bei Condillac: „die Analyse ist" für ihn „die einzige Methode"[68]. Und wenn ihr von anderen die Synthesis entgegengesetzt werde, dann fange die Synthesis offenbar „immer damit an, womit man aufhören muß"; die Synthese sei in Wahrheit nichts als eine „Manie für Definitionen"[69], die uns vom Weg der Entdeckungen ablenkt[70], und verdiene nicht einmal den Namen einer Lehrmethode[71]. In solcher Einschätzung des Wertes der analytischen und der synthetischen Methode dokumentiert sich der Einfluß, den eine zunächst nur innerhalb der Mathematik stattfindende Neubestimmung und -bewertung der Begriffe Analysis und Synthesis auf die allgemeine Methodologie ausübt: die analytische Selbstinterpretation der Mathematik des 17. und 18. Jahrhunderts gewinnt hier unmittelbare Bedeutung für die philosophische Methodendiskussion und erweist sich als eine der entscheidenden Quellen für die analytische Selbstinterpretation der Aufklärungsphilosophie.

65 Ebd. part. 1, cap. 4; a.a.O. S. 46: „Toutes nos études se font avec la même méthode, et cette méthode est l'analyse".

66 Ebd. part. 2, cap. 8; a.a.O. S. 170: „La méthode ... a pour règle qu'on ne peut découvrir une vérité qu'on ne connaît pas, qu'autant qu'elle se trouve dans des vérités qui sont connues; et que par conséquent toute question à résoudre suppose des données où les connues et les inconnues sont mêlées".

67 Ebd., a.a.O. S. 172: „Il y a donc deux choses dans une question; l'énoncé des données, et le dégagement des inconnues. L'énoncé des données et proprement ce qu'on entend par l'état de la question, et le dégagement des inconnues est le raisonnement qui la résout".

68 Ebd. cap. 7; a.a.O. S. 152: „l'analyse est l'unique méthode".

69 Ebd. cap. 6; a.a.O. S. 149: „C'est la synthèse qui a amené la manie de définitions, cette méthode ténébreuse qui commence toujours par où il faut finir, et que cependant on appelle *méthode de doctrine*".

70 Ebd. cap. 7; a.a.O. S. 153: „Nous venons de voir que cette synthèse est précisément le contraire de l'analyse. Elle nous met hors du chemin des découvertes".

71 Vgl. Anm. 69.

§ 11 Die lullsche Kombinatorik (Modell E)

In wieder anderem Kontext tauchen die Begriffe Analyse und Synthese in kombinatorischen Ansätzen auf, die hier als letzte zu besprechen sind. Dabei kann man durchaus darüber unsicher sein, ob man in der Kombinatorik, die sich trotz einer langen Vorgeschichte erst in den letzten Jahrzehnten zunächst im Rahmen der Wahrscheinlichkeitsrechnung entwickelt und dann als eigenständige mathematische Disziplin etabliert hat, eine eigenständige Methode sehen will: auch gegenwärtig herrscht noch Uneinigkeit über die Definition der Kombinatorik und über ihre Stellung im Gebäude der Mathematik[1]. Aber immerhin geht die Einigkeit so weit, daß man die Aufgabe der Kombinatorik dahingehend bestimmt, für eine gegebene endliche Anzahl von Elementen die Anzahl der unter bestimmten Regeln möglichen Zusammenstellungen dieser Elemente zu finden[2]. Und wenn diese Aufgabenstellung auf wie auch immer bestimmte philosophische ‚Elemente' übertragen wird, dann werden damit bestimmte Regeln des methodischen Umgangs mit diesen Elementen in die Philosophie übernommen und gewinnen dort Einfluß auf die Bedeutung der Methodenbegriffe Analyse und Synthese; deshalb dürfte es gerechtfertigt sein, von der mathematischen Kombinatorik als einem Methodenmodell für die Philosopie zu reden.

Grundbegriffe der mathematischen Kombinatorik sind 1) die *Permutation*, in der sämtliche gegebene Elemente n in irgendeiner Anordnung, aber ohne Wiederholung nebeneinanderstehen: ist n die Zahl der Elemente, dann ist die Zahl der Permutationen $n! = 1 \cdot 2 \cdot 3 \cdot \cdot \cdot \cdot n$; bei drei gegebenen Elementen a, b, c also 6 (abc, acb, bac, bca, cab, cba).

2) Bezeichnet k die Anzahl der in einer Kombination zusammenzufassenden verschiedenen Elemente, dann ist die Anzahl der *Kombinationen k-ter Ordnung* mit Berücksichtigung der Anordnung $n \cdot (n-1) \cdot (n-2) \cdot \cdot \cdot (n-k+1)$; die Anzahl der Kombinationen 2. Ordnung für 3 gegebene Elemente a, b, c beträgt also 6 (ab, ac, ba, bc, ca, cb).

1 Heinz Lüneburg leitet seine Kombinatorik mit dem Satz ein: „Was Kombinatorik ist, weiß so recht niemand zu sagen, wie die vielen Beschreibungsversuche zeigen" (*Kombinatorik* (= Elemente der Mathematik vom höheren Standpunkt aus, Bd. 6). — Basel und Stuttgart 1971, S. 3); Peter Dembowski hält sie für „die Theorie der endlichen Mengen" (*Kombinatorik.* — Mannheim, Wien, Zürich 1970, S. 9); D. J. A. Welsh schreibt: „The last decade has seen a great increase in combinatorics, but nevertheless, as pointed out by W. T. Tutte, ‚It is difficult to find a definition of combinatorics that is both concise and complete, unless we are satisfied with the statement ‚Combinatorics is what combinatorialists do'" (*Combinatorial Mathematics and its Applications. Proceedings of a Conference held at the Mathematical Institute, Oxford, from 7—10 July, 1969.* — London und New York 1971, S. VII). Und Heinz-Richard Halder und Werner Heise greifen diese Anregung nach einem Überblick über die verschiedenen Definitionsversuche auf und schreiben: „Wir gehen pragmatisch vor und erklären: Kombinatorik ist, was Kombinatoriker machen" (*Einführung in die Kombinatorik. Mit einem Anhang über formale Potenzreihen.* — München, Wien 1976, S. VI).

2 So schon H. von Mangoldt: *Einführung in die höhere Mathematik. Für Studierende und zum Selbststudium.* Seit der sechsten Auflage neu hrsg. und erweitert v. Konrad Knopp. — Stuttgart [11]1960, Bd. I, S. 5 f.

Ohne Berücksichtigung der Anordnung fallen alle Kombinationen zusammen, die die gleichen Elemente in verschiedener Anordnung enthalten; für ihre Anzahl gilt $\binom{n}{k} = \frac{n(n-1)(n-2)\cdot\cdot\cdot(n-k+1)}{1\cdot 2\cdot 3\cdot\cdot\cdot k}$ für unser Beispiel also 3 (ab, ac, bc).

3) In der *Variation* schließlich werden sowohl die unterschiedliche Anordnung der Elemente berücksichtigt als auch die Wiederholung von Elementen zugelassen, die Zahl der Variationen von n Elementen der k-ten Klasse beträgt dann n^k; für 3 Elemente a, b, c beträgt die Zahl der Variationen in der 2. Klasse also 9 (aa, ab, ac, bb, ba, bc, cc, ca, cb) usw.

Die mit der Kombinatorik gegebene Möglichkeit, alle Zusammenstellungen einer gegebenen Anzahl von Elementen systematisch zu ermitteln und mathematisch zu berechnen, hat die philosophische Spekulation schon früh fasziniert. Der erste prominente Versuch einer Anwendung kombinatorischer Verfahren in der Philosophie bzw. Theologie findet sich in den Werken des Spaniers Raymundus Lullus aus dem 13. Jahrhundert[3]; seine *Ars generalis*[4], an der wir uns im folgenden orientieren, stellt zugleich eine der ersten Quellen für kombinatorische Überlegungen überhaupt dar. Die Kombinatorik steht hier in einem hochspekulativen Kontext, der maßgeblich von den Buchstaben-Ding-Analogien der Kabbala beeinflußt ist, sie dient als Meditationshilfe und steht überdies im Dienste einer eher ausgeklügelt als erfolgsversprechend wirkenden Missionsstrategie, so daß die Rezeptionsgeschichte in Lull einerseits den doctor illuminatus pries und ihn andererseits als doctor phantasticus abqualifizierte[5].

Im Mittelpunkt der lullschen *Ars generalis* steht der Versuch, die vielfältigen Beschaffenheiten des Seins deduktiv aus der systematischen Entfaltung eines Urprinzips abzuleiten. Zu diesem Zweck ordnet Lull dem Urprinzip A, das für die absolute Einheit Gottes steht, verschiedene Grundprinzipien (dignitates, principia absoluta) wie Güte, Größe, Dauer usw. zu, von denen er annimmt, daß sie in den drei auf das Alte Testament zurückgehenden Religionen des Christentums, des Islam und des Judentums gemeinsam als Prädikate Gottes akzeptiert werden[6]. In der *Ars generalis* geht Lull dabei von 9 Grundprinzipien aus[7] und bezeichnet sie durch Buchstaben B, C ... K, so daß die Entfaltung des Urprinzips A sich formal als die systematische Kombination der Buchstaben B bis K darstellt. Zur Veranschaulichung dieser Kombinationsmöglichkeiten verteilt Lull in der Figur I die 9 Grundwürden Gottes auf der Peripherie eines Kreises und deutet die Kombinierbarkeit jeder mit jeder durch Sektorenlinien an, die jeden der Buchsta-

3 Zu Lull vgl. vor allem das umfangreiche Werk von Erhard Wolfram Platzeck: *Raimund Lull. Sein Leben — seine Werke — die Grundlagen seines Denkens (Prinzipienlehre)* (=Bibliotheca Franciscana. Studia quae spiritum et vitam Franciscalem illustrant, Bd. 5 und 6). 2 Bde. — Düsseldorf 1962 und 1964.

4 Lullus, Raymundus: *Ars generalis ultima.* — Palma Malorca 1645 (Nachdruck: Frankfurt/M. 1970).

5 Vgl. Platzeck: *Raimund Lull* ... a.a.O., Bd. I, S. 10 ff.

6 Vgl. Platzeck, Erhard W.: *Die Lullsche Kombinatorik. Ein erneuter Darstellungs- und Deutungsversuch mit Bezug auf die gesamteuropäische Philosophie.* In: *Franziskanische Studien* Bd. 34, 1952, S. 32—60 und S. 377—407, S. 39.

7 In anderen Werken setzt Lull andere und z. T. mehr Grundprinzipien an; vgl. dazu die Übersichtstabelle IV bei Platzeck: *Raimund Lull* ... a.a.O., Bd. I, S. 107: „Die göttlichen Attribute bei Raimund Lull“.

ben B bis K mit jedem anderen verbinden[8]. In der Figur III werden dann die möglichen Zweierkombinationen dieser 9 Buchstaben — und zwar ohne die Wiederholungen und die unterschiedliche Anordnung von Buchstaben zu berücksichtigen — einzeln aufgeführt; es ergeben sich also $\frac{9 \cdot 8}{1 \cdot 2} = 36$ Kombinationen, die Lull in einer alphabetisch geordneten achtspaltigen Tabelle aufführt[9]. Diese 36 Zweierkombinationen stehen zunächst für alle auf der Grundlage der neun Grundprinzipien möglichen Urteile über Gott, BC also beispielweise für das Urteil, daß Gottes Güte groß oder DE für das Urteil, daß seine Macht Dauer hat usw.; diese Kombinationstafel stellt also so etwas wie eine Meditationshilfe dar und soll in der Missionsarbeit den Arabern und Juden zugleich den Bestand an gemeinsamen Urteilen über Gott vor Augen führen.

Aber die Funktion der Kombinationstafel erschöpft sich nicht in der vollständigen Ermittlung dieser Urteile gegenüber Gott. Zwar sind in der Figur III alle möglichen Zweierkombinationen der 9 Elemente aufgeführt, aber Lull schafft sich weitere Ausdeutungsmöglichkeiten dieser Liste, indem er den einzelnen Buchstaben weitere Bedeutungen zuweist. So steht B in der *Ars generalis* nicht nur für den Gottesnamen Gutheit, sondern auch für den Transzendentalaspekt des Guten, der allem Sein zukommt[10]. Darüber hinaus wird dem B in der zweiten Figur T das relative Prinzip des „Unterschiedes" zugeordnet, ohne daß ein Zusammenhang zwischen dieser und den anderen Bedeutungen für B behauptet oder sichtbar würde. Darüber hinaus steht der Buchstabe B in der *Ars generalis* im Rahmen der Regellehre zugleich für die Frage „ob" nach der Möglichkeit eines Sachverhalts, auf der Subjektebene für Gott, in der Liste der Tugenden für die Gerechtigkeit und in der Liste der Laster für die Habsucht[11]: nicht durch eine Vermehrung der Grundzeichen, sondern durch eine Zuordnung ganz verschiedener Bedeutungen zu einem Buchstaben sucht Lull die Anwendbarkeit seiner Kombinationstafel zu erweitern.

In der Figur IV schließlich werden nicht mehr die Zweier-, sondern die Dreierkombinationen aus den 9 Elementen ermittelt[12]: sie besteht aus drei ineinandergestellten Kreisen mit je 9 Buchstaben, die gegeneinander beweglich sind, so daß man alle möglichen Dreierkombinationen unmittelbar durch Drehung erzeugen kann. Wieder ohne Berücksichtigung der Wiederholungen und der unterschiedlichen Anordnung der Elemente beträgt die Zahl der Kombinationen 3. Ordnung für 9 Elemente $\frac{9 \cdot 8 \cdot 7}{1 \cdot 2 \cdot 3} = 84$. Auch diese Dreierkombinationen stellt Lull in einer Tabelle zusammen, berücksichtigt jetzt aber auch den Unterschied zwischen den absoluten und den relativen Prinzipien, indem er vor dem Buchstaben, der für relative Prinzipien steht, ein t (für die zweite Figur T)

8 Lullus: *Ars generalis* ... a.a.O., S. 3.

9 Ebd., S. 9.

10 Vgl. Platzeck: *Raimund Lull* ... a.a.O., Bd. I, S. 197 ff.

11 Lullus: *Ars generalis* ... a.a.O., S. 2: „B significat Bonitatem, differentiam, utrum, Deum, justitiam, avaritiam. C Magnitudinem, concordantiam, quid, angelum, prudentiam, gulam" etc.

12 Ebd. S. 11; im Nachdruck unvollständig.

einfügt. Jede der 84 Dreierkombinationen steht dann also selbst für eine Kombinationsgruppe aus 3 absoluten und 3 relativen und also für 6 Prinzipien, die untereinander wieder $\frac{6 \cdot 5 \cdot 4}{1 \cdot 2 \cdot 3} = 20$ Kombinationen bilden, so daß die endgültige Tabelle schließlich $84 \cdot 20 = 1680$ Dreierkombinationen aufführt[13].

So weit der weniger komplizierte als unübersichtliche technische Apparat der lullschen Kombinatorik. In der Rezeptionsgeschichte des lullschen Ansatzes hat man zwischen der Aufnahme und Weiterführung der inhaltlichen Thesen Lulls und der Benutzung des formalen Apparates in anderen, neuen Kontexten zu unterscheiden. Erstens gibt es eine breite lullistische Tradition im engeren Sinne, die in Spanien, aber auch in Italien, Frankreich[14] und vor allem auch in Deutschland bis ins 17. und sogar bis ins 18. Jahrhundert reicht[15]: in den 60er Jahren des 17. Jahrhunderts veröffentlicht Athanasius Kircher als einer der bedeutendsten deutschen Lullisten seine systematischen Werke und erzielt damit erhebliche Breitenwirkung[16], und noch 1721 gibt Ivo Salzinger eine achtbändige Ausgabe der Werke Lulls in Mainz heraus[17].

Und zweitens beeinflußt der kombinatorische Ansatz Lulls — vermittelt durch diese lebendig gebliebene Tradition — die allgemeine Methodendiskussion des 17. Jahrhunderts[18]: in ihr wird bloß der formale Apparat der lullschen Kombinatorik aufgenommen, seines theologisch-spekulativen Inhalts entkleidet, auf andere philosophische Thesen bezogen und als ein weiteres Modell für ein mathematisches Vorgehen in der Philosophie betrachtet. Für diese Methodendiskussion werden im wesentlichen drei Aspekte des lullschen Ansatzes wichtig.

Im Kontext der lullschen Kunst finden sich erstens Ansätze zu einer Formalisierung der Sprache, die im 17. Jahrhundert in den Programmen zu einer lingua universalis wieder aufgenommen werden. Hinter dem Begriff der lingua universalis verbergen sich dabei höchst unterschiedliche Einzelprogramme[19], die von der Rekonstruktion eine Ursprache über das Projekt einer allgemeinen Gelehrtensprache, die das Latein ersetzen soll, bis hin zu der Konzeption von wissenschaftlichen Kunstsprachen reichen. Lulls Ansatz ordnet sich nicht in die beherrschende Tradition der Suche nach der Ursprache und nach den natürlichen Namen der Dinge ein: er bezeichnet seine Grundbegriffe durch willkürlich gewählte Buchstaben und verfolgt damit zunächst den Zweck, eine Formalsprache zu etablieren, durch die die Schwierigkeiten, die sich aus der Verschiedenheit und der Unschärfe der natürlichen Sprachen ergeben, vermieden werden: die Formali-

13 Ebd. S. 27—33.

14 Vgl. Hillgarth, J. N.: *Ramon Lull and Lullism in Fourteenth Century France.* — Oxford 1971.

15 Vgl. Risse, Wilhelm: *Die Logik der Neuzeit.* [bisher] 2 Bde. — Stuttgart-Bad Cannstatt 1964 ff., Bd. I, S. 532—560.

16 Vgl. vor allem Kircher, Athanasius: *Polygraphia nova et universalis ex combinatoria arte detecta.* — Rom 1663.

17 Vgl. Risse: *Logik der Neuzeit* ... a.a.O., Bd. I, S. 533.

18 Vgl. die umfassende Untersuchung von Paolo Rossi: *Clavis universalis. Arti mnemoniche e logica combinatoria da Lullo a Leibniz.* — Milano, Napoli 1960.

19 Vgl. dazu Mittelstraß: *Neuzeit und Aufklärung* ... a.a.O., S. 419 ff.

sierung soll der lullschen Kunst dazu verhelfen, von den verschiedensprachigen Lesern und insbesondere von den zu missionierenden Arabern verstanden zu werden; insofern gehört dieser Ansatz zu den Programmen einer lingua universalis, durch die die Verständigung zwischen den Gelehrten erleichtert werden soll. Sofern eine zu diesem Zwecke geschaffene Kunstsprache zugleich größere Exaktheit als die natürlichen Sprachen aufweisen sollte, genügen allerdings die von Lull eingeführten Zeichen ganz offenbar nicht: er ist darauf angewiesen, jedem Zeichen mehrere Bedeutungen zuzuweisen[20] und verletzt damit ganz offenbar die Forderung nach Eindeutigkeit der benutzten Zeichen. Dennoch bleibt sein Ansatz bis ins 17. Jahrhundert unmittelbares Vorbild für den Entwurf von Universal- oder auch von Geheimschriften: Athanasius Kircher will in seiner Polygraphia[21] alle Sprachen auf eine mithilfe des lullschen Alphabetes geschriebene Kunstsprache zurückführen, Wilkins beruft sich bei der Konzeption seiner Geheimschrift ebenso auf die lullistische Tradition wie Dalgarno für seine allgemeine Zeichenschrift[22], und noch die leibnizschen Entwürfe zu einer lingua universalis oder ars characteristica stehen unmittelbar in dieser Tradition.

Zweitens aber und wichtiger soll die Formalisierung bei Lull nicht bloß der leichteren und präziseren Verständigung dienen, sondern steht im Dienst des kombinatorischen Verfahrens, durch das aus einer gegebenen Klasse von Elementen auf rein formalem Wege neue Erkenntnisse gewonnen werden sollen; in diesem Sinne ist die Formalsprache bei ihm nicht bloß Mittel zur Verständigung, sondern als Voraussetzung des formalen Verfahrens der Kombinatorik selbst Mittel zur Gewinnung neuer Erkenntnisse[23]. Zwar mögen dem Theologen die durch Kombination der Grundelemente gefundenen Urteile über Gott vielleicht trivial erscheinen, aber daß hier ein geradezu mechanisches Mittel aus einer gegebenen Klasse von Elementen Urteile, und zwar alle über dieser Elementenklasse möglichen Urteile, erzeugt, liefert ein Muster für diejenigen Ansätze und Programme einer lingua universalis im 17. Jahrhundert, in denen diese selbst als Mittel zur systematischen Erzeugung und Gewinnung von Erkenntnissen betrachtet wird.

Die Rezeption des lullschen Modells in der Methodologie des 17. Jahrhunderts dürfte dabei entscheidend dadurch befördert worden sein, daß es sich nicht wie andere Methodenmodelle unmittelbar auf Urteile, sondern auf Begriffe bezieht. Dies kommt nämlich der Fundierung der Logik und Erkenntnistheorie in einer Theorie des Begriffs entgegen, wie sie sich sowohl im Rationalismus als auch im Empirismus des 17. Jahrhunderts findet: sowohl Descartes, Leibniz und Wolff als auch Hobbes und Locke führen das Urteil und dann auch den Schluß letzten Endes auf das Verhältnis der in ihnen auftauchenden Begriffe — oder, wie es oft heißt, der Ideen — zurück. Und für eine solche Grundlegung der Logik und Erkennntnistheorie im Verhältnis der Begriffe zueinander mußte der lullsche Ansatz attraktiv sein. Interpretiert man nämlich die elementaren

20 Vgl. oben Anm. 10 und 11.

21 Vgl. oben Anm. 16.

22 Vgl. Risse: *Logik der Neuzeit* ... a.a.O., Bd. I, S. 553 ff.

23 Die erste Fassung der lullschen ars trägt denn auch den programmatischen Titel: „Ars compendiosa inveniendi veritatem"; vgl. Platzeck: *Raimund Lull* ... a.a.O., Bd. II, S. 3*.

Grundprinzipien Lulls als einfache Begriffe und seine Kombinationen als Zusammensetzungen dieser einfachen zu komplexen Begriffen, dann liefert die Kombinatorik ein Mittel, über einer gegebenen Klasse von einfachen Begriffen alle auf dieser Grundlage möglichen zusammengesetzten Begriffe systematisch abzuleiten. Und weil diese Ableitung durch die Kombination der durch formale Begriffszeichen gekennzeichneten einfachen Begriffe geschieht, zeigt die Kombinationsformel, aus welchen einfachen Begriffen die abgeleiteten Begriffe jeweils zusammengesetzt sind und erlaubt also unmittelbar die Formulierung der Urteile, die auf diesen Begriffsverhältnissen beruhen. In diesem Sinne wird die lullsche Kunst als Mittel zur Gewinnung neuer, noch unbekannter Wahrheiten und als Erfindungskunst rezipiert und stellt ein weiteres Modell einer als mathematisch verstandenen Methode dar, in der im 17. und noch im 18. Jahrhundert ein Mittel zur grundlegenden und umfassenden Bewältigung philosophischer Fragestellungen gesehen wurde.

Dabei wird allerdings drittens das lullsche Modell um einen entscheidenden Teilschritt ergänzt. Lull war in der *Ars generalis* von 9 Grundprinzipien ausgegangen, deren Setzung bei ihm nicht ausdrücklich begründet war; dementsprechend entzündet sich die Kritik im 17. Jahrhundert auch sofort an Art und Zahl der zugrunde gelegten Prinzipien[24]. Man sucht daher geregelte Verfahren für die Ermittlung der an die Spitze zu stellenden Grundbegriffe zu entwickeln und setzt vor die kombinatorische Deduktion einen methodischen Teilschritt, durch den die Elementarbegriffe allererst gewonnen werden sollen. Und dieser Teilschritt besteht in der Zerlegung gegebener Begriffe in ihre einfacheren und schließlich einfachen Begriffe und wird also als Analyse verstanden[25].

Und dann stellt sich das am lullschen Modell orientierte Gesamtverfahren in ähnlicher Weise als eine geregelte Abfolge eines analytischen und synthetischen Teilschritts dar, wie das bei den Methodenmodellen B und C der Fall war: durch Analyse sollen hier aus gegebenen Begriffen ihre einfachen Teilbegriffe und — so die Hoffnung — alle einfachen Begriffe ermittelt werden, um dann anschließend im synthetischen Teilschritt durch Kombination alle zusammengesetzten Begriffe — „alle dinge, samt ihren theorematibus, und was nur von ihnen zu inventiren müglich"[26], wie Leibniz schreibt — zu erfinden. Im Gegensatz zu den verschiedenen Fassungen der Methodenmodelle B und C wird in diesem analytisch-synthetischem Methodenmodell E die erfindende und neue Wahrheiten produzierende Funktion also dem synthetischen Teilschritt zugeordnet: die Analysis ermittelt die einfachen Begriffe, durch deren Kombination, als die die Synthesis hier verstanden wird, neue, mehr, alle möglichen zusammengesetzten Begriffe und die über sie möglichen Aussagen erfunden werden sollen.

24 Vgl. Leibniz C 177: „Raymund Lulle encor fit le Mathematicien et s'avisa en quelque facon de l'art des combinaisons. Ce seroit sans doute une belle chose, que l'art de Lulle si ces termes fondamentaux ... n'estoient pas vagues et par consequent servoient seulement à parler et point du tout à decouvrir la verité".

25 Vgl. unten S. 199—208.

26 Leibniz GP I 57.

III Die Typen der Analysis bei Descartes

§ 12 Die Bedeutung der Mathematik für Descartes' Begriff von der wissenschaftlichen Methode

Ein erstes der umfassenden und bis ins 18. Jahrhundert weiterwirkenden Programme zur Verbesserung der Philosophie durch die Anwendung einer mathematischen Methode findet sich bei Descartes. Seine Methodenlehre, die Frage nach ihrer Einheitlichkeit und die nach ihrer speziellen Anwendung in seinen mathematischen, naturwissenschaftlichen und philosophischen Schriften ist Gegenstand ausführlicher Erörterungen[1], die hier nur soweit herangezogen werden können, wie sie die spezifische Fragestellung dieses Kapitels berühren. Dies betrifft zunächst die Frage, inwieweit philosophische oder außerphilosophische Methodenmodelle Vorbild für Descartes' eigene Methode waren, danach ist in einem zweiten Teil zu prüfen, inwieweit die allgemeine Methodologie, wie sie in den eigentlichen Methodenschriften und insbesondere in den *Regulae ad directionem ingenii*[2] vorliegt, mit diesem Methodenmodell übereinstimmt und in welchen Punkten sie davon abweicht. Und schließlich soll erörtert werden, in welchem Ausmaß diese allgemeinen Methodenbestimmungen das Vorgehen Descartes in den mathematischen und in den naturwissenschaftlichen Arbeiten, vor allem aber in den philosophischen Schriften der Ersten Philosophie tatsächlich prägen und in welcher Bedeutung und Funktion die Schlüsselbegriffe der Methodendiskussion in diesen prominenten Schriften verwendet werden.

1 Vgl. dazu Stöcker, Ferdinand: *Das Problem der Methode bei Descartes.* — Diss. Bonn 1911; Heimsoeth, Heinz: *Descartes' Methode der klaren und deutlichen Erkenntnis* (= ders.: Die Methode der Erkenntnis bei Descartes und Leibniz, 1. Hälfte) (= Philosophische Arbeiten. Hrsg. v. Hermann Cohen und Paul Natorp, Bd. VI, Heft 1 u. 2). — Gießen 1912—14; Serrus, Charles: *La méthode de Descartes et son application a la metaphysique.* — Paris 1933; Laporte, Jean: *Le rationalisme de Descartes.* — Paris 1945; Beck, L. J.: *The Method of Descartes.* — Oxford 1952; Gueroult, Martial: *Descartes selon l'ordre des raisons.* 2 Bde. — Paris 1953; Vuillemin, Jules: *Mathématiques et métaphysique chez Descartes.* — Paris 1960; Vleeschauwer: *More seu ordine geometrico demonstratum....* a.a.O.; Gouhier, Henri: *La pensée métaphysique de Descartes.* — Paris 1962; Buchdahl, Gerd: *Metaphysics and the Philosophy of Science. The Classical Origins: Descartes to Kant.* — Cambridge, Massachusetts [1967]; Arndt: *Methodo scientifica pertractatum* ... a.a.O.; Röd, Wolfgang: *Descartes' Erste Philosophie. Versuch einer Analyse mit besonderer Berücksichtigung der Cartesianischen Methodologie* (= Kantstudien-Ergänzungshefte 103). — Bonn 1971; Hintikka, Jaakko: *A Discourse on Descartes's Method.* In: Hooker, Michael (Hrsg.): *Descartes. Critical and Interpretive Essays.* — Baltimore and London [1978], S. 74—88.

2 Dabei wird der revidierte Text von Descartes, René: *Regulae ad directionem ingenii. Regeln zur Ausrichtung der Erkenntniskraft.* Kritisch revidiert, übersetzt und hrsg. v. Heinrich Springmeyer, Lüder Gäbe, Hans Günter Zekl (= Philosophische Bibliothek Bd. 262 a). — Hamburg 1973 benutzt, aber wie auch sonst die Paginierung nach AT angegeben.

Die Frage nach dem methodologischen Vorbild Descartes' ist in der Literatur nicht unumstritten. Insbesondere in jüngster Zeit ist die These vom Vorbild der Mathematik, die lange Zeit unangefochten war[3], von verschiedenen Seiten her in Zweifel gezogen worden. W. Risse, der insgesamt im Descartesschen Methodenansatz nur ein „lautstark verkündetes", theoretisch unglaubwürdiges und praktisch undurchführbares „Programm"[4] zu sehen vermag, das sich durch eine „radikale Verarmung allen formalen Denkens" auszeichne[5], schließt die naturwissenschaftlich orientierte „Beweismethode der Aristoteliker als Vorlage für die Grundkonzeption der cartesischen *Regulae* und des *Discours*" ausdrücklich und die mathematische Methode dadurch aus, daß er sie nur am Rande erwähnt[6] und ihre mögliche Bedeutung zugunsten des Einflusses „der ramistischen Dispositionsmethode und der jesuitischen *directio ingenii*"[7] unberücksichtigt läßt. Umgekehrt bestreitet Wolfgang Röd den Vorbildcharakter der Mathematik unter Hinweis auf eben die aristotelisch geprägte naturwissenschaftliche Methodologie, von der nach Risse „bei Descartes nur eine vage Kenntnis der Analysis und Synthesis" übrigbleibt[8]: „Vorbild" der Ersten Philosophie, sofern sie „mit Hilfe der resolutiv-kompositiven Methode entwickelt wurde, war ... nicht die Mathematik, sondern die Physik bzw. die Naturphilosophie"[9]. Und schließlich sucht Lüder Gäbe zumindest für die Descartesschen Schriften nach 1630 einen entscheidenden Einfluß Francis Bacons von Verulam nachzuweisen, der gerade darin bestehen soll, daß „die neue Methode" der *Regulae*, „die Wahrheit über beliebige Gegenstände *mathematisch* zu beweisen", als

3 Heimsoeth spricht von einer „Anheftung der allgemeinen Methodenfrage" an die Mathematik: „An der Untersuchung des mathematischen Erkennens wird die einheitliche Methode gewonnen werden können" (*Descartes' Methode* ... a.a.O., S. 42, vgl. S. 63); Laporte findet „la méthode mathématique" in allgemeiner Form „dans les quatre ‚préceptes' du *Discours de la Méthode*, où l'on retrouve ... tout le contenu des *Regles pour la direction de l'esprit*" (*Le rationalisme de Descartes* ... a.a.O., S. 10); für Beck gilt: „in one sense the method is a description of true mathematics and the method can only be learnt by training oneself to think mathematically" (*The Method of Descartes* ... a.a.O., S. 46) und Vuillemin spricht von einander entsprechenden Ordnungen im Bereich der Mathematik und Philosophie (*Mathématiques et métaphysique chez Descartes* ... a.a.O., S. 119 ff.). Sogar Buchdahl, der insbesondere den hypothetisch-deduktiven Ansatz in den naturwissenschaftlichen Schriften Descartes' betont, stellt den großen Einfluß des mathematischen Denkens auf Descartes heraus: „No doubt, this [Descartes' fascination by the mathematical model] stimulated the deductive emphasis in his thinking" (*Metaphysics and the Philosophy of Science* ... a.a.O., S. 83, vgl. S. 126 ff.). Am emphatischsten dazu wohl Heinrich Scholz: „‚Die Furcht des Herrn ist der Weisheit Anfang'. Descartes hat es nie bestritten. Aber ein zweiter Anfang und für Descartes ein Anfang von mindestens gleichem Rang ist der Respekt vor der *Mathematik*". Vgl. Scholz, Heinrich: *Descartes' Bedeutung für die Umgestaltung des abendländischen Geistes*. In: ders.: *Mathesis universalis* ... a.a.O., S. 95—114, S. 101.

4 Risse: *Logik der Neuzeit* ... a.a.O., Bd. II, S. 36.

5 Risse, Wilhelm: *Zur Vorgeschichte der Cartesischen Methodenlehre*. In: *Archiv für Geschichte der Philosophie* Bd. 45, 1963, S. 269—291, S. 291.

6 Risse: *Zur Vorgeschichte* ... a.a.O., S. 279; Risse, *Logik der Neuzeit* ... a.a.O., Bd. II, S. 36.

7 Ebd., S. 291; vgl. Risse: *Logik der Neuzeit* ... a.a.O., Bd. II, S. 30 f., S. 37 ff.

8 Risse: *Zur Vorgeschichte* ... a.a.O., S. 279.

9 Röd: *Descartes' Erste Philosophie* ... a.a.O., S. 4; allerdings relativiert Röd später dieses Urteil, wenn er der mathematischen Methode wenigstens einen „indirekten Einfluß" zuschreibt (S. 7), sie als „mittelbares Vorbild" (S. 9) anerkennt und schließlich gegen Risse darauf hinweist, daß „die Bedeutung des Verfahrens

„ein aus der Natur des spezifisch menschlichen Verstandes entspringendes Vorurteil", als Idolon tribus, dekuvriert wird[10].

Gegenüber diesen neuen Interpretationsansätzen ist festzuhalten, daß zumindest für die Descartessche Selbsteinschätzung die Mathematik als Muster der sicheren Wissenschaft und als Vorbild für Wissenschaftlichkeit überhaupt feststeht. Ein Vergleich zwischen Philosophie und Mathematik zeigt schon für Descartes dieselbe Konstellation wie über 100 Jahre später bei Kant: Philosophie erscheint als die Kunst, „mit einem Schein von Wahrheit über alles zu reden"[11], in ihr „gibt es noch nichts, worüber nicht gestritten würde und was folglich nicht zweifelhaft wäre"[12], man kann sich schlechterdings „nichts so Sonderbares und Unglaubliches ausdenken, was nicht schon von irgendeinem Philosophen behauptet worden wäre"[13]. Demgegenüber gibt es „in der Mathematik sehr scharfsinnige Erfindungen, die geeignet sind, die Wißbegierde zu befriedigen"[14], in ihr gibt es „Sicherheit und Evidenz der Beweisgründe"[15] und bei einer systematischen Musterung der Wissenschaften bleiben wie bei Kant „allein Arithmetik und Geometrie unter den bereits gefundenen Wissenschaften" als diejenigen übrig, die bereits den Rang einer Wissenschaft erreicht haben[16]: „unter allen, die bisher in den Wissenschaften die Wahrheit gesucht haben, haben allein die Mathematiker Beweise, d. h. sichere und evidente Gründe finden können"[17]. Die „Sicherheit und Evidenz" der Mathematik werden denn auch ausdrücklich zum Kriterium von Wissenschaft überhaupt erhoben: „Alle Wissenschaft" — so beginnt die 2. Regel — „ist zuverlässige und evidente Erkenntnis"[18]; wer also — so schließt sie — „den richtigen Weg zur Wahrheit sucht, darf mit keinem

der Mathematik für die Cartesianische Methodologie nicht übersehen werden" darf, „wenn man nicht zu Fehlurteilen gelangen will" (S. 28). Die betonte Herausstellung des naturwissenschaftlichen Methodenmodells bei Röd erscheint daher weniger als Resultat der historischen Analyse und eher als Konsequenz eines Ansatzes, der in einer „Revision der Cartesianischen Ersten Philosophie" (S. 10) vor allem das Ziel verfolgt, diese unter dem Titel einer „Erfahrungsanalyse" (S. 5) als „eine (freilich noch) primitive Vorstufe von Kants transzendentaler Deduktion" (S. 53) zu interpretieren, in der die ersten Prinzipien als „fundamentale Bedingungen" der Erfahrung bestimmt werden sollen (S. 3); vgl. dazu unten S. 166 f.

10 Gäbe, Lüder: *Descartes' Selbstkritik. Untersuchungen zur Philosophie des jungen Descartes.* — Hamburg 1972, S. 107 f.

11 *Discours I;* AT VI, 6: „... la Philosophie donne moyen de parler vraysemblablement de toutes choses".

12 Ebd.; AT VI, 8: „Ie ne diray rien de la Philosophie, sinon que, ... il ne s'y trouue encore aucune chose dont on ne dispute, et par consequent qui ne soit douteuse".

13 *Discours II;* AT VI, 16: On ne sait „rien imaginer de si estrange et si peu croyable, qu'il n'ait esté dit par quelqu'vn des Philosophes".

14 *Discours I;* AT VI, 6: „... les Mathematiques ont des inuentions tres subtiles, ... qui peuuent ... seruir ... a contenter les curieux".

15 Ebd.; AT VI, 7: „la certitude et ... l'euidence de leurs raisons".

16 *Regulae II;* AT X, 363: „... adeo ut ... solae supersint Arithmetica et Geometria ex scientiis jam inventis, ad quas hujus regulae observatio nos reducet"; vgl. ebd. X, 364 f.

17 *Discours II;* AT VI, 19: „... entre tous ceux qui ont cy deuant recherché la verité dans les sciences, il n'y a eu que les seuls Mathematiciens qui ont pû trouuer quelques demonstrations, c'est a dire quelques raisons certaines et euidentes".

18 *Regulae II;* AT X, 362: „Omnis scientia est cognitio certa et evidens".

Gegenstand umgehen, über den er nicht eine den arithmetischen und geometrischen Beweisen gleiche Gewißheit gewinnen kann"[19].

Diese Vorzugsstellung der Mathematik zieht nicht ohne weiteres die Übertragbarkeit ihrer Methode nach sich. Als Vermittlungsinstanz tritt bei Descartes die These von der Einheit des menschlichen Erkenntnisvermögens und die ihr entsprechende von der Einheit aller Wissenschaften auf: „Alle Wissenschaften" — so erklärt er bereits in der 1. Regel — „sind nichts anderes als menschliches Wissen, das immer eines und dasselbe bleibt, auf wie viele verschiedene Gegenstände es auch angewendet sein mag"[20]. Erst diese grundsätzliche Wendung, die von der Vielheit und Verschiedenheit wissenschaftlicher Objekte und von der durch sie bedingten Unterschiedlichkeit der Sicherheit und der Verfahren in verschiedenen Disziplinen[21] absieht und eine einheitliche Bestimmung der zu fordernden Sicherheit und des anzuwendenden Verfahrens erreichen will, erlaubt es, die in der Mathematik erfolgreiche Methode als Modell für andere Wissenschaften und insbesondere für die Philosophie anzusehen. Sie stellt sich dann nämlich nicht als disziplinenspezifisch dar: wie Geometrie und Algebra selbst aus den „ursprünglichen Samenkörnern der Wahrheit"[22] spontan entstandene „Früchte" der einen wissenschaftlichen Methode sind, so sind auch ihre Verfahren „aus den angeborenen Prinzipien dieser Methode" entlehnt, „die sich, was Wunder, bei den so einfachen Gegenständen dieser [mathematischen] Wissenschaften bisher ergiebiger entwickelt haben, als in den anderen, wo größere Hindernisse sie zu ersticken pflegen, wo sie aber zweifellos auch, wenn man sie nur mit größter Sorgfalt pflegt, ihre vollkommene Reife werden erreichen können"[23]. Die mathematische Methode dient hier also nicht als von außen heran-

19 Ebd.; AT X, 366: „... ex his omnibus est concludendum ... rectum veritatis iter quaerentes circa nullum objectum debere occupari, de quo non possint habere certitudinem Arithmeticis et Geometricis demonstrationibus aequalem". Daß die Mathematik hier als Vorbild der sicheren Wissenschaft fungiert und in der Ersten Philosophie (vgl. *Meditationes I;* AT VII, 20 f. und *Principia I 5;* AT VIII 2, 6) dennoch dem universalen Zweifel unterliegt, bedeutet nicht etwa eine Änderung des Standpunktes Descartes' gegenüber der Mathematik, sondern resultiert aus der unterschiedlichen Funktion der beiden Schriften. Geht es in den *Regulae* um die allgemeine Bestimmung der Methode im Felde der Wissenschaft, so geht es in den *Meditationen* um die tiefer greifende Frage nach einer Begründung von Metaphysik, die die Standards von Wissenschaftlichkeit nicht zugrunde legen, sondern allererst begründen kann. Folgerichtig werden die mathematischen Wahrheiten als klare und deutliche Erkenntnisse nach erfolgter Begründung denn auch in ihre alten Rechte wiedereingesetzt (vgl. *Meditationes V;* AT VII, 70).

20 *Regulae I;* AT X, 360: „... scientiae omnes nihil aliud sunt quam humana scientia, quae semper una et eadem manet, quantumvis differentibus subjectis applicata"; vgl. ebd.; AT X, 361: scientiae „sunt enim omnes inter se conjunctae et a se invicem dependentes".

21 Vgl. die Polemik Descartes' gegen den aristotelischen Vergleich der Wissenschaften mit den Künsten und gegen die sich daran anschließenden Thesen von den speziellen Fähigkeiten, die eine jede Wissenschaft erfordere, und von der spezifischen Gewißheit, die in jeder von ihnen erreicht werden könne (*Regulae I;* AT X, 359 f.).

22 *Regulae IV;* AT X, 376: „mihi persuadeo, prima quaedam veritatum semina humanis ingeniis a natura insita ... tantas vires in rudi ista et pura antiquitate habuisse, ut ... mentis lumine ... Philosophiae ... et Matheseos veras ideas agnoverint".

23 Ebd.; AT X, 373: „Atque haec duo [Geometria et Algebra] nihil aliud sunt, quam spontaneae fruges ex ingenitis hujus methodi principiis natae, quas non miror circa harum artium simplicissima objecta felicius

getragenes Vorbild, sondern gilt — einer bis ins 18. Jahrhundert festgehaltenen Anschauung entsprechend[24] — als Beispiel für die in einem begrenzten und einfachen Anwendungsbereich bereits erfolgreich praktizierte wissenschaftliche Methode überhaupt. Ihre Prinzipien stammen denn auch nicht aus der Mathematik selbst, sondern müssen „alle der Philosophie entlehnt sein“[25], können dort gefunden und dann auf alle Wissenschaften angewendet werden[26]. Daß Descartes' Methodenlehre sich also an der Wissenschaft Mathematik orientiert, hat den Sinn, Grundzüge der allgemeinen wissenschaftlichen Methode aufzuspüren, die dort bereits erfolgreich praktiziert und mehr oder weniger theoretisch bestimmt worden sind.

Die Bestandsaufnahme über die mathematischen Methodenmodelle im Kapitel II hat jedoch gezeigt, daß mit einer solchen Berufung auf die Methode der Mathematik noch wenig darüber gesagt ist, worin die angestrebte Methode im einzelnen bestehen soll: es tauchten dort vier mathematische und ein naturwissenschaftliches Modell auf, deren Strukturen erheblich voneinander abwichen. Descartes kannte alle vier mathematischen Methodenmodelle im engeren Sinne und beurteilt wiederholt ihr Verhältnis zu der von ihm gesuchten allgemeinen wissenschaftlichen Methodologie. Dabei schneidet das Methodenmodell E am schlechtesten ab: Descartes, der die lullsche Kunst aus dem Kommentar Agrippas von Nettelsheim kannte[27], erwägt zwar auf Veranlassung Mersennes den Plan zu einer dem lullschen Projekt ähnlichen Kunstsprache, in der durch die Kombination einfacher Wörter oder Charaktere andere Dinge erfunden werden können[28], macht die Erfindung einer solchen Sprache aber von der wahren Philosophie abhängig, durch die vorher alle Gedanken der Menschen aufgezählt und die klaren und einfachen ausgesondert werden müßten; darin, und nicht in der formellen Kombination liegt für ihn „das größte Geheimnis“, das zuvor gelöst werden muß[29]. Solange eine lingua universalis, wie es nach dem Urteil Descartes' bei der lullschen Kunst der Fall ist, auf diese vorhergehende Klärung des Einfachen verzichten zu können glaubt, ist sie für ihn nur eine ‚Kunst', „über das, was man nicht weiß, ohne Verstand zu reden“[30], und wird ausdrücklich der angestrebten neuen Wissenschaft entgegengesetzt: nicht eine ars

crevisse hactenus, quam in caeteris, ubi majora illas impedimenta solent suffocare, sed ubi tamen etiam, modo summa cura excolantur, haud dubie poterunt ad perfectam maturitatem pervenire“.

24 Vgl. unten S. 223 f.

25 *Discours II;* AT VI, 21 f.: J'avais „pris garde que leurs principes deuoient tous estre empruntez de la Philosophie“.

26 Ebd.

27 *Ars Lullij cum Logicâ collata;* AT X, 63 f.

28 Brief an Mersenne vom 20. 11. 1629; AT I, 76—82.

29 Ebd. 81: „l'inuention de cette langue depend de la vraye Philosophie; car il est impossible autrement de denombrer toutes les pensées des hommes, et de les mettre par ordre, ny seulement de les distinguer en sorte qu'elles soient claires et simples, qui est à mon aduis le plus grand secret qu'on puisse auoir pour acquerir la bonne science“.

30 *Discours II;* AT VI, 17: „Mais, en les examinant, ie pris garde que ... l'art de Lulle [sert] a parler, sans iugement, de celles qu'on ignore“.

brevis nach dem Vorbild Lulls, sondern eine völlig neue Wissenschaft ist Descartes' Ziel[31].

Das euklidische Methodenmodell A wird am ausführlichsten in der Auseinandersetzung mit Mersenne diskutiert. Am Schluß seiner Einwände gegen die *Meditationen* hatte Mersenne empfohlen, am Ende der *Meditationen* „die ganze Sache unter Voranstellung einiger Definitionen, Postulate und Axiome more geometrico“[32] darzustellen. Descartes kommt dieser Bitte in seiner Antwort nach und stellt am Ende der II. Responsiones die wichtigsten Ergebnisse der *Meditationen* „nach geometrischer Methode geordnet“ dar, indem er — wie es in den Elementen Euklids geschieht — Definitionen, Postulate und Axiome voranstellt und aus ihnen dann Lehrsätze beweist[33]. Vorher erhebt er jedoch schwerwiegende Einwände grundsätzlicher Art gegen die allgemeine Anwendbarkeit dieser „synthetischen“ Methode[34]: Das Ausgehen von Definitionen, Axiomen und Postulaten sei in der Geometrie deshalb ohne weiteres möglich, weil „die ersten Begriffe, die zum Beweis der geometrischen Sätze vorausgesetzt werden, leicht von jedem zugegeben werden, weil sie mit der sinnlichen Anschauung übereinstimmen, so daß hier keine andere Schwierigkeit auftauche als die, die Folgerungen richtig zu deduzieren“[35]; dagegen mache „bei metaphysischen Gegenständen nichts so große Mühe, als die ersten Begriffe klar und deutlich zu erfassen“[36]. Die Synthesis könne deshalb „auf metaphysische Fragen nicht so recht angewendet werden“, deshalb sei er „in den Meditationen auch ausschließlich der Analysis gefolgt“[37].

Wenn so für Descartes auch das Methodenmodell A als allgemeines Vorbild für die wissenschaftliche Methode überhaupt ausscheidet, bleiben von den eigentlich mathematischen Modellen nur B und D übrig. Und auf diese beiden Modelle beruft sich Descartes schon im *Discours de la Méthode:* die geometrische Analysis der Alten (B) und die Algebra der Neueren (D) waren diejenigen mathematischen Disziplinen, die er studiert habe, um die wahre Methode zu finden[38]. Für die geometrische Analysis verweist Descartes dabei regelmäßig unmittelbar auf Pappos selbst[39] und kennt — wie Zitate in seiner

31 Brief an Beeckman vom 16. 3. 1619; AT X, 154—160, 156 f.: „Et certe, ut tibi nude aperiam quid moliar, non Lullij *Artem brevem*, sed scientiam penitus novam tradere cupio“.

32 *Meditationes, II. Obj.;* AT VII, 128: „Quamobrem fuerit operae pretium, si ad tuarum solutionum calcem, quibusdam definitionibus, postulatis et axiomatibus praemissis, rem totam more geometrico, in quo tantopere versatus es, concludas“.

33 *Meditationes, II. Resp.;* AT VII, 160 ff.: „*Rationes Dei existentiam et animae a corpore distinctionem probantes, more geometrico dispositae*“.

34 Ebd. 156: „Synthesim ... procul dubio ea est quam hic a me requiritis“.

35 Ebd. 156 f.: „Haec enim differentia est, quod primae notiones, quae ad res Geometricas demonstrandas praesupponuntur, cum sensuum usu convenientes, facile a quibuslibet admittantur. Ideoque nulla est ibi difficultas, nisi in consequentiis rite deducendis“.

36 Ebd. 157: „Contra vero in his Metaphysicis de nulla re magis laboratur, quam de primis notionibus clare et distincte percipiendis“.

37 Ebd. 156: „Ego vero solam Analysim ... in Meditationibus meis sum sequutus; sed quantum ad Synthesim ... non tamen ad has Metaphysicas tam commode potest applicari“.

38 *Discours II;* AT VI, 17.

39 Vgl. die zahlreichen Briefstellen im Register AT V, 726 f. und die Berufung auf die „Analysis der Alten“

Geometrie zeigen — die Commandinusübersetzung aus unmittelbarer Anschauung[40]. Und bei Pappos — und bei Diophant, bei dem Descartes bestimmte Elemente des algebraischen Formalismus vorweggenommen sieht — findet er die Spuren jener wahren Mathematik, die er zum Vorbild der wissenschaftlichen Methode überhaupt machen will[41]: die alten Geometer hätten sich „einer gewissen Analysis bedient, die sie auf die Lösung aller Probleme ausdehnten", aber sie hätten diese Methode verschwiegen, ihren Nachkommen nicht gegönnt[42] und sie deshalb hinter einer synthetischen Darstellung der analytisch gefundenen Ergebnisse verborgen, „um die Analysis als ein Geheimnis für sich allein zu bewahren"[43]; er, Descartes, verfolge in seiner Methodologie die Absicht, diese geheimgehaltene Methode auch auf andere Wissenschaften auszudehnen und zur vollkommenen Reife zu bringen[44].

Neben der Berufung auf die geometrische Analysis (B) steht bei Descartes fast regelmäßig die Berufung auf die neue Algebra (D); er sieht zwischen beiden analytischen Ansätzen enge sachliche Beziehungen und versteht die neue Algebra als den Versuch, das bezüglich der Zahlen zu leisten, was die Alten in der Analysis bezüglich der Figuren erreichten[45]. Die Parallelisierung beider Methodenmodelle geht bei Descartes so weit, daß er die Algebra ausdrücklich mit der geometrischen Analysis identifiziert: „die Kunst, die [heute] mit dem [arabischen] Fremdwort ‚Algebra' bezeichnet wird", ist für ihn „nichts anderes" als die von Pappos und Diophant praktizierte Analysis[46]. Diese Identifikation der Methodenmodelle B und D führt bei Descartes zu Schwierigkeiten bei der konkreten Bestimmung der wissenschaftlichen Methode, die sich an diesem doppelten Vorbild orientiert; zunächst bleibt jedoch festzuhalten, daß es diese beiden analytischen Methodenmodelle sind, an denen sich die allgemeine Methodologie Descartes' orientiert. Sie bilden gemeinsam eine mathematische Disziplin, die sich hinter der Vulgärmathematik verbergen soll und „die erste Vorschule der menschlichen Vernunft" darstellt; sie soll — so das Programm der allgemeinen Methodologie — „auf die Ermittlung der Wahrheit gegenüber jedem beliebigen Gegenstand ausgedehnt werden"[47].

in *Regulae IV;* AT X, 373—76 und in *Discours II;* AT VI, 17; vgl. dazu auch Robert, André: *Descartes et l'analyse des anciens.* In: *Archives de philosophie* Bd. 13, 1939, 221—242.

40 *Geometrie I;* AT VI, 377 ff.

41 *Regulae IV;* AT X, 376: „hujus verae Matheseos vestigia quaedam adhuc apparere mihi videntur in Pappo et Diophanto".

42 Ebd. 373: „satis enim advertimus veteres Geometras analysi quadam usos fuisse, quam ad omnium problematum resolutionem extendebant, licet eandem posteris inviderint".

43 *Meditationes, II. Resp.;* AT VII, 156: „Hac [Synthesin] sola Geometrae veteres in scriptis suis uti solebant, non quod aliam [Analysim] plane ignorarent, sed, quantum judico, quia ipsam tanti faciebant, ut sibi solis tanquam arcanum quid reservarent".

44 *Regulae IV;* AT X, 373 f.

45 Ebd.: „Et jam viget Arithmeticae genus quoddam, quod Algebram vocant, ad id praestandum circa numeros, quod veteres circa figuras faciebant".

46 Ebd. 377: „Fuerunt denique quidam ingeniosissimi viri, qui eandem [artem Pappi] hoc saeculo suscitare conati sunt: nam nihil aliud esse videtur ars illa, quam barbaro nomine Algebram vocant."

47 Ebd. 374: „qui ... attente respexerit ad meum sensum, facile percipiet me nihil minus quam de vulgari Mathematica hic cogitare, sed quandam aliam me exponere disciplinam." — „Haec enim prima rationis humanae rudimenta continere, et ad veritates ex quovis subjecto eliciendas se extendere debet".

§ 13 Die allgemeine Formulierung der analytischen Methode in den „Regulae“

Seine allgemeine Methodologie entwickelt Descartes im zweiten Teil des *Discours de la Méthode* von 1637 und in dem ersten Buch der *Regulae ad directionem ingenii*, die 1628 entstanden, unvollendet bleiben und erst 1701 zum ersten Mal publiziert werden. Methodologisches Herzstück sind in beiden Werken Regeln, durch die eine doppelte Denkbewegung vorgeschrieben wird, die — vorläufig gesprochen — zunächst vom Komplexen und Ungesicherten zum Einfachen und dann vom Einfachen zum Komplexen führt. Im *Discours* werden beide Schritte in den zwei Regeln 2 und 3 dargestellt: „Die zweite“ Regel schreibt vor, „jedes Problem, das ich untersuchen würde, in so viele Teile zu teilen, wie es möglich ist und nötig, um es leichter zu lösen. Die dritte, in einer geordneten Art zu denken, d. h. mit den einfachsten und am leichtesten zu durchschauenden Dingen zu beginnen, um nach und nach, wie über Stufen, bis zu Erkenntnis der zusammengesetztesten aufzusteigen“[1]. In den *Regulae* werden beide Teilschritte noch deutlicher aufeinander bezogen; die 5. Regel sagt, daß wir „diese Methode genau befolgen, wenn wir verwickelte und dunkle Propositionen stufenweise auf einfachere zurückführen und sodann von der Intuition der allereinfachsten zur Erkenntnis aller anderen über dieselben Stufen hinaufzusteigen suchen“[2].
Die zumindest äußere Ähnlichkeit dieser Methodenbeschreibung mit dem Methodenmodell B und/oder mit dem Methodenmodell C ist offensichtlich: hier wie dort besteht die Gesamtmethode aus zwei gegenläufigen Teilschritten, die dort als Analysis oder Resolutio und als Synthesis oder Compositio bezeichnet wurden. Dies hat dazu geführt, daß man die beiden Teilschritte auch bei Descartes als den analytischen und den synthetischen Teil einer Methode verstanden hat, obwohl in den beiden zentralen Textstellen diese Termini nicht auftauchen, sondern nur vom „Teilen“ oder „Zurückführen“ einerseits und vom „Aufsteigen“ andererseits die Rede ist. Aber in der Forschung hat sich allgemein die bei Descartes hier nicht auftauchende Analysis-Synthesis-Terminologie durchgesetzt: die 2. Regel des *Discours* wird als die „Regel der Analysis“, die dritte als die „Regel der Synthesis“ und die 5. Regel der *Regulae* als die Kombination beider verstanden[3].

1 *Discours II;* AT VI, 18: „Le second, de diuiser chascune de difficultez que i'examinerois, en autant de parcelles qu'il se pourroit, et qu'il seroit requis pour les mieux resoudre. Le troisiesme, de conduire par ordre mes pensées, en commençant par les obiets les plus simples et les plus aysez a connoistre, pour monter peu a peu, comme par degrez, iusques a la connoissance des plus composez“

2 *Regulae V;* AT X, 379: „Atqui hanc [methodum] exacte servabimus, si propositiones involutas et obscuras ad simpliciores gradatim reducamus, et deinde ex omnium simplicissimarum intuitu ad aliarum omnium cognitionem per eosdem gradus ascendere tentemus“.

3 Beck: *The Method of Descartes* ... a.a.O., S. 156: „It is generally accepted usage amongst writers on Cartesian philosophy to describe the second rule of the *Discours* as ‚the rule of analysis‘ and the third rule is then described as ‚the rule of synthesis‘. On the basis of this traditional nomenclature, Rule 5 of the *Regulae* would be described as ‚the rule of analysis and synthesis‘“.

Die Verwendung dieser Terminologie ist so lange unbedenklich, wie man diese Unterscheidung zwischen einem analytischen und einem synthetischen Teilschritt einer einheitlichen Gesamtmethode nicht mit der Unterscheidung zwischen einer analytischen und einer synthetischen Beweisart konfundiert, wie sie Descartes in den II. Responsiones der *Meditationen* explizit vornimmt. Hier, wo Descartes selbst die methodologischen Schlüsselbegriffe Analysis und Synthesis verwendet, ist zunächst nicht von einander ergänzenden Teilschritten einer Methode, sondern von zwei einander entgegengesetzten Beweisarten die Rede: die Analysis zeigt den wahren Weg, auf dem eine Sache methodisch und gleichsam a priori gefunden worden ist, und allein diesem Weg der Analysis folgen die *Meditationen*[4]. Die Synthesis dagegen geht den entgegengesetzten Weg und beweist gleichsam a posteriori den Schlußsatz, wobei sie sich einer langen Reihe von Definitionen, Postulaten, Axiomen, Theoremen und Problemen bedient; diese Synthesis findet sich in den Schriften der alten Geometer[5], also beispielsweise bei Euklid.

Hier stehen sich zwei in sich geschlossene Methodenkonzepte gegenüber, die voneinander zu trennen sind, auch wenn Descartes sie in einem Nachsatz jedenfalls für die Geometrie selbst aufeinander zu beziehen scheint[6]: für die Philosophie jedenfalls ist nur die analytische Methode angemessen und die hier gemeinte Synthesis ist für sie im ganzen unpassend. Die Unterscheidung der hier vorliegenden Methodenkonzepte gelingt vielleicht am einfachsten durch Rückgriff auf die im II. Kapitel vorgestellten Methodenkonzepte. Dann wird nämlich deutlich, daß Descartes seine analytischen Ansätze insgesamt von einer synthetischen Methode unterscheidet, die im Sinne des Methodenmodells A Definitionen, Axiome und Postulate voranstellt und aus ihnen mithilfe des Syllogismus Konklusionen ableitet[7]. Dieses syllogistische Vorgehen, als das die Synthesis hier verstanden wird, hatte er schon im *Discours* und in den *Regulae* insgesamt der von ihm vorgeschlagenen Methode mit ihren beiden Teilschritten gegenübergestellt: seine Methode soll zur sicheren und beständigen Erweiterung des Wissens dienen, dagegen habe der Syllogismus eher die Funktion, „andern das zu erklären, was man weiß ..., als es zu entdecken"[8]. Die syllogistisch vorgehende „gemeine Dialektik ist für die, welche die Wahrheit der Dinge ausfindig machen möchten, völlig unbrauchbar", weil man vermittels einer derartigen Form „nichts Neues erfassen" kann: sie kann allenfalls dazu dienen „an-

4 *Meditationes, II. Resp.;* AT VII, 155 f.: „Demonstrandi autem ratio duplex est, alia scilicet per analysim, alia per synthesim. Analysis veram viam ostendit per quam res methodice et tanquam a priori inventa est." „Ego vero solam Analysim, quae vera et optima via est ad docendum, in Meditationibus meis sum sequutus".

5 Ebd.: „Synthesis e contra per viam oppositam et tanquam a posteriori quaesitam... clare ... id quod conclusum est demonstrat, utiturque longa definitionum, petitionum, axiomatum, theorematum, et problematum serie". „Hac sola Geometrae veteres in scriptis suis uti solebant".

6 Ebd.: „in rebus Geometricis" Synthesis „aptissime post Analysim ponitur".

7 Vgl. dazu oben S. 72—78 und S. 113.

8 *Discours II;* AT VI, 17: „ie pris garde que, pour la Logique, ses syllogismes et la pluspart de ses autres instructions seruent plutost a expliquer a autruy les choses qu'on sçait,... qu'a les apprendre".

deren bereits bekannte Ansichten einfacher auseinanderzusetzen"[9]. Und eben in diesem Sinne stellt Descartes in den II. Responsiones die analytische und die synthetische Beweisart gegenüber: die Analysis zeigt den Weg, auf dem eine Sache methodisch erfunden worden ist, dagegen „beweist die Synthesis gleichsam a posteriori den Schlußsatz", „entreißt auch dem noch so widerstrebenden und hartnäckigen Gegner seine Zustimmung", „aber sie lehrt nicht die Art und Weise, wie die Sache gefunden worden ist"[10].

Dieser syllogistischen Synthesis im Sinne des Methodenmodells A stellt Descartes seine analytische Methode entgegen, die nach den Regeln des *Discours* und der *Regulae* und nach der Praxis der *Meditationen* ihrerseits aus einem ‚analytischen' und einem ‚synthetischen' Teilschritt besteht, und in der der synthetische Teilschritt nicht von Definitionen, Axiomen und Postulaten, sondern von wie auch immer bestimmten einfachsten Sachverhalten ausgeht, die vorher analytisch ermittelt worden sind. Dieses Methodenmodell orientiert sich im äußeren Aufbau und in seiner Terminologie ganz offenbar an den Methodenmodellen B oder C: wie dort das analytische Gesamtverfahren (ἀναλυόμενος bzw. regressus) seinerseits aus einem analytischen und einem synthetischen Teilschritt bestand[11], so besteht bei Descartes die analytische Methode, der er in den *Meditationen* gefolgt sein will, ihrerseits aus einem analytischen und einem synthetischen Teilschritt.

Daß Descartes sich bei der Entwicklung seines allgemeinen Methodenprogramms also am Methodenmodell B oder C orientiert und sich ausdrücklich vom Methodenmodell A distanziert, ist allerdings durch den beinahe übermächtigen Einfluß der *Logik von Port Royal* auf die Descartesinterpretation nicht nur des 18. Jahrhunderts verdeckt worden. Im Methodenteil dieser Logik, der sich ausdrücklich auf Descartes beruft, werden nämlich die Methodenmodelle A, B, C und D in einem großen Methodenentwurf vereinigt, in dem die Methode der Analysis als Methode der Entdeckung der Synthesis als Methode der Darstellung gegenübergestellt wird wie der Aufstieg vom Tal zum Berg dem Abstieg, oder die Suche nach Vorfahren dem Aufstellen des Stammbaumes von den Ahnen aus[12]. Die analytische Methode geht dabei jeweils vom Bedingten aus und sucht seine Bedingungen. Und unter diese allgemeine Bestimmung wird, ohne auf die Unterschiede zu reflektieren, sowohl das analytische Verfahren der Geometrie im Sinne

9 *Regulae X;* AT X, 406: „patet, illos [Dialecticos] ipsos ex tali forma nihil novi percipere, ideoque vulgarem Dialecticam omnino esse inutilem rerum veritatem investigare cupientibus, sed prodesse tantummodo interdum posse ad rationes jam cognitas facilius aliis exponendas".

10 *Meditationes, II. Resp.;* AT VII 156: „Synthesis... tanquam a posteriori ... id quod conclusum est demonstrat..., sicque a lectore, quantumvis repugnante ac pertinaci, assensionem extorqueat; sed ... modum quo res fuit inventa non docet".

11 Vgl. oben S. 80 und S. 92 f.

12 Antoine Arnauld et Pierre Nicole: *La Logique ou l'Art de Penser, contenant, outre les règles communes, plusieurs observations nouvelles, propres à former le jugement.* Édition critique par Pierre Clair et François Girbal. — Paris 1965, S. 305: „Enfin ces deux methodes ne different que comme le chemin qu'on fait en montant d'une vallée en une montagne, de celui que l'on fait en descendant de la montagne dans la vallée; ou comme different les deux manieres dont on se peut servir pour prouver qu'une personne est descendue de S.ª Louis..."

des Methodenmodells B, der Aufstieg von den Wirkungen zu den Ursachen im Sinne des Methodenmodells C und die Lösung algebraischer Aufgaben im Sinne des Methodenmodells D subsumiert. Und der so bestimmten Analysis wird die Synthesis als Methode der Zusammensetzung gegenübergestellt und im Sinne des Methodenmodells A interpretiert: die synthetische Methode, die zur Darstellung aller Wissenschaften dient, beginnt mit dem Aufstellen von Definitionen und selbstevidenten Axiomen, alle weiteren Ergebnisse sollen syllogistisch aus diesen vorangestellten Sätzen abgeleitet werden[13]. Dies ist ganz offenbar nicht identisch mit der Theorie der *Regulae* oder des *Discours:* dort wurde innerhalb der analytischen Methode ein analytischer und ein synthetischer Teilschritt unterschieden und dieses Gesamtverfahren wurde der syllogistisch verfahrenden traditionellen Logik gegenübergestellt. Hier dagegen wird der synthetische Teilschritt der Methodenmodelle B oder C ohne jede Reflexion auf die faktischen Unterschiede im Sinne des Methodenmodells A verstanden. Und damit werden Descartes' differenzierte analytische Methodenansätze umstandslos in die syllogistische Logik reintegriert, von der er diese gerade unterschieden wissen wollte, so daß die eigene Logik von Descartes' Ansätzen hier weitgehend verloren geht.

Um diese eigene Logik der von Descartes in den *Regulae* und im *Discours* entwickelten Methode zu bestimmen, empfiehlt es sich daher eher, sie mit den oben skizzierten Methodenmodellen der Einzelwissenschaften als mit der summarischen Methodenzusammenfassung der *Logik von Port Royal* zu vergleichen. Dazu finden sich in der Literatur zwei Interpretationsansätze: während man traditionell[14] Descartes' Hinweisen auf Pappos folgt und seine Methode als „Beweistheorie für vorgelegte Sätze" versteht, „wie sie in der älteren Theorie der geometrischen Analyse" und also im Methodenmodell B „vorliegt"[15], wird sie in anderen Untersuchungen auf die naturwissenschaftliche Methodologie bezogen, die hier im Methodenmodell C vorgestellt wurde[16]; wir werden die sich aus diesen unterschiedlichen Interpretationsansätzen ergebenden Schwierigkeiten in drei Punkten erörtern.

1. Gemeinsam ist dem Descartesschen Verfahren mit dem Methodenmodell B, daß Ausgangspunkt des Verfahrens ein noch ungesicherter und möglicherweise falscher Satz bzw. ein noch ungelöstes Problem ist. Zwar könnte man versucht sein, die Formulierung der Regel 5 der *Regulae,* in der am Anfang „dunkle" und „verwickelte" Propositionen stehen, mit der „undeutlichen Erkenntnis" zu parallelisieren, mit der der Regressus Zabarellas im Methodenmodell C beginnt[17], aber der Kontext macht deutlich, daß diese Anfangssätze hier bei Descartes nicht wie bei Zabarella bereits als wahr und als Erkenntnis verstanden werden, sondern wie bei Pappos als Sätze, deren Wahrheit noch infrage steht: die Dunkelheit der üblicherweise ohne Prüfung verwendeten Sätze ist für Descartes die wesentliche Quelle des Irrtums, die erst durch das analytische Verfahren

13 Ebd. S. 306 ff.

14 Beck: *The Method of Descartes*... a.a.O., S. 158, Anm. 1.

15 Arndt: *Methodo scientifica pertractatum*... a.a.O., S. 44.

16 Röd: *Descartes' Erste Philosophie* ... a.a.O., S. 11 ff.

17 Vgl. oben S. 93.

ausgeschaltet werden soll. Der analytische Teilschritt soll hier wie bei Pappos zu Sätzen führen, die unbezweifelhaft wahr sind und aus denen dann die Anfangssätze im synthetischen Teilschritt über dieselben Stufen, die bei der Analyse benutzt wurden, bewiesen werden.

2. Die Frage, wie im einzelnen diese gegenläufige Bewegung des analytischen und des synthetischen Teilschritts zu interpretieren ist, hat schon bei der Diskussion des Methodenmodells B zu erheblichen Schwierigkeiten geführt[18]: in der Interpretation B wurde der analytische Teilschritt als das Ableiten von Folgerungen, in der Interpretation B_1 als das Aufsuchen der Bedingungen des infrage stehenden Satzes verstanden. Diese Schwierigkeiten tauchen in der allgemeinen Methodenbeschreibung Descartes' wieder auf. Er beantwortet die Frage nach der Richtung des analytischen Teilschritts zunächst mithilfe einer Unterscheidung zwischen verwickelten und einfacheren Sachverhalten: für ihn führt der analytische Teilschritt der Methode von verwickelten Ausgangssätzen zu Propositionen, die sich zunächst nur dadurch auszeichnen, daß sie „einfacher" als die Ausgangssätze sind[19]. Die Analyse besteht also hier zunächst nur in einer Zergliederung der komplizierten Anfangssätze in einfachere; in diesem Sinne hat man den analytischen Teilschritt der *Regulae* — den Pleonasmus nicht scheuend — als resolutive Analyse bezeichnet[20]. Durch diese Analyse werden die Propositionen „in gewissen Reihen" geordnet, aus denen ablesbar ist, welche „aus den anderen erkannt werden können"[21]. Und dadurch gelangt Descartes zu einer Unterscheidung zwischen absoluten und respektiven Elementen in dieser Reihe: was in einer Reihe von Sätzen oder Sachverhalten das Einfachste ist, nennt Descartes absolut[22]; was vermittels einer Reihe von Deduktionen aus diesen absoluten Elementen abgeleitet werden kann, heißt respektiv[23].

Im synthetischen Teilschritt erfolgt der Übergang vom Absoluten zum Respektiven also auf dem Wege der Deduktion. Die schwierigere Frage nach der logischen Richtung des analytischen Teilschritts wird von Descartes gelegentlich ebenfalls in diesem Sinne beantwortet[24]: „wir müssen, bevor wir uns an irgendwelche bestimmten Probleme heranmachen, zunächst wahllos Wahrheiten, die sich unmittelbar selbst anbieten, aufsammeln und darauf nach und nach sehen, *ob irgendwelche anderen aus ihnen deduziert werden können und wiederum andere aus diesen und so fort.* Nachdem dies geschehen ist, müssen wir unsere Aufmerksamkeit auf die gefundenen Wahrheiten richten, und genau darüber nachdenken, weshalb wir die einen früher und leichter als die anderen finden konnten und welche es sind"[25]. Wenn hier die einfachen und absoluten Propositionen

18 Vgl. oben S. 81—83.

19 Vgl. oben Anm. 2.

20 Buchdahl: *Metaphysics and the Philosophy of Science* ... a.a.O., S. 130 ff.

21 *Regulae VI;* AT X, 381: „res omnes per quasdam series disponi [possunt], ... in quantum unae ex aliis cognosci possunt".

22 Ebd.: „Absolutum voco, quidquid in se continet naturam puram et simplicem, de qua est quaestio"

23 Ebd.; AT X, 382: „Respectivum vero est, quod ... potest... per quandam seriem ab eo [absoluto] deduci".

24 Vgl. Beck: *The Method of Descartes*... a.a.O., S. 161 f.

analytisch aus den respektiven Propositionen deduziert werden sollen und gleichzeitig gelten soll, daß die respektiven synthetisch über dieselben Schritte aus den absoluten ableitbar sein sollen, würde es sich also — wie im Methodenmodell B — sowohl bei der Analyse als auch bei der Synthese um das Ableiten von Folgerungen handeln. Und insofern hier nicht wie im geometrischen Methodenmodell B bei diesen Ableitungen eine Klasse P von vorausgesetzten Sätzen beteiligt ist[26], müßte es sich unmittelbar um reziproke Implikationen handeln, die auf die Äquivalenzbeziehungen des Methodenmodells D verwiesen[27]; in diesem Sinne wäre Descartes' Berufung auf die Analysis der Neueren als Vorbild für seine Methode zu verstehen[28].

Aber dann wäre — nach dem bei der Vorstellung des Methodenmodells B Gesagten — die Synthesis als die Umkehr der Analysis überflüssig, weil die Wahrheit des Anfangssatzes bereits durch seine Transformation in einen wahren Satz bewiesen wäre. Und ebenso würde die Unterscheidung zwischen dem Einfachen und dem Zusammengesetzten, dem Absoluten und dem Respektiven, die Descartes' Argumentation im ersten Buch der *Regulae* trägt, hinfällig: das Respektive ist dadurch bestimmt, daß es „nicht anders begriffen werden kann, als wenn es aus dem Absoluten deduziert wird"[29]. Und diese Beziehung zwischen dem Absoluten und dem Respektiven ist hier nicht umkehrbar: eben deshalb kommt es bei der Bildung der Ableitungsketten darauf an, die Dinge danach zu ordnen, wie „die einen aus den anderen erkannt werden können"[30]; die Ursache voranzustellen, um daraus die Wirkung zu erkennen, und nicht umgekehrt; das Gleiche voranzustellen und daraus das Ungleiche zu erkennen und nicht umgekehrt usw.[31] In jeder dieser Reihen gibt es ein Absolutes, von dem die anderen abhängen und das selbst nicht von den anderen abhängt; die Abhängigkeit ist in all diesen Reihen hier als eine einseitige gedacht[32].

In diesem Sinne kann man also mit Recht davon reden, daß der in der allgemeinen Methodenbeschreibung vorherrschende methodologische Ansatz von dem Gedanken bestimmt ist, daß der analytische Teilschritt zu den Bedingungen des infrage stehenden

25 *Regulae VI;* AT X, 384: „Notandum... est..., antequam ad determinatas aliquas quaestiones nos accingamus, prius oportere absque ullo delectu colligere sponte obvias veritates, et sensim postea videre, utrum aliquae aliae ex istis deduci possint, et rursum aliae ex his, atque ita consequenter. Quo deinde facto, attente reflectendum est ad inventas veritates, cogitandumque diligenter, quare unas aliis prius et facilius potuerimus reperire, et quaenam illae sint".

26 Vgl. oben S. 83 f.

27 Vgl. oben S. 107.

28 Vgl. oben S. 127 f.

29 *Regulae VI;* AT X, 383: „Caeterae autem omnes non aliter percipi possunt, quam si ex istis [simplicibus] deducantur".

30 Ebd.; AT X, 381: Regula „monet enim res omnes per quasdam series posse disponi..., in quantum unae ex aliis cognosci possunt".

31 Ebd.; AT X, 383: „Hic vero si quaeramus qualis sit effectus, oportet prius causam agnoscere, et non contra. Aequalia etiam sibi invicem correspondent, sed quae inaequalia sunt, non agnoscimus nisi per comparationem ad aequalia, et non contra, etc."

32 Beck: *The Method of Descartes...* a.a.O., S. 163.

Satzes aufsteigt, bis er zu etwas Absolutem, den ersten Prinzipien, gelangt, aus denen dann synthetisch deduziert werden kann[33]. Und dieser methodologische Ansatz entspricht dann in allen wesentlichen Zügen der Interpretation B_1 des Papposmodells, in der analytisch von dem infrage stehenden Satz zu seinen Bedingungen fortgeschritten wird, bis man zu den Prinzipien gelangt. Und wie dort der analytische Teilschritt, in dem nicht logisch abgeleitet, sondern intuitiv gefunden werden muß, im eigentlichen Sinne als Erfindungskunst zu verstehen war, so hier bei Descartes: die Analyse erfordert eine Art Spürsinn[34] und ist dadurch vom bloß formalen Schließen unterschieden, daß in ihr die Vernunft nicht müßig geht und Ferien macht[35], sondern sich inhaltlich an den Sachverhalten selbst abmüht.

3. Die Sätze, zu denen der analytische Teilschritt vorstößt, waren bei Pappos Sätze, die „bereits zugestanden" waren; entweder solche, die sich in der Interpretation B aus der Klasse der Definitionen, Axiome und Postulate beweisen ließen, oder — in der Interpretation B_1 — diese Prinzipien selbst. Dagegen schreitet die Analyse bei Descartes nicht zu solchen „bereits bekannten" Sätzen eines mathematischen Axiomensystems fort, sondern zu Sätzen, die vor der Analyse unbekannt sind und erst durch die Analyse gefunden werden. Darin könnte man eine Parallele zum Methodenmodell C sehen, in dem die resolutio von bekannten Sätzen zu ihren noch unbekannten Prinzipien fortschreitet und die Prinzipien selbst erfindet[36]. Aber in den *Regulae* werden anders als bei Zabarella die Ausgangssätze nicht als wahr betrachtet, und daher können die Prinzipien auch nicht wie dort aus den Anfangssätzen bewiesen werden. Wenn also die Prinzipien weder wie im mathematischen Methodenmodell B als schon bekannte Sätze noch wie im naturwissenschaftlichen Methodenmodell C als aus den Wirkungen zu beweisende Sätze angesehen werden, dann muß ihre Geltung hier bei Descartes eigens gerechtfertigt werden.

Die Möglichkeit einer solchen Rechtfertigung gewinnt Descartes durch eine Analyse der menschlichen Erkenntniskraft als der Quelle aller zuverlässigen und evidenten Erkenntnis. Er will „alle Handlungen des Verstandes durchmustern" und nur diejenigen zulassen, „durch die wir zur Erkenntnis der Dinge gelangen, ohne ... befürchten zu müssen, daß wir uns täuschen"[37]. Bei dieser Auswahl bedient sich Descartes erneut der

33 Ebd. S. 170 f., S. 175 f.; vgl. Arndt: *Methodo scientifica pertractatum...* a.a.O., S. 38.

34 *Regulae VI;* AT X, 384: „nihil aptius esse sum expertus, quam si assuescamus ad minima quaeque ex iis, quae jam ante percepimus, cum quadam sagacitate reflectere"; vgl. *Regulae X;* AT X, 403 ff.

35 *Regulae X;* AT X, 406: „Quamobrem hic nos praecipue caventes, ne ratio nostra ferietur, dum alicujus rei veritatem examinamus, rejicimus istas formas" Dialecticorum.

36 Diese These stellt Röd in den Mittelpunkt seiner Untersuchung, kommt aber letztlich für die Erste Philosophie zu einem negativen Ergebnis, das auch schon für die *Regulae* gilt: „Als Verfahren der Vorbereitung einer ‚Wesensschau' bzw. der Gewinnung einsichtiger Prinzipien unterscheidet sich die Resolution in der Ersten Philosophie von dem gleichnamigen Verfahren im Bereich naturphilosophischer bzw. naturwissenschaftlicher Theorien der Welterklärung, das zur Auffindung hypothetischer Explikationsprämissen führen soll". (Röd: *Descartes' Erste Philosophie* a.a.O., S. 8).

37 *Regulae III;* AT X, 368: „Sed ne deinceps in ... errorem delabamur, hic recensentur omnes intellectus nostri actiones, per quas ad rerum cognitionem absque ullo deceptionis metu possimus pervenire".

Mathematik als Maßstab: es werden nur diejenigen Verstandeshandlungen „zugelassen“[38], die sich in dieser sicheren Wissenschaft bereits bewährt haben. Dies scheidet sowohl die sinnliche Wahrnehmung als auch die Einbildungskraft und das Gedächtnis aus und beschränkt die zuzulassenden „actiones intellectus“ — entsprechend der Descartesschen Charakterisierung der Mathematik als einer Wissenschaft, die sich einerseits durch „reine und einfache Objekte“ und andererseits durch „die vernünftige Ableitung von Folgerungen“ auszeichnet[39] — auf die dabei wirksamen Verstandeshandlungen des intuitus und der deductio[40].

Dabei wird der intuitus als „müheloses und deutlich bestimmtes Begreifen“ einfacher Sachverhalte bestimmt[41], während der deductio die Aufgabe zugewiesen wird, aus bereits als wahr erkannten Sätzen andere Sätze abzuleiten[42]. Diese Ableitungsfunktion der Deduktion, die sich in den „langen Ketten ganz einfacher und leichter Begründungen“ der Geometrie findet[43], stellt aber für Descartes nicht eigentlich eine eigenständige Erkenntnisleistung des Verstandes dar, sondern wird als eine Aneinanderreihung intuitiver Akte beschrieben. Wie ich in dem Schluß 2 + 2 = 3 + 1 darauf angewiesen bin, „intuitiv“ nicht nur einzusehen, „daß zwei und zwei vier ergeben und daß drei und eins ebenfalls vier ergeben, sondern darüber hinaus, daß aus diesen beiden Propositionen jene dritte mit Notwendigkeit folgt“[44], so läßt sich jede Deduktion in eine Abfolge intuitiver Akte zerlegen[45] und gewinnt ihre Sicherheit nur aus diesen einzelnen intuitiven Akten: wenn wir erkennen können, daß das letzte Glied einer unübersehbar langen Kette mit dem ersten zusammenhängt, dann deshalb, weil wir die Zwischenglieder „eins nach dem anderen durchmustert haben und wir uns erinnern, daß die einzelnen Glieder mit ihren Nachbargliedern vom ersten bis zum letzten zusammenhängen“[46]. Auf diese Weise reduzieren sich die als sicher zugelassenen Verstandeshandlungen schließlich allein auf den intuitus, der letztlich nicht nur die Sicherheit der ersten Sätze, sondern auch die der Ableitungen garantieren soll.

38 Ebd.; AT X, 368, vgl. 370: „admittere“.

39 *Regulae II;* AT X, 365: „Ex quibus evidenter colligitur, quare Arithmetica et Geometria caeteris disciplinis longe certiores exsistant: quia scilicet hae solae circa objectum ... purum et simplex versantur“ et „totae consistunt in consequentiis rationabiliter deducendis“.

40 *Regulae III;* AT X, 368: „... admittunturque tantum duae, intuitus scilicet et deductio“.

41 Ebd.: „Per intuitum intelligo ... mentis purae et attentae ... facilem distinctumque conceptum“.

42 Ebd.; AT X, 369: „... per deductionem ... intelligimus illud omne quod ex quibusdam aliis certo cognitis necessario concluditur“.

43 *Discours II;* AT VI, 19: „Ces longues chaisnes de raisons, toutes simples et faciles, dont les Geometres ont coustume de se seruir, pour paruenir a leurs plus difficiles demonstrations, m'auoient donné occasion de m'imaginer que toutes les choses, qui peuuent tomber sous la connoissance des hommes, s'entresuiuent en mesme façon“.

44 *Regulae III;* AT X, 369: „Nam, exempli gratia, sit haec consequentia: 2 et 2 efficiunt idem quod 3 et 1; non modo intuendum est 2 et 2 efficere 4, et 3 et 1 efficere quoque 4, sed insuper ex his duabus propositionibus tertiam illam necessario concludi“.

45 Ebd.; AT X, 370.

46 Ebd.: Wir erkennen den Zusammenhang der Kette, wenn wir die einzelnen Glieder „perlustraverimus successive, et singulos proximis a primo ad ultimum adhaerere recordemur“.

Damit wird die Evidenz der Intuition[47] zum entscheidenden Kriterium der Wahrheit, das selbst keiner Prüfung mehr zugänglich ist. Gegenüber dem Einfachen, intuitiv Erfaßbaren nämlich soll der Vernunft kein Irrtum möglich sein: einfache Gegenstände erlauben „ein so müheloses und deutlich bestimmtes Begreifen ..., daß über das, was wir erkennen, gar kein Zweifel zurückbleibt"[48]. Diese Koinzidenz zwischen der Einfachheit des Gegenstandes und der Zuverlässigkeit und Sicherheit seiner Erkenntnis war schon das entscheidende Argument Descartes' für die Überlegenheit der mathematischen Wissenschaften, sie wird jetzt zum entscheidenden Motiv für die Anwendung des analytischen Verfahrens: der analytische Teilschritt dient im Grunde nur der Vorbereitung einer Verstandeshandlung, die von sich aus sicher und selbst nicht mehr irgendwelchen Regeln unterworfen ist[49]: wenn Sätze oder Sachverhalte mit Hilfe der Analyse in einfache Propositionen zerlegt sind, „bedarf es keiner Kunsthilfe, sondern allein des natürlichen Lichtes, um die Wahrheit ... intuitiv zu erfassen"[50].

Und wenn so analytisch die einfachen Propositionen ermittelt und ihre Wahrheit intuitiv eingesehen ist, dann bedarf es im folgenden synthetischen Teilschritt zur Ableitung der komplexen Sätze keiner formalen syllogistischen Regeln, sondern nur der sich wieder aus einzelnen intuitiven Akten zusammensetzenden Deduktion: Sätze, die für sich genommen selbst nicht evident sind, werden aus den wahren und erkannten Prinzipien durch eine zusammenhängende und nirgendwo unterbrochene Bewegung des Denkens, welches das Einzelne deutlich in der Intuition sieht, deduziert[51]. Das in den *Regulae* entworfene Programmm einer analytischen Methode, die für alle Wissenschaften gelten soll, besteht dann also insgesamt aus einem analytischen und einem synthetischen Teilschritt. Ausgangspunkt des Verfahrens sind Sätze, die uns — u. a. wegen der Vieldeutigkeit und Fehlerhaftigkeit der Tradition — zunächst als verwickelte und dunkle Sätze gegeben sind, über deren Wahrheit wir unsicher sind. Diese Sätze werden im analytischen Teilschritt in einer inhaltlichen Analyse in einfachere und schließlich in einfache Sätze zerlegt, die einfache Sachverhalte repräsentieren und intuitiv unmittelbar als wahr erkannt werden. Und im synthetischen Teilschritt werden aus diesen intuitiv als wahr erkannten Sätzen wieder die zusammengesetzten deduziert, so daß sich als Ergebnis dieses Gesamtverfahrens die Prüfung und gegegebenfalls die Korrektur der ursprünglich infrage stehenden Sätze an den einfachen Sätzen ergibt, deren Wahrheit intuitiv einsehbar war.

47 *Regulae XII;* AT X, 425.

48 *Regulae III;* AT X, 368: „Per intuitum intelligo... mentis purae et attentae tam facilem distinctumque conceptum, ut de eo, quod intelligimus, nulla prorsus dubitatio relinquatur".

49 Vgl. Laporte: *Le rationalisme de Descartes*... a.a.O., S. 75 ff., der darauf hinweist, daß damit der intellectus für Descartes keine eigene Struktur, z. B. Anschauungsformen oder Kategorien wie bei Kant, enthält, sondern daß Erkenntnis in den *Regulae* sich letzlich auf eine „simple vue directe" und damit auf bloße Rezeptivität reduziert

50 *Regulae XIV;* AT X, 440: „... quando enim [operatio mentis nostrae] aperta est et simplex, nullo artis adjumento, sed solius naturae lumine est opus ad veritatem ... intuendam"; vgl. *Regulae IV;* AT X, 372.

51 *Regulae III;* AT X, 369: Das selbst nicht Evidente wird zuverlassig erkannt, „modo tantum a veris cognitisque principiis deducantur per continuum et nullibi interruptum cogitationis motum singula perspicue intuentis".

Vergleicht man dieses analytisch-synthetische Gesamtverfahren, wie es im ersten Teil der *Regulae* entwickelt wird, mit den im Kapitel II vorgestellten Methodenmodellen, dann wird erkennbar, daß es dem Methodenmodell B nähersteht als dem Methodenmodell C: die Wahrheitswerteingabe erfolgt hier wie bei Pappos ausschließlich auf der Seite der einfachen Sätze oder ‚Prinzipien', während sie bei Zabarella auf der Seite der Anfangssätze erfolgt. Aber wenn man dann also hier bei Descartes von einer Übertragung des mathematischen Methodenmodells B auf philosophische Fragestellungen spricht, dann muß gleichzeitig gesagt werden, daß dieses Methodenmodell bei dieser und durch diese Übertragung wesentlich modifiziert wird. Zwar wird in beiden Modellen „analytisch" von problematischen Sätzen ausgegangen. Aber diese Sätze können bei Descartes nicht wie in der geometrischen Analyse des Methodenmodells B auf ein vorliegendes System bekannter und vorausgesetzter ‚Basisaussagen' zurückgeführt werden, sondern die erste Aufgabe der Analyse besteht hier darin, diese ‚Basisaussagen' allererst zu gewinnen, sie zu isolieren und sie damit der Intuition allererst zugänglich zu machen. Die analytische Methode gewinnt in diesem Descartesschen Konzept also gleich eine dreifache Funktion: erstens sollen die problematischen Sätze, von denen ausgegangen wird, durch Rückführung auf erste Sätze *geprüft* werden, zweitens werden in demselben Reduktionsprozeß eben diese ersten Sätze als einfache Sätze *gefunden* und drittens wegen ihrer Einfachheit intuitiv als *wahr erkannt.*

Bei der wirklichen Anwendung dieser analytischen Methode, die im zweiten Teil des *Discours* und im ersten Buch der *Regulae* ja nur allgemein dargestellt wird, behält Descartes im wesentlichen die formale Struktur dieses Methodenmodells bei, weicht aber — darauf wurde vor allem in letzter Zeit hingewiesen[52] — in wichtigen Einzelbestimmungen von der hier gegebenen Methodenbeschreibung ab. Dies gilt von seinem methodischen Vorgehen sowohl in der Mathematik als auch in den Naturwissenschaften, die Descartes gemeinsam unter das Programm einer mathesis universalis stellt. Und dies gilt ebenso für die Verwendung dieser Methode in der Ersten Philosophie: in allen drei Fällen erzwingt die Einsicht in die Natur der jeweils behandelten Sachverhalte eine spezifische Modifikation der allgemeinen Methode.

§ 14 Descartes' analytische Interpretation der Mathematik

Das Programm der mathesis universalis, wie es insbesondere im zweiten Teil der *Regulae* dargestellt ist, darf nicht mit dem allgemeinen Methodenmodell Descartes' gleichge-

52 Vgl. Serrus: *La méthode de Descartes* ... a.a.O., S. 47 ff.; Buchdahl: *Metaphysics and the Philosophy of Science* ... a.a.O., S. 126 ff.; Arndt: *Methodo scientifica pertractatum* ... a.a.O., S. 31 ff.; Röd: *Descartes' Erste Philosophie* ... a.a.O., S. 16 ff.; gegen solche Differenzierungen neuerdings: Hintikka: *A Discourse on Descartes's Method*... a.a.O., S. 83 ff.

setzt werden[1]. Der Anwendungsbereich der mathesis universalis nämlich ist bei Descartes zwar nicht auf die Einzelgebiete der Mathematik im engeren Sinne begrenzt, sondern umfaßt auch naturwissenschaftliche Gebiete wie Physik, Astronomie, Musiktheorie usw.[2] Das Gemeinsame dieser Gebiete aber sieht Descartes darin, daß in ihnen ausschließlich „Ordnung und Maß untersucht wird“[3]. Nur was als numerische Quantität oder als meßbare Größe quantifizierbar ist, kann Gegenstand der allgemeinen, auch von dem Unterschied zwischen geometrischen und algebraischen Größen abstrahierenden Proportionenlehre werden, als die Descartes die „mathesis universalis“ konzipiert[4]. In diesem Sinne bestimmt Descartes die Physik als die Wissenschaft der ausgedehnten Objekte, in der man „nicht die Erkenntnis neuer Wesenheiten erwartet“, sondern in der es um „Unterschiede von Proportionen“ geht, die — „in welchen anderen Gegenständen sie auch existieren mögen“ — grundsätzlich auch mathematisch „zwischen zwei oder mehreren Ausdehnungen gefunden werden können“[5]. Daß die so bestimmte Physik und andere naturwissenschaftliche Disziplinen als Teilgebiete der mathesis universalis verstanden werden können, hat seinen Grund darin, daß sie „trotz der Verschiedenheit ihrer Objekte darin übereinstimmen, daß sie nur die verschiedenen Beziehungen (rapports) oder Verhältnisse (proportions) betrachten, die sich in ihren Objekten finden“[6].

1 Vgl. Arndt: *Methodo scientifica pertractatum* ... a.a.O., S. 29 ff., der für eine strenge Unterscheidung zwischen der allgemeinen Methodologie Descartes' und dem Konzept der mathesis universalis eintritt, weil es sich der „sachlichen Eigenart“ wie der „historischen Herkunft“ nach um „heterogene Problembereiche“ handelt (S. 29). „Die einzige Stelle“, die dieser Unterscheidung zu widersprechen schien, weil Descartes hier „offenbar“ die mathesis universalis „über die Grenzen der ‚mathematischen‘ Erkenntnis auszudehnen scheint“ (S. 42, Anm. 46) — nämlich *Regulae IV;* AT X, 374 ff. —, ist von Springmeyer als Konfundierung zweier unterschiedlicher Entwürfe für den Text der Regel IV klassifiziert worden (Springmeyer, Heinrich: *Zum lateinischen Text.* In: Descartes: *Regulae ad directionem ingenii* ... a.a.O., S. IX—XIX, S. XVII f.). In der Ausgabe von Springmeyer, die den Text der Regulae in der Form seiner letzten Redaktion durch Descartes bringen will, taucht der Begriff der „mathesis universalis“ denn auch gar nicht in dem hier angesprochenen Zusammenhang, sondern nur in einem selbstbiographischen Paralleltext auf, der in den Anhang verwiesen wurde. Darin kann man eine indirekte Bestätigung von Arndts These sehen, daß die Bestimmungen der allgemeinwissenschaftlichen Methodenlehre und die der mathesis universalis sich nicht miteinander „vermitteln“ lassen (S. 42, Anm. 46): Die autobiographische — und frühere — Parallelstelle des Anhangs bringt einen relativ geschlossenen Entwurf einer nur auf „ordo et mensura“ bezogenen mathesis universalis; der Text der Regel IV selbst handelt von der allgemeinen Methode, die „ad veritates ex quovis subjecto eliciendas se extendere debet“ (*Regulae IV;* AT X, 374).

2 *Regulae IV;* AT X, 377.

3 Ebd. 377 f.: „... innotuit, illa omnia tantum, in quibus aliquis ordo vel mensura examinatur, ad Mathesim referri“.

4 *Regulae VI;* AT X, 385: Reine Mathematik behandelt „omnes quaestiones, quae circa proportiones sive habitudines rerum proponi possunt“.

5 *Regulae XIV;* AT X, 447: „Cum enim hic nullius novi entis cognitionem expectemus, sed velimus duntaxat proportiones quantumcumque involutas eo reducere, ut illud, quod est ignotum, aequale cuidam cognito reperiatur, certum est omnes proportionum differentias, quaecumque in aliis subjectis existunt, etiam inter duas vel plures extensiones posse inveniri“.

6 *Discours II;* AT VI, 19 f.: J'eus vu „qu'encore que leurs obiets soient differens, elles ne laissent pas de s'accorder toutes, en ce qu'elles n'y considerent autre chose que les diuers rapports ou proportions qui s'y trouuent“.

Die Einbeziehung empirischer Wissenschaften wie Optik, Mechanik, Astronomie usw. in eine mathesis universalis, die von der Idee der „Zuverlässigkeit" der durch sie ermittelten Ergebnisse bestimmt ist, ist in Anbetracht der Descartesschen Skepsis gegenüber der Wahrnehmung[7] nicht unproblematisch. Descartes hat denn auch die mathematischen Aufgaben im engeren Sinne, die in den *Regulae XIII ff.* behandelt werden, als die „vollkommen verstandenen Probleme" von den im nicht zustande gekommenen dritten Teil der *Regulae* zu behandelnden „unvollkommen verstandenen Problemen"[8], bei denen in der Regel empirische Daten den Ausgangspunkt bilden, getrennt. Vollkommen verstandene Probleme sind solche, bei denen wie bei einer mathematischen Aufgabe alle zur Lösung notwendigen Daten zweifelsfrei gegeben sind[9]; ist dies wie bei empirischen Daten aufgrund von Täuschungsmöglichkeiten und der prinzipiellen Unabgeschlossenheit der empirischen Datenerhebung nicht der Fall, bezeichnet Descartes das Problem als unvollkommen verstanden[10].

Bei den vollkommen verstandenen Problemen der Mathematik ist die Aufgabe gestellt, die unbekannten Größen einer komplizierten algebraischen oder geometrischen Aufgabe durch ihre Beziehungen zu vorgegebenen Größen zu bestimmen[11]. Gegenüber den eigentlich problematischen indirekten Proportionen[12] des zweiten Teils der *Regulae* greift Descartes wiederum auf Pappos und jetzt wohl auch unmittelbar auf Vieta zurück, wenn er „den ganzen Kunstgriff" darin sieht, „daß wir das Unbekannte als bekannt voraussetzen" — d. h. algebraisch beliebige Zeichen für es einsetzen — „und uns so einen bequemen und direkten Weg der Untersuchung bahnen können"[13]. Im Falle

7 Vgl. *Regulae II;* AT X, 365; *Regulae XII;* AT X, 423.

8 *Regulae XII;* AT X, 429: „Ex quaestionibus autem aliae intelliguntur perfecte ..., de quibus solis agemus in duodecim regulis proxime sequentibus; aliae ... non perfecte intelliguntur, quas ad duodecim posteriores regulas reservamus".

9 *Regulae XIII;* AT X, 431: „ut quaestio sit perfecta, volumus illam omnimode determinari, adeo ut nihil amplius quaeratur, quam id quod deduci potest ex datis". Vgl. *Regulae XVII;* AT X, 460 f.: agnoscimus „eorum, quae in quaestione sunt ignota, talem esse dependentiam a cognitis, ut plane ab illis sint determinata".

10 Ebd. — Zu dieser Aufgliederung der mathesis universalis in zwei Problembereiche vgl. Gäbe: *Einleitung* ... a.a.O., S. XXXII f., der sie als Gliederungsprinzip der „Regulae" nachweist und Brunschvicg, Léon: *Les étapes de la philosophie mathématique.* — Paris ³1929, S. 105 ff., der entsprechend „la réduction des problèmes de la géométrie aux problèmes de l'algèbre" unterscheidet von „une réforme de la physique par les mathématiques" (S. 107).

11 Vgl. *Regulae XIII;* AT X, 431 f.

12 Descartes bestimmt die Ermittlung von Größen, bei der man sich nur der mathematischen Grundoperationen bedienen muß, als direkte Untersuchung: Wenn man durch Fortsetzung der Reihe 3, 6 ... die Zahlen 12, 24 durch einfache Multiplikation ermittelt, „tunc ... propositionem inveniendam directe examinari dicemus" (*Regulae VI;* AT X, 386). Steht man dagegen vor der Aufgabe, die beiden mittleren Proportionen zwischen 3 und 24 zu finden, dann reichen die einfachen algebraischen Grundoperationen nicht mehr aus — man muß die Wurzel ziehen — und in diesem Fall „difficultatem ... examinabitur indirecte" (ebd. 386 f.; vgl. *Regulae XI;* AT X, 409 f.). Solche „quaestiones involutas" stellen den eigentlichen Gegenstand des mathematischen zweiten Teils der Regulae dar (vgl. *Regulae XVII;* AT X, 460).

13 *Regulae XVII;* AT X, 460: „... totum ... artificium consistet in eo, quod ignota pro cognitis supponendo possimus facilem et directam quaerendi viam nobis praeparare".

der von Descartes zitierten Aufgabe[14] der Ermittlung zweier mittlerer Proportionalen zwischen den Zahlen 3 und 24 heißt das also, daß nicht nur die Unbekannten — hier mit A und B, heute üblicherweise entsprechend der Descartesschen Schreibweise in der *Geometrie* mit den letzten Buchstaben des Alphabets x, y und z — bezeichnet werden, sondern daß auch die bekannten Größen 3 und 24 durch die beliebigen Zeichen a und b zu ersetzen sind[15], so daß sich das Verhältnis a : A = A : B = B : b ergibt. Diese Formalisierung des Problems bedeutet eine Abstraktion von seinem Gegenstand, durch die es „von jedem überflüssigen Begriff" abgelöst und auf „seine einfachste Form" gebracht ist[16]. Sie erlaubt nicht nur die Anwendung der Lösung auf beliebig viele Fälle desselben Problems, sondern stellt die Bestimmungsstücke des Problems „rein und nackt" und also leicht verständlich dar[17].

Vor allem aber wird es nach der Bezeichnung der unbekannten Größen mit Buchstabensymbolen möglich, die vorliegende indirekte Aufgabe auf direktem Wege anzugehen, indem man mit den unbekannten wie mit bekannten Größen rechnet[18]. Und dies bedeutet, daß jetzt ein analytisches Vorgehen gegenüber dem Problem möglich ist: man soll es „in einer Aufzählung in möglichst kleine Teile teilen"[19]. Diese Anweisung der Regel XIII entspricht in ihrem Wortlaut unmittelbar der Regel zur Reduktion dunkler Sätze auf einfachere, wie sie in der allgemeinen Methodologie[20] gegeben worden war, aber sie verändert jetzt in mathematischen Zusammenhängen ihre Funktion. Ging es dort um eine Prüfung noch ungesicherter, dunkler Sätze durch Rückführung auf intuitiv einsichtige, so ist hier die Bestimmung der unbekannten Größen durch die bekannten mit der Formulierung des Problems bereits implizit in den wechselseitigen Relationen gegeben: in der Proportion a : A = A : B = B : b sind A und B durch ihr Verhältnis zu a und b implizit schon vollständig determiniert. Aber die Größe von A und B in ihrer Abhängigkeit von a und b ist selbst noch nicht angebbar, sondern liegt in der Proportion, „in die sie eingehüllt ist", versteckt[21]. Analyse soll in diesem Falle diejenige Bestimmung der Unbekannten, die im Problem implizit gegeben ist, explizit machen: sie soll „die Proportionen auf eine solche Form reduzieren, daß die Gleichheit zwischen dem Gesuchten und irgend etwas Bekanntem klar in die Augen fällt"[22]. Inbegriff sol-

14 *Regulae VI;* AT X, 385 ff.

15 *Regulae XVI;* AT X, 455 f.

16 *Regulae XIII;* AT X, 430: „Si quaestionem perfecte intelligamus, illa est ab omni superfluo conceptu abstrahenda" et „ad simplicissimam revocanda".

17 *Regulae XVI;* AT X, 455: „... hac industria ... difficultatis terminos ... puros et nudos exhibebimus".

18 *Regulae XVII;* AT X, 461: „... adeo ut si reflectamus ad illa ipsa, quae primum occurrunt ... et eadem licet ignota inter cognita numeremus, ut ex illis gradatim et per veros discursus caetera omnia etiam cognita, quasi essent ignota, deducamus, totum id quod haec regula praecipit, exequemur".

19 *Regulae XIII;* AT X, 430: „Si quaestionem perfecte intelligamus, illa est ... in quam minimas partes cum enumeratione dividenda".

20 Vgl. oben S. 129 und S. 132 f.

21 *Regulae XIV;* AT X, 440: „natura illa communis non aequaliter est in utraque [quaesitum et datum], sed secundum alias quasdam habitudines sive proportiones, in quibus involvitur".

22 Ebd.: „Notandum est ... praecipuam partem humanae industriae non in alio collocari, quam in proportionibus istis eo reducendis, ut aequalitas inter quaesitum, et aliquid quod sit cognitum, clare videatur".

cher Gleichheit im mathematischen Sinne ist die Gleichung (aequalitas), in der explizit festgestellt wird, daß das Gesuchte „gleich irgendeinem Gegebenen“ ist[23]. Daher müssen die Unbekannten durch so viele Gleichungen bestimmt werden, wie Unbekannte vorhanden sind[24]; in Descartes' Beispiel der beiden mittleren Proportionalen würden also die beiden Gleichungen $A=\sqrt[3]{a^2b}$ und $B=\sqrt[3]{ab^2}$ das Ziel der Analyse darstellen, aus denen sich durch Einsetzung der gegebenen Größen 3 für a und 24 für b dann die Lösungen $A = 6$ und $B = 12$ errechnen lassen.

Analyse in diesem mathematischen Sinne heißt also Reduktion der ursprünglich gegebenen Proportion auf Gleichungen; sie ist hier eine Methode zur Lösung der einzigen wirklichen Schwierigkeit bei vollkommenen Problemen, „die in der Entwicklung von Proportionen in Gleichungen besteht“[25]. Sie reduziert sich damit — im Gegensatz zur Bestimmung der Analyse in der allgemeinen Methodologie als einem inhaltlich orientierten Vorgehen — auf ein rein formales Verfahren der Umwandlung komplizierter Beziehungen in einfachere Gleichungen, bei dem die mit dem Problem bereits gegebene Determination des Unbekannten durch das Bekannte durchgehend erhalten bleibt[26]. Sie führt dementsprechend nicht wie die Analyse der allgemeinen Methodologie auf neue, intuitiv als wahr zu erkennende Sätze, durch die die anfangs problematischen Sätze zu beweisen wären, sondern zu einer Lösung für das gegebene Problem, die aufgrund der vorhergehenden Formalisierung allgemein ist und deshalb gegenüber gleichen Problemen in den verschiedensten Gebieten der mathesis universalis angewendet werden kann. Zugleich reduziert sich die mathematische Methode der Algebra in dieser Anwendung wie bei Vieta ganz auf die Analysis; die sich im Papposmodell anschließende Synthesis fehlt hier völlig: die Aufgabe ist nach der gelungenen Reduktion der Proportionen auf Gleichungen, d. h. mit der Bestimmung der Unbekannten, gelöst.

Diese analytische Interpretation der Algebra wird von Descartes auch auf die Geometrie übertragen und also für die gesamte Mathematik in Anspruch genommen. Daß auch die Geometrie analytisch verfährt, wird hier aber nicht mehr mit einem Verweis auf das bei Pappos entwickelte analytische Methodenmodell B begründet, sondern mit der These von der Überführbarkeit geometrischer Aufgaben in algebraische, so daß hier die Interpretation der Geometrie als einer analytisch verfahrenden Wissenschaft im Hinblick auf das Methodenmodell D und nicht mehr in Hinblick auf die analytische Praxis der antiken Geometrie erfolgt. Die Lösung geometrischer Aufgaben mithilfe der Algebra beruht bekanntlich erstens auf der Verwendung von Koordinaten zur zahlenmäßigen Erfassung geometrischer Größen und ihrer Lage, und zweitens darauf, daß die zunächst geometrisch gegebenen Beziehungen zwischen so erfaßten Größen dann un-

23 Ebd.; AT X, 439: per comparationem „affirmamus quaesitum esse secundum hoc aut illud simile, vel idem, vel aequale cuidam dato“.

24 *Geometrie I;* AT VI, 372.

25 *Regulae XIV;* AT X, 441: „Maneat ergo ratum et fixum, quaestiones perfecte determinatas vix ullam difficultatem continere praeter illam, quae consistit in proportionibus in aequalitatibus evolvendis“.

26 Dies wird am deutlichsten, wenn Descartes dieses Verfahren ausdrücklich mit dem syllogistischen Vorgehen vergleicht (*Regulae XIV;* AT X, 439).

mittelbar in algebraisch faßbare Relationen und also in algebraische Gleichungen überführt werden können. Beide Gedanken tauchen explizit zum ersten Mal in der 1637 veröffentlichten *Geometrie* Descartes' auf[27], und deshalb gilt Descartes als Vater der später so genannten „analytischen Geometrie"[28], die nicht mehr deshalb analytisch heißt, weil in ihr im Sinne des Methodenmodells B, sondern weil in ihr im Sinne des Methodenmodells D analytisch, und d. h. algebraisch, verfahren wird.

Bei der Entwicklung der so verstandenen analytischen Geometrie beginnt Descartes wie schon innerhalb der Algebra mit der Berufung auf die Vorschrift des Pappos, das infrage stehende Problem bereits als gelöst anzusehen und für alle Linien, die für die Konstruktion benötigt werden, Bezeichnungen einzuführen[29]. Dies wird an einer von Pappos übernommenen Aufgabe demonstriert, die darin besteht, den geometrischen Ort aller der Punkte zu bestimmen, von denen aus an mehrere vorgegebene Geraden je eine Strecke unter vorgegebenem Winkel so zu legen ist, daß — im Falle von vier Geraden — das Produkt zweier Strecken zu dem der beiden anderen in einem bestimmten Verhältnis steht[30]. Ohne hier auf die Lösung dieser Aufgabe im einzelnen einzugehen, die Descartes für unterschiedlich viele solcher Geraden angibt, sei auf das Grundsätzliche der Aufgabenlösung hingewiesen: Zwei der zur Konstruktion benötigten Linien werden als Fundamentallinien betrachtet, auf die alle anderen zu beziehen sind, und diese Fundamentallinien werden mit x und y bezeichnet[31]. Diese Fundamentallinien übernehmen — auch wenn sie bei Descartes noch schiefwinklig aufeinander stehen — die Funktion der Koordinaten: der geometrische Ort infrage stehender Punkte wird im Hinblick auf diese x- und y-Achse bestimmt[32]. Ergibt sich — wie unter bestimmten Bedingungen für die von Pappos übernommene Aufgabe — ein bestimmtes, algebraisch erfaßbares Verhältnis der Größe von x zu der von y, dann gewinnt man die algebraische Gleichung einer Kurve, in der das zunächst geometrisch bestimmte Verhältnis von x und y erfaßt ist: „Indem man der Linie y der Reihe nach unendlich viele verschiedene Größen beilegt, erhält man auch unendlich viele für die Linie x und auf diese Weise unendlich viele Punkte ..., mit deren Hilfe alsdann die gesuchte gekrümmte Linie beschrieben werden kann"[33].

27 Pierre de Fermat verfügte nach Ausweis seines Briefwechsels mit Giles Personnier de Roberval allerdings bereits 1629, also acht Jahre vor dem Erscheinen der *Geometrie* Descartes', über diese analytische Betrachtung der Geometrie; veröffentlicht werden die wesentlichen seiner Ergebnisse aber erst posthum 1679. Vgl. dazu Cantor: *Vorlesungen* ... a.a.O., Bd. II, S. 816 ff.

28 Vgl. oben S. 108.

29 *Geometrie I;* AT VI, 372.

30 Ebd. 377 ff.

31 Ebd. 382 f.: „Premierement, je suppose la chose comme desia faite et, pour me demesler de la confusion de toutes ces lignes, ie considere l'une des données [x] et l'une de celles qu'il faut trouuer [y] ... comme les principales et ausquelles ie tasche de rapporter ainsi toutes les autres".

32 Das rechtwinklige und vollständige Koordinatensystem mit den vier gleichberechtigten Quadranten kennt erst Newton in der *Enumeratio linearum tertii ordinis,* die als Anhang der *Opticks* 1704 veröffentlicht wird.

33 *Geometrie I;* AT VI, 386: „Mesme, prenant successiuement infinies diuerses grandeurs pour la ligne y, on en trouuera aussy infinies pour la ligne x; et ainsi on aura une infinité de diuers poins ..., par le moyen desquels on descira la ligne courbe demandée".

Auf diese Weise gelingt es Descartes dann im zweiten Teil der *Geometrie*, die Gleichungen einer ganzen Anzahl von Kurven, darunter auch die der Kegelschnitte wie der Parabel, der Hyperbel und der Ellipse, aufzustellen. Die Eigenschaften einzelner dieser Kurven waren zwar schon in der Antike rein geometrisch ermittelt worden, dies konnte unter den Bedingungen des rein geometrischen Vorgehens jedoch immer nur für einzelne Kurven geschehen. Erst die Descartessche Darstellung der Kurven durch Gleichungen erlaubt die Einteilung derselben in Gruppen gekrümmter Linien, die dann jeweils auf dieselbe Weise behandelt werden können.
Damit wird — auch wenn Descartes die von ihm mechanisch genannten Kurven noch ausdrücklich ausnimmt — ein allgemeines Mittel zur Verfügung gestellt, ebene geometrische Kurven in algebraischen Gleichungen darzustellen. Descartes reduziert also in seiner *Geometrie* die Lösung geometrischer Probleme allgemein auf die Längenbestimmung von Strecken und parallelisiert dieses Verfahren der Größenbestimmung von Strecken mit den algebraischen Grundoperationen der Addition, Subtraktion usw.[34]; „ich werde mich nicht scheuen", so schreibt er in der Einleitung, „diese aus der Arithmetik stammenden Begriffe in die Geometrie einzuführen"[35]: die algebraischen Operationen erhalten jetzt auch gegenüber der Geometrie Grundlagenfunktion. Sogar die analytische Geometrie des Raumes wird bei Descartes bereits angesprochen, wenn die gesetzmäßige Bewegung eines Körpers in einem Raum von drei Dimensionen durch Projektion auf zwei rechtwinklig zueinander stehende Ebenen algebraisch erfaßbar gemacht werden soll[36]. Die damit nachgewiesene grundsätzliche Erfaßbarkeit geometrischer Bestimmungen in algebraischen Gleichungen stellt die Voraussetzung dafür dar, daß die in der Algebra erfolgte Interpretation des rechnenden als eines analytischen Verfahrens auf die Methode der Mathematik überhaupt ausgedehnt werden kann: nach Descartes wird daher jene Gesamtinterpretation der Mathematik als Analysis möglich, die sich bei Leibniz, l'Hospital und Euler endgültig durchsetzt.
Die so verstandene mathematische Analysis stellt also ein Verfahren zur Lösung praktischer Aufgaben dar, in dem die unbekannten schon zu Beginn des Verfahrens durch ihr Verhältnis zu den bekannten Größen vollständig bestimmt sind; die mathematische Analysis besteht nur darin, die Abhängigkeit der unbekannten von den bekannten Größen in der entwickelten Gleichung explizit zu machen. Und dies geschieht durch eine Umformung der ursprünglich gegebenen Proportion mithilfe von Umformungsregeln, durch die die Äquivalenz der abgeleiteten Gleichungen und also garantiert wird, daß die ursprünglich gegebene Bestimmtheit der unbekannten durch die bekannten Größen erhalten bleibt; in diesem Sinne ist die mathematische Analysis formal.
Sie unterscheidet sich damit in wesentlichen Punkten von dem allgemeinen Methodenprogramm, wie Descartes es in den ersten zwölf Regeln der *Regulae* entwickelt. Dort geht es nicht um die praktische Lösung von Aufgaben, sondern um die theoretische

34 Ebd. 369 f.
35 Ebd. 370: „Et ie ne craindray pas d'introduire ces termes d'Arithmetique en la Geometrie".
36 *Geometrie II;* AT VI, 440.

Prüfung noch unsicherer Sätze. Und diese Prüfung geschieht dort durch eine inhaltliche und nicht bloß formale Analyse, die in den einfachen und intuitiv einsehbaren Sachverhalten diejenigen ersten Sätze findet, aus denen dann die zusammengesetzten rekonstruiert werden können. Wenn sich dieses allgemeine methodologische Programm an mathematischen Methodenvorbildern orientiert, dann liefert das Methodenmodell B der antiken Geometrie sachlich sehr viel genauere Parallelen für seine innere Logik und seinen Aufbau als das Verfahren der modernen Algebra: hier wie dort handelt es sich um eine theoretische Analysis, in der die Geltung eines infrage stehenden Satzes geprüft wird, hier wie dort orientiert sich diese Prüfung an ersten Sätzen, durch die die Wahrheitswerteingabe erfolgt, und hier wie dort ist nach dem analytischen Teilschritt zur Vollendung des Verfahrens ein synthetischer Teilschritt erforderlich, in dem die Geltung zusammengesetzter Sätze aus diesen ersten Sätzen erwiesen wird; auf die Unterschiede, die sich trotz dieser Parallelen bei der Übertragung eines in der Geometrie entwickelten Verfahrens auf philosophische Fragen ergaben, wurde oben hingewiesen.

§ 15 Analytische Ansätze in Descartes' naturwissenschaftlichen Schriften

Descartes sucht auch die empirischen Naturwissenschaften in sein Konzept der mathesis universalis einzugliedern. Dabei nimmt er in Hinblick auf methodologische Fragen eine zunächst widersprüchlich erscheinende Haltung ein: einerseits nämlich schätzt er — wie zunächst Cassirer[1] und dann Crombie[2], Blake[3], Laudan[4] und Buchdahl[5] hervorgehoben haben — die Bedeutung der Erfahrung und des Experiments hoch ein und sucht die empirischen Wissenschaften durch bestimmte ‚Kunstgriffe' unmittelbar in sein Konzept der analytisch verfahrenden Mathematik zu integrieren; andererseits tendiert er — und dies entspricht mehr dem konventionellen Bild vom Rationalisten Descartes[6] — zu einem apriorisch-deduktivem Aufbau eines physikalischen Systems, in dem alle Sätze der

1 Cassirer: *Das Erkenntnisproblem* ... a.a.O., Bd. I, S. 439 ff., vgl. insbesondere S. 457 ff.

2 Crombie, Alistair C.: *Some Aspects of Descartes' Attitude to Hypothesis and Experiment.* In: *Actes du Symposium International des sciences physiques et mathématiques dans la première moitié du XVIIe siècle. Pise — Vinci 16—18 Juin 1958* (= Collection des travaux de l'académie internationale d'histoire des sciences Nr. 11), S. 192—201.

3 [Blake, Ralph M.]: *The Role of Experience in Descartes' Theory of Method.* In: Blake, Ralph M., Ducasse, Curt J., Madden, Edward H.: *Theories of Scientific Method: The Renaissance through the Ninetheenth Century.* — Seattle 1960, S. 71—103.

4 Laudan, Laurens: *The Clock Metaphor and Probabilism: The Impact of Descartes on English Methodological Thought, 1650—65.* In: *Annals of Science* Bd. 22, 1966, S. 73—104.

5 Buchdahl. *Metaphysics and the Philosophy of Science* ... a.a.O., S. 118—155.

6 Vgl. z. B. Weizsäcker, Carl Friedrich Freiherr von: *Descartes und die neuzeitliche Naturwissenschaft.* Rede, gehalten anläßlich der Feier zum Beginn des neuen Amtsjahres des Rektors der Universität Hamburg am 13. November 1957. — Hamburg 1958, S. 23 ff.

Physik aus sicheren Prinzipien deduziert werden sollen. Ich werde zu zeigen versuchen, daß diese beiden einander zunächst widerstreitenden Tendenzen in den *Principia* wenigstens ansatzweise in einem eigenständigen und geschlossenen Methodenmodell für die empirischen Naturwissenschaften vereinigt werden, das unmittelbar weder mit dem analytischen Ansatz der *Regulae* noch mit dem der Descarteschen *Geometrie* noch mit dem Methodenansatz der Ersten Philosophie identisch ist, sondern sich der Sache nach eng an das Methodenmodell C der empirischen Naturwissenschaften anlehnt.

In dem geplanten und nicht zustande gekommenen dritten Teil der *Regulae* sollten die Fragen der empirischen Wissenschaften als „nicht vollkommen verstandene Probleme" neben den vollkommen verstandenen Problemen der Mathematik des zweiten Teiles behandelt werden[7]. Damit ist zwar einerseits eine Differenzierung zwischen der reinen Mathematik und ihrer Anwendung in der Physik vorgenommen: die empirischen Wissenschaften unterscheiden sich dieser Bestimmung zufolge darin von der Mathematik, daß ihre Gegenstände nicht wie die der Mathematik vom Verstand aus Einfachem zusammengesetzt sind, sondern daß sie schon „vorher", von Seiten der Sache, zusammengesetzt sind[8], so daß in diesem Bereich die Lösung von Problemen empirische Daten erfordert. Und weil jede empirische Datenerhebung, gemessen an der Allgemeinheit der wissenschaftlichen Fragestellung, unvollständig ist, wird in der naturwissenschaftlichen Frage beispielsweise nach der Natur des Magneten eigentlich immer nach etwas gefragt, das einen größeren Umfang hat als das, was aus dem Gegebenen, den vorliegenden Beobachtungen, sicher deduziert werden kann[9], deshalb richten sich solche naturwissenschaftlichen Fragen grundsätzlich auf „unvollkommen verstandene Probleme".

Andererseits werden diese Fragestellungen der Naturwissenschaft nach dieser grundsätzlichen Anerkennung des unvollständig Verstandenseins in den *Regulae* — darauf haben neuerdings Beck[10] und Gäbe[11] aufmerksam gemacht — durch einen „methodischen Kunstgriff"[12] in das Methodenkonzept der mathesis universalis eingegliedert: die vorliegenden empirischen Daten werden — ohne daß ihre Wahrheit oder Vollständigkeit geprüft würde — zur Formulierung des Problems als gegeben zugrunde gelegt, und die Lösung erfolgt dann nur relativ auf die vorhandenen Daten. So wird beispielsweise die quaestio imperfecta nach der Natur des Magneten dadurch entschärft, daß an ihre Stelle die Frage danach tritt, „was man über die Natur des Magneten ausschließlich aus denjenigen Experimenten erschließen müsse, die Gilbert versichert ausgeführt zu haben, mögen sie nun wahr oder falsch sein"[13].

7 Vgl. oben S. 140.

8 *Regulae VIII;* AT X, 399: „ex compositis alias quidem intellectus tales esse experitur, antequam de iisdem aliquid determinare judicet, alias autem ipse componit".

9 *Regulae XIII;* AT X, 431: „ut quaestio sit perfecta, volumus illam omnimode determinari, adeo ut nihil amplius quaeratur, quam id quod deduci potest ex datis".

10 Beck: *The Method of Descartes* ... a.a.O., S. 208 f.

11 Gäbe: *Einleitung* ... a.a.O., S. XXXII ff.

12 Ebd., S. XXXII.

13 *Regulae XIII;* AT X, 430 f.: An die Stelle der Frage: „qualis est magnetis natura?" tritt die andere: „quid de natura magnetis est inferendum praecise ex illis experimentis, quae Gilbertus se fecisse asserit, sive vera sint, sive falsa"; vgl. *Regulae XII;* AT X, 427 die Beschränkung der Aufgabe auf „experimenta data".

Die allgemeine Frage nach dem Wesen irgendeines Objektes wird durch die Beschränkung auf eine bestimmte Menge von bereits bekannten Daten relativiert, aber auch präzisiert: unter dieser Voraussetzung erfüllen nämlich auch die von empirischen Daten abhängigen Fragen die für vollkommen verstandene Probleme geltende Bedingung, daß die bekannten Größen eines Problems die noch unbekannten vollständig bestimmen müssen[9]. Auf diesem Wege also „können alle unvollkommenen Probleme auf vollkommene zurückgeführt"[14] und mit Hilfe der dort anzuwendenden formalen Analyse gelöst werden.
Dieser „Kunstgriff" hat dann allerdings zur Folge, daß die Lösung des Problems ausschließlich von den zugrunde gelegten Daten abhängt und insofern hypothetisch bleibt. Dieser hypothetische Charakter der aus empirischen Daten gewonnenen Lösungen wird von Descartes — ausdrücklich in bezug auf sein eigenes Verfahren in der *Dioptrik* und in den *Meteoren* — am klarsten im *Discours* ausgesprochen: die dort hypothetisch angenommenen Ursachen werden für Descartes indirekt dadurch bewiesen, daß die aus ihnen abgeleiteten Wirkungen ganz unbestreitbare empirische Tatbestände sind; nicht die Wirkungen werden in diesem Fall aus den Ursachen bewiesen, sondern „ganz im Gegenteil sind es die Ursachen, die durch die Wirkungen bewiesen werden"[15]. Und selbst dieses „Beweisen" der Ursachen wird von Descartes noch relativiert: konstitutiv für diese Hypothesen ist im eigentlichen Sinne nicht ihre Wahrheit, sondern ihr Erklärungswert gegenüber den Fakten: „Alles aber" — so schreibt er gelegentlich des Magnetismusproblems in den *Regulae* —, „was hier von der menschlichen Erkennntniskraft geleistet werden kann, werden wir für erreicht halten, wenn wir diejenige Vereinigung schon bekannter Dinge oder Naturen [als Ursache] aufs deutlichste erfassen, die eben die Wirkungen hervorbringt, die am Magneten erscheinen"[16]. Hypothesen sollen und können nicht die Wahrheit über das „genus entis" des Magneten enthalten[17], sondern seine Wirkungen vorhersagen.
Diese Ansicht, gegenüber naturwissenschaftlichen Fragen bloß bis zu möglichen Erklärungen der vorliegenden Phänomene und bis zu ihrer sicheren Voraussage, nicht aber zur ‚wahren Antwort' gelangen zu können, findet sich nicht nur in den *Regulae* und im *Discours*, sondern noch in den *Principia*, deren programmatische Absicht die Deduktion auch der Naturwissenschaften aus sicheren Prinzipien ist. Am Schluß der *Principia* findet sich nämlich die bekannte Uhrenmetapher, die die Argumentation der *Regulae* zu diesem Punkt beinahe wörtlich wiederholt[18]. Wie ein Uhrmacher zwei ganz unter-

14 Ebd.; AT X, 431: „Ex quibus facile percipitur, quomodo omnes quaestiones imperfectae ad perfectas reduci possint".

15 *Discours VI;* AT VI, 76: „l'experience rendant la plus part de ces effets tres certains, les causes dont ie les deduits ne seruent pas tant a les prouuer qu'a les expliquer; mais, tout au contraire, ce sont elles qui sont prouuées par eux".

16 *Regulae XIV;* AT X, 439: „... quidquid autem hac in re ab humano ingenio praestari potest, nos adeptos esse credemus, si illam jam notorum entium sive naturarum mixturam, quae eosdem, qui in magnete apparent, effectus producat, distinctissime percipiamus".

17 Ebd.

18 Vgl. Laudan: *The Clock Metaphor* ... a.a.O., S. 76 ff.

schiedlich aufgebaute Uhren anfertigen kann, die beide die Stunden auf die gleiche Weise anzeigen und sich äußerlich nicht voneinander unterscheiden, so hat Gott alle Dinge dieser Welt auf unendlich viele verschiedene Arten hervorbringen können, ohne daß es uns möglich wäre, zu erkennen, welches der vielen ihm zur Verfügung stehenden Mittel er angewendet hat[19]. Damit scheint hier wie in den *Regulae* der Anspruch der Wissenschaft auf sichere Erkennntis im Descartesschen Sinne für den Bereich der Naturwissenschaften aufgegeben; Descartes ist hier wie dort zufrieden, wenn die von ihm ermittelten Ursachen solche Wirkungen hervorzubringen vermögen, die denen gleich sind, die wir in der Welt beobachten, ohne daß er dann noch weiter fragen könnte, ob sie durch diese oder durch andere Ursachen hervorgebracht sind[20]. Damit bezieht Descartes an diesen Stellen die Position eines extremen Empirismus, der noch hinter den bei Zabarella vertretenen Wissenschaftsanspruch des Methodenmodells C zurückfällt: wurde dort der Schritt von den bekannten Wirkungen zu den unbekannten Ursachen als ein Beweis im strengen Sinne begriffen[21], so scheinen hier Erklärungen nicht einmal den Status von Hypothesen zu haben, die man durch kontinuierliche Verbesserung der Wahrheit immer weiter annähern könnte, sondern bloß noch den von praktischen Handlungsanweisungen: wenn sie die Phänomene richtig voraussagen, dann genügt dies für die Zwecke des Lebens, eben deshalb haben diese Erklärungen für Descartes eine bloß moralische Gewißheit, die für die Praxis hinreicht, aber erheben keinen Anspruch auf unbedingte Wahrheit[22].

Neben diesem empiristischen Verständnis der Naturwissenschaften aber steht bei Descartes — und zwar in denselben Schriften und zunächst unverbunden mit diesem — der Anspruch auf eine Begründung der Naturwissenschaften im Sinne seines wissenschaftlichen Ideals der unbedingten Gewißheit. Diese Tendenz findet sich bereits in den *Regulae,* wo Descartes sich auch gegenüber den unvollständig verstandenen Problemen der Naturwissenschaft auf die Erkenntnis der einfachen und an sich selbst bekannten Naturen und also auf die irrtumsfreie Erkenntnis des intuitus beruft: „auch am Magneten kann nichts erkannt werden, was nicht aus gewissen einfachen und an sich selbst bekannten Naturen besteht"[23]. Einen ähnlichen Anspruch erhebt Descartes im *Discours:*

19 *Principes IV 204;* AT IX 2, 322: „Pource que, comme vn horologier industrieux peut faire deux montres qui marquent les heures en mesme façon, et entre lesquelles il n'y ait aucune difference en ce qui paroist à l'exterieur, qui n'ayent toutefois... rien de semblable en la composition de leurs roües: ainsi il est certain que Dieu a vne infinité de diuers moyens, par chacun desquels il peut auoir fait que toutes les choses de ce monde..., sans qu'il soit possible à l'esprit humain de connoistre lequel de tous ces moyens il a voulu employer à les faire".

20 Ebd.: „Et je croiray auoir assez fait, si les causes que j'ay expliquées sont telles que tous les effets qu'elles peuuent produire se trouuent semblables à ceux que nous voyons dans le monde, sans m'enquerir si c'est par elles ou par d'autres qu'ils sont produits".

21 Vgl. oben S. 96 f.

22 *Principia IV 205;* AT VIII 1, 327: „considerandum est quaedam esse quae habentur certa moraliter, hoc est, quantum sufficit ad usum vitae, quamvis si ad absolutam Dei potentiam referantur, sint incerta".

23 *Regulae XII;* AT X, 427: „nihil in magnete cognosci" potest, „quod non constet ex simplicibus quibusdam naturis et per se notis".

zwar habe er in seinen physikalischen Schriften bestimmte Sätze bloß als Hypothesen eingeführt und nicht bewiesen, aber dies sei nur aus pädagogischer Absicht gegenüber seinen Lesern und insbesondere gegenüber seinen ihn oft vorschnell verstehenden Anhängern geschehen: in Wirklichkeit glaube er, seine Hypothesen nicht bloß an den Wirkungen bestätigen, sondern sie aus den ersten Wahrheiten, die er vorher erklärt habe, ableiten zu können[24]. Und diesen hier noch abstrakt erhobenen Anspruch sucht Descartes — nach der Ableitung erster physikalischer Prinzipien in den *Meditationen* — in den *Principia* systematisch einzulösen.

In den *Meditationen* nämlich werden nach der Erkenntnis Gottes nicht nur die Sätze der Mathematik als klar und deutlich erkennbare Wahrheiten erwiesen, sondern auch Grundsätze der Physik wie der von der Existenz der Körper und der von ihrem Ausgedehntsein. Und dies führt dazu, daß Descartes in den *Principia* den Anspruch erhebt, ausgehend von solchen als unbedingt wahr erkannten Grundsätzen die Physik als deduktiv aufgebaute Wissenschaft zu entwickeln, in der — wie es schon für *Le monde* beansprucht wurde — Wirkungen aus den Ursachen und also — in scholastischer Terminologie — durch „Beweise a priori" erkannt werden[25]. In diesem Sinne erheben die *Principia* den Anspruch, vollkommenes Wissen, und das heißt, Ableitungen aus ersten Ursachen und Prinzipien, zu bieten[26]. Dieser Anspruch dokumentiert sich in dem bekannten Bild vom Baum der Philosophie, dessen Wurzeln die Metaphysik, dessen Stamm die Physik und dessen Zweige alle übrigen Wissenschaften sind[27]: aus den metaphysischen Prinzipien der *Meditationen* sollen also zunächst die Prinzipien der Physik abgeleitet werden, und aus diesen soll sich dann die Kenntis aller übrigen Dinge, die es in der Welt gibt, ableiten lassen[28]. Dieser Anspruch geht so weit, daß Descartes bedauert, aus zeitlichen und finanziellen Gründen nicht die Natur eines jeden der Einzelkörper auseinandersetzen zu können, die es auf der Erde gibt, und also das vollständige System der Philosophie doch nicht liefern zu können: er selbt glaubte sich nach der Entwicklung der Prinzipien der Physik von seiner Einlösung nicht weit entfernt[29].

Dieser Anspruch auf eine apriorische und deduktive Ableitung aller physikalischen Sät-

24 *Discours VI;* AT VI, 76. „Et ie ne les ay nommées des suppositions, qu'affin qu'on sçache que ie pense les pouuoir deduire de ces premieres veritez que i'ay cy dessus expliquées, mais que i'ay voulu expressement ne le pas faire..."

25 *Le monde VII;* AT XI, 47: „De sorte que ceux qui sçauront suffisamment examiner les consequences de ces veritez et de nos regles, pourront connoistre les effets par leurs causes; et, pour m'expliquer en termes de l'Ecole, pourront avoir des demonstrations *à priori,* de tout ce qui peut estre produit en ce nouveau Monde".

26 *Principes Préf.;* AT IX 2, 2: „J'aurois voulu... expliquer... que ce mot Philosophie signifie l'estude de la Sagesse, et que par la Sagesse on n'entend pas seulement la prudence dans les affaires, mais vne parfaite connoissance de toutes les choses que l'homme peut sçauoir... et qu'afin que cette connoissance soit telle, il est necessaire qu'elle soit déduite des premieres causes..., c'est à dire des Principes".

27 Ebd. 14: „toute la Philosophie est comme vn arbre, dont les racines sont la Metaphysique, le tronc est la Physique, et les branches qui sortent de ce tronc sont toutes les autres sciences".

28 Ebd. 10 f.

29 Ebd. 17.

ze orientiert sich deutlich am Methodenmodell A bzw. am aristotelischen Ideal der beweisenden Wissenschaft: die Prinzipien werden hier wie dort als wahre, weil aus der Metaphysik abgeleitete Sätze angesehen, und alle anderen Sätze sollen aus ihnen deduziert werden. Diesen Anspruch auf einen deduktiven Aufbau der Physik aus metaphysischen Prinzipien aber kann Descartes bei der wirklichen Durchführung in den Teilen II bis IV der *Principia* natürlich nicht durchhalten; er muß ständig auf empirische Tatbestände und auf unausgewiesene Hypothesen zurückgreifen, wenn er Phänomene wie die Planeten, die Gezeiten oder sogar Salzlager erklären will. Eben deshalb steht am Ende der *Principia* die — mit dem hier erhobenen Anspruch auf einen deduktiven Aufbau der Physik unvereinbare — Uhrenmetapher und die These von der bloß moralischen Gewißheit vieler physikalischer Sätze und also doch wieder die Berufung auf einen empirischen Ansatz.

Beide, der apriorische und der empirische Ansatz, bleiben in Descartes' Physik dabei im wesentlichen als gegensätzliche nebeneinander stehen und werden nur ansatzweise als einander ergänzende Bestandteile eines einheitlichen Methodenkonzepts für die empirischen Naturwissenschaften verstanden. Nur durch eine so scharfsinnige und weitgehende Interpretation des letzten Abschnittes der *Principia*, wie sie Blake geboten hat[30], gelingt es, bei Descartes ein geschlossenes Methodenmodell für die empirischen Naturwissenschaften mehr zu erschließen als nachzuweisen, in dem das apriorische und das empirische Element, die sonst getrennt und in je eigenen Methodenkonzepten auftauchen, miteinander verbunden sind. Hier nämlich unterscheidet Descartes innerhalb der Physik Sätze, die bloß empirische Bestätigungen haben und also bloß moralisch gewiß sind, von solchen, die wir klar und deutlich erkennen und also für unbedingt und für mehr als moralisch gewiß halten[31].

Unbedingt gewiß sind für Descartes erstens mathematische Beweise[32] und also auch solche Aussagen über die Körper, die aus den Prinzipien der Mathematik bewiesen werden können; in diesem Punkt findet sich hier also eine Übereinstimmung mit Galileis Interpretation des Methodenmodells C_1, in dem die mathematische Konstruktion ein apriorisches Element innerhalb der insgesamt empirisch verfahrenden Naturwissenschaften darstellte[33]. Zweitens aber hält Descartes weitere gegenstandsbezogene Aussagen für unbedingt gewiß, nämlich diejenigen, die durch klare Vernunftbeweise aus den obersten und einfachsten Prinzipien der menschlichen Erkenntnis abgeleitet sind. Dies hatte er zwar in der Vorrede zunächst für alle Sätze der *Principia* beansprucht, schränkt es aber hier auf das „Prinzipielle und mehr Allgemeine" in dieser Schrift ein[34]. Bezieht man

30 [Blake]: *The Role of Experience...* a.a.O., S. 97 ff.

31 *Principes IV 206;* AT IX 2, 324.

32 Ebd.: „Ainsi cette certitude" plus que morale „s'estend à tout ce qui est demonstré dans la Mathematique".

33 Vgl. oben S. 97—100.

34 *Principes IV 206;* AT IX 2, 324: „Puis en suitte elle [la certitude plus que morale] s'estend à toutes les choses qui peuuent estre demonstrées, touchant ces corps, par les principes de la Mathematique ou par d'autres aussi éuidens et certains; au nombre desquelles il me semble que celles que j'ay écrites en ce traitté doiuent estre receuës, au moins les principales et plus generales".

diese Beschränkung des Anspruchs auf unbedingte Gewißheit auf die Prinzipien der Descartesschen Physik, also auf die Aussagen über die Ausdehnung, die Bewegung und Ruhe der Körper, dann wären damit neben den mathematischen Konstruktionen gegenstandsbezogene Aussagen identifiziert, die nicht wie die übrigen Sätze der Physik bloß moralische Gewißheit, sondern unbedingte Gewißheit beanspruchen, weil sie aus den Prinzipien der menschlichen Erkenntnis abgeleitet sind. Und dann fände sich an dieser Stelle bei Descartes eine Interpretation der Physik im Sinne des Methodenmodells C_1, die noch über das von Galilei Gesagte hinausginge und insofern Descartes Vorwurf erklärte, Galilei habe auf die Untersuchung der ersten Ursachen der Natur verzichtet und allein nach den Gründen irgendwelcher bestimmter Wirkungen gesucht und also ohne Fundament gebaut[35]. Galilei nämlich kannte als apriorisches Moment innerhalb der Physik nur die mathematische Konstruktion, alle anderen allgemeinen Sätze hatten bei ihm nur den Status von Hypothesen[36]. Demgegenüber betrachtet Descartes auch die Prinzipien der Physik, also mindestens die Aussagen über die Existenz der Körper, über die Ausdehnung, die Bewegung und die Ruhe, als unbedingt gewiß: sie sind unmittelbar aus den Prinzipien der menschlichen Erkenntnis abgeleitet und unterliegen als solche nicht der Korrektur an der Erfahrung, sondern konstituieren umgekehrt die Gegenstände der äußeren Erfahrung erst.

Und dann fände sich hier bei Descartes — wenn es einmal erlaubt ist, weitere historische Bezüge ins Auge zu fassen — eine Antizipation der Kantischen Theorie der Naturwissenschaften, in der in einem reinen Teil der Naturwissenschaft erste Sätze der Physik als Sätze a priori über den Begriff der Materie formuliert werden[37]. In diesem Sinne fiele Descartes dann für Kant unter diejenigen „mathematischen Physiker", die „metaphysischer Principien gar nicht entbehren" konnten, „und unter diesen auch nicht solcher, welche den Begriff ihres eigentlichen Gegenstandes, nämlich der Materie, a priori zur Anwendung auf äußere Erfahrung tauglich machen, als des Begriffs der Bewegung, der Erfüllung des Raums, der Trägheit u.s.w. Darüber aber blos empirische Grundsätze gelten zu lassen, hielten sie mit Recht der apodiktischen Gewißheit, die sie ihren Naturgesetzen geben wollten, gar nicht gemäß"[38]. Descartes allerdings zieht zwischen den a priori zu deduzierenden und notwendig geltenden Grundsätzen und den empirisch zu ermittelnden und bloß hypothetisch geltenden Gesetzen keine scharfe und bestimmte Trennungslinie, sondern läßt die Grenze zwischen beiden unbestimmt. Und das hat bei der konkreten Durchführung seines physikalischen Systems, denn als solches sind die *Principia* angelegt, dann schon bald Grenzüberschreitungen wie die deduktiv gewonnene These von der Unmöglichkeit des leeren Raumes usw. zur Folge.

35 Vgl. Descartes Brief an Mersenne vom 11. 10. 1638; AT II, 379—405, 380: „sans auoir consideré les premieres causes de la nature, il [Galilée] a seulement cherché les raisons de quelques effets particuliers, et ainsy qu'il a basti sans fondement".

36 Vgl. oben S. 98 f.

37 Vgl. Kant: *Metaphysische Anfangsgründe der Naturwissenschaft* A VII f.; KA IV 469.

38 Ebd. A XIII; KA IV 472

§ 16 Das analytische Verfahren der Meditationen

Auch für die *Meditationen* beruft sich Descartes darauf, daß er in ihnen seine anderswo, also vor allem in den *Regulae* und im *Discours*, entwickelte Methode nur erneut angewendet habe: es sei bekannt, daß er eine gewisse Methode zur Auflösung jeder beliebigen Schwierigkeit in den Wissenschaften aufgestellt und bei anderen Gelegenheiten nicht ohne Glück angewendet habe, deshalb habe er es auf entsprechende Bitten für seine Pflicht gehalten, sich auch hier „ein wenig“ darin zu versuchen[1]. Und diese Methode wird wie die der *Regulae* und die des *Discours* als analytische bestimmt: aus der schwierigen Passage der zweiten Responsiones geht soviel wenigstens eindeutig hervor: die Meditationen verfolgen den Weg der Analysis und dieser Weg ist für die hier behandelten philosophischen Fragen auch der einzig passende[2].
Vergleicht man jedoch dann das Vorgehen Descartes in den *Meditationen* mit dem analytischen Methodenmodell, das er in den *Regulae* und im *Discours* allgemein dargestellt hat, dann wird bald deutlich, daß dieses Vorgehen sich zwar in manchen Einzelschritten als Anwendung der dort formulierten Regeln auffassen läßt, daß diese Einzelschritte sich aber in ein Gesamtverfahren eingliedern, das sich im ganzen nicht ohne weiteres als Anwendung der allgemeinen Methodologie der *Regulae* interpretieren läßt. Zwar geht Descartes in der ersten Meditation wie in den *Regulae*[3] von bezweifelbaren Sätzen aus, um zu unbezweifelbaren und sicheren Sätzen zu gelangen. Aber sein Verfahren gegenüber den zunächst ungewissen Ausgangssätzen ist hier ein ganz anderes als das in den *Regulae* vorgeschlagene: dort sollten die ungewissen Ausgangssätze inhaltlich zergliedert werden, um ihre einfachen Bestandteile zu ermitteln; hier werden alle Sätze, denen gegenüber auch nur der Verdacht besteht, daß in ihnen etwas Falsches enthalten sein könnte, ohne jede inhaltliche Prüfung im einzelnen summarisch verworfen: Descartes will „alles von sich fernhalten, was auch nur den geringsten Zweifel zuläßt“ und es genau so behandeln, als wenn er zuverlässig erfahren habe, daß es „durchaus falsch sei“[4].
Dieselben noch unsicheren und also bezweifelbaren Sätze, die in den *Regulae* Gegenstand der inhaltlichen Analyse waren, werden hier also pauschal und ohne jede inhaltliche Prüfung für falsch erklärt. In diesem Sinne wird aus der Tatsache, daß uns die Sinne gelegentlich täuschen, der generelle Zweifel am Zeugnis der Sinne motiviert: es sei ein Gebot der Klugheit, denen niemals ganz zu trauen, die uns auch nur einmal ge-

1 *Meditationes, Epistola;* AT VII, 3: „quoniam nonnulli quibus notum est me quandam excoluisse Methodum ad quaslibet difficultates in scientiis resolvendas ... qua me saepe in aliis non infoeliciter uti viderunt, hoc a me summopere flagitarunt: ideoque officii mei esse putavi nonnihil hac in re conari“.

2 Vgl. oben S. 130 f.

3 Vgl. oben S. 132 f.

4 *Meditationes II;* AT VII, 24: „tentabo...viam...removendo scilicet illud omne quod vel minimum dubitationis admittit, nihilo secius quam si omnino falsum esse comperissem“.

täuscht haben[5]. Dies gilt also nicht nur für Fälle, in denen die Sinne erfahrungsgemäß bloß unsichere Erkenntnis vermitteln wie in bezug auf kleine und entfernte Gegenstände, sondern für die sinnliche Erkenntnis ganz allgemein: auch das unmittelbar sinnlich Gewisse wie die Wahrnehmung dieses Papiers hier wird von Descartes durch den Verweis auf die generelle Möglichkeit der Täuschung im Traum als bezweifelbar betrachtet: alles, was wir durch die Sinne wahrnehmen, und also auch die darauf bezogenen empirischen Wissenschaften wie Physik, Astronomie usw., erscheint dann als zweifelhaft. Und dieser Zweifel wird von Descartes auch auf die mathematischen Wahrheiten ausgedehnt[6], die in den *Regulae* noch als Muster des sicheren und unbezweifelbaren Wahren fungierten. Dies geschieht hier mithilfe der — selbst recht unglaubwürdigen — Fiktion des Betrügergottes, der mich — da ich mich doch bisweilen täusche — auch so geschaffen haben könne, daß ich mich immer und also auch bei der Erkenntnis der mathematischen Wahrheiten täuschen müsse, so daß als Resultat dieser Überlegungen schließlich übrigzubleiben scheint, daß ich mich in allem täuschen kann und „daß nichts gewiß ist“[7].

Fragt man nach dem Sinn dieses hyperbolischen Zweifels, mit dem Descartes seine *Meditationen* beginnt, so dürfte schon aufgrund der Künstlichkeit der Argumente für den Zweifel auch an den mathematischen Wahrheiten deutlich sein, daß es sich um ein Gedankenexperiment in methodologischer Absicht handelt. Descartes fragt damit, was eigentlich daraus folge, wenn man alles, was man bisher für wahr gehalten hat, als falsch ansieht, und hofft dabei auf ein positives Resultat dieses Vorgehens: er will damit so lange fortfahren, bis er etwas Gewisses erkennt[8]. Ein solches Verfahren, gegenüber bezweifelbaren Sätzen sich nicht etwa des Urteils zu enthalten oder positive Gründe für die Wahrheit des Bezweifelbaren aufzusuchen, sondern es für falsch zu erklären und die sich daraus ergebenden Konsequenzen zu untersuchen, ist logisch stichhaltig und methodologisch sinnvoll nur dann, wenn man erwartet, auf diese Weise einen Widerspruch ableiten zu könen; es handelt sich dann um den Versuch einer reductio ad absurdum oder um den indirekten Beweis des Methodenmodells B. Dieses Verfahren, das man schon für die antike Geometrie als das eigentlich grundlegende ansah[9], bestand dort darin, das Gegenteil eines zu prüfenden Satzes anzunehmen, aus dieser Annahme einen Widerspruch abzuleiten und dadurch die Wahrheit des zu prüfenden Satzes zu beweisen. Und eben dieses Verfahren wendet Descartes zu Beginn der *Meditationen* an, wenn er seinem Willen, der aus Gewohnheit beim bloß für wahr Gehaltenen verbleiben will, die gerade entgegengesetzte Richtung gibt, „mich selbst zu täuschen“ und für eine Weile „die Fiktion“ aufrechtzuerhalten, daß die bisher gehegten Meinungen alle

5 *Meditationes I;* AT VII, 18.
6 Ebd.; AT VII, 21 f.
7 *Meditationes II;* AT VII, 24: „Quid igitur erit verum? Fortassis hoc unum, nihil esse certi“.
8 Ebd.: „pergamque porro donec aliquid certi... cognoscam“
9 Vgl. oben S. 84 f.

falsch und bloße Einbildungen seien[10], und wenn er alles das, was den geringsten Zweifel zuläßt, so behandelt, als ob es durchaus falsch sei[11].

Diese Annahme des bisher für wahr Gehaltenen als falsch, die gegenüber den sinnlich wahrnehmbaren Dingen durch das Traumargument und gegenüber den mathematischen Wahrheiten durch die Annahme des Betrügergottes plausibel gemacht wird, führt in der ersten Meditation gegenüber diesen Gegenständen nun zwar zu unangenehmen Konsequenzen, aber nicht zum gesuchten Widerspruch; Descartes weiß diesen angenommenen Gründen „schlechterdings nichts zu entgegnen" und sieht sich also gezwungen, zuzugestehen, daß dieses Verfahren gegenüber den Wahrheiten, die wir durch Vermittlung der Sinne erwerben oder die wir aufgrund mathematischer Beweise früher für wahr gehalten haben, ergebnislos bleibt, und daß dieser Ausgang also das Zugeständnis nahelegt, „daß nichts von dem, was ich früher für wahr hielt, unbezweifelbar sei"[12]. Und erst, wenn Descartes dieses Verfahren zu Anfang der zweiten Meditation auch gegenüber seiner eigenen Existenz anwendet und also annimmt, „daß ich nichts bin", ergibt sich der gesuchte Widerspruch: der Betrügergott täusche mich, soviel er kann, „niemals wird er es doch fertig bringen, daß ich nichts bin, solange ich denke, daß ich etwas sei"[13]. Daß dieses Ergebnis Resultat eines indirekten Beweises ist, kommt am deutlichsten in Descartes' Zusammenfassung dieser Argumentation in den *Principia* zum Ausdruck: „Indem wir so alles nur irgend Zweifelhafte zurückweisen und es als falsch setzen, können wir leicht annehmen, daß es keinen Gott, keinen Himmel, keine Körper gibt, daß wir selbst weder Hände noch Füße und überhaupt keinen Körper haben; aber wir können nicht annehmen, daß wir, die wir solches denken, nichts sind; denn es ist ein Widerspruch, wenn wir glauben, daß das, was denkt, zu dem Zeitpunkt, wo es denkt, nicht existiert. Demnach ist der Satz: Ich denke, also bin ich, das Allererste und Gewisseste, was der nach einer Ordnung Philosophierende findet"[14]. Die Annahme des Gegenteils (ich bin nicht) eines nach der Radikalisierung des Zweifels unsicher gewordenen Satzes (ich bin) führt also in diesem und nur in diesem Fall zu einem Widerspruch, der die Falschheit der Annahme „ich bin nicht" und also die Wahrheit ihres Gegenteils „ich bin" erweist.

Die logische Struktur des cogito ergo sum ist in der Descartesliteratur Gegenstand aus-

10 *Meditationes I;* AT VII, 22: „Quapropter, ut opinor, non male agam, si, voluntate plane in contrarium versa, me ipsum fallam, illasque aliqandiu omnino falsas imaginariasque esse fingam...".

11 Vgl. oben Anm. 4.

12 *Meditationes I;* AT VII, 21: „Quibus sane argumentis non habeo quod respondeam, sed tandem cogor fateri nihil esse ex iis quae olim vera putabam, de quo non liceat dubitare".

13 *Meditationes II;* AT VII, 25: „deceptor... numquam tamen efficiet, ut nihil sim quamdiu me aliquid esse cogitabo".

14 *Principia I 7;* AT VIII 1, 6 f.: „Sic autem rejicientes illa omnia, de quibus aliquo modo possumus dubitare, ac etiam falsa esse fingentes, facile quidem supponimus nullum esse Deum, nullum coelum, nulla corpora; nosque etiam ipsos non habere manus, nec pedes, nec denique ullum corpus; non autem ideo nos, qui talia cogitamus, nihil esse: repugnat enim, ut putemus id quod cogitat, eo ipso tempore quo cogitat, non existere. Ac proinde haec cognitio, *ego cogito, ergo sum,* est omnium prima et certissima, quae cuilibet ordine philosophanti occurrat".

gedehnter Kontroversen gewesen, die durch die widersprüchliche Äußerungen Descartes zu diesem Punkt und insbesondere zum Verhältnis des „cogito“ zum „sum“ nahegelegt worden sind. Zum einen nämlich versteht Descartes den Schritt vom „cogito“ zum „sum“ als Folgerung[15], bezeichnet das „sum“ als Konklusion[16], verbindet „cogito“ und „sum“ dementsprechend bei der Darstellung des ersten Prinzips im *Discours*[17] wie hier in den *Principia*[14] durch ein „ergo“ und gesteht in den *Principia* sogar zu, daß diese Folgerung von der Gültigkeit eines Obersatzes „was denkt, existiert“ abhängt[18]. Auf der anderen Seite verzichtet Descartes in den *Meditationen* auf jede formale Herleitung des „sum“ aus dem „cogito“, versteht das „ego sum, ego existo als eine Äußerung, die notwendig wahr ist, so oft ich sie mache oder denke“[19], und wehrt sich in den zweiten Responsiones ausdrücklich dagegen, sie als Konklusion eines syllogistischen Schlusses anzuerkennen, dessen Obersatz „Alles, was denkt, ist oder existiert“ vorausgesetzt werden müsse: die Wahrheit des Satzes cogito, ergo sum werde vielmehr als etwas durch sich selbst Bekanntes in einer einfachen Intuition des Geistes eingesehen[20].
Diese unterschiedlichen Einschätzungen des „cogito [ergo] sum“ zeigen deutlich die Unsicherheit Descartes bei der Bestimmung des logischen Charakters seines Arguments. Zwar kann die Interpretation des *Discours* und der *Principia,* in der der Übergang vom „cogito“ zum „sum“ als Folgerung interpretiert wird, vielleicht mit Alquié aus dem Kontext verstanden werden, in dem sie dort auftaucht: im *Discours* und in den *Principia* geht es nicht um die ontologische Frage nach dem Sein, die die *Meditationen* beherrscht, sondern um die Suche nach einer ersten unbezweifelbaren Wahrheit, die als Beispiel und Maßstab für alle anderen wissenschaftlichen Wahrheiten gelten kann; daher wird hier vor allem die Notwendigkeit der Verknüpfung zwischen „cogito“ und „sum“ und also das „ergo“ und der Folgerungscharakter betont. Dagegen steht in den *Meditationen* die ontologische Frage im Vordergrund, ob unseren Vorstellungen überhaupt etwas wirklich Existierendes entspricht. Und deshalb verbannt Descartes hier „das ‚*ergo*‘ und ursprünglich sogar das ‚*cogito*‘ “ und gibt „von vornherein eine ontologische Antwort: ‚ich bin‘ “[21].

15 *Meditationes, V. Resp.;* AT VII, 352.
16 *Principia I 9;* AT VIII 1, 7.
17 *Discours IV;* AT VI, 32.
18 *Principia I 10;* AT VIII 1, 8: „Atque ubi dixi hanc propositionem, *ego cogito, ergo sum,* esse omnium primam et certissimam, quae cuilibet ordine philosophanti occurrat, non ideo negavi quin ante ipsam scire oporteat, ... *quod fieri non possit, ut id quod cogitet non existat*“; es gäbe dann also ein ‚Axiom‘: „Was denkt, existiert“, eine Tatsache: „ich denke“ und eine Folgerung: „also bin ich“; in diesem Sinne suchte Röd das erste Prinzip zu rekonstruieren (Röd, Wolfgang: *Zum Problem des premier principe in Descartes' Metaphysik.* In: *Kant-Studien* Bd. 51, 1959/60, S. 176—195).
19 *Meditationes II;* AT VII, 25: „Adeo ut, omnibus satis superque pensitatis, denique statuendum sit hoc pronuntiatum, *Ego sum, ego existo,* quoties a me profertur, vel mente concipitur, necessario esse verum“.
20 *Meditationes, II. Resp.;* AT VII, 140: „Cum autem advertimus nos esse res cogitantes, prima quaedam notio est, quae ex nullo syllogismo concluditur; neque etiam cum quis dicit, *ego cogito, ergo sum, sive existo,* existentiam ex cogitatione per syllogismum deducit, sed tanquam rem per se notam simplici mentis intuitu agnoscit“.
21 Alquié, Ferdinand: *Descartes.* Aus dem Französischen übersetzt von Christoph Schwarze. Mit einem Beitrag von Iring Fetscher. — Stuttgart-Bad Cannstatt 1962, S. 66.

Dies klärt jedoch die logische Struktur des „cogito [ergo] sum" so wenig wie Descartes' Verweis auf den intuitus in den II. Responsiones: diese Descartessche Auskunft erscheint nach der Ausdehnung des Zweifels auch auf die intuitiv eingesehenen mathematischen Wahrheiten schon in der 1. Meditation bloß als unerlaubter Rückgriff auf das Wahrheitskriterium der *Regulae*, das hier eigentlich nicht mehr angezogen werden dürfte. Insbesondere macht dieser Rückgriff und alle bisher erörterten Argumente eigentlich nicht recht deutlich, worin eigentlich dieser Widerspruch besteht, der sich mit der Annahme des Satzes „ich bin nicht" ergeben soll, und aus dem Descartes auf die sichere Wahrheit des Satzes „ich bin" schließt. Wenn es hier um die Gewinnung eines ersten Satzes geht, kann der Widerspruch ja nicht — wie im geometrischen Methodenmodell B — zwischen der Annahme eines infrage stehenden Satzes und unabhängig davon geltenden, axiomatisch gesetzten Prinzipien z. B. der euklidischen Geometrie auftreten, so daß sich die Frage stellt, was eigentlich dem Satz „ich bin nicht" widerspricht.
Eine Antwort auf diese Frage hat Hintikka zu geben versucht: es sei existential inkonsistent für jedermann, den Satz „ich bin nicht" auszusprechen; die Inkonsistenz eines solchen Vorgangs bestehe darin, daß eine Äußerung gemacht werde, die gerade zum Inhalt hat, daß ihr Subjekt (maker) nicht existiere[22]. Die Inkonsistenz ergibt sich dabei also nicht schon aus dem Inhalt des Satzes „X existiert nicht", sondern erst aus dem Verhältnis zwischen diesem Satz und der Tatsache, daß er von X selbst geäußert wird: in diesem Sinne werde es wohl jedem Hörer Kopfzerbrechen bereiten, einen Mann, den er als de Gaulle kennt, sagen zu hören: „De Gaulle existiert nicht (mehr)"[23]. Diese Interpretation ist in der Tat geeignet, das Verhältnis zwischen den beiden Bestandteilen „ich denke" und „ich bin nicht" als inkonsistent zu charakterisieren. Aber eine Inkonsistenz ist noch kein Widerspruch: die Zusatzannahme, daß der Mann, den ich als de Gaulle kenne, entweder in Wirklichkeit nicht de Gaulle ist oder augenblicklich offenbar verwirrt redet oder auch nur scherzt, beseitigt jede logische Schwierigkeit in dem zitierten Beispiel ohne Rest. Hintikkas Ansatz bei Sätzen in der dritten Person läßt eine Vielzahl interpretatorischer Auswege offen und verhindert einerseits, daß er zur Feststellung des wirklichen Widerspruchs, und andererseits, daß er bis zur wirklichen Logik des Wortes „Ich" gelangt. Zum Widerspruch wird die Inkonsistenz nämlich erst, wenn ich zu denken versuche, daß ich nicht bin: dann handelt es sich nicht mehr um die wie auch immer motivierte Äußerung eines Dritten, sondern um mein Denken, das immer schon reflexiv, Bewußtsein meiner selbst ist. Und zu diesem Bewußtsein meiner selbst im cogito steht der materiale Inhalt des versuchten Gedankens „ich bin nicht" unmittelbar im Widerspruch, so daß aus diesem Widerspruch, in den das Denken mit sich selbst gelangt, die Gewißheit des „ich bin" entsteht.
Diese Struktur hat bekanntlich Fichte am Anfang seiner Wissenschaftslehre näher zu entfalten gesucht und dabei ins Genetische ausgedeutet: aus einer ursprünglichen Tat-

22 Hintikka, Jaakko: *Cogito, ergo sum. Inference or Performance.* In: *The Philosophical Review* Bd. 71, 1962, S. 3—32, S. 11.
23 Ebd. S. 12.

handlung des sich selbst Setzens entsteht bei ihm erst das Ich[24]. Wie nahe der Fichtesche Ansatz in dieser Frage der Argumentation von Descartes steht, wird nicht nur aus den Descartesinterpretationen Gueroults[25] und Alquiés[26] deutlich, sondern ist auch in der Descartesauslegung Hintikkas faßbar, der sicher der transzendentalphilosophischen Voreingenommenheit nicht verdächtig ist: für Fichte ist das Ich „zugleich das Handelnde, und das Produkt der Handlung, das Thätige, und das, was durch die Thätigkeit hervorgebracht wird“[27]; für Descartes ist das Verhältnis des „cogito“ zum „sum“ in Hintikkas Interpretation „nicht das einer Prämisse zu einer Konklusion“, sondern „eher mit dem eines *Prozesses* zu seinem *Produkt* vergleichbar“[28]. Und Alquié, der nach Gouhier[29] diesen Prozeß der Selbstvergewisserung des Ich bei Descartes am deutlichsten herausstellt, betont entsprechend, daß das Bewußtsein in der Reflexion nicht in gleicher Weise von sich selbst getrennt werden kann, wie es etwa im Zweifel von jedem Objekt getrennt werden kann: „die Idee, die mich erkennen läßt, daß ich denke, und mein Denken sind ein und dasselbe, so daß die Idee, die ich von meinem Denken habe, weniger die Idee meines Denkens ist als das Sein selbst dieses Denkens“[30].
Vergleicht man dieses zur Ermittlung eines ersten, nicht bezweifelbaren Satzes in den *Meditationen* angewandte Verfahren mit der allgemeinen Methodologie, wie sie in den *Regulae* entwickelt wurde und auf die sich Descartes in seinem Widmungsschreiben auch für die *Meditationen* berufen hat, so treten jetzt eher die Unterschiede als die Gemeinsamkeiten hervor. Zwar kann man sagen, daß Descartes sich sowohl in den *Regulae* als in den *Meditationen* am Methodenmodell B der antiken Geometrie orientiert. Aber die Orientierung an diesem Methodenmodell B richtet sich in den *Regulae* — läßt man einmal alle Modifikationen außer Betracht, die sich schon dort aus der Übertragung des mathematischen Methodenmodells auf philosophische Gegenstände ergaben[31] — im näheren auf den bei Pappos dargestellten direkten analytischen Beweis eines infrage stehenden Satzes: durch Analyse soll dort ein einzelner fraglicher Satz auf Sätze zurückgeführt werden, aus denen sich seine Wahrheit direkt beweisen läßt. Dagegen orientiert sich das Vorgehen Descartes zu Beginn der *Meditationen* an der ebenfalls im Methodenmodell B entwickelten Theorie des *indirekten* analytischen Beweises: das Bezweifelbare, dessen Wahrheit nachgewiesen werden soll, wird als falsch betrachtet, um

24 Fichte, Johann Gottlieb: *Grundlage der gesammten Wissenschaftslehre als Handschrift für seine Zuhörer.* — Leipzig 1794. In: ders.: *Gesamtausgabe* ... a.a.O., I 2, 249—451.

25 Gueroult: *Descartes selon l'ordre des raisons...* a.a.O., Bd. 2, S. 278 f.

26 Alquié: *Descartes...* a.a.O., S. 65 ff.

27 Fichte: *Grundlage der gesammten Wissenschaftslehre § 1;* a.a.O., I 2, 259.

28 Hintikka: *Cogito ergo sum...* a.a.O., S. 16. „In Descartes's argument the relation of *cogito* to *sum* is not that of a premise to a conclusion. Their relation is rather comparable with that of a *process* to its *product*“.

29 Gouhier: *La pensée métaphysique de Descartes...* a.a.O., S. 120 ff.

30 Alquié: *Descartes...* a.a.O., S. 67; vgl. dazu auch Gueroult: *Descartes selon l'ordre des raisons...* a.a.O., Bd. 2, S. 279.

31 Vgl. oben S. 132—138.

daraus einen Widerspruch abzuleiten, der die Wahrheit des ursprünglich infrage stehenden Satzes beweist[32].

Und auch der Gegenstand der analytischen Untersuchung ist in den *Regulae* und in den *Meditationen* verschieden. In den *Regulae* wurde jeweils ein einzelner Satz untersucht; es handelte sich dort immer um einzelne Fragen, die innerhalb des Rahmens der etablierten Wissenschaften gestellt und beantwortet werden sollten. Und beantwortet wurden sie dort durch die Zerlegung des verwickelten Satzes in einfache, intuitiv einsehbare Sachverhalte, von denen es viele gab und die alle auf der einen Ebene des Einfachen lagen: die Aussage „ich bin, ich denke" stand dort als einfache unmittelbar neben der ebenso einfachen Aussage „das Dreieck ist durch drei Geraden bestimmt"[33]. Dagegen ist der Gegenstand der Analyse in den Meditationen nicht diese oder jene einzelne Aussage innerhalb der Wissenschaften, sondern die Geltung und Sicherheit der menschlichen Erkenntnis im ganzen. Und entsprechend werden hier nicht einzelne Sätze, sondern der ganze Bestand des bisher für wahr Gehaltenen analytisch geprüft. An die Stelle der Zergliederung eines problematischen Satzes in einfachere tritt hier also zunächst die Enumeration aller möglichen Sätze eines Problembereichs, ein Verfahren, das Descartes schon in den *Regulae* kannte[34]. Bei einer solchen Aufzählung ist es nicht nötig und nicht möglich, alle einzelnen Sätze durchzugehen, sondern es genügt, alle möglichen Sätze auf bestimmte Klassen zurückzuführen[35], und dann diese Klassen zu prüfen; in diesem Sinne führt Descartes in der ersten Meditation die bisher für wahr gehaltenen Meinungen auf die Quellen ihres Erwerbs zurück und prüft zunächst die Klasse der sinnlichen und dann die der intellektuellen Erkenntnis mithilfe des apagogischen Beweises. Dies bleibt ergebnislos, und erst bei der Verneinung der Existenz des erkennenden Subjekts selbst ergibt sich der erhoffte Widerspruch, der das erste Prinzip als unbezweifelbaren Satz sichert.

Dieses erste Prinzip wird also letztlich durch eine Aufgliederung aller möglichen Sätze in bezweifelbare und den einen unbezweifelbaren Satz gewonnen, der sich in der versuchten reductio ad absurdum als sicher erweist; es handelt sich im ganzen um ein

32 Albert, Hans: *Traktat über kritische Vernunft.* — Tübingen 1968 entwickelt sein Münchhausen-Trilemma unter direkter Bezugnahme auf Descartes, in dem er den typischen Vertreter eines „Intellektualismus" sieht: bei ihm werde das „Münchhausen-Trilemma im Sinne der dritten Alternative beantwortet: Abbruch des Begründungsverfahrens an einem bestimmten Punkt durch Rekurs ... auf evidente Gegebenheiten" (S. 23 f.). Dies mag für den Descartes der *Regulae* zutreffen; in den *Meditationen* begibt sich Descartes auf die auch von Albert empfohlene „Suche nach Widersprüchen" (S. 41 ff.). Descartes' „universaler Zweifel" dient keineswegs bloß der Befreiung von Vorurteilen und der Etablierung neuer „im Gewande ... evidenter... Wahrheiten" (S. 42), sondern folgt selbst der Idee des indirekten Beweises, die Albert „zur Grundidee der wissenschaftlichen und darüber hinaus der kritischen Methode überhaupt erhoben" sehen möchte (S. 44); insofern greift Alberts Descartesinterpretation auch im Sinne seines eigenen Ansatzes zu kurz.

33 *Regulae III;* AT X, 368.

34 *Regulae VII;* AT X, 388: „Est igitur haec enumeratio, sive inductio, eorum omnium, quae ad propositam aliquam quaestionem spectant, tam diligens et accurata perquisitio, ut ex illa certo evidenterque concludamus, nihil a nobis perperam fuisse praetermissum".

35 Ebd.; AT X, 391: „omnia ... plurimum ad certas classes reducentur".

„subtraktives“ Verfahren[36], das darauf abzielt, aus der Zahl der unsicheren Sätze denjenigen Satz zu isolieren, der als einziger dem radikalen Zweifel widersteht. In den Worten Descartes': von dem, was ich früher geglaubt habe, soll ich „alles abziehen, was ... auch nur im geringsten hat erschüttert werden können, so daß schließlich nur genau das übrig bleibt, was von unerschütterlicher Gewißheit ist“[37]. Und mit einem Bilde Descartes', das zumindest diesen Aspekt des methodischen Anfangs der *Meditationen* illustriert: es handelt sich um ein Verfahren, das mit dem Aussortieren eines Korbes ‚problematischer‘ Äpfel zu vergleichen ist: der methodisch Vorgehende „würde alle samt und sonders aus dem Korb werfen, dann die einzelnen der Reihe nach durchsehen und nur die, die er als nicht verdorben erkennt, nehmen und sie wieder in den Korb legen“[38].

Eben dieses Verfahren, die bisher gehegten Meinungen über einen Gegenstand in Klassen einzuteilen, jede dieser Klassen mithilfe des indirekten Beweises zu prüfen und dabei zu versuchen, einen Widerspruch zu erzeugen, wendet Descartes erneut in der zweiten und der dritten Meditation an. So beantwortet er die Frage der zweiten Meditation, „wer ich denn bin, der ich jetzt notwendig bin“[39], nicht etwa mit einer inhaltlichen Analyse des Begriffs Ich in Vermögen, Kräfte, Triebe usw., wie es der direkten Analyse der *Regulae* entsprochen hätte, sondern zunächst wieder mit einer Aufzählung alles dessen, was ich denn früher zu sein geglaubt habe: ein vernunftbegabtes Tier, ein Körper, der sich bewegt und ernährt und empfindet usw. Alle diese Meinungen werden — erneut mithilfe der Hypothese vom Betrügergott — versuchsweise negiert und dann wird nach einem sich daraus ergebenden Widerspruch gesucht: wenn ich grundsätzlich getäuscht werde, „kann ich dann noch behaupten, auch nur das geringste von all dem zu besitzen, wovon ich oben gesagt habe, es gehöre zur Natur der Körper?“ Und diese Prüfung verläuft ergebnislos: „ich merke auf, ich denke nach, ich wende es hin und her — nichts bietet sich mir dar“[40]. Und erst, wenn das Denken als mögliche Bestimmung des Ich geprüft und versuchsweise negiert wird, ergibt sich auch hier der gesuchte Widerspruch, der sich sprachlich als Verneinung des Gedankenexperimentes, das „cogito“ vom Ich zu trennen, manifestiert: „Das Denken ist's, es allein kann von mir *nicht* getrennt werden“[41].

Inhaltlich ist dies eine Berufung auf das schon gewonnene erste Prinzip: wie dort das „sum“ nicht vom „cogito“ getrennt werden konnte, so hier nicht das Denken vom Ich;

36 Röd: *Descartes' Erste Philosophie* ... a.a.O., S. 94 f.

37 *Meditationes II;* AT VII, 25: „Quare ... meditabor quidnam ... olim ... crediderim...; ex quo deinde subducam quidquid ... vel minimum potuit infirmari, ut ita tandem praecise remaneat illud tantum quod certum est et inconcussum“.

38 *Meditationes, VII. Obj., Notae;* AT VII, 481: „An non in primis omnia omnino ex corbe rejiceret? ac deinde singula ordine perlustrans, ea sola, quae agnosceret non esse corrupta, resumeret, atque in corbem reponeret, aliis relictis?“

39 *Meditationes II;* AT VII, 25: „Nondum vero satis intelligo, quisnam sim ego ille, qui jam necessario sum“.

40 Ebd.: AT VII, 26 f.: „Possumne affirmare me habere vel minimum quid ex iis omnibus, quae jam dixi ad naturam corporis pertinere? Attendo, cogito, revolvo, nihil occurrit“.

41 Ebd.: „Cogitare? Hic invenio: cogitatio est; haec sola a me divelli nequit“.

beide sind notwendig miteinander verknüpft. Und methodisch handelt es sich erneut um den indirekten Beweis einer Wahrheit aus dem Widerspruch, der sich bei dem Versuch, das Denken vom Ich zu trennen, ergibt. Und also wendet Descartes auch hier bei der näheren Bestimmung des Ich das schon bei der Gewinnung des ersten Prinzips benutzte Verfahren an, alle möglichen Meinungen über das Ich in Klassen zu sammeln, jede Klasse mithilfe des apagogischen Beweises zu prüfen und nach dem Auftauchen eines Widerspruchs den einen unbezweifelbaren Satz aus dem Bereich der bezweifelbaren Meinungen zu gewinnen: „ich bin also genau nur ein denkendes Ding“[42].

Aber Descartes scheint dann doch eine inhaltliche Analyse des Ich zu liefern, wenn er es im näheren als ein Ding bestimmt, „das zweifelt, einsieht, bejaht, verneint, will, nicht will und das auch Einbildung und Empfindung hat“[43]. Aber dies stellt nicht etwa eine zusätzliche Bestimmung des Ich aufgrund hinzugenommener psychologischer Erkenntnisse über den Menschen dar, sondern zählt nur auf, was das „cogito“ des bisher vollzogenen Prozesses im einzelnen war: ich war und bin der, „der jetzt fast an allem zweifelt, der dennoch manches einsieht, der behauptet, dies eine sei wahr und der das übrige leugnet“[44]. Und zu diesem Prozeß gehörte für Descartes schon bisher nicht nur diese kognitive, sondern auch die voluntative Seite des Ich: ich habe zu Beginn der *Meditationen* „meiner Willkür die... Richtung gegeben, mich selbst zu täuschen“[45]; insofern gehört der Wille auch jetzt zu meinem Ich, und ich bin der, „der mehr wissen möchte, der sich nicht täuschen lassen will und der vieles, gegen seinen Willen, in der Einbildung hat“[44]. Das Descartessche „ego“ des „cogito“ war schon in der bisherigen Argumentation nicht etwa nur das ursprüngliche Selbstbewußtsein, die reine Apperzeption des kantischen Ich der *Kritik der reinen Vernunft* und also rein theoretisch verstanden[46], sondern von Anfang an auch das wollende und verlangende Ich, das sich reflexiv — und insofern werden alle diese Einzelbestimmungen des „ego“ im „cogito“ aufgehoben — als dieses zweifelnde, sich täuschende, erkennende und mehr wissen wollende Ich begreift.

Auch die dritte Meditation, die im Gottesbeweis enden wird, beginnt mit einer Reflexion auf das bisher einzig sicher gegebene Ich: Descartes will eine noch sorgfältigere Umschau halten, ob nicht vielleicht doch noch etwas anderes bei mir ist, was ich bis jetzt nicht berücksichtigt habe[47]. Diese Untersuchung richtet sich jetzt aber nicht mehr wie in der zweiten Meditation auf das, was man bisher vom Ich, sondern auf das, was man bisher von den außerhalb des Ich existierenden Dingen zu wissen glaubte. Dabei

42 Ebd.: „sum igitur praecise tantum res cogitans“.

43 Ebd.; AT VII, 28: „Sed quid igitur sum? Res cogitans. Quid est hoc? Nempe dubitans, intelligens, affirmans, negans, volens, nolens, imaginans quoque, et sentiens“.

44 Ebd.: „Nonne ego ipse sum qui jam dubito fere de onmibus, qui nonnihil tamen intelligo, qui hoc unum verum esse affirmo, nego caetera, cupio plura nosse, nolo decipi, multa vel invitus imaginor, multa etiam tanquam a sensibus venientia animadverto?“

45 Vgl. oben Anm. 10.

46 Vgl. dazu Alquié: *Descartes*... a.a.O., S. 70.

47 *Meditationes III;* AT VII, 35.

bedient sich Descartes erneut des apagogischen Beweises, nimmt also das Gegenteil der bisherigen Meinungen über die Existenz von äußeren Gegenständen an, leugnet also ihre Existenz und untersucht die Folgen, die eine solche Annahme in den verschiedenen Fällen hat. Dies hat auch hier für fast alle äußeren Dinge nicht die erhoffte Konsequenz des auftauchenden Widerspruchs: was die Ideen anbetrifft, welche mir andere Menschen oder Tiere oder Engel vergegenwärtigen, so sehe ich leicht ein, daß sie sich aus denen zusammensetzen lassen, die ich von mir selbst, von den körperlichen Dingen und von Gott habe, selbst wenn es außer mir keine Menschen, Tiere oder Engel in der Welt gäbe[48]; daß ich solche Ideen habe, ist also mit der Annahme vereinbar, daß die Dinge, für die sie angeblich stehen, nicht existieren; ein Widerspruch taucht nicht auf. Eben dies gilt für die Ideen der körperlichen Dinge: was diese Ideen anbetrifft, „so bietet sich in ihnen nichts so Großes dar, daß es nicht aus mir selbst stammen könnte"[49]; die Nichtexistenz der Körper ist mit der Tatsache, daß ich Ideen von körperlichen Dingen habe, ohne Widerspruch vereinbar, weil diese Ideen aus mir selbst stammen können.

Und erst, wenn sich Descartes als letztes der Idee Gottes zuwendet und versuchsweise annimmt, „daß ein solches Wesen nicht existiert"[50], ergibt sich der gesuchte Widerspruch. Unter dem Namen „Gott" denken wir nämlich für Descartes „eine Substanz, die unendlich, unabhängig, allwissend und allmächtig ist"[51]. Die objektive Realität dieser Idee aber übersteigt die Realität meines Ich, das ich im Verlauf der bisherigen Untersuchung doch gerade als endlich, abhängig und weder als allwissend noch als allmächtig kennengelernt habe; der objektive Realitätsgehalt dieser Idee kann also im Gegensatz zu dem der anderen Ideen nicht aus mir stammen, sondern muß eine andere, realitätsmächtigere Ursache haben. In der Idee Gottes ist „alles so vorzüglich, daß ich, je aufmerksamer ich bin, desto weniger davon überzeugt bin, daß sie allein aus mir entstanden sein könnte"[52]. Auf diese Weise wird zunächst an der Tatsache, daß ich die Idee Gottes habe, die Hypothese widerlegt, es gäbe außer mir keine anderen Dinge: daß ich diese Idee habe, ist mit der Annahme, ich allein existierte, nicht vereinbar: man muß daher aus dem zuvor Gesagten schließen, „daß Gott notwendig existiert"[53].

In diesem Gottesbeweis erscheint die Existenz Gottes also als notwendige Bedingung für das Existieren einer Idee, die ich bei einer Aufzählung meiner Ideen unter anderem in mir vorfinde; der Beweis scheint also nicht nur von Descartes' Überzeugung, daß ei-

48 Ebd.; AT VII, 43: „quantum ad ideas quae alios homines, vel animalia, vel Angelos exhibent, facile intelligo illas ex iis quas habeo mei ipsius et rerum corporalium et Dei posse componi, quamvis nulli praeter me homines, nec animalia, nec Angeli, in mundo essent".

49 Ebd.: „Quantum autem ad ideas rerum corporalium, nihil in illis occurrit, quod sit tantum ut non videatur a me ipso potuisse proficisci".

50 Ebd.; AT VII, 46: „fingi possit tale ens non existere".

51 Ebd.; AT VII, 45.

52 Ebd.: „Quae sane omnia talia sunt ut, quo diligentius attendo, tanto minus a me solo profecta esse posse videantur".

53 Ebd.: „Ideoque ex antedictis, Deum necessario existere, est concludendum".

ner Wirkung keine größere Realität innewohnen könne als der Ursache[54], sondern auch davon abzuhängen, daß er hier diese Idee Gottes als faktisch im Ich enthalten entdeckt. Aber während die erste Annahme auch für Descartes' weitere Argumentation unverzichtbar ist, gelingt es ihm in einer vertieften Argumentation, den Gottesbeweis nicht mehr bloß auf ein hier unvermittelt auftretendes Datum der Gottesidee, sondern unmittelbar auf den bisher entwickelten Begriff des Ich selbst zu gründen. In der bisherigen Argumentation habe ich mich selbst als zweifelnd, wünschend, strebend und also als endlich begriffen. Und dieses Bewußtsein meiner eigenen Endlichkeit enthält für Descartes im Grunde schon die Idee der Unendlichkeit und eines vollkommeneren Wesens versteckt in sich: „wie sollte ich nämlich begreifen können, daß ich zweifle, daß ich etwas wünsche, d. i. daß mir etwas fehlt und ich nicht ganz vollkommen bin, wenn keine Idee eines vollkommeneren Wesens in mir wäre, aus dem Vergleich mit der ich meine Mängel erkenne"[55]. Mit anderen Worten: das Bewußtsein meiner selbst als zweifelnd und wünschend, wie es sich im bisherigen Argumentationsgang manifestierte, setzte im Grunde die Gottesidee schon voraus; daß ich sie habe, ist nicht ein erst hier in der dritten Meditation neu auftretendes Datum, sondern eine vorher nur nicht explizierte Bedingung meines Selbstbewußtseins als endliches Wesen. Und wenn der Beweis der Existenz Gottes aus der Existenz der Gottesidee trägt, dann enthielt das Bewußtsein meiner selbst als zweifelndes Wesen von Anfang an den Verweis auf die Existenz Gottes, der in der dritten Meditation bloß expliziert würde. In diesem Sinne faßt Descartes den von der ersten zur dritten Meditation verfolgten Weg zusammen: „Achte ich darauf, daß ich zweifle, d. h. daß ich ein unvollkommenes und abhängiges Wesen bin, dann finde ich in mir die klare und deutliche Idee eines unabhängigen und vollkommenen Wesens, d. h. Gottes, und allein daraus..., daß ich als ein Wesen existiere, daß diese Idee hat, schließe ich darauf, daß auch Gott existiert"[56].

Der Weg von der ersten zur dritten Meditation erscheint dann insgesamt als ein großes Gedankenexperiment des Zweifels, das ich mit mir selbst anstelle, und in dem dem Zweifel in drei indirekt geführten Beweisen, in denen der Zweifel jeweils bis zum Widerspruch mit sich selbst geführt wird, drei Sätze als unbezweifelbare abgerungen werden: erstens wurde gefragt, ob überhaupt irgendetwas in der Welt existiert und allein daraus, daß ich diese Untersuchung anstellte, folgte meine Existenz[57]: cogito [ergo] sum; man kann nichts untersuchen, ohne sich gleichzeitig selbst zu denken. Zweitens wurde gefragt, was an diesem Ich denn unbezweifelbar sei, und als einzig Unbezweifelbares für

54 Vgl. dazu Vuillemin, Jules: *Sur la différence et l'identité des méthodes de la métaphysique et des mathématiques chez Descartes et Leibniz et sur la conception classique de principes de causalité et de correspondance.* In: *Archiv für Geschichte der Philosophie* Bd. 43, 1961, S. 267—302, S. 282 ff.

55 *Meditationes III;* AT VII, 45 f.: „Qua enim ratione intelligerem me dubitare, me cupere, hoc est, aliquid mihi deesse, et me non esse omnino perfectum, si nulla idea entis perfectioris in me esset, ex cujus comparatione defectus meos agnoscerem?"

56 *Meditationes IV; AT VII,* 53: „Cumque attendo me dubitare, sive esse rem incompletam et dependentem, adeo clara et distincta idea entis independentis et completi, hoc est Dei, mihi occurrit; et ex hoc uno ... quod ego ideam illam habens existam, adeo manifeste concludo Deum etiam existere".

57 Ebd.; AT VII, 58.

mich ergab sich eben dieses Denken, Untersuchen, Zweifeln, Wollen: sum res cogitans. Und drittens wurde als notwendige Bedingung dieses Selbstverständnisses meines Ich als eines Zweifelnden die Existenz einer Idee vom vollkommenen Sein und daraus wieder die Existenz dieses vollkommenen Seins selbst ermittelt: Deus existat; man kann sich nicht als unvollkommenes Wesen begreifen, ohne ein vollkommenes Wesen zu denken. Und die Existenz dieses Gedankens in mir beweist für Descartes die Existenz des vollkommenen Wesens selbst.

Mit diesem dritten Schritt ist das Gedankenexperiment des Zweifels zu seinem Ende gekommen: wenn die Existenz Gottes als eines Wesens, das alle Vollkommenheiten besitzt, bewiesen ist, fällt die Annahme, es könne sich dabei um einen Betrüger handeln, die den hypothetischen Zweifel trug oder plausibel machte: wenn Gott alle Vollkommenheiten besitzt, dann ist klar, daß er kein Betrüger sein kann, denn aller Trug und alle Täuschung beruhen auf irgendeiner Schwäche[58]. Mit dem Beweis Gottes ist also die Herrschaft des Zweifels gebrochen, mit der vierten Meditation beginnt ein neuer Argumentationszug, der nicht mehr unter der Prämisse des hyperbolischen Zweifels, sondern unter der — als wahr erwiesenen — Prämisse des vollkommenen und wahrhaftigen Gottes steht; in diesem Sinne hat Gueroult den ersten Teil der *Meditationen* als „Hemisphäre des Falschen" dem zweiten Teil als der „Hemisphäre des Wahren" gegenübergestellt[59]. Und in ähnlicher Weise findet Beck in der Struktur der *Meditationen* die beiden Teilschritte der Analysis und Synthesis als konstitutive Bestandteile einer analytischen Gesamtmethode wieder, die wenigstens in Grundzügen mit der in den *Regulae* und im *Discours* entwickelten übereinstimmt[60].

Aber warum sind jetzt, nach dem Gottesbeweis, überhaupt noch argumentative Schritte nötig? Wenn Gott wahrhaftig ist und mich nicht täuscht, dann ist, was ich erkenne, wahr, und alles, was ich im ersten Teil der *Meditationen* in einer künstlichen Anstrengung meines Willens als falsch angesehen habe, auf einen Schlag wieder in sein Recht gesetzt. Aber eben darin liegt die Gefahr der These von der Wahrhaftigkeit Gottes: sie verführt dazu, alles und jedes, was ich bisher erkannt oder zu erkennen geglaubt habe, unterschiedslos für wahr zu halten und dabei die Unterscheidung zwischen wahr und falsch, zwischen begründet und unbegründet und auch die zwischen entschieden und unentschieden, wie sie innerhalb des wissenschaftlichen Denkens selbst auftaucht, pauschal zu beseitigen. Uneingeschränkt aufrechterhalten, wäre die These von der göttlichen Wahrhaftigkeit in der zweiten Hälfte der *Meditationen* nicht weniger hyperbolisch als der Zweifel in der ersten. Und deshalb muß, wie dort der Zweifel durch den Nachweis des Unbezweifelbaren eingegrenzt und beschränkt wurde, jetzt die These von der Wahrheit meiner Erkenntnisse durch den Aufweis der dennoch vorhandenen Irrtums-

58 *Meditationes III;* AT VII, 52: „Ex quibus satis patet illum fallacem esse non posse; omnem enim fraudem et deceptionem a defectu aliquo pendere, lumine naturali manifestum est".

59 Gueroult: *Descartes selon l'ordre des raisons...* a.a.O., Bd. 2, S. 272 ff.

60 Beck, Leslie John: *The Metaphysics of Descartes. A Study of the Meditations.* — Oxford 1965, S. 291 ff.

möglichkeiten eingegrenzt und beschränkt werden[61], ohne daß dadurch die These von der Wahrhaftigkeit Gottes wieder infrage gestellt werden dürfte.

In diesem Sinne handelt zunächst die vierte Meditation vom Wahren und Falschen; sie hat die Aufgabe, grundsätzlich zu klären, wie die These von der Wahrhaftigkeit Gottes mit der faktischen Irrtumsfähigkeit des Menschen vereinbar ist. Descartes beantwortet diese Frage zunächst mit einer erneuten Reflexion auf die Endlichkeit des Menschen: endlich zu sein, das bedeutet, ein Mittleres zwischen Gott und dem Nichts zu sein und also nicht nur an Gott, sondern gewissermaßen auch am Nichts teilzuhaben; deshalb sei es plausibel, daß meine Fähigkeit, wahr zu urteilen, nicht unbeschränkt sei[62]. Damit ist die Frage nach der Möglichkeit des Irrtums unter der Voraussetzung der Wahrhaftigkeit Gottes ‚ontologisch'[63] beantwortet: der Irrtum beruht nicht auf meiner Teilhabe an Gott, sondern auf der am Nichts; der Irrtum resultiert aus meiner Begrenztheit, die vielleicht für die Vollkommenheit der ganzen Schöpfung, in der ich bloß ein Teil bin, notwendig ist[64]. Aber für die Beantwortung der Frage, wie der Irrtum faktisch in mir zustande kommt, genügt der Hinweis auf die Begrenztheit des menschlichen Verstandes noch nicht, zur Beantwortung dieser ‚psychologischen' Frage[63] muß diese Begrenztheit des Verstandes mit einem anderen menschlichen Vermögen konfrontiert werden, das seiner Natur nach unbegrenzt ist[65]: dem Willen. Jedes Urteil beruht nicht nur auf dem Verstand, sondern auch auf dem Willen, weil ich ein Urteil ja entweder fällen oder mich dessen enthalten kann[66]. Und der Irrtum entsteht also dann, wenn der Wille zu urteilen die dem Verstand gezogenen Grenzen überschreitet[67], er beruht also nicht eigentlich auf meinen von Gott empfangenen Fähigkeiten, sondern auf meinem falschen Gebrauch dieser Fähigkeiten[68].

Mit dieser Begründung will Descartes nicht nur den drohenden Widerspruch zwischen der Wahrhaftigkeit Gottes und der faktischen Irrtumsanfälligkeit des Menschen aufheben, sondern zugleich die Erkenntniskriterien der *Regulae* restituieren. Denn wenn der Irrtum nur auf einer Überschreitung der Grenzen des Verstandes durch den Willen beruht, dann hat der Irrtum seine Quelle nicht eigentlich im Verstand: „Denn durch den Verstand allein erfasse ich nur die Ideen, über welche ich dann ein Urteil fällen kann, und deshalb findet sich im Verstand — genau betrachtet — kein Irrtum im eigentlichen Sinne"[69]. Beschränke ich also meinen Willen zu urteilen auf das, was ihm der Verstand

61 Vgl. dazu Gueroult: *Descartes selon l'ordre des raisons...* a.a.O., Bd. 2, S. 280 ff.

62 *Meditationes IV;* AT VII, 54.

63 Alquié: *Descartes...* a.a.O., S. 74 ff.

64 *Meditationes IV;* AT VII, 55 f.

65 Ebd.; AT VII, 57 und 60.

66 Ebd.; AT VII, 56.

67 Ebd.; AT VII, 58.

68 Ebd.; AT VII, 60.

69 Ebd.; AT VII, 56: „per solum intellectum percipio tantum ideas de quibus judicium ferre possum, nec ullus error proprie dictus in eo praecise sic spectato reperitur".

klar und deutlich zeigt, dann kann es schlechterdings nicht vorkommen, daß ich irre[70]. Und damit ist der intuitus der *Regulae* wieder in sein volles Recht gesetzt: alles das, was wir klar und deutlich erkennen, ist auf eben die Weise, wie wir es erkennen, wahr[71]; man muß nur hier wie dort das klar und deutlich Erkannte streng von dem unterscheiden, was man bloß verworren und dunkel erkennt[72], und die Grenze zwischen beiden nicht verwischen.

Nach dieser grundsätzlichen Sicherung des klar und deutlich Erkannten in der vierten Meditation unternimmt es Descartes in den beiden letzten, die im ersten Teil dem Zweifel unterworfenen wissenschaftlichen Erkenntnisse im einzelnen und nach den Quellen ihres Erwerbs geordnet wieder in ihr Recht zu setzen. So werden in der fünften Meditation die mathematischen Wahrheiten und Beweise wieder gerechtfertigt, die in der ersten Meditation in Zweifel gezogen worden sind: sie werden jetzt erneut aus der Einsicht in die wahrhafte und unveränderliche Natur mathematischer Gegenstände erklärt, die von Gott geschaffen und also wirklich sind, auch wenn sie vielleicht nirgendwo außer mir existieren[73]. Und in der sechsten Meditation wird auch die zu Anfang der *Meditationen* bezweifelte Existenz äußerer Dinge aus der Wahrhaftigkeit Gottes deduziert: wie bei der Einsicht in die einfachen Sachverhalte der Mathematik, so verhalte ich mich bei der Wahrnehmung von Sinnendingen passiv, es muß daher eine aktive Kraft geben, die dabei auf mich einwirkt. Diese Kraft kann nicht aus mir selbst stammen, weil sie häufig auch gegen meinem Willen auf mich einwirkt, also stammt sie aus einer anderen Substanz. Wenn sie aber schon aus einer anderen Substanz stammt, dann ist auch anzunehmen, daß Gott mich nicht über ihren Ursprung täuscht: „also existieren die körperlichen Dinge“[74]. Die Erkenntnis der äußeren körperlichen Dinge ist allerdings für Descartes dem Irrtum besonders ausgesetzt, weil die sinnliche Wahrnehmung vielfach sehr dunkel und verworren ist und weil es ihr gegenüber eine Gewohnheit gibt, unüberlegt zu urteilen. Aber wenigstens das, was ich klar und deutlich in den Gegenständen erkenne, ist wirklich in ihnen vorhanden. Und da dies mindestens auf die Ausdehnung zutrifft, ist in den körperlichen Dingen alles wirklich, was, allgemein betrachtet, zum Gegenstand der reinen Mathematik gehört[75]: deshalb ist in den *Principia* dann eine mathematische Physik als apriorische Wissenschaft möglich.

Zugleich geht Descartes aber mit dieser Existenzbehauptung für äußere Dinge über das Konzept der Physik als einer rationalen Wissenschaft mathematischen Typs hinaus, als die sie in den *Regulae* konzipiert werden sollte. Denn wenn es äußere Dinge gibt, dann kann die Wahrheit der Physik nicht mehr bloß als Einsicht in die Natur der Ideen und

70 Ebd.; AT VII, 62: „nam quoties voluntatem in judiciis ferendis ita contineo, ut ad ea tantum se extendat quae illi clare et distincte ab intellectu exhibentur, fiere plane non potest ut errem“.

71 *Meditationes, synopsis;* AT VII, 13: In quarta meditatione probatur „ea omnia quae clare et distincte intelligimus, eo ipso modo quo illa intelligimus, esse vera“.

72 *Meditationes IV;* AT VII, 62.

73 *Meditationes V;* AT VII, 64.

74 *Meditationes VI;* AT VII, 80.

75 Ebd.; AT VII, 80 ff.

ihren notwendigen Zusammenhang begriffen werden, sondern in einer solchen Wissenschaft des Wirklichen ist die Wahrheit wesentlich durch das Verhältnis der wissenschaftlichen Urteile zur Wirklichkeit bestimmt. Und dies erklärt dann, daß sich auch in den *Principia* empirische Ansätze und die These von der bloß moralischen Gewißheit vieler Sätze der Physik nachweisen ließen; in diesem Sinne haben sowohl der apriorische Anspruch, der das Programm der *Principia* bestimmt, als auch die empirischen Ansätze, durch die dieses Programm nachträglich eingeschränkt wurde[76], ihre Basis in der sechsten Meditation.

Betrachtet man abschließend die methodologische Gesamtstruktur der *Meditationen*, dann kann man sie nur in einem sehr allgemeinen Sinne mit dem mathematischen Methodenmodell B parallelisieren, auf das sich Descartes beruft. Und auch die Methodologie der *Regulae*, die Beck als Vorbild zitiert[77], oder die des naturwissenschaftlichen Methodenmodells C, die Röd in ihr entdeckt[78], sind nur in dem allgemeinen Sinne darin wiederzuerkennen, daß es in allen diesen Methodenmodellen wie in den *Meditationen* einen ‚analytischen' und einen ‚synthetischen' Argumentationszug gibt, daß das Gesamtverfahren an bezweifelbaren, unsicheren, dunklen oder nur undeutlich erkannten Sätzen ansetzt, von dort zu einem oder mehreren ‚Prinzipien' aufsteigt und aus ihnen dann im synthetischen Schritt die ursprüngliche Ausgangsbasis rekonstruiert und dabei aus den Prinzipien korrigiert. Faßt man das Grundmuster der mathematischen und naturwissenschaftlichen Methodenmodelle so allgemein, dann folgen die *Meditationen* ihm im generellen. Aber das heißt dann nicht, daß sie eines der zitierten Methodenmodelle in einem präziseren Sinne nachvollziehen, sondern bloß, daß man eine allgemeine Analogie zwischen diesen Methodenmodellen und dem Verfahren der *Meditationen* feststellen kann. Denn in allen wesentlichen Einzelschritten, die neben den Fragen des allgemeinen Aufbaus in einer philosophischen Schrift ja wohl ernst genommen werden müssen, folgen die *Meditationen* ihrer durchaus eigenen Logik, die sich so in den anderen Methodenmodellen nicht findet. Dies gilt erstens für den analytischen Argumentationszug, in dem in einem dreifachen Ansatz jeweils ein und nur ein bestimmter Satz mithilfe der reductio ad absurdum als unbezweifelbar wahr erwiesen wird: ein solches Verfahren kann weder in den Methodenmodellen B und C noch in den *Regulae* auftauchen, weil sie allgemeine Verfahren zur Analyse einer Vielzahl von Sätzen innerhalb der jeweiligen Wissenschaft darstellen sollen. Und dies gilt auch für den folgenden synthetischen Teilschritt: bei Descartes tritt mit dem Erreichen des ‚Prinzips', mit dem Beweis Gottes, auf einen Schlag ein Perspektivenwechsel vom Zweifel zum Vertrauen in die göttliche Wahrhaftigkeit auf, so daß synthetisch nicht wie in den anderen Methodenmodellen einzelne Sätze aus den Prinzipien abgeleitet und erwiesen, sondern die Grenzen dieses Vertrauens bestimmt werden müssen.

Verneint man so die Frage, ob Descartes in den *Meditationen* unmittelbar einem der

76 Vgl. oben S. 145—151.

77 Beck: *The Metaphysics of Descartes* ... a.a.O., S. 291 ff.

78 Röd: *Descartes' Erste Philosophie*... a.a.O., S. 139; vgl. hier S. 123 f.

klassischen Methodenmodelle in einem strengen Sinne folgt, so bedeutet dies andererseits nicht, daß man dem Verfahren der *Meditationen* eine radikale Verarmung allen formalen Denkens bescheinigen müßte, in dem aus der klassischen Methodendiskussion bloß eine vage Kenntis der Begriffe Analysis und Synthesis übrig geblieben wäre[79]. Vielmehr folgen die *Meditationen* — dies versuchte die vorliegende Analyse zu zeigen — einer eigenständigen analytischen Methode, die Descartes zwar in der Auseinandersetzung insbesondere mit dem Methodenmodell B der antiken Geometrie entwickelt, bei der aber alle wesentlichen Einzelargumente nicht aus diesem Methodenvorbild, sondern aus der Logik der behandelten Sache gewonnen sind. In diesem Sinne folgen die Meditationen einer analytischen Methode eigenen Typs, die nicht abstrakt für beliebige Anwendungen, sondern für und in Hinblick auf diese eine Aufgabe der Begründung einer Ersten Philosophie entwickelt worden ist.

79 Risse: *Zur Vorgeschichte der Cartesischen Methodenlehre...* a.a.O., S. 291, vgl. ders.: *Logik der Neuzeit ...* a.a.O., Bd. 2, S. 36.

IV Mathematik, Metaphysik und Methode bei Leibniz

§ 17 Mathematische Struktur und metaphysische Realität

Die Vielfalt der philosophischen und methodologischen Ansätze von Leibniz ist vielleicht noch stärker, als dies bei Descartes der Fall war, vom Vorbildcharakter der Mathematik bestimmt: angeregt von seinem Jenaer Lehrer Weigel[1] und durch seine Bekanntschaft mit kombinatorischen Ansätzen aus der Lulltradition, die ihm schon früh durch die Schriften Bisterfelds vermittelt wurde[2], später dann vor allem bestimmt durch die eigenen mathematischen Entdeckungen, insbesondere durch die der Infinitesimalrechnung, kreist sein Denken von Anfang an um Entwürfe zu einer scientia generalis, durch die auch in der Philosophie Erkenntnisse mathematisch gewonnen werden sollen. Dennoch sind diese Entwürfe zu seiner scientia generalis nicht einfach als Fortsetzung und Präzisierung der Anstrengungen Descartes' anzusehen, durch die Anwendung der mathematischen Methode auch in der Philosophie denjenigen Grad an Evidenz und Deutlichkeit zu erreichen, den die Mathematik aufweist. Anders nämlich als Descartes, der die mathematische Methode insgesamt als vorbildliche Strategie des Fragens und Antwortens interpretiert und dabei audrücklich den Standpunkt des erkennenden Subjekts mitreflektiert, gewinnt die Mathematik bei Leibniz zunächst vor allem den Charakter eines Strukturprinzips, nach dem die Welt selbst aufgebaut ist, und damit geradezu metaphysische Qualität.

Die Überzeugung, daß „alles... in der Natur mit zahl, maaß und gewicht oder krafft gleichsam abgezirkelt" und „alles Mathematisch, daß ist ohnfehlbar zugehe in der ganzen weiten welt" [3], prägt die Leibnizsche Philosophie von Anfang an und bildet den philosophischen Hintergrund für den Leibnizschen ‚Optimismus': aus der mathemati-

1 Zu Erhard Weigel vgl. Hestermeyer, Wilhelm: *Paedagogia Mathematica. Idee einer universellen Mathematik als Grundlage der Menschenbildung in der Didaktik Erhard Weigels, zugleich ein Beitrag zur Geschichte des pädagogischen Realismus im 17. Jahrhundert.* — Paderborn 1969; Schüling, Hermann: *Erhard Weigel (1625—1699). Materialien zur Erforschung seines Wirkens* (= Berichte und Arbeiten aus der Universitätsbibliothek Gießen 18). — Gießen 1970. Zum Einfluß Weigels auf Leibniz vgl. Voisé, Waldemar: *Meister und Schüler: Erhard Weigel und Gottfried Wilhelm Leibniz.* In: *Studia Leibnitiana* Bd. 3, 1971, S. 55—67; Moll, Konrad: *Der junge Leibniz I. Die wissenschaftstheoretische Problemstellung seines ersten Systementwurfs. Der Anschluß an Erhard Weigels Scientia Generalis.* — Stuttgart-Bad Cannstatt 1978.

2 Zum Einfluß Johann Heinrich Bisterfelds auf Leibniz vgl Kabitz, Willy: *Die Philosophie des jungen Leibniz. Untersuchungen zur Entwicklungsgeschichte seines Systems.* — Heidelberg 1909, S. 6 ff.; Mugnai, Massimo: *Der Begriff der Harmonie als metaphysische Grundlage der Logik und Kombinatorik bei Johann Heinrich Bisterfeld und Leibniz.* In: *Studia Leibnitiana* Bd. 5, 1973, S. 43—73.

3 GP VII 118.

schen Einrichtung der Welt folgt für Leibniz, „daß die ganze Natur nicht nur richtig, sondern auch ordentlich und schöhn" eingerichtet und „nicht zu verbeßern" ist. Zwar ist es einem „beschrenckten verstand", der nicht „in dem rechten gesicht-punct" steht, unmöglich, diese Ordnung wahrzunehmen, aber bei der Philosophie geht es gerade um das Gewinnen dieses richtigen Gesichtspunktes gegenüber der vorausgesetzten Ordnung der Welt[4].

Diese Spannung[5] zwischen dem anfänglich immer beschränkten und „perspectivisch"[6] verzerrten Blick auf die Welt und der in ihr vorausgesetzten Ordnung und Richtigkeit bildet den Hintergrund für das Leibnizsche „Forschungsprogramm"[7] der „conciliatio"[8], dessen Grundgedanke den Geist der gesamten Aufklärung und z. B. auch noch den jungen Kant[9] entscheidend prägt. Wenn diese Spannung nämlich als charakteristisch für das menschliche Erkennen gedacht wird, dann kann sie nur durch die Vereinigung der verschiedenen, perspektivisch verzerrten Bilder verringert oder überwunden werden: nicht die wissenschaftliche Revolution[10], die das alte Wissenschaftsgebäude umstürzt, sondern die Vereinigung „omnium seculorum gentiumque labores in unum"[11] ist denn auch das Programm der Leibnizschen „Elementa Scientiarum". Dieses Programm soll jedoch keiner bloßen Sammlung der verschiedenen Meinungen oder einem Perspektivenrelativismus das Wort reden, sondern gewinnt seine eigentliche Kraft aus der Überzeugung, daß Welt an sich bereits geordnet vorliegt: die verschiedenen Ansichten müssen deshalb in einem „centre de perspective" vereinigt werden können, aus dem das Objekt, das sich von jeder anderen Stelle verwirrt ausnimmt, seine ihm eigene „regularité" und die Übereinstimmung seiner Teile erkennen läßt[12]. Eben dies ist nicht nur Ziel der Leibnizschen Philosophie, sondern trägt das gesamte Aufklärungspathos des 18. Jahrhunderts: Aufklärung wird dort wesentlich verstanden als Erhellung einer Ordnung, die an sich in der Welt vorhanden und nur für die jeweilige Beschränktheit des individuellen Blickpunktes verstellt ist, die deshalb durch die Vereinigung der verschiedenen Blickpunkte überwunden werden kann.

Weil sich für Leibniz mit diesem Vorgehen das anfängliche Mißfallen an der „vermeinten unordnung und verwirrung" der Welt so häufig als Produkt „unsers unverstandes" herausstellt, das sich nach dem Gewinnen des richtigen Gesichtspunktes so oft in „wohlgefallen" aufgelöst hat, sprechen diese Erfahrungen mit dem eigenen Denken da-

4 GP VII 120.

5 Vgl. dazu Schneiders, Werner: *Leibniz' doppelter Standpunkt.* In: *Studia Leibnitiana* Bd. 3, 1971, S. 161—190.

6 GP VII 120.

7 Vgl. dazu: Mahnke, Dietrich: *Leibnizens Synthese von Universalmathematik und Individualmetaphysik.* In: *Jahrbuch für Philosophie und phänomenologische Forschung* Bd. 7, 1925, S. 305—612 (Nachdruck: Stuttgart-Bad Cannstatt 1964), S. 313 ff.

8 Vgl. z.B. GP I 17, 21 u. ö.

9 Vgl. dazu Hinske: *Kants Weg zur Transzendentalphilosophie*... a.a.O., S. 127.

10 Vgl. *KrV* B XII ff.; KA III 10 ff.

11 GP VII 130.

12 GP IV 524.

für, selbst dann „ein vollkommenes guthes vertrauen" zu und ein unbesehenes „wohlgefallen an der allgemeinen höchsten verordnung" zu hegen, wenn man den „rechten Punct des anschauens" auch in einzelnen Fragen noch nicht gewonnen hat[13]: Welt ist für Leibniz auch dort, wo ihre Struktur noch nicht durchschaut ist, prinzipiell geordnet gedacht, und diese Ordnung ist die der Mathematik: „Cum DEUS calculat et cogitationem exercet, fit mundus"[14].

Diese Annahme einer schon mathematisch geordneten Welt bestimmt die Rolle, die die Mathematik gegenüber der Philosophie einnimmt. Wenn sie bei Descartes als Vorbild von Wissenschaft überhaupt gesehen und ihre Methodologie daher unmittelbar für die philosophische Methode in Anspruch genommen wurde, so bestimmt die Mathematik bei Leibniz zunächst die Struktur eines Grundlagenbereichs, in dem Mathematik, Metaphysik und Logik in spezifischer Weise vereinigt werden[15]. Die Diskussion methodologischer Probleme erfolgt erst nach dieser Fundierung der Philosophie in mathematischen, metaphysischen und logischen Fundamentalsätzen, und wo methodologische Probleme dennoch bei der Erörterung des Grundlagenbereichs auftauchen, werden sie beinahe regelmäßig als bloß zufällige und für das Grundsätzliche unwesentliche Fragen abgetan, die ihren Ursprung nicht in der Sache selbst, sondern bloß in der beschränkten menschlichen Erkenntniskraft haben[16]. Bei Leibniz stellt also anders als bei Descartes das Methodenproblem nicht das Erste und den Anfang der Philosophie überhaupt dar[17], sondern bezieht sich immer schon auf eine unabhängig davon vorausgesetzte logisch-metaphysische Basis zurück. Dies erklärt auch, warum die Leibnizsche Metho-

13 GP VII 120 f.

14 GP VII 191, Anm.

15 Dies hat zuerst wohl Kabitz: *Die Philosophie des jungen Leibniz...* a.a.O. herausgestellt: „die Idee des logischen Kalküls und der allgemeinen Charakteristik" steht für ihn „in engster Beziehung zu der metaphysisch-mathematischen Grundkonzeption des Systems" (S. 18), „nach welcher das Universum ein harmonisches, mathematisch-logisch gegliedertes Ganze ist. Metaphysik und Mathematik" sind daher für ihn gemeinsam „die grundlegenden Wissenschaften" (S. 12).

16 Vgl. unten S. 188 f.

17 Einer der wenigen, die diese Tatsache in aller Entschiedenheit deutlich gemacht haben, ist Heimsoeth, Heinz: *Leibniz' Methode der formalen Begründung. Erkenntnislehre und Monadologie* (= ders.: *Die Methode der Erkenntnis bei Descartes und Leibniz,* 2. Hälfte ... a.a.O.), S. 194 f.: „Leibniz' Metaphysik baut sich weder der Darstellung noch der Sache nach auf seine Methodenlehre auf. Das Problem der Methode ist in keinem Sinne und durch keine Vermittlung Zentrum oder Fundament in diesem System." „Die Methodenlehre als Instrument der wissenschaftlichen Forschung überhaupt bildet ein abgetrenntes Arbeitsgebiet." In den meisten neueren Darstellungen wird dagegen eine Einteilung in Logik und Methodologie einerseits und Metaphysik andererseits bevorzugt, durch die einerseits logische Fragen unter der Hand immer mit methodologischen Fragen verknüpft und andererseits die engen Beziehungen zwischen Logik und Metaphysik vernachlässigt oder aus jeweils einem der Grundlagenbereiche abgeleitet werden. Dies dürfte Folge der Interpretation der Leibnizschen Philosophie von ihren logisch-methodologischen Voraussetzungen her sein, wie sie seit Russell: *A Critical Exposition of the Philosophy of Leibniz...* a.a.O. und Couturat, Louis: *La logique de Leibniz d'après des documents inédits.* — Paris 1901 (Nachdruck: Hildesheim 1961) vorherrschend geworden ist. Vgl. dazu noch die Gliederung bei Martin, Gottfried: *Leibniz. Logik und Metaphysik.* Zweite, durchgesehene und vermehrte Auflage. — Berlin 1967.

dologie so stark logisch und so wenig erkenntnistheoretisch orientiert ist: Methodologie erscheint hier als eher nachgeordnete Wissenschaft, die nicht so sehr Anfänge setzt, sondern eine bereits vorausgesetzte Struktur und Ordnung der Welt bloß erschließen soll. Dementsprechend gewinnt die Mathematik in doppelter und voneinander zu unterscheidender Weise Einfluß auf die Leibnizsche Philosophie. Einerseits spielt sie eine entscheidende Rolle bei der Strukturierung eines logisch-metaphysischen Grundlagenbereichs, in dem Leibniz die Welt als Produkt eines göttlichen Kalküls interpretiert. Und andererseits kann die mathematische Methodologie dann in einem zweiten Schritt unmittelbar mit der philosophischen Methodologie gleichgesetzt werden, weil auch die philosophische Erkenntnis jetzt als Aufdecken dieser mathematischen Struktur der Welt verstanden werden kann; daher greift Leibniz dann bei der Behandlung methodologischer Fragen der Philosophie[18] unmittelbar auf Methodenmodelle der Mathematik zurück.

Die mathematische Ordnung der Welt wird bei Leibniz in einer Argumentation begründet, die die allgemeine Geltung der Mathematik nicht so sehr aus der ihr eigenen Sicherheit und Evidenz ableitet, sondern den Begriff der „Einheit", der der Mathematik zugrunde liegt, unmittelbar metaphysisch zu verankern sucht: mit der Erörterung des Begriffs der „unitas" beginnt die *Dissertatio de Arte combinatoria* von 1666, und mit der Reflexion auf den Begriff der „monas" endet das Leibnizsche Philosophieren in den späten Schriften. Dieser Fundamentalbegriff der Einheit aber unterliegt im Laufe der Entwicklung des Leibnizschen Denkens einer sich vertiefenden Interpretation, so daß nacheinander unterschiedliche Aspekte dieses Begriffs in den Vordergrund treten. Dies hat dazu geführt, daß dieser Begriff in der Literatur unterschiedliche Auslegungen gefunden hat, deren wesentliche Differenz Leibniz selbst charakterisiert, wenn er in späten Äußerungen zwei verschiedene Arten unterscheidet, den Begriff der Einheit zu verstehen: ‚Einheit' könne einmal das Ganze bezeichnen, das als aus Teilen zusammengesetzt und also als Aggregat begriffen werde; in diesem Sinne sei ein Haufen Steine, eine Herde Schafe, ein Heer von Männern, aber auch eine Uhr ein „unum per accidens", das aus den einzelnen Elementen als seinen Teilen zusammengesetzt ist. Das Eine kann aber auch als Ganzheit begriffen werden, in dem die einzelnen Bestimmungen durch ein einheitliches Bildungsgesetz aufeinander bezogen sind: in diesem Sinne bildet ein Tier oder ein organischer Körper eine Einheit, in der alle Momente durch ein Gesetz bestimmt sind; eine so bestimmte Einheit nennt Leibniz „unum per se"[19].

Legt man diese Leibnizsche Unterscheidung bei der Standortbestimmung der Literatur über Leibniz zugrunde, dann versteht die eher logisch orientierte Leibnizinterpretation

18 Vgl. unten S. 191—203.

19 GP II 457: „Ego quoque sentio, admissis Substantialibus praeter monades, seu admissa Unione quadam reali, aliam longe esse Unionem, quae facit ut animal vel quodvis corpus naturae organicum sit Unum substantiale, habens unam Monada dominantem, quam Unionem, quae facit simplex aggregatum, quale est in acervo lapidum: haec consistit in mera unione praesentiae seu locali, illa in unione substantiatum novum constituente, quod Scholae vocant unum per se, cum prius vocent unum per accidens"; vgl. GP V 133.

von Couturat[20] und Russell[21] über Kauppi[22] und Parkinson[23] bis hin zu Ishiguro[24] und Schneider[25] den Begriff der Einheit im Ausgang von der Begriffslogik eher als den des zusammengesetzten Ganzen und stützt sich dabei vor allem auf die Logik und auf frühe metaphysische Thesen von Leibniz; dagegen setzt die insgesamt eher metaphysisch interessierte Leibnizinterpretation von Kabitz[26] und Jasinowski[27] bis zu Janke[28], Horn[29] und Gurwitsch[30] eher an den späten Bestimmungen der Monadologie an, bestimmt den Begriff der Einheit von dort her als „unum per se" und sucht diese Interpretation auch in den frühen Schriften zu belegen. Zwischen diesen beiden Positionen vermitteln diejenigen Leibnizinterpreten, die — wie Cassirer[31], Brunschvicg[32], Schmalenbach[33], Mahnke[34], Vuillemin[35] und Serres[36] — die Leibnizsche Metaphysik mit Blick auf die Entwicklung seines mathematischen Denkens interpretieren und dadurch die Möglichkeit gewinnen, den dort stattfindenden Übergang von einer Interpretation der Einheit als Zusammensetzung zu der als „unum per se" in Beziehung zu der Wandlung der mathematischen Anschauungen von Leibniz zu setzen.

In der frühen *Dissertatio de Arte combinatoria* von 1666, die maßgeblich von Bisterfeld beeinflußt ist[37], führt Leibniz den Begriff der unio als metaphysische Grundrelation ein und sieht ihn dadurch charakterisiert, daß durch ihn Dinge als Teile eines Ganzen begriffen werden: „pars" und „totum" sind hier die Schlüsselbegriffe der Relation der unio, durch die mehrere zugleich als eines gesetzt werden[38]. Die daraus folgende „doc-

20 Couturat: *La Logique de Leibniz* ... a.a.O.

21 Russell: *A Critical Exposition* ... a.a.O.

22 Kauppi, Raili: *Über die Leibnizsche Logik mit besonderer Berücksichtigung des Problems der Intension und der Extension* (= Acta Philosophica Fennica 12). — Helsinki 1960.

23 Parkinson, G. H. R.: *Logic and Reality in Leibniz's Metaphysics.* — Oxford 1965.

24 Ishiguro, Hidé: *Leibniz's Philosophy of Logic and Language.* — London 1972.

25 Schneider, Martin: *Analysis und Synthesis bei Leibniz.* — Bonn (Diss.) 1974.

26 Kabitz: *Die Philosophie des jungen Leibniz* ... a.a.O.

27 Jasinowski, Bogumil: *Die analytische Urteilslehre Leibnizens in ihrem Verhältnis zu seiner Metaphysik.* — Wien 1918.

28 Janke, Wolfgang: *Leibniz. Die Emendation der Metaphysik* (= Philosophische Abhandlungen 23). — Frankfurt/M. 1963.

29 Horn, Joachim Christian: *Monade und Begriff. Der Weg von Leibniz zu Hegel* (= Überlieferung und Aufgabe 3). — Wien, München 1965.

30 Gurwitsch, Aron: *Leibniz. Philosophie des Panlogismus.* — Berlin, New York 1974.

31 Cassirer, Ernst: *Leibniz' System in seinen wissenschaftlichen Grundlagen.* — Marburg 1902 (Nachdruck: Hildesheim 1962).

32 Brunschvicg: *Les étapes de la philosophie mathématique*... a.a.O.

33 Schmalenbach, Herman: *Leibniz.* — München 1921.

34 Mahnke: *Leibnizens Synthese* ... a.a.O.

35 Vuillemin: *Sur la différence et l'identité*... a.a.O.

36 Serres, Michel: *Le système de Leibniz et ses modèles mathématiques.* 2 Bde. — Paris 1968.

37 Vgl. oben Anm. 2.

38 GP IV 35: „... supponendo partem quasi a toto diversam, etiam quantitas rei ad partem relatio est". „In unione autem Res, inter quas haec relatio est, dicuntur *partes,* sumtae cum unione, *Totum.* Hoc contingit, quoties plura simul tanquam *Unum* supponimus".

trina de Toto et partibus" gehört unmittelbar zur Metaphysik[39] und damit zu derjenigen Wissenschaft, die das erfaßt, was allen Arten des Seins gemeinsam ist, und deren Aussagen für alle Dinge gelten. Daher kann als allgemeingültige Bestimmung eingeführt werden, daß jedes Ganze (totum) in Teile als in kleinere und kleinste Ganze zerlegt werden kann[40], so daß die grundlegenden Begriffe der Kombinatorik unmittelbar auf jedes Ganze angewendet werden können: weil jedes Ganze als Kombination seiner Teile begriffen wird, deshalb können die zwei Arten der Variation, die Leibniz hier unterscheidet, nämlich die complexio als Bestimmung der in einem Ganzen enthaltenen Teile und der situs als Bestimmung der Reihenfolge der Teile, unmittelbar als zur Metaphysik gehörig begriffen werden[41].

Aus der Annahme dieser Grundrelation von Teil und Ganzem folgt für Leibniz die unmittelbare Anwendbarkeit des Zahlbegriffs auf alles Seiende: die Relation der Quantität erfaßt das Verhältnis von Teil und Ganzem abstrakt unter dem Begriff der Zahl: „Abstractum autem ab uno est *Unitas,* ipsumque totum abstractum ex unitatibus seu totalitas dicitur *Numerus*". Damit spiegelt die Zahl unmittelbar den quantitativen Aspekt der Dinge und muß nicht mehr als ein aus der anschaulichen Größe der Ausdehnung erst abstrahiertes Element begriffen werden: „Quantitas igitur est Numerus partium"[42]. Zwar kann uns bei noch unbestimmten Größen die Zahl der Teile oder Dinge zunächst unbekannt sein; dabei handelt es sich dann aber nicht um eine Unbestimmtheit im Objekt, sondern um eine des erkennenden Subjekts, das noch nicht den ‚rechten Gesichtspunkt' gefunden hat: „in re" kommen Quantität und Zahl überein. Deshalb können auch die „Quantitates non Expositae" mit Hilfe der ingeniösen „Analytica Speciosa" des Descartes zunächst äußerlich durch ihr Verhältnis zu anderen Größen bestimmt, daraus dann berechnet und also in die bestimmten Größen und d. h. in die Zahlen verwandelt werden, die sich hinter ihnen verbergen. Analysis erscheint also hier als ein Verfahren, eine für den beschränkten menschlichen Verstand zunächst unbestimmte Größe aus ihrem Verhältnis zu anderen bestimmten Größen zu exponieren und d. h. als Zahl zu ermitteln. Getragen wird diese Argumentation bei Leibniz anders als in der rein mathematischen Begründung bei Descartes durch die Überzeugung, daß im Objekt selbst Größe nichts als die Zahl der Teile bedeute oder daß „in re ipsa Quantitatem et Numerum coincidere"[43]. Alle Quantität ist damit durch die Zahl der

39 GP IV 36.

40 Ebd.: „Totum ipsum (et ita Numerus vel Totalitas) discerpi in partes tanquam minora tota potest". „Totum sit ABC, erunt minora Tota, partes illius, AB, BC, AC: et ipsa minimarum partium, seu pro minimis suppositarum (nempe Unitatum) dispositio inter se et cum toto, quae appellatur situs, potest variari".

41 Ebd.: „Et tum *Complexio,* tum *Situs* ad Metaphysicam pertinet, nempe ad doctrinam de Toto et partibus, si in se spectentur".

42 GP IV 35

43 Ebd.: „Hinc manifestum, in re ipsa Quantitatem et Numerum coincidere, illam tamen interdum quasi extrinsece, relatione seu Ratione ad aliud, in subsidium nempe quamdiu numerus partium cognitus non est, exponi. Et haec origo est ingeniosae Analyticae Speciosae, quam excoluit inprimis *Cartesius*... Est igitur *Analysis* doctrina de Rationibus et Proportionibus, seu Quantitate non Exposita".

Teile bestimmt und reduziert sich auf das „Eins und Eins und Eins", das die Definition der Zahl ist[44].

Dieser frühe Leibnizsche „Arithmetismus"[45] beansprucht also, der Mathematik und dem Zahlbegriff eine metaphysische Grundlage zu geben: die Zahl erfaßt unmittelbar den quantitativen Aspekt des metaphysisch grundlegenden Verhältnisses von Teil und Ganzem und ist daher „figura quasi Metaphysica". Zugleich sichert diese metaphysische Grundlegung der Mathematik den Anspruch auf unmittelbare Geltung gegenüber der Wirklichkeit, wie sie ihn in der ars combinatoria entfaltet: Arithmetik wird als eine Art Statik des Universums begriffen, mit deren Hilfe es gelingen soll, die ‚Potenzen' der Dinge selbst aufzudecken[46]. In diesem Sinne ist die Relation von Teil und Ganzem für den frühen Leibniz nicht nur Grundkategorie der Mathematik, sondern bestimmt als beherrschendes Strukturprinzip auch unmittelbar seine Ontologie. Der Rang dieses Prinzips sichert nämlich seine Anwendbarkeit auf alle Dinge, „quae sunt aut cogitari possunt": „Weil alles, was ist oder gedacht werden kann, sich aus realen oder wenigstens gedachten Teilen zusammensetzt, so muß, was sich spezifisch unterscheidet, sich entweder darin unterscheiden, daß es andere Teile, oder daß es dieselben Teile in anderer Anordnung enthält"[47]. Dem Leibnizschen Arithmetismus im Felde der Mathematik korrespondiert hier ein Atomismus im Felde der Metaphysik: alles Große setzt sich aus Kleinem, mag es nun Atom oder Molekül heißen, zusammen. Und daraus ergeben sich ganz unmittelbar die Hoffnungen, die Leibniz hier auf die Kombinatorik setzt: wenn sich alles aus Teilen zusammensetzt, dann geht alles aus der Lehre von den Variationen hervor; sie allein führt den Geist durch die ganze Unendlichkeit und enthält in einem die Harmonie der Welt, den innersten Aufbau der Dinge und die ganze Reihe der Formen in sich; die Betrachtung der Komplexionen stellt den einzigen Weg dar, ins Geheimnis der Natur einzudringen, weil man ein Ding um so vollkommener erkennt, je mehr Teile und Teile der Teile und je mehr man ihre Gestalt und Stellung wahrnimmt[48].

Mit diesen Bestimmungen stellt sich Leibniz in die Nähe der Hobbes'schen Interpreta-

44 GP I 24: „Magnitudinem [definio] numerum partium in extenso. Numerum definio unum, et unum, et unum etc. seu unitates".

45 Vgl. Cassirer: *Leibniz' System* ... a.a.O., S. 489 ff.; Kabitz: *Die Philosophie des jungen Leibniz*... a.a.O., S. 14 ff.; Schmalenbach: *Leibniz*... a.a.O., S. 80 ff.

46 GP VII 184: „Sed nihil est quod numerum non patiatur. Itaque numerus quasi figura metaphysica est, et Arithmetica est quaedam Statica Universi, qua rerum potentiae explorantur".

47 GP IV 44: „Cum omnia quae sunt aut cogitari possunt, fere componantur ex partibus aut realibus aut saltem conceptualibus, necesse est, quae specie differunt, aut eo differe, quod alias partes habent... vel quod alio situ".

48 GP IV 56 f.: „Ab instituto autem abiisse nemo non dicet, qui onmia ex intima Variationum doctrina erui viderit, quae sola prope per omne infinitum obsequentem sibi ducit animum, et harmoniam mundi et intimas constructiones rerum seriemque formarum una complectitur... Istis complicationibus... (si quidem verum est, grandia ex parvis, sive haec atomos sive moleculas voces, componi) unica ista via est in arcana naturae penetrandi, quando eo quisque perfectius rem cognoscere dicitur, quo magis rei partes et partium partes, earumque figuras positusque percepit".

tion des Erkennens als eines Rechnens, eines Addierens oder Subtrahierens, die Leibniz auch ausdrücklich zitiert[49]. Wenn aber Hobbes die logischen Operationen mit den mathematischen parallelisiert und die Kopula „est" des affirmativen Urteils mit dem Addieren und die des negativen Urteils mit dem Subtrahieren gleichsetzt, geschieht das bei ihm unter der Voraussetzung, daß alle dabei verwendeten Begriffe durch willkürliche Definitionen bestimmt sind. Diese Voraussetzung aber widerspricht der Leibnizschen These von der unmittelbaren Geltung der Relation der Einheit für die Dinge selbst und würde den metaphysischen Anspruch, den Leibniz mit der Kombinatorik verbindet, unterlaufen: deshalb lehnt Leibniz die Position Hobbes' als einen extremen und zu weit gehenden Nominalismus ab[50]: Hobbes sehe nicht nur — wie die gemäßigten Nominalisten, zu denen Leibniz sich selbst zählt, — die Universalien und Abstracta als bloße Namen an[51], sondern behaupte darüber hinaus, daß die Wahrheit der Dinge selbst bloß im willkürlich gebildeten Definitionen bestehe und also letztlich der menschlichen Willkür anheimgegeben sei[52]; demgegenüber nehme der wahre Nominalismus die individuellen Substanzen von dieser nominalistischen Deutung aus. Der Nominalismus findet für Leibniz seine Grenze also im Begriff der Einzelsubstanz oder des Individuums, in ihm soll die unio ihre höchste Grenze und zugleich damit die Realität des Einzeldinges selbst erreichen.

Diesen Begriff der „substantia singularis vel individualis" bestimmt Leibniz in einer Argumentation, in der sich logische und metaphysische Argumente in eigentümlicher Weise durchdringen[53]. Leibniz geht zunächst von der traditionellen Definition aus, derzufolge die Substanz dadurch charakterisiert ist, daß sie selbst nicht Prädikat eines anderen Subjekts sein kann, kritisiert diese Definition aber als bloß nominalistisch, weil sie den zu definierenden Begriff bloß gegen einen anderen — den des Attributs — abhebt und nicht seine konstitutiven Merkmale beibringt[54]. Dies könne nur in einer Reflexion auf das wahre Verhältnis zwischen Substanz und Attribut geschehen. Dessen Charakter aber beschreibt Leibniz wiederum mit Hilfe der Relation der unio: im Begriff der Substanz sind ihre Attribute vereinigt. Erfaßbar ist dieses Verhältnis von Substanz und Attribut in der Form des in-esse[55], die gleichermaßen für das Verhältnis von Substanz und

49 GP IV 64.

50 Zur nur bedingten Geltung dieser These vgl. Hübener, Wolfgang: *Ist Thomas Hobbes Ultranominalist gewesen?* In: *Studia Leibnitiana* Bd. 9, 1977, S. 77—100.

51 GP IV 157: „Nominales sunt, qui omnia putant esse nuda nomina praeter substantias singulares, abstractorum igitur et universalium realitatem prorsus tollunt", vgl. dazu Martin, Gottfried: *Der Begriff der Realität bei Leibniz.* In: *Kant-Studien* Bd. 49, 1957/58, S. 82—94.

52 GP IV 158: „Thomas Hobbes ..., ut verum fatear, mihi plusquam nominalis videtur. Non contentus enim cum Nominalibus universalia ad nomina reducere, ipsam rerum veritatem ait in nominibus consistere, ac, quod majus est, pendere ab arbitrio humano, quia veritas pendeat a definitionibus terminorum, definitiones autem terminorum ab arbitrio humano".

53 Vgl. dazu insbesondere Jasinowski: *Die analytische Urteilslehre...* a.a.O., S. 96 ff.

54 GP IV 432 f.: „Il est bien vray, que lorsque plusieurs predicats s'attribuent à un même sujet, et que ce sujet ne s'attribue plus à aucun autre, on l'appelle substance individuelle; mais cela n'est pas assez, et une telle explication n'est que nominale".

55 Vgl. dazu unten S. 183—188.

Attribut wie für das von Subjekt und Prädikat in Anspruch genommen wird: daß die Attribute in der Substanz enthalten sind, heißt in der Sprache der Logik nichts anderes, als daß sie als Teilbegriffe im Begriff des Subjekts enthalten sind[56]. Die individuelle Substanz stellt dabei eine absolute Grenze der unio dar: weil die individuelle Substanz — so nimmt Leibniz die zunächst als nominalistisch kritisierte aristotelische Substanzdefinition wieder auf — nicht wieder Prädikat eines Subjekts sein kann, ist sie absolutes Ganzes; die ihr zukommenden Attribute können also ihren Grund nicht in einem höheren Ganzen haben, sondern müssen alle im Begriff der Substanz enthalten sein[57].

In dieser Bestimmung der Substanz gewinnt also das vorher abstrakt entwickelte Verhältnis von Ganzem und Teil seinen Realitätsbezug: die individuelle Substanz ist das höchste Ganze, in dem alle Attribute als Teile enthalten sind und das selbst nicht wieder als Teil in einem anderen Ganzen enthalten ist; die Substanz ist das être complet des Einzeldinges, in dessen Begriff alle Attribute enthalten sind, die ihm zukommen können[58], und das durch diese vollständige Bestimmtheit vom être incomplet der Abstrakta unterschieden ist[59]. Der Substanzbegriff wird hier also letztlich aus der Relation der unio gewonnen, so daß man vom „Synthesis-Charakter von Substanz und Attribut“[60] hat reden können: die Substanz wird unter dem Begriff des ‚kompletten Seins‘ begriffen als das vollständig bestimmte Sein, das alle prädikativen Bestimmungen in sich enthält, die ihm zukommen. Damit verschwindet die in der zeitgenössischen Logik übliche Unterscheidung zwischen wesentlichen und zufälligen Attributen: wenn die individuelle Substanz vollständig bestimmtes Sein ist, dann bewirkt jede Änderung dieses Bestimmtseins und nicht nur die eines ‚wesentlichen‘ Merkmals einen Wesensunterschied: alle ‚Merkmale‘ gewinnen den Charakter einer „differentia specifica“. Vor diesem Hintergrund erhält das principium identitatis indiscernibilium seine eigentliche Begründung: erst, wenn auch die scheinbar äußerlichen Merkmale der räumlichen und zeitlichen Bestimmtheit als konstitutive Merkmale der individuellen Substanz begriffen werden[61], kann die These von der Identität des Ununterscheidbaren aufgestellt werden.

56 GP IV 433: „Il faut donc considerer ce que c'est que d'estre attribué veritablement à un certain sujet. Or il est constant que toute predication veritable a quelque fondement dans la nature des choses, et lors qu'une proposition n'est pas identique, c'est à dire lors que le predicat n'est pas compris expressement dans le sujet, il faut qu'il y soit compris virtuellement, et c'est ce que les Philosophes appellent *in-esse,* en disant que le predicat *est dans* le sujet“.

57 C 403: „Nam substantia individualis est subjectum quod alteri subjecto non inest, alia autem insunt ipsi, itaque praedicata omnia ejusdem subjecti sunt omnia praedicata ejusdem substantiae individualis; eorum ergo ratio reddi potest ex notione substantiae individualis“.

58 GP IV 433: „... nous pouvons dire que la nature d'une substance individuelle ou d'un estre complet, est d'avoir une notion si accomplie qu'elle soit suffisante à comprendre et à en faire deduire tous les predicats du sujet à qui cette notion est attribuée“.

59 GP II 38 f.: „... je diray seulement, pourquoy je croy, qu'il faut philosopher autrement de la notion d'une substance individuelle que de la notion specifique“. „Aussi la notion de la sphere en general est incomplete ou abstraite..., mais la notion de la sphere qu' Archimede a fait mettre sur son tombeau est accomplie et doit enfermer tout ce qui appartient au sujet de cette forme“.

60 Janke: *Leibniz*... a.a.O., S. 71.

61 Vgl. unten S. 189 f.

Weil jede Substanz durch alle ihr zukommenden Attribute bestimmt ist, folgt aus der Ununterscheidbarkeit dieser Bestimmungen die Identität: Substanzen, deren Attribute völlig identisch sind, sind nicht mehrere, sondern Eins[62].

Aber mit diesen Bestimmungen hat Leibniz im Grunde bereits den ursprünglichen Ansatz überschritten, in dem das Verhältnis der Substanz zu ihren Attributen als das des Ganzen zu seinen Teilen verstanden werden konnte. Wenn der Begriff der Substanz jetzt nämlich nicht mehr bloß die wesentlichen Merkmale eines Dinges, sondern alle seine Attribute enthalten soll, dann sind damit auch die unwesentlichen und zufälligen angesprochen, die einer individuellen Substanz nur gelegentlich zukommen. Dies erläutert Leibniz beispielsweise am Begriff „Alexanders des Großen": in dem Begriff dieses Individuums sollen jetzt nicht mehr bloß allgemeine Begriffe wie der des „Königs" als eine seiner wesentlichen Eigenschaften enthalten sein, sondern auch seine in der Zeit wechselnden Akzidentien wie die, daß er zu einem bestimmten Zeitpunkt Darius und zu einem anderen Porus besiegt hat usw[63]. Wenn aber auch solche in der Zeit wechselnden Bestimmungen im Begriff der Einzelsubstanz enthalten sein sollen, dann läßt sich das Verhältnis von Merkmal und Substanz nicht mehr einfach als das des Teiles zum Ganzen fassen: die Substanz kann nicht mehr bloß als die formale Einheit, als einfache Summe oder Kombination der ihr zukommenden Attribute verstanden werden, die alle zugleich in ihr als Teile enthalten wären. Wenn Leibniz daher daran festhält, daß auch die ‚zufälligen' und in der Zeit wechselnden Bestimmungen im Begriff der individuellen Substanz enthalten sein sollen, dann gewinnt jetzt der Begriff des „inesse" eine neue Bedeutung: er kann nicht mehr einfach das Enthaltensein der Teile in dem aus ihnen zusammengesetzten Ganzen bezeichnen; was jetzt gefordert ist, ist ein Verständnis des Substanzbegriffs als Einheit, aus der sich die Vielheit der Attribute und ihre zeitliche Abfolge ableiten läßt, ohne daß diese Attribute als Teile verstanden werden, aus denen die Substanz besteht.

Diese Bedingung ist offenbar erfüllt, wenn man die Einheit der Substanz nicht mehr als Summe und Aggregat, sondern als „unum per se" versteht, in der eine dominierende Monade die einzelnen Attribute der Substanz konstituiert[64]: Substanzen sind keine Ganzheiten, die ihre Teile „formaliter", sondern vollständige Dinge, die das Partikulare in „eminenter" Weise in sich enthalten[65]. Die Bedeutung dieser Unterscheidung klärt

62 GP VII 372: „Poser deux choses indiscernables, est poser la même chose sous deux noms". Vgl. dazu neben der Diskussion mit Clarke die mit de Volder und des Bosses (z. B. GP II 227, 419 u. ö.) und die *Monadologie* (GP VI 608), wo das „principe de l'identité des indiscernables" jeweils aus diesem Begriff der Substanz bzw. der Monade als dem des vollständigen Seins begründet wird.

63 GP IV 433: „Ainsi la qualité de Roy qui appartient à Alexandre le Grand, faisant abstraction du sujet, n'est pas assez determinée à un individu, et n'enferme point les autres qualités du même sujet, ny tout ce que la notion de ce Prince comprend, au lieu que Dieu voyant la notion individuelle ou hecceïté d'Alexandre, y voit en même temps le fondement et la raison de tous les predicats qui se peuvent dire de luy veritablement, comme par exemple qu'il vaincroit Darius et Porus".

64 Vgl. oben Anm. 19.

65 GP II 263: „Substantiae non tota sunt quae contineant partes formaliter, sed res totales quae partiales continent eminenter".

Leibniz, wenn er das Verhältnis der Einheit der Substanz zu der Vielheit ihrer Attribute im näheren als das Verhältnis einer Regel oder eines Gesetzes zu ihren einzelnen Produkten bestimmt: jede Substanz enthält in ihrer Natur jetzt „das Gesetz der aufeinanderfolgenden Serie ihrer Aktionen und alles, was ihr widerfährt und widerfahren wird“[66]; das Beharrende in der Substanz ist „das Gesetz selbst, das die aufeinanderfolgende Sukzession enthält“[67]. Und wenn die Substanz so als unum per se bestimmt ist, in dem die einzelnen Bestimmungen als Produkte eines sich durchhaltenden Bildungsgesetzes verstanden werden, dann wird dem unum per accidens, dem bloßen Aggregat, ausdrücklich der Charakter des Seins und der metaphysischen Realität abgesprochen: die Aggregation ist nur eine vom Geist hergestellte Einheit, das Sein dieser aggregativen Einheit ist daher gewissermaßen bloß geistig und phänomenal wie das des Regenbogens[68]; die eigentliche Realität dagegen findet sich nur in der als unum per se verstandenen Einzelsubstanz.

Wenn so die Einheit der Substanz letztlich in dem ihr innewohnenden Gesetz begründet ist, das ihre einzelnen Zustände kontinuierlich hervorbringt, dann steht diese metaphysische These — darauf haben vor allem Cassirer[69], Brunschvicg[70] und Gurwitsch[71] aufmerksam gemacht — in engem Zusammenhang mit dem Grundansatz der analytischen Mathematik, die Leibniz erst während seines Paris-Aufenthaltes 1672—76 gründlich kennenlernt und dann durch die Entdeckung des Infinitesimalkalküls erweitert. Wie dort in einer mathematischen Funktion das Bildungsgesetz formuliert ist, aus dem sich unendlich viele Einzelwerte errechnen lassen, so soll hier im Begriff der individuellen Substanz das Gesetz gegeben sein, aus dem sich ihre einzelnen Zustände bestimmen lassen; wie in der analytischen Geometrie Kurven nicht mehr durch die Angabe einzelner Größen, sondern durch eine Funktionsgleichung bestimmt werden, aus der sich die unendlich vielen Einzelwerte errechnen lassen, so soll hier die individuelle Substanz das Gesetz enthalten, aus dem sich ihre in der Zeit wechselnden Zustände bestimmen lassen; wie sich in der Differentialrechnung aus den Eigenschaften eines Punktes einer Kurve die Eigenschaften beliebiger anderer Punkte dieser Kurve errechnen lassen, so soll hier aus der vollständigen Kenntnis des Zustandes einer Substanz zu einer Zeit auf die Zustände dieser Substanz zu anderen Zeitpunkten geschlossen werden können. Und wie sich in der analytisch verstandenen Mathematik allgemein einzelne mathematische Größen und ihr Verhältnis zueinander als Einzelwerte der allgemeinen Funktion begreifen lassen, so soll hier in der Leibnizschen Metaphysik das Wesen der Substanz

66 GP II 136: „Que chacune de ces substances contient dans sa nature *legem continuationis seriei suarum operationum,* et tout ce qui luy est arrivé et arrivera“.

67 GP II 263: „Nec mihi aliud in eis [rebus singularibus] est permanens quam lex ipsa quae involvit continuatam successionem“.

68 GP V 133: „Ainsi ces *Estres par Aggregation* n'ont point d'autre unité achevée que la mentale; et par consequent leur Entité aussi est en quelque façon mentale ou de phenomene, comme celle de l'arc en ciel“.

69 Cassirer: *Das Erkenntnisproblem* ... a.a.O., Bd. II, S. 153 ff.; ders.: *Leibniz' System* ... a.a.O., S. 388 ff.

70 Brunschvicg: *Les étapes de la philosophie mathématique* ... a.a.O., S. 204 ff.

71 Gurwitsch: *Leibniz* ... a.a.O., S. 302 ff.

letztlich in dem Gesetz bestehen, daß die Veränderungen hervorbringt, denen sie unterliegt.

Die Entwicklung des Leibnizschen Substanzbegriffs von der *Dissertatio de Arte combinatoria* bis zur *Monadologie* steht also in engem Zusammenhang mit der Entwicklung seines mathematischen Denkens, in dem die ursprüngliche Orientierung am Begriff der Zahl durch die Fundierung der Mathematik im Begriff der Funktion ersetzt wird[72]. Dabei kann unentschieden bleiben, welcher der beiden Seiten Priorität zukommt; Leibniz selbst behauptet, daß seine Analysis des Unendlichen aus dem innersten Quell seiner Philosophie abgeleitet sei und sieht beide unmittelbar aufeinander verwiesen: einerseits erhält diese neu erfundene Mathematik ihr Licht aus philosophischen Thesen, und andererseits gibt sie diesen ihrerseits Autorität[73], indem sie verständlich macht, wie sich aus der durch ein Bildungsgesetz bestimmten Monade die Vielzahl ihrer Einzelzustände ergeben kann. In diesem Sinne gewinnt die Mathematik noch vor der Erörterung aller methodologischen Fragen Bedeutung für die Leibnizsche Philosophie und wird unmittelbar für die Konzeption eines metaphysischen Grundlagenbereichs in Anspruch genommen, der dann bei der Klärung methodologischer Einzelfragen immer vorausgesetzt wird.

§ 18 Die Logik des Begriffs und die Theorie des Urteils

Die Leibnizsche Logik ist so eng mit seiner Metaphysik verflochten, daß es über die entwicklungsgeschichtliche und sachliche Abhängigkeit der einen von der anderen zum Streit hat kommen können: während die logisch orientierte Leibnizinterpretation die metaphysischen Thesen der Leibnizschen Philosophie aus der Logik des Begriffs und aus der Urteilstheorie zu rekonstruieren suchte, sahen die ‚Metaphysiker' umgekehrt die Logik in metaphysischen Aussagen über die Substanz fundiert[1]; Gurwitsch hat die Untrennbarkeit der Leibnizschen Logik und Metaphysik durch die These vom Panlogismus der Leibnizschen Philosophie und durch die Darstellung der in ihr herrschenden „logico-ontologischen Äquivalenz" als die zwei Seiten einer Münze aufgewiesen[2]. Diese enge Bindung der Logik an die Metaphysik verhindert, daß Leibniz in der Logik

72 Cassirer: *Das Erkenntnisproblem* ... a.a.O., Bd. II, S. 144 f.

73 FC 327 f.: „Fortasse non inutile erit, ut nonnihil in praefatione operis tui attingas de nostra hac analysi infiniti, ex intimo philosophiae fonte derivata ... Et haec nova inventa mathematica partim lucem accipient a nostris philosophematibus, partim rursus ipsis autoritatem dabunt".

1 Vgl. oben S. 171 f.

2 Gurwitsch: *Leibniz* ... a.a.O., S. 14 ff.

bloß ein Instrument der Erkenntnis sehen kann: die Logik enthält für ihn selbst Prinzipien der wahren Philosophie[3], orientiert sich unmittelbar an den ontologischen Strukturen und ist als „art de inventer en general“ kaum von der Metaphysik zu unterscheiden[4].

In diesem Sinne begründet Leibniz schon 1666 in der *Dissertatio de Arte combinatoria* sein Konzept einer inventiven Logik unmittelbar mit der dort metaphysisch verankerten Relation von Teil und Ganzem: Weil alles aus Teilen zusammengesetzt ist, muß, was der Art nach verschieden ist, entweder dadurch verschieden sein, daß es andere Teile hat, oder dadurch, daß ihre Lage verschieden ist. Dies begründet zwei Teile der inventiven Logik: der erste beschäftigt sich mit der Materie der infrage stehenden Begriffe und d. h. mit den in ihnen enthaltenen „termini simplices“ („doctrina divisionum“), der zweite mit den zusammengesetzten Begriffen („doctrina propositionum“), beide aber sind im Begriff der Zusammensetzung begründet[5].

Damit stellt Leibniz die Theorie des Begriffs in den Mittelpunkt und an den Anfang der Logik und bestimmt diese Theorie des Begriffs mit Hilfe der Relation von Ganzem und Teil: Begriffe werden als zusammengesetzt verstanden und sollen durch eine „doctrina divisionum“ in ihre einfachen Bestandteile zerlegt werden. Dies geschieht unter dem Titel der „Analyse“: mit ihrer Hilfe wird ein gegebener Begriff in seine formalen Teile zerlegt — d. h. seine Definition wird gegeben —, diese Teile werden wiederum in Teile zerlegt — die Definition der in der ersten Definition verwendeten Begriffe wird gegeben —, bis man zu den einfachen Teilen oder den undefinierbaren Begriffen gelangt[6]. Auf diese Weise sollen — so schreibt Leibniz 1671 an den Herzog Johann Friedrich von Braunschweig — „alle Notiones compositae der ganzen welt in wenig simplices als deren Alphabet reduciret“ werden, und aus diesem Alphabet der einfachen Begriffe sollen sich alle anderen Begriffe ableiten lassen[7].

Daß es diese einfachen Begriffe geben müsse, wird 1666 von Leibniz mit einem Hinweis auf den aristotelischen Satz, alles könne man nicht definieren, begründet; auch später hält er trotz aller Schwierigkeiten bei der Ermittlung dieser letzten einfachen Begriffe durchgängig an ihrer Annahme fest. Diese Schwierigkeiten, auf die Leibniz bei der konkreten Durchführung stößt, bestehen nicht nur darin, daß es ihm trotz nicht

3 GP IV 137: invenio „Logicam veram non tantum instrumentum esse, sed et quodammodo principia ac veram philosophandi rationem continere, quia generales illas regulas tradit, ex quibus vera falsaque dijudicari“.

4 GP IV 292: „j'ay reconnu que la vraye Metaphysique n'est guères differente de la vraye Logique, c'est a dire de l'art d'inventer en general“.

5 GP IV 44: „Imo Complexionum ope non solum species rerum, sed et attributa inveniuntur, ut ita tota propemodum Logicae pars *inventiva* illic circa terminos simplices, hic circa complexos fundetur in Complexionibus, uno verbo et doctrina *divisionum* et doctrina *propositionum*“.

6 GP IV 64 f.: „Analysis haec est: ... Datus quicunque Terminus resolvatur in partes formales, seu ponatur ejus definitio; partes autem hae iterum in partes, seu terminorum definitionis definitio; usque ad partes simplices seu terminos indefinibiles“.

7 GP I 58.

aussetzender Bemühungen[8] nicht gelingt, eine vollständige oder auch nur lückenhafte Aufstellung der einfachen Begriffe zu geben. Dieses Ziel, das er seit den frühen Schriften unter dem Titel eines „Alphabetum cogitationum humanarum" anstrebt[9], wird nämlich so wenig erreicht, daß nicht nur der Inhalt, sondern sogar die Zahl dieser Grundbegriffe immer umstritten bleibt: einmal wird vermutet, daß es sich um „wenig simplices" handelt[10], dann wieder werden sie mit den Primzahlen verglichen, von denen es unendlich viele gibt[11].

Wichtiger als diese faktische Unsicherheit sogar über die Zahl der einfachen Begriffe ist, daß es kein eigentliches positives Kriterium für die Einfachheit eines Begriffs gibt: wie die Primzahlen für Leibniz nur dadurch ermittelt werden können, daß man versucht, sie zu teilen, und dabei erfolglos bleibt, genauso kann die Ermittlung der einfachen Begriffe nur „negativ" und „durch Versuch" geschehen[12]. Ob also ein vorliegender Begriff einfach ist, kann nur aus seiner faktischen Unauflöslichkeit geschlossen werden, die ihren Grund ebenso im Unvermögen des Erkennenden wie in der Natur dieses Begriffs haben kann. Damit rückt die spezifische Erkenntnis dieser einfachen Begriffe in gefährliche Nähe zu dem durch die Kriterien des Klaren und Deutlichen nur negativ bestimmten Begriffs des intuitus, dessen Verwendung bei Descartes Leibniz scharf kritisiert[13]; auch er sieht sich gezwungen, für die einfachen Begriffe eine intuitive Erkenntnis anzunehmen[14], ohne doch angeben zu können, wann genau sie in ihr Recht tritt. Und deshalb finden sich denn auch in den späteren Äußerungen von Leibniz immer deutlicher Zweifel an der Auffindbarkeit dieser einfachen Begriffe: Ob die vollkommene Analyse der Begriffe für den Menschen erreichbar ist, erscheint ihm mehr und mehr als fraglich[15] und gelegentlich sogar als ausgeschlossen[16], so daß er sich später zu einer

8 Vgl. dazu den Bericht über immer wieder unternommene Versuche, Listen solcher einfachen Begriffe zu erstellen, bei Schepers, Heinrich: *Leibniz' Arbeiten zu einer Reformation der Kategorien.* In: *Zeitschrift für philosophische Forschung* Bd. 20, 1966, S. 539—567 und ders.: *Begriffsanalyse und Kategorialsynthese. Zur Verflechtung von Logik und Metaphysik bei Leibniz.* In: *Akten des Internationalen Leibniz-Kongresses Hannover, 14.—19. November 1966,* 3 Bde. (= Studia Leibnitiana Supplementa Bd. 1—3). — Wiesbaden 1969, Bd. 3, S. 34—49.

9 GP VII 185; vgl. 199, 205, 292, C 165 u. ö.

10 GP I 58; vgl. C 430: „Tametsi infinita sint quae concipiuntur, possibile tamen est pauca esse quae per se concipiuntur. Nam, per paucorum combinationem infinita componi possunt".

11 C 49 ff., 55, 57 u. ö.

12 C 187: „Les premiers termes indéfinibles ne se peuvent aisement reconnoistre de nous, que comme les nombres premiers: qu'on ne sçauroit discerner jusqu'icy qu'en essayent la division ... De même les termes irresolubles ne se sçauroient bien reconnoistre que negativement, et comme par provision".

13 Vgl. GP IV 328: „... principium illud toties decantatum: quicquid clare distincteque percipio, verum est, nobis parum prodest, quamdiu non satis exhibentur indicia clari et distincti". Vgl. dazu Belaval, Yvon: *Leibniz Critique de Descartes.* — Paris 1960, S. 138 ff.

14 GP IV 423 f.: „Notionis distinctae primitivae non alia datur cognitio, quam intuitiva". „Ex his jam patet, nos eorum quoque quae distincte cognoscimus, ideas non percipere, nisi quatenus cogitatione intuitiva utimur".

15 GP IV 423. „... cum analysis ad finem usque producta habetur, cognitio est *adaequata*, cujus exemplum perfectum nescio an homines dare possint"; vgl. 425, C 431, 514.

16 GP I 272: „... sequitur, nihil a nobis cogitari simplicissimum".

Differenzierung zwischen den an sich und den für uns ersten Begriffen gezwungen sieht, in der anders als früher das „Alphabetum cogitationum humanarum" nicht mehr mit den an sich einfachen Begriffen gleichgesetzt wird, sondern bloß noch die nicht mehr hinterfragbare Basis der menschlichen Erkenntnis darstellt[17].

Dennoch hält Leibniz bis in seine Entwürfe einer scientia generalis an der Voraussetzung einfacher Begriffe fest und geht bei der Konzeption wissenschaftlicher Programme immer wieder wie selbstverständlich von diesen einfachen Begriffen aus. Dies kann seinen Grund also nicht in der Überzeugung haben, bereits über diese einfachen Begriffe zu verfügen, sondern beruht im Gegenteil auf der Annahme, daß — ungeachtet, ob irgendein Mensch bereits im Besitz dieser Kenntnis sei — die Struktur der Begriffe selbst dem Schema von Ganzem und Teil gehorche. Dieses als metaphysische Relation herausgehobene Verhältnis von Teil und Ganzem bestimmt das Leibnizsche Denken auch gegenüber den Begriffen und allein aus ihm ergibt sich zwingend die Annahme einfacher Begriffe. Wenn nämlich Begriffe überhaupt als Komplexionen verstanden werden, dann müssen sie ihre eigentliche Basis im Inkomplexen haben: ohne primitive Begriffe können wir keine zusammengesetzten Begriffe haben, die ja nur von diesen abgeleitet sind[18]. Die Leibnizsche Argumentation im Felde der Logik nähert sich an diesem Punkte seiner Auseinandersetzung mit dem Kontinuitätsproblem im Felde der Mathematik, nur daß sich hier das umgekehrte Resultat ergibt: wie dort die Irrealität des Raumes aus dem Satz abgeleitet wurde, daß alles, was zusammengesetzt ist, seine Realität den Teilen entlehnt, so daß, was wie der Raum keine unteilbaren Teile enthalte, auch keine Realität im strengen Sinne habe[19], so wird jetzt dasselbe Argument für den Nachweis der Realität der einfachen Begriffe als der Teile der zusammengesetzten verwendet. Allem Erkennen muß etwas zugrunde liegen, was durch sich selbst erkannt wird; wenn es also überhaupt Erkenntnis gibt, muß es die einfachen Begriffe geben: „si nihil per se concipitur, nihil omnino concipietur"[20]. Wenn die Erkenntnis der Begriffe unter der Relation von Teil und Ganzem begriffen wird, dann ist diese Erkenntnis nur unter der Annahme letzter Teile möglich: der Leibnizsche Ansatz erzwingt deren Annahme trotz und gegen die Schwierigkeiten der konkreten Durchführung.

Neben diese doctrina divisionum tritt schon 1666 die doctrina propositionum, in deren Mittelpunkt nicht die einfachen, sondern die zusammengesetzten Begriffe stehen[21]. Mit dieser schon im Titel vorgenommenen Gleichsetzung der Theorie der zusammengesetzten Begriffe und der Lehre von den Sätzen reduziert Leibniz das Problem einer logischen Wahrheitsfindung ganz auf eine Theorie des Begriffs, indem er „propositiones"

17 Vgl. die Unterscheidung C 220 f.: „De His quae per se concipiuntur, seu de Notionibus absolute primis. De Alphabeto cogitationum Humanarum, seu de Notionibus secundum nos primis ex quibus aliae omnes componuntur, etsi ipsae fortasse non sint absolute primae"; vgl. C. 219.

18 C 513: „Nullos tamen conceptus derivativos possumus habere, nisi ope conceptus primitivi".

19 Vgl. GP II 261, wo die Irrealität des Raumes aus seiner Teilbarkeit ins Unendliche erschlossen wird: „quae in partes dividi possunt, nullam habent realitatem nisi sint in iis, quae in partes dividi non possunt".

20 C 430.

21 Vgl. oben S. 180.

als Begriffskombinationen interpretiert. Ausdrücklich bestätigt er diese Reduktion des Urteils auf die Kombination zweier Begriffe wenig später: Propositionen sind zusammengesetzt aus Subjekt und Prädikat, also sind alle Propositionen Zweierkombinationen[22]. Daß diese „Kombination" zweier Begriffe hier nicht etwa als synthetisches Urteil zu verstehen ist, wird aus der weiteren Argumentation deutlich. Wenn nämlich die erste Aufgabe einer erfindenden Logik der Sätze darin besteht, zu einem gegebenen Subjekt die Prädikate sowohl für die bejahenden als auch für die verneinenden Urteile zu finden, dann soll das durch die Analyse der Begriffe geschehen: die Prädikate eines gegebenen Subjektes nämlich sind seine „ersten" Begriffe, und diese ersten Begriffe sind alle „im" gegebenen Subjekt[23]. Wenn hier auch noch zwischen den termini primi und den von ihnen abhängenden, in scholastischer Terminologie also zwischen den notwendigen und den zufälligen Attributen, unterschieden wird, so ist doch das grundlegende Prinzip der sog. analytischen Urteilstheorie[24] bereits hier manifest: die ersten „termini", die einem Subjekt zukommen, sind in ihm enthalten und können analytisch ermittelt werden. Das Verhältnis von Ganzem und Teil bestimmt also nicht nur das Verhältnis der Begriffe zueinander, sondern über die Begriffe auch das auf diese reduzierbare Verhältnis von Subjekt und Prädikat im Urteil. Und dementsprechend taucht der für die spätere Formulierung der ‚analytischen' Urteilstheorie zentrale Begriff des „inesse" auch schon in *De Arte combinatoria* auf: die vierte syllogistische Figur geht dadurch in die

22 GP IV 61: „Propositio componitur ex subjecto et praedicato, omnes igitur propositiones sunt com2nationes". — Die Reduktion aller Urteilsformen auf das kategorische Urteil der Form „S ist P" ist u. a. von Couturat: *La logique de Leibniz* ... a.a.O., S. 432 ff.; Russell: *A Critical Exposition* ... a.a.O., S. 12 ff.; Martin: *Leibniz* ... a.a.O., S. 39 f.; Schneider: *Analysis und Synthesis* ... a.a.O., S. 307 ff. kritisiert worden: sie verweisen insbesondere auf die Relationsurteile, in denen das Existieren einer bestimmten Relation zwischen zwei Substanzen — z. B. „L ist größer als M" — behauptet werde, die nicht einfach mit der analytischen Urteilstheorie als Eigenschaft des einen oder des anderen Subjekts verstanden werden könne; dagegen hat Parkinson: *Logic and Reality* ... a.a.O., S. 39 ff. die Vereinbarkeit des Relationsurteils mit der analytischen Urteilstheorie verteidigt: sobald man unter „Prädikat" das versteht, was man rechtmäßigerweise von einem Subjekt aussagen kann, sind auch Relationsurteile analytisch, weil jede einzelne Substanz gerade durch ihren Zusammenhang mit und durch ihre Relation zu den anderen bestimmt ist. Vgl. dazu unten S. 210.

23 GP IV 66: „Dati enim subjecti praedicata sunt onmes termini primi ejus; item omnes orti primis propriores, quorum omnes termini primi sunt in dato".

24 Diese Übertragung des einen Teils der Kantischen Dichotomie des Urteilsbegriffs auf die Leibnizschen Urteile ist seit Russell: *A Critical Exposition* ... a.a.O., S. 16 ff. üblich geworden. Sie lag dort nahe, weil Russell die Leibnizschen Existenzsätze und alle Kausalbeziehungen als synthetisch interpretierte und Leibniz dadurch in eine Reihe mit Hume und Kant stellte: „Leibniz, holding fast to the doctrine that a necessary proposition must be analytic, discovered that existential propositions are synthetic, and also, like Hume and Kant, that all causal connections among existents differing in temporal position are synthetic" (S. 37, vgl. S. 16). Wenn sich Couturats Interpretation aller, auch der kontingenten Urteile als analytisch im Kantischen Sinne (vgl. Couturat: *La logique de Leibniz* ... a.a.O., S 208 ff.) allgemein durchsetzt, verliert die von Russell zur Kennzeichnung einer bestimmten Klasse von Urteilen eingeführte Bezeichnung „analytisches Urteil" ihren unterscheidenden Charakter und gerät in die Gefahr der mißverständlichen Tautologie.

erste über, daß anstelle der üblichen Schreibweise „omne α est β" mit Aristoteles formuliert wird: „β inest omne α"[25].

Dieses frühe Auftauchen einer ‚analytischen' Theorie des Urteils, die gelegentlich erst für die 80er Jahre angesetzt wird, braucht nicht nur deshalb nicht zu erstaunen, weil sie die Konsequenz einer sich an der Relation von Teil und Ganzem orientierenden Begriffslogik darstellt, die 1666 bereits vorliegt, sondern auch deshalb nicht, weil die ‚analytische' Urteilstheorie von Leibniz nicht selbständig entwickelt werden mußte. In diesem Punkt, der für Couturat so sehr im Mittelpunkt seiner Leibnizinterpretation steht, ist Leibniz von Vorgängern abhängig, die gerade auch das inhaltslogische Verständnis des Urteils schon kennen. So kennzeichnet schon die *Logik von Port Royal* — darauf haben neuerdings Risse[26] und Arndt[27] hingewiesen — das Wesen eines wahren Urteils dadurch, daß die ‚Idee' des Prädikats in der des Subjekts eingeschlossen ist[28]. Und im Zusammenhang mit der Unterscheidung zwischen wesentlichen und kontingenten Attributen hatte schon Franz Suarez wenigstens für die wesentlichen ausdrücklich die Identität zwischen Subjekt und Prädikat konstatiert[29].

Wenn Leibniz daher in den 70er Jahren zur endgültigen Formulierung der ‚analytischen' Urteilstheorie gelangt, kann er sie mit einer Vielzahl von unterschiedlichen, aus den verschiedenen Traditionszusammenhängen übernommenen Termini bezeichnen. Am ausführlichsten geschieht das wohl in den *Elementa Calculi* von 1679, wo das Verhältnis zwischen Subjekt und Prädikat im wahren Satz durch die Begriffe „inesse", „continere", „involvere" bezeichnet und schließlich noch einmal ausdrücklich mit der Relation von Ganzem und Teil gleichgesetzt wird[30]: in jedem wahren Satz muß das Prädikat als Teil im Subjekt als Ganzem enthalten oder mit diesem identisch sein.

Gegenüber der *Logik von Port Royal* wie gegenüber Descartes selbst[31] stellt die Leibnizsche Formulierung der ‚analytischen' Urteilstheorie insofern eine Präzisierung dar, als sie schärfer als diese auf die einer solchen Urteilstheorie zugrunde liegenden Prinzipien der Wahrheit rekurriert. Dies betrifft erstens das Prinzip des Widerspruchs, das für

25 GP IV 52, vgl. die ausführliche Erörterung in GP V 468.

26 Risse: *Logik der Neuzeit* ... a.a.O., Bd. II, S. 72 ff.

27 Arndt: *Methodo scientifica pertractatum* ... a.a.O., S. 77 ff., 105 f.

28 Arnauld und Nicole: *La logique ou l'art de penser* ... a.a.O., S. 321: „Tout ce qui est enfermé dans l'idée claire et distincte d'une chose, en peut être affirmé avec verité". S. 319: „Quand la seule consideration des idées du sujet et de l'attribut, ne suffit pas pour voir clairement que l'attribut convient au sujet, la proposition ... doit être démontrée, en se servant de quelques autres idées pour faire voir cette liaison".

29 Vgl. Jasinowski: *Die analytische Urteilslehre* ... a.a.O., S. 117 ff.

30 C 51: „... considerandum est: Omnem propositionem veram categoricam affirmativam universalem, nihil aliud significare quam connexionem quandam inter Praedicatum et subjectum in casu recto de quo hic semper loquar, ita scilicet ut praedicatum dicatur inesse subjecto vel in subjecto contineri, ... seu ut subjectum dicto modo dicatur continere praedicatum: hoc est ut notio subjecti ... involvat notionem praedicati, ac proinde ut subjectum et praedicatum sese habeant invicem, vel ut totum et pars, vel ut totum et totum coincidens ..."

31 Vgl. z. B. GP IV 327.

Leibniz zugleich das Prinzip der Identität[32] und das des ausgeschlossenen Dritten[33] mit enthält. Es besagt, daß alle identischen Aussagen A = A wahr sind und daß Aussagen, die einen Widerspruch enthalten, falsch sind[34]. Die Natur des wahren Satzes besteht dann in der formalen Identität von Subjekt und Prädikat, alle wahren Sätze sind für Leibniz in dem Sinne identische Sätze, daß ihr Prädikat mit einem Teil des Subjekts identisch ist[35].

Diese für alle wahren Sätze geforderte Identität liegt aber nur in den formal identischen Sätzen offen zutage, alle anderen Wahrheiten bedürfen demnach eines Beweises, der die ihnen versteckt zugrunde liegende Identität aufdeckt. Prinzip dieser Rückführung ist das zweite große Prinzip der Leibnizschen Logik, der Satz des Grundes, der hier gegenüber dem Urteil in seine logische Funktion tritt. „Nihil est sine ratione" bedeutet gegenüber Urteilen, daß der Grund der Verbindung (nexus) zwischen Subjekt und Prädikat aufgesucht werden muß. Diese „ratio ... veritatis" besteht auch bei diesen Sätzen in der Identität zwischen Subjekt und Prädikat, die aber erst durch Analyse der Begriffe explizit gemacht und d. h. in die formale Identität von A = A verwandelt werden muß[36]. In diesem Sinne muß ein wahrer Satz — jeder Mensch ist ein Lebewesen — durch Analyse des Subjektbegriffs in die Form „ab est a" — jedes vernünftige Lebewesen ist ein Lebewesen — und schließlich auf die Form der formalen Gleichung „a est a" — jedes Lebewesen ist Lebewesen — gebracht werden können[37], in der seine implizite, versteckte oder virtuelle Identität[38] offen zutage tritt.

Der entscheidende Unterschied zwischen der Leibnizschen Theorie des Urteils und der ‚analytischen' Tradition aber tritt erst dann auf, wenn Leibniz die These von der Analytizität des Urteils nicht mehr bloß auf die Vernunftwahrheiten beschränkt, sondern sie auch für die kontingenten Urteile in Anspruch nimmt: daß der Begriff des Prädikats im Begriff des Subjekts enthalten ist, gilt für Leibniz bei der endgültigen Formulierung seiner Urteilstheorie um 1685/6 nicht mehr bloß für die Vernunftwahrheiten, sondern auch für die kontingenten: „... in omni Propositione vera affirmativa, necessaria vel contingente ... Notio praedicati aliquo modo continetur in notione subjecti"[39]. Zwar sieht sich auch Leibniz zu Differenzierungen bei der Annahme der Beweisbarkeit der

32 Vgl. die Parallelisierung „principium ... contradictionis sive identitatis" (C 1).

33 GP VII 299: „Ante omnia assumo Enuntiationem omnem ... aut veram aut falsam esse ... Quae omnia sub uno nomine *Principii contradictionis* comprehendi solent".

34 C 183: „*Identica sunt vera, et contradictionem implicantia sunt falsa*".

35 GP VII 300: „Quotiescunque enim praedicatum vere affirmatur de subjecto, utique censetur aliqua esse connexio realis inter praedicatum et subjectum, ita ut in propositione quacunque: A est B (seu B vere praedicatur de A), utique B insit ipsi A, seu notio ejus in notione ipsius A aliquo modo contineatur".

36 C 11: „Principium ratiocinandi fundamentale est, *nihil esse sine ratione*, vel ut rem distinctius explicemus, nullam esse veritatem, cui ratio non subsit. Ratio autem veritatis consistit in nexu praedicati cum subjecto, ... vel manifeste, ut in identicis, ... vel tecte, sed ita tamen ut per resolutionem notionum ostendi nexus possit".

37 GP VII 218: „Propositio per se vera ... ab est a sive (Omne) animal rationale est animal ... a est a sive (Omne) animal est animal".

38 GP VII 300.

39 C 16 f., vgl. C 519, GP VII 300.

kontingenten oder Tatsachenwahrheiten gezwungen, aber dies ist für ihn eher eine Frage der Begrenztheit des menschlichen Erkenntnisvermögens und betrifft das Wesen des Urteils als solches nicht: auch die Wahrheit von Tatsachensätzen beruht auf der Identität zwischen Subjekt und Prädikat.

Die notwendige Differenzierung zwischen den Vernunft- und Tatsachenwahrheiten nimmt Leibniz denn auch nur bei der Einschätzung der Beweisbarkeit solcher Sätze durch den Menschen vor. Die Vernunftwahrheiten sind in dem Sinne notwendig, daß ihr Gegenteil einen Widerspruch einschließt, sie hängen — wie Leibniz den Tatbestand dieser logischen Notwendigkeit faßt — nur vom Verstande Gottes ab. Dagegen schließt der Gegenteil einer kontingenten Wahrheit an sich keinen Widerspruch ein, sondern ist — nämlich in einer anderen Welt als in der wirklichen — möglich[40]; diese Wahrheiten hängen vom Willen Gottes ab und sind nur moralisch, nicht logisch unmöglich[41]. Nun ist zwar auch der Wille Gottes für Leibniz nicht unbestimmt, im Gegenteil soll aufgrund der Vollkommenheit Gottes feststehen, daß er in einer freien, aber moralisch notwendigen Wahl die vollkommenste unter allen möglichen Welten in Realität gesetzt hat; auch das Sein der Welt unterliegt im Grunde dem Kalkül[42]. Diese die verschiedenen Möglichkeiten abwägende „Mathesis ... Divina“[43] aber übersteigt das menschliche Erkenntnisvermögen und deshalb sind die kontingenten Wahrheiten, die davon abhängen, für den Menschen nicht a priori beweisbar.

Diese Nichtbeweisbarkeit der kontingenten Wahrheiten für den Menschen stellt Leibniz nun aber vorzugsweise in einer Umschreibung dar, die aufs engste mit dem Begriff der mathematischen „analysis infinitorum“ verknüpft ist — und eben deshalb den in der Mathematik beschrittenen Weg einer Analyse des Unendlichen auch für die kontingenten Wahrheiten zu öffnen verspricht[44]. Was die kontingenten Wahrheiten jetzt für Leibniz von den notwendigen unterscheidet, ist, daß bei ihnen die Analyse ins Unendliche geht, während sie bei diesen in einer endlichen Zahl von Schritten zur offenbaren Identität führt[45]. Nur die Unendlichkeit der Analyse verhindert also die Beweisbarkeit kontingenter Wahrheiten[46], der Sache nach liegt auch ihnen die Identität von Subjekt und Prädikat zugrunde.

Einerseits wird die Unendlichkeit der Analyse von Leibniz gerade als der Grund für die Unmöglichkeit ihrer konkreten Durchführung angegeben, andererseits aber scheint

40 Vgl. Schneider: *Analysis und Synthesis bei Leibniz* ... a.a.O., S. 263 ff.

41 C 17, vgl. GP V 428.

42 Vgl. GP VII 191: „Cum DEUS calculat et cogitationem exercet, fit mundus“.

43 GP VII 304.

44 Vgl. oben S. 109 f.

45 C 2: „Veritas est contingens quae infinitas involvit rationes“.

46 Schulz, Dietrich J.: *Die Bedeutung der analytischen Urteilstheorie für die Entwicklung des Rationalismus bei Leibniz.* In: *Studia Leibnitiana* Bd. 3, 1971, S. 115—135 weist mit Recht darauf hin, daß die Ausdehnung der analytischen Theorie des Urteils auch auf die kontingenten Urteile erst möglich war, nachdem Leibniz 1785/6 diese Möglichkeit der Unterscheidung zwischen notwendigen und kontingenten Wahrheiten durch die Endlichkeit oder Unendlichkeit der zum Beweis erforderlichen Analyse und also innerhalb der einheitlichen analytischen Theorie des Urteils gefunden hat.

noch diese Charakterisierung der kontingenten Wahrheiten auf einen Weg für ihren Beweis hinzudeuten, der in der mathematischen analysis infinitorum vorgezeichnet ist[47]. Leibniz parallelisiert nämlich die Unterscheidung zwischen den notwendigen und den kontingenten Wahrheiten mit dem Unterschied zwischen sich schneidenden und sich annähernden Linien oder mit dem zwischen kommensurablen und nichtkommensurablen Zahlen[48]. Der gemeinsame Nenner zweier kommensurabler Zahlen, z. B. von 18 und 12, ist in der Mathematik in endlich vielen Schritten eines Exhaustionsverfahrens — in diesem Falle als 6 — zu ermitteln, ohne daß ein Rest bliebe; dagegen ist der gemeinsame Nenner von inkommensurablen Zahlen nicht ohne Rest zu bestimmen; jeder erfolgte Schritt macht einen weiteren erforderlich, wobei die Reste zwar immer kleiner werden, aber nie den Wert 0 erreichen[49]. Ein solches Verfahren geht also bei inkommensurablen Zahlen ins Unendliche, aber es bleibt deshalb nicht ergebnislos, sondern liefert beliebig genaue Annäherungswerte. Ganz in diesem Sinne erhofft sich Leibniz wenn nicht einen Beweis, so doch eine „probatio“ kontingenter Wahrheiten durch eine kontinuierliche Analyse des Subjekt- und des Prädikatbegriffs, in der sich beide der Identität annähern[50].

Dieser Vergleich ist — das haben Pape[51] und Schneider[52] gezeigt — eher bildhaft als sachdienlich: in der Mathematik ergibt sich nach endlich vielen Schritten der ‚Analyse‘ eine Regel, durch die sich Voraussagen auch für unendlich viele weitere Schritte machen lassen, während in der Philosophie eine nicht zu Ende geführte Analyse der Begriffe nichts über ihre ja inhaltlich bestimmte Identität besagt. Dennoch zeigt gerade dieses Beispiel der Übertragung eines mathematischen Lösungsmodells auf philosophische Probleme noch einmal, wie stark sich Leibniz auch bei der endgültigen Formulierung seiner Urteilstheorie an mathematischen und metaphysischen Grundüberzeugungen orientiert: Wie in der Mathematik die kleinere Zahl in der größeren enthalten ist, ganz gleich, ob man ihr Verhältnis zueinander wie bei kommensurablen Zahlen rational bestimmen kann oder ob man das, wie bei inkommensurablen Zahlen, nicht kann, so soll in der Philosophie das Prädikat eines wahren Satzes im Subjekt enthalten sein, ganz gleich, ob man diese Identität in einer endlichen Zahl von Schritten beweisen kann oder nicht. Unabhängig von der Erreichbarkeit einer Erkenntnis für den Men-

47 C 18: „Atque ita arcanum aliquod à me evolutum puto, quod me ipsum diu perplexum habuit; non intelligentem, quomodo praedicatum subjecto inesse posset, nec tamen propositio fieret necessaria. Sed cognitio rerum Geometricarum atque analysis infinitorum hanc mihi lucem accendêre, ut intelligerem, etiam notiones in infinitum resolubiles esse“; vgl. dazu Cassirer: *Leibniz' System* ... a.a.O., S. 389 ff., der die Parallele zwischen dem „irrationalen Moment“ des Faktums und der Irrationalzahl besonders betont: beide sollen durch „die Gesetzlichkeit im Fortschritt der rationalen Elemente“ erfaßbar werden.

48 C 388: „Hinc veritatum necessariarum a contingentibus idem discrimen est, quod Linearum occurentium et Asymptotarum, vel Numerorum commensurabilium et incommensurabilium“.

49 Vgl. GM VII 23 f., 38 f.

50 C 388: „Propositio vera contingens non potest reduci ad identicas, probatur tamen, ostendendo continuata magis magisque resolutione, accedi quidem perpetuo ad identicas, nunquam tamen ad eas perveniri“.

51 Pape, Ingetrud: *Leibniz. Zugang und Deutung aus dem Wahrheitsproblem.* — Stuttgart 1949, S. 62 ff.

52 Schneider: *Analysis und Synthesis bei Leibniz* ... a.a.O., S. 291 ff.

schen steht für Leibniz fest, daß, verfügte man über vollkommene Begriffe, auch die Beweisbarkeit kontingenter Wahrheiten nur aus den Begriffen möglich wäre: „qui perfecte intelligeret notionem ..., eo ipso perspiceret praedicatum subjecto inesse"; alle Wissenschaft von den Sätzen resultiert aus der vollkommenen Erkenntnis ihrer Begriffe oder: die Wissenschaft a priori des Komplexen entsteht aus der Erkenntnis des Inkomplexen[53].

An diesem Fundamentalsatz seiner Logik hält Leibniz also auch nach der Einsicht in die sich daraus ergebenden Schwierigkeiten fest. Dies gelingt ihm, indem er hier wie an den anderen kritischen Punkten die auftauchenden Probleme aus dem logisch-metaphysischen Bereich, der das eigentliche Fundament seines Philosophierens darstellt, in den für ihn eher akzidentellen der Erkenntnistheorie verschiebt, in dem sie dann als Konsequenzen einer perspektivischen Verzerrung behandelt werden können, die ihren Grund in der Unvollkommenheit und Begrenztheit des menschlichen Erkenntnisvermögens und nicht in der Sache selbst haben. Durch diese Strategie bewahrt Leibniz dem zentralen Bereich der logisch-metaphysischen Grundlegung trotz aller auftauchenden Schwierigkeiten diejenige Rationalität, Durchsichtigkeit und Stringenz, die er von einer am Vorbild der Mathematik orientierten Wissenschaft a priori fordert.

Dies wird besonders deutlich bei der Behandlung des Leibnizschen Erkenntnisideals der cognitio oder notio perfecta und bei der Bestimmung ihres Verhältnisses zum metaphysisch grundlegenden Begriff der substance individuelle. Bei der Bestimmung der notio perfecta stehen zunächt rein begriffslogische Verhältnisse bzw. der Grad ihres Durchschautseins im Vordergrund. In dem Fragment *De la sagesse*, das Kabitz gegen Couturat in die Pariser Zeit verlegt[54], ist eine vollkommene Erkenntnis einer Sache erreicht, wenn die Analyse ihres Begriffs vollendet ist[55]. Und in den *Meditationen* von 1684 taucht die cognitio perfectissima als oberste und letzte Stufe jener Aufgliederung der Begriffe nach dem Grad ihrer Deutlichkeit auf, die das positive Resultat der Leibnizschen Kritik an der Cartesischen Generalregel des klar und deutlich Erkannten darstellt[56]; zur cognitio perfectissima wird dort diejenige erklärt, die zugleich adäquat und intuitiv ist, also diejenige, in der in einem einzigen Akt alle im Begriff enthaltenen Teilbegriffe wiederum deutlich erkannt werden[57]. Dieselbe Stellung in der Gliederung der Begriffe nach dem Grad ihrer Deutlichkeit wird dem „conceptus perfectus" in einem Entwurf zur scientia generalis zugewiesen; hier ist er erreicht, „... si de omnibus rei requisitis ... conceptus adaequatus habeatur"[58].

53 C 16 f.: „Hinc sequitur Omnem scientiam propositionum quae in DEO est ... statim resultare ex perfecta intellectione cujusque termini, qui ullius propositionis subjectum aut praedicatum esse potest; seu scientiam a priori complexorum oriri ex intelligentia incomplexorum"; vgl. C 518 f.

54 Kabitz: *Die Philosophie des jungen Leibniz* ... a.a.O., S. 23 f.

55 GP VII 83: „Quand on a poussé l'analyse à bout ..., on est parvenu à une *connoissance parfaite* de la chose proposée".

56 Zur Kritik an Descartes vgl. oben S. 181; zur Aufgliederung der Begriffe nach dem Grad ihres Durchschautseins vgl. unten S. 204 f.

57 GP IV 422: „Cognitio ... si simul adaequata et intuitiva sit, perfectissima est".

58 C 220.

Trotz dieser Ableitung der notio perfecta aus der Gliederung der Begriffe nach dem Grad ihres Durchschautseins, die offensichtlich auf die menschliche Erkenntnisfähigkeit Bezug nimmt, erscheint die notio perfecta als ein für den Menschen nicht erreichbares Erkenntnisideal: Leibniz zweifelt, ob sich für die adäquate Erkenntnis, in der die Analyse eines Begriffs bis zum Ende durchgeführt sein soll, auch nur ein Beispiel im Bereich menschlichen Wissens angeben lasse[59]. Wenn die Möglichkeit einer adäquaten Erkenntnis für den Menschen also schon allgemein als zweifelhaft erscheint, so verschärft sich diese Skepsis, wenn es sich um die vollkommene Erkenntnis nicht eines Allgemeinbegriffs, sondern um die notio perfecta einer individuellen Substanz handelt. Die individuelle Substanz war für Leibniz bestimmt als être complet, das alle Bestimmungen enthält, die dem Individuum zukommen[60]; entsprechend zeichnen sich individuelle Substanzen gegenüber Allgemeinbegriffen dadurch aus, daß sie einen vollständigen Begriff haben[61], und umgekehrt ist jeder vollständige Begriff der Begriff einer individuellen Substanz[62]. Und für diese vollständigen Begriffe individueller Substanzen stellt Leibniz kategorisch fest, daß wir von ihnen keine vollkommene Erkenntnis haben können: „Omnes nostri conceptus de rebus completis sunt imperfecti"[63].
Diese Unerreichbarkeit der vollkommenen Erkenntnis des vollständigen Begriffs der individuellen Substanz in der notio perfecta hindert Leibniz aber keineswegs daran, weiter über sie zu reden; im Gegenteil benutzt er die notio perfecta ausdrücklich zu einer letzten Fundierung seines Philosophierens, in der Logik und Metaphysik unmittelbar aufeinander bezogen werden. Daß die notio perfecta dem Menschen unerreichbar bleibt, erscheint gegenüber grundsätzlicheren Erwägungen über das Verhältnis von Begriff und Gegenstand als unwesentliche und zufällige Beschränktheit: nicht eine Theorie der menschlichen Erkenntnis, sondern eine logisch-metaphysische Theorie des Verhältnisses von Begriff und Sein ist hier die Grundlage der Philosophie[64]. Und also kann Leibniz unerachtet der Unerreichbarkeit der vollkommenen Erkenntnis einer individuellen Substanz durch den Menschen den vollständigen Begriff unmittelbar mit dem vollkommenen Begriff der individuellen Substanz identifizieren: der vollständige und vollkommene Begriff einer individuellen Substanz, die „notio completa seu perfecta substantiae singularis", enthält alle Bestimmungen dieses Individuums, die gegenwärtigen wie die vergangenen und die zukünftigen, vollständig in sich: „*Notio completa seu per-*

59 GP IV 423: „... cum analysis ad finem usque producta habetur, cognitio est *adaequata*, cujus exemplum perfectum nescio an homines dare possint".

60 Vgl. oben S. 176 f.

61 GP II 41: „... c'est la nature d'une substance individuelle, d'avoir une ... notion complete".

62 C 403: „Si qua notio sit completa, ... erit notio Substantiae Individualis. et contra"; vgl. die Gleichsetzung von „terminus individuus seu completus" (C 375).

63 C 220.

64 Diese Grundlegung der Philosophie in einem absolut gedachten Verhältnis von Begriff und Gegenstand, die weitgehend von den spezifisch menschlichen Erkenntnisbedingungen abstrahiert, wird schon von Arnauld als die bedenkliche Annahme angegriffen, der Mensch könne sich an die Stelle Gottes setzen oder dessen Wissen für seine Argumentation in Anspruch nehmen. Vgl. GP II 31 f. und Schneiders: *Leibniz' doppelter Standpunkt* ... a.a.O.

fecta substantiae singularis involvit omnia ejus praedicata praeterita, praesentia ac futura“[65].

Im vollkommenen Begriff eines Individuums ist also die Gesamtheit seiner Attribute und — wenn man dies auf den Menschen bezieht — sein gesamtes Schicksal enthalten und zwar sowohl das, was darin mit Notwendigkeit, als auch das, was darin freiwillig geschieht; im vollkommenen Begriff des Judas beispielsweise ist also enthalten, daß er verdammt werden wird. Und wegen dieses Enthaltenseins auch alles Zukünftigen im vollkommenen Begriff ist es eine unrichtige Redeweise, davon zu sprechen, daß Gott entscheidet, daß Judas verdammt wird — er greift nämlich nicht unmittelbar in das Geschehen ein, sondern setzt von vornherein nur diejenige von den Möglichkeiten in Existenz, die er unter allen anderen für die beste erkennt. Wenn man also genau sprechen will, muß man sagen, daß Gott entscheidet, daß vor allen anderen Möglichkeiten ein Judas zur Existenz gelangt, der die Verdammung erleiden wird[66].

An diesem Beispiel wird noch deutlicher als an theoretischen Ausführungen über kontingente Wahrheiten, wie streng Leibniz die Erfaßbarkeit des Wirklichen im Begriff denkt: nicht nur die notwendigen, sondern auch die ‚freien‘ Handlungen des Judas sind in seinem vollkommenen Begriff bereits enthalten[67]. Erst diese als vollständig gedachte Übereinstimmung von Begriff und Wirklichkeit macht die Hoffnung der Leibnizschen Forschungsprogramme möglich, durch eine bloße Begriffskombination Erfindung und also Fortschritt bei der wissenschaftlichen Erfassung der Welt zu erreichen. Und ebenso wird die Konzentration auf eine Analyse der Begriffe, die auch die nachleibnizsche Philosophie und insbesondere die deutsche Aufklärung beherrscht, aus dieser unmittelbaren Beziehung des Begriffs auf das Wirkliche verständlich: auch dann, wenn die spezifisch Leibnizsche Begründung dieses Ansatzes von eher erkenntnistheoretischen Erwägungen überlagert ist, wird eine Analyse der Begriffe nicht etwa als bloß psychologische Aufarbeitung menschlicher Wissensbestände interpretiert, die von Aussagen über das Wirkliche zu unterscheiden wären; im Gegenteil bleibt in der sich als analytisch interpretierenden Aufklärung bis zum Ende des 18. Jahrhunderts der Leibnizsche Anspruch in Kraft, durch eine Analyse der Begriffe Wirklichkeit unmittelbar zu fassen.

65 C 520.

66 Ebd.: „Et proinde in perfecta notione individuali Petri vel Judae considerati sub ratione possibilitatis abstrahendo animum a divino creandi ipsum decreto, insunt et a DEO videntur omnia ipsis eventura tam necessaria quam libera. Atque hinc manifestum est DEUM ex infinitis individuis possibilibus eligere ea quae supremis arcanisque suae sapientiae finibus magis consentanea putat, nec si exacte loquendum est, decernere ut Petrus peccet, aut Judas damnetur, sed decernere tantum ut prae aliis possibilibus Petrus (certo quidem, non necessario tamen sed libere) peccaturus, et Judas damnationem passurus ad existentiam perveniant“.

67 Zum endlosen Streit über den sich nach Meinung der protestantischen Orthodoxie aus der Leibnizschen Philosophie ergebenden Zweifel an der göttlichen und menschlichen Freiheit vgl. Ludovici, Carl Günther: *Sammlung und Auszüge der sämmtlichen Streitschriften wegen der Wolffischen Philosophie, zur Erläuterung der bestrittenen Leibnitzschen und Wolffischen Lehrsätze verfertiget und mit kurtzen Anmerckungen sowohl als vollständigen Registern versehen.* 2 Bde. — Leipzig 1737 f. (Nachdruck: Frankfurt 1972).

§ 19 Der Plan der scientia generalis und die Bedeutung der geometrischen Methode für den Bereich der Aussagenlogik

In der Methodologie im engeren Sinne greift Leibniz regelmäßig auf die bisher dargestellten logischen Grundlagen seines Philosophierens zurück; ihre metaphysische Verankerung erlaubt es ihm, Fragen des methodischen Vorgehens bei der Sicherung und Vermehrung des Wissens überhaupt unmittelbar auf diese logischen Grundlagen zu beziehen: weil die Begriffslogik das Wesen der Dinge erfassen soll, kann das Problem der Wahrheitsfindung generell als Problem eines adäquaten Umgangs mit Begriffsverhältnissen begriffen und d. h. als apriorische Herleitung der Wahrheiten verstanden werden. Deshalb spielt die Erkenntnis a posteriori, auch wenn Leibniz ihr in den Gesamtplänen der Enzyklopädie und der scientia generalis durchaus Raum gibt[1], in den umfassenden Methodenkonzeptionen nur eine untergeordnete Rolle und tritt hinter der Fundierung der Wahrheiten in der Logik des Begriffs zurück.

Damit ist — gemessen an Descartes — eine bedeutsame Aufwertung der Logik verbunden. Hatte Descartes unter dem logischen vor allem das traditionell syllogistische Vorgehen verstanden, das mehr dazu dient, „anderen das zu erklären, was man weiß ..., als es zu entdecken"[2], so entwickelt Leibniz ein umfassenderes Konzept von Logik, in dem die syllogistisch beweisende Logik aufgehoben und als Teil einer weiterreichenden Wissenschaft ‚Logik' begriffen wird. So bleibt die ars demonstrandi für Leibniz zwar wesentlicher Bestandteil der Logik, die gerade auch in ihrer traditionellen Formalität als Garant wissenschaftlicher Sicherheit angesehen wird[3]. Darüber hinaus aber erscheint als mindestens ebenso wichtiger Bestandteil die ars inveniendi, die Descartes außerhalb der Logik angesiedelt hatte: sie taucht von Anfang an neben der ars demonstrandi als Hauptteil der logischen Methodenschriften auf[4]. Ausdrücklich bestimmt Leibniz die Logik denn auch durch diese doppelte Aufgabe: „Logick oder Denckkunst" ist „die Kunst den verstand zu gebrauchen, also nicht allein was furgestellet zu beurtheilen, sondern auch was verborgen zu erfinden"[5]. Damit verhilft Leibniz zunächst der traditionellen Gliederung der Logik in den erfindenden Teil der Topik und den beurteilenden Teil der Analytik gegenüber Descartes wieder zu ihrem Recht, bedeutsamer aber ist, daß er

1 Vgl. dazu neuerdings Poser, Hans: *Erfahrung und Essenz. Zur Stellung der kontingenten Wahrheiten in Leibniz' ars characteristica.* In: *Die intensionale Logik bei Leibniz und in der Gegenwart. Symposion der Leibniz-Gesellschaft Hannover, 10. und 11. November 1978.* Hrsg. v. Albert Heinekamp und Franz Schupp (= *Studia Leibnitiana*, Sonderheft 8). — Wiesbaden 1979, S. 67—81.

2 Vgl. oben S. 130 f.

3 Vgl. dazu die Argumentation gegen die Cartesische Berufung auf die bloße Evidenz und die Betonung der Notwendigkeit des formalen Vorgehens. GP IV 295, 354 f., 363 u. ö.

4 Vgl. schon *De arte combinatoria,* deren erste sechs Problemata als Erfindungsaufgaben formuliert sind (GP IV 39 ff.), und die *Nova methodus,* wo die Logik neben Mnemonica und Analytica die „Topica seu ars inventiva" enthält. LA VI 1, 279.

5 GP VII 516.

diese traditionelle Gliederung in einen neuen Entwuf des Wissenschaftssystems im ganzen einbringt, in dem Logik als Grundlagenwissenschaft „aller Künste und wißenschafften schlüßel“[6] ist: wenn die Wahrheit der Dinge in der Logik des Begriffs unmittelbar erfaßt wird, dann wird Logik selbst zur „scientia generalis“[7].

Dieses Konzept von Logik findet seine präziseste Fassung in den Entwürfen zur scientia generalis aus den 80er Jahren, die Leibniz zwar nur als „Introductio ad Encyclopaediam arcanam“ einführt[8], die aber in das Zentrum der Leibnizschen Bemühungen tritt, nachdem die früheren und umfassenderen Pläne für eine ‚Enzyklopädie‘, die ein politisch organisiertes und ökonomisch abgesichertes Forschungsprogramm vorsahen, gescheitert sind. Die scientia generalis wird als „Wissenschaft über das Denkbare im allgemeinen, sofern es denkbar ist“[9], bestimmt und gliedert sich in die „Initia Scientiae Generalis“, die im wesentlichen die theoretischen Grundlagenprobleme aller Wissenschaft behandeln, und in die „Specimina Scientiae Generalis“, in denen Einzeldisziplinen wie Geometrie, Mechanik und Jurisprudenz dargestellt werden[10]. Die Initia behandeln dabei vor allem die für alle Wissenschaften geltenden methodologischen Regeln: es geht in ihnen um die allgemein anwendbaren Methoden „zur Sicherung und Vermehrung der Wissenschaften, zur Vervollkommnung des Geistes und zur Erfindung der Dinge, alles aber in Hinblick auf die allgemeine Glückseligkeit“[11].

Gemäß dieser doppelten Aufgabe der Sicherung der schon bekannten Wahrheiten einerseits und der Entdeckung neuer Wahrheiten andererseits gliedert sich die scientia generalis in zwei Teile: in die „ars iudicandi“, die die schon gefundenen Wahrheiten zur Aufnahme in den gesicherten Wissensbestand prüfen soll, und in die „ars inveniendi“, durch die neue Wahrheiten gefunden und die Wissenschaften vermehrt werden sollen[12]. Diese beiden Funktionen werden in offenbar frühen Entwürfen den beiden nach aristotelischem Vorbild benannten Disziplinen der „Analytica“ und der „Topica“ zugeordnet[13]; später — nach der Beschränkung der scientia generalis auf Vernunftwahrheiten[14] — werden die beiden Teile der scientia generalis regelmäßig durch die Titel „Elementa Veritatis aeterna“ und „Ars inveniendi“ charakterisiert[15].

6 Ebd.

7 C 219, vgl. 556: „*Logica* est Scientia generalis“.

8 C 511: „Introductio ad Encyclopaediam arcanam; sive initia et specimina Scientiae Generalis, de instauratione et augmentis scientiarum, deque perficienda mente, et rerum inventionibus ad publicam felicitatem“.

9 Ebd.: „Scientia Generalis nihil aliud est quam Scientia ... de Cogitabili in universum quatenus tale est“.

10 GP VII 57 ff.

11 C 511, vgl. GP VII 49, 52, 54 f., 57 f. u. ö.

12 E 85 a: „Scientia generalis duas continet partes, quarum prior pertinet ad instaurationem scientiarum, judicandumque de jam inventis, ne praejudiciis decipiamur, posterior destinatur ad augendas scientias, inveniendaque, quae nobis desunt“; vgl. GP VII 59, 183, 184.

13 C 219: „Scientia generalis consistit in judicio et inventione, sive Analyticis et Topicis“; vgl. C 37: „*Topica* seu ars inveniendi, id est dirigendi cogitationes ad aliquam veritatem ignotam eruendam, vel media finis cujusdam reperienda“.

14 Vgl. Schulz: *Die Bedeutung der analytischen Urteilstheorie* ... a.a.O., S. 123 ff.

15 GP VII 57, 49 u. ö.

Neben dieser Aufgliederung der Logik in einen beweisenden und in einen erfindenden Teil steht eine Aufgliederung der dabei anzuwendenden Verfahren, die im wesentlichen mit Hilfe der Termini analytisch und synthetisch erfolgt. Über die Fragen, welche dieser beiden Gliederungen die grundlegendere ist und wie sich beide Gliederungen zueinander verhalten, besteht in der Literatur, die sich ausführlicher mit diesen Methodenfragen befaßt, weitgehend Uneinigkeit. Dies hat seinen Grund zweifelsohne in den verwirrend widersprüchlichen Äußerungen von Leibniz, der die herkömmlichen Methodentermini in den verschiedensten Kontexten auf wechselnde Aufgaben und unterschiedliche Gegenstände anwendet und es — vielleicht aufgrund der anderen, ontologischen Fundierung seiner Logik — nie unternahm, seine Methodologie in einer geschlossenen und endgültigen Form darzustellen. So gibt es denn ganz unterschiedliche Bestimmungen der leitenden methodologischen Begriffe: Scheint es sich zunächst um eine eindeutige Gleichsetzung des synthetischen Verfahrens mit der Aufgabe der Erfindung und des analytischen mit der der Beurteilung zu handeln[16], dann obliegt in anderen Zusammenhängen dem synthetischen Verfahren der Beweis[17] und in wieder anderen erscheint das analytische Verfahren als wesentlicher Bestandteil der Erfindungskunst[18]. Und schließlich wird auch noch die eindeutige Zuordnung jeweils eines Verfahrens zu einer Aufgabe infrage gestellt und gesagt: „Sowohl beim Urteilen als auch beim Erfinden kann man sich sowohl der Analyse als auch der Synthese bedienen“[19].
Dementsprechend umstritten ist die Interpretation und Zuordnung der leitenden Methodenbegriffe in der Literatur. Für Couturat steht gemäß seiner methodenorientierten Gesamtinterpretation die Unterscheidung zwischen Synthese und Analyse im Vordergrund und tritt hinter der zwischen Erfindungs- und Beurteilungskunst zurück[20]. Für ihn, der die Leibnizsche Logik als „un prolongement et un perfectionnement de la logique cartésienne“ versteht[21], wird denn auch eine entsprechende ‚Cartesische‘ Interpretation der methodischen Leitbegriffe bestimmend: „comme en Géométrie“ obliege dem analytischen Verfahren die Erfindung und dem synthetischen Verfahren der Beweis, obzwar auch dem beweisenden Teil gelegentlich das analytische und dem erfindenden das synthetische Vorgehen zugeschrieben werde[22]. Umgekehrt betont Heimsoeth, daß „die Aufgabe der ‚Erfindung‘ wesentlich als Anliegen des synthetischen Raisonnements gefaßt“ und daß „der vorwiegende Wert der Analyse ... in der Explikation und Prüfung

16 Vgl. den Titel: „De Synthesi et Analysi universali seu Arte inveniendi et judicandi“ (GP VII 292).

17 GP V 432.

18 GP VII 57: „*De arte Inveniendi*, seu filo palpabili regendae inquisitionis ejusque artis speciebus Combinatoria et Analytica “

19 GP VII 477: „... tam in judicando quam in inveniendo et Analysi et Synthesi uti licet“; C 573: „Pleraque inventa sunt partim analytica partim combinatoria“; C 557: „Duae sunt Methodi, Synthetica seu per artem combinatoriam, et analytica. Utraque ostendere potest inventionis originem, neque ergo hoc est privilegium analyseos“.

20 Couturat: *La logique de Leibniz* ... a.a.O., S. 179.

21 Ebd.

22 Ebd., S. 177 f.

vorliegender Begriffe und Sätze, in der ars iudicandi", gesehen wird[23]; geht dann aber doch auf die dieser einfachen Zuordnung entgegenstehenden Äußerungen ein: er erwähnt den Fall, in dem „wie bei Descartes die Analyse speziell dem Forschungsinteresse dient", behauptet aber, daß er „bei Leibniz seltener in Frage" kommt und „nicht weiter aufgeklärt" werde[24]. Und das synthetische Verfahren diene „übrigens ... nicht weniger dem Beweisinteresse als dem der Forschung"[25].

Dagegen weist Loemker ausdrücklich auf die bis dahin eher bloß als störend empfundene Disparatheit des Leibnizschen Sprachgebrauchs hin, wenn er vier verschiedene Arten von „ambiguities"[26] bei der Verwendung der Begriffe analytisch und synthetisch aufzählt: Leibniz verwende diese Begriffe erstens im Rahmen der Unterscheidung von Darstellung und Erfindung, zweitens benutze er sie sowohl gegenüber realen Dingen als auch gegenüber begrifflichen Konzepten, drittens dokumentiere ihr Gebrauch eine eigentümliche Verknüpfung des platonischen mit dem aristotelischen Wissenschaftsverständnis, und viertens schließlich bediene sich Leibniz ihrer sowohl gegenüber Begriffen als auch gegenüber Sätzen. Aus all dem könne man zu einer Unterscheidung der verschiedenen Wissenschaftsgebiete nach ihren „different levels of truth" gelangen[27].

Der Schwierigkeiten, die sich aus dem Einerseits und Andererseits insbesondere bei der Zuordnung der Methodentermini zu den Aufgaben des Beweisens und des Erfindens ergeben, sucht Kauppi in einer chronologischen Zuordnung Herr zu werden: ursprünglich habe es eine eindeutige Zuordnung des synthetischen Vorgehens zur ars inveniendi bzw. zur topica und des analytischen zur ars iudicandi gegeben[28], dann sei zunächst das analytische Verfahren auch „in die Kunst des Erfindens aufgenommen" worden[29], und schließlich habe Leibniz „eingesehen, daß jede der zwei Methoden [Analyse und Synthese] in beiden Künsten [ars inveniendi und ars demonstrandi] in Frage kommt"[30].

Aus dieser gemeinsamen Zuordnung beider Methoden zu den Teilen der Logik schließlich zieht Arndt gegen Couturat den Schluß, daß nicht die Unterscheidung eines analytischen von einem synthetischen Verfahren, sondern die zwischen der Erfindungskunst, die wesentlich durch den Gedanken der kalkülmäßigen Ableitbarkeit bestimmt sei, und der Beurteilungskunst, die „wesentlich rückbezogen bleibt auf ein die natürliche Sprache benutzendes Beweisverfahren", die eigentliche Unterscheidung darstelle[31]: „Erfindungskunst und Beurteilungskunst" fielen dann „in zwei zu unterscheidende Entwick-

23 Heimsoeth: *Leibniz' Methode der formalen Begründung* ... a.a.O., S. 215 f.

24 Ebd., S. 216.

25 Ebd., S. 218.

26 Loemker, L. E.: *Leibniz's Conception of Philosophical Method.* In: *Zeitschrift für philosophische Forschung* Bd. 20, 1966, S. 507—524, S. 510.

27 Ebd., S. 518.

28 Kauppi: *Über die Leibnizsche Logik* ... a.a.O., S. 17.

29 Ebd., S. 18.

30 Ebd., S. 29.

31 Vgl. dazu auch Hermes, Hans: *Ideen von Leibniz zur Grundlagenforschung: Die ars inveniendi und die ars iudicandi.* In: *Akten des Internationalen Leibniz-Kongresses Hannover, 14.—19. November 1966,* 3 Bde. (= Studia Leibnitiana Supplementa Bd. 1—3). — Wiesbaden 1969, Bd. 3, S. 92—102.

lungsstadien der Logik"[32]. Mit dem Hinweis auf unterschiedliche mathematische Modelle ist nun zweifelsohne etwas Entscheidendes gesehen, dennoch bleibt diese Charakterisierung unbefriedigend: erstens reißt diese Einteilung die bei Leibniz vorliegende unmittelbare Beziehung zwischen Erfindungskunst und Beurteilungskunst auseinander, wenn sie beide in verschiedene Entwicklungsstadien der Logik setzt; zum zweiten kennt das die „natürliche Sprache benutzende" Verfahren „der ‚mathematischen Methode'" z. B. bei Descartes und auch bei Leibniz nicht nur die Aufgabe des Beweises, sondern auch die der Erfindung[33]; und drittens taucht dann bei Arndt paradoxerweise innerhalb des kalkülmäßigen Erfindungsverfahrens selbst die Aufgabe auf, „schon bekannte Wahrheiten auf ihre Ableitbarkeit hin" zu beurteilen, so daß die als fundamental behauptete Trennung des Erfindungs- von dem Beurteilungsverfahren wieder in Frage gestellt wird[34]. Schneider dagegen legt seiner Arbeit wieder die Unterscheidung zwischen Analysis und Synthesis zugrunde, orientiert sich bei der Bestimmung dieser Methoden an der Logik des Begriffs und betont wie Cassirer, Russell u. a. die Notwendigkeit einer Ergänzung des analytischen Ansatzes bei Leibniz durch einen — bei Leibniz allerdings schon angelegten — synthetischen Ansatz im Sinne Kants[35].

Um diese verwirrende Vielfalt der Interpretationen und der Leibnizschen Ansätze selbst zu klären, dürfte es nützlich sein zu prüfen, inwieweit die verschiedenen mathematischen Modelle der Tradition bei Leibniz jetzt unmittelbar für die speziellen Fragen der Methodologie und für die Zuordnung der Aufgaben zum analytischen bzw. zum synthetischen Verfahren in Anspruch genommen werden. Dabei wird sich zeigen — dies sei hier schon vorweggenommen —, daß einerseits für Leibniz die drei klassischen Methodenmodelle A, B und E bedeutsam werden und daß andererseits alle drei rückbezogen bleiben auf die logisch-metaphysischen Grundlagen, die Leibniz mit Hilfe seiner These von der mathematisch und genauer arithmetisch bestimmten Ordnung der Welt gewonnen hat.

Die Elementa veritatis aeternae haben die Aufgabe, die schon bekannten Wahrheiten zu beweisen bzw. zu prüfen. Dabei sollen sie sich einer Methode bedienen, die Leibniz als „mathematische" oder „geometrische" einführt und im näheren als „ars demonstrandi"[36], „Methode de la certitude"[37] bzw. als „ars judicandi"[38] bezeichnet. Diese Bestimmungen kann man in gewisser Weise differenzieren: wenn von der „ars demonstrandi" die Rede ist, bezieht sich Leibniz — wie schon im Titel „Elementa" — auf das Methodenmodell A Euklids bzw. auf den synthetischen Teil des Papposmodells B_1, der davon ja nicht zu unterscheiden ist; wenn dagegen die „ars judicandi" in den Vordergrund tritt, bildet der analytische Teil des Papposmodells den Orientierungspunkt.

32 Arndt: *Methodo scientifica pertractatum...* a.a.O., S. 101 f.; vgl. ders.: *Der Zusammenhang von Ars iudicandi und Ars inveniendi in der Logik von Leibniz.* In: *Studia Leibnitiana* Bd. 3, 1971, S. 205—213.

33 Vgl. dazu den Briefwechsel Leibniz-Wolff, unten S. 223, Anm. 44.

34 Arndt: *Methodo scientifica pertractatum* ... a.a.O., S. 102.

35 Schneider: *Analysis und Synthesis bei Leibniz* ... a.a.O., S. 36 ff.

36 GP VII 49.

37 GP VII 183.

38 C 219.

Dabei bezieht Leibniz sich in manchen Entwürfen zur scientia generalis allein auf das synthetische Beweisverfahren der ars demonstrandi[39], beruft sich dabei ausdrücklich auf Euklid und die Analytiken des Aristoteles[40] und macht so deutlich, daß hier das prokleisch interpretierte Methodenmodell A der euklidischen Elemente angesprochen ist: die synthetische Methode ordnet die Wahrheiten wie die Mathematiker gemäß der Ordnung der Beweise, so daß jeder Satz hinter denen zu stehen kommt, von denen er abhängt[41]; sie ist diejenige Methode, nach der die Wissenschaften aufgebaut und ihre Fragen entwickelt werden[42], und kann daher mit der wissenschaftlichen Methode gleichgesetzt werden, die nicht vom Späteren und Zusammengesetzten, sondern von den allgemeinsten und einfachsten Begriffen und Wahrheiten ausgeht[43]; in diesem Sinne ist die Synthesis für die Wissenschaft wichtiger als die Analysis[44]. Diese Entwürfe macht Couturat zur Grundlage seines Urteils, daß die Methode der Elementa „progressive et synthétique" sei und „donc des principes aux conséquences" führe[45].

Umgekehrt führt die Analyse für Leibniz in diesem Ansatz von einzelnen Sätzen oder Problemen zu den Prinzipien der Wissenschaft. Dieser analytische Schritt wird von Leibniz wie im Methodenmodell B_1 als Rückführung auf die Bedingungen des Infragestehenden verstanden: die Analyse führt auf die Bedingungen zurück, die zur Lösung des Problems hinreichen[46], wobei Leibniz wenigstens gelegentlich von der Äquivalenz der Schritte in Analyse und Synthese ausgeht, so daß auch die Schritte der Analyse, die zu den Bedingungen führen, als logische Folgerungen verstanden werden können[47]. Gemäß der Unterteilung bei Pappos unterscheidet Leibniz dann auch zwischen der theoretischen und der praktischen Analyse: die Analyse geht entweder von einer gegebenen Schlußfolgerung oder von einem gestellten Problem aus und sucht die Prinzipien, aus denen der Satz bewiesen oder durch die das Problem gelöst werden kann[48]. Und über

39 GP VII 49: „Elementa veritatis aeternae, et de arte demonstrandi in omnibus disciplinis ut in Mathesi"; C 191: „In praefatione Elementorum veritatis aeternae dicendum aliquid fortasse erit de his, qui antea Methodum demonstrative scribendi sunt"; GP VII 296: „Et hinc duci possunt Elementa veritatis aeternae methodusque in omnibus, modo intelligantur aeque demonstrative procedendi ac in Geometria".

40 So insbesondere in seiner Kritik an den ‚Regeln' Descartes': „Praestant regulae Artistotelis et Geometrarum, ut scilicet exceptis principiis ... nihil admittamus nisi legitimo argumento probatum" (GP IV 363, vgl. C 191).

41 GP V 506: „L'une [disposition des verités] seroit Synthetique et Theorique, rangeant les verités selon l'ordre des preuves, comme font les Mathematiciens, de sorte que chaque proposition viendroit après celles dont elle depend"; vgl. GP VII 185, 296 f.

42 GP VII 297: „at qui theoriae indulgere potest, ... potius synthesin prosequetur, nec quaestiones facile attinget nisi ad quas eum ipse ordo ducet".

43 C 159: „At Methodus scientifica ... incipiet non a posterioribus natura atque compositis et specialibus ..., sed a notionibus et veritatibus maxime simplicibus ac generalibus".

44 GP VII 297: „Praestantius est synthesin condere, quia is labor in perpetuum valet", vgl. C 159.

45 Couturat: *La logique de Leibniz* ... a.a.O., S. 177 f.

46 C 351: Methodus „Analytica est, cum a nostro inchoantes regredimur ut perveniamus ad conditiones quae ad ipsum solvendum sufficiunt", vgl. C 165.

47 Vgl. Anm. 51 und oben S. 81—85.

48 GP I 195: „*Analysis* vero est, quando conclusione aliqua data aut problemate proposito, quaerimus ejus principia quibus eam demonstremus aut solvamus"; GP VII 297: „Analysis vero solius oblati problematis

Pappos hinausgehend unterscheidet Leibniz noch spezielle Arten der Analysis: sie geschehe entweder „per saltum“ wie in der Algebra oder über „problemata intermedia“ wie in der Topik oder durch Reduktion[49].

Entsprechend dieser Bestimmungen der Begriffe Analyse und Synthese benutzt Leibniz in noch anderen Entwürfen die vollständige Doppelstrophe von Analyse und Synthese, stellt dabei wie Pappos die Analyse voran und schreibt ihr die Aufgabe der Beurteilung oder der „correctio judicorum nostrorum“ zu und läßt die synthetischen „demonstrationes plane rigorosas et Mathematicis pares“ folgen[50]. In diesem Sinne beruft er sich ausdrücklich auf Pappos und nimmt für sich in Anspruch, das Papposmodell B gegen Conring verteidigt zu haben: Conring habe getadelt, daß Pappos behaupte, die Analyse könne das Unbekannte finden, indem sie es voraussetzt und von da durch Folgerung zu bekannten Wahrheiten gelange; Conring wende dagegen ein, daß dies gegen die Logik sei, die lehre, daß man aus Falschem nicht auf etwas Wahres schließen könne[!], Leibniz dagegen habe ihm später gezeigt, daß die Analyse sich der Definitionen und anderer reziproker Sätze bedient, welche das Mittel an die Hand geben, die Umkehrung zu machen und die synthetischen Demonstrationen zu finden[51]. Wie in der Interpretation B des Papposmodells sieht Leibniz den infrage stehenden Satz also nicht schon nach der Analyse, sondern erst nach dem sich anschließenden synthetischen Beweis aus den bekannten Sätzen als erwiesen an[52].

Die hier vorgenommene Berufung auf die tradierten geometrischen Methodenmodelle A oder B erfolgt bei Leibniz dann, wenn es ihm um die Prüfung vorgegebener Sätze an bereits zugestandenen Wahrheiten oder um den Beweis solcher Sätze aus bereits zugestandenen Wahrheiten geht: Analyse und Synthese werden in diesem Ansatz wie bei Euklid und Pappos selbst auf Sätze und nicht auf Begriffe angewendet[53]. Dies unterscheidet ihre Verwendung und die ihnen zugeordneten Funktionen von denen, die sie im begriffskombinatorischen Rahmen gewinnen[54], auch wenn diese Unterscheidung

causa ad principia regreditur, perinde ac si nihil antea inventum jam a nobis vel aliis haberetur“; vgl. C 167

49 C 557: „Analysis vero problema propositum reducit ad simpliciora; et fit vel per saltum, ut in Algebra, vel per problemata intermedia in Topica vel reductione“, vgl. C 351.

50 GP VII 64.

51 GP V 432: „M. Conring ... reprenoit *Pappus*, lorsqu'il dit que *l'Analyse* propose de trouver l'inconnu en le supposant et en parvenant de là par consequence à des verités connues; ce qui est contre la Logique (disoit-il) qui enseigne que des faussetés on ne peut conclure des verités. Mais je luy fis connoistre par après, que l'Analyse se sert des definitions et autres propositions reciproques, qui donnent moyen de faire le *retour* et de trouver des demonstrations synthetiques".

52 Vgl. oben S. 85 f.

53 Vgl. dazu Arndt: *Methodo scientifica pertractatum* ... a.a.O., S. 101 f.; ders.: *Der Zusammenhang von Ars iudicandi und Ars inveniendi* ... a.a.O., S. 208 f.

54 Schneider: *Analyse und Synthese bei Leibniz* ... a.a.O. hat diese Unterscheidung nicht getroffen, obwohl er seine Arbeit in die Teile „Analysis und Synthesis der Begriffe“ und „Analysis und Synthesis der Aussagen“ unterteilt; er interpretiert die Analyse und Synthese von Aussagen unmittelbar im Sinne der analytischen Urteilstheorie als Analyse und Kombination von Begriffen und überspringt auch in der einleitenden Bestandsaufnahme über den Gebrauch der Begriffe Analyse und Synthese die beweisanalytischen Ansätze bei Leibniz.

von Leibniz selbst insbesondere dann nicht immer genau bezeichnet wird, wenn er generell über „Analyse“ und „Synthese“ handelt. So behandelt er am Anfang des Fragments *De synthesi et analysi universali* die Titelbegriffe in Hinblick auf einfache und zusammengesetzte Begriffe, um sie anschließend wie in den geometrischen Modellen auf Sätze zu beziehen[55]. Diese Vermischung ist zweifelsohne durch die analytische Urteilstheorie nahegelegt: wenn in ihr Sätze als Ausdruck der Relationen zwischen Begriffen verstanden werden, wird tendenziell der Unterschied zwischen zusammengesetztem Begriff und Satz aufgehoben. Dennoch bestimmt er hier zunächst die der Synthese und der Analyse zugewiesene Funktion: der Synthesis obliegt hier der Beweis und der Analysis die Prüfung von Sätzen, weil Beweis und Prüfung wie in den geometrischen Modellen in Hinblick auf zugrunde liegende, sichere Prinzipien — und also wieder in Hinblick auf Sätze — erfolgen.

Erst in einem zweiten Schritt werden diese Prinzipien selbst zum Gegenstand einer weiterführenden Reduktion. Als diese Prinzipien werden in den üblichen Interpretationen beider geometrischen Methodenmodelle A und B_1 nicht nur die Definitionen, sondern auch die Axiome und Postulate der euklidischen Elemente verstanden, die, um Prinzipien sein zu können, mit Proklos als selbstevident interpretiert werden[56]. Diese Begründung der Axiome und Postulate aus ihrer Selbstevidenz aber genügt dem Leibnizschen Anspruch auf eine formale Begründung der Wahrheit von Sätzen so wenig, wie ihm die Cartesische Berufung auf die Selbstevidenz des klar und deutlich Erkannten genügt: wenn die Axiome und Postulate wahre Sätze sind, dann muß sich ihre Wahrheit nicht nur als ‚selbstevident‘ behaupten, sondern beweisen lassen, und dieser Beweis der Axiome und Postulate muß gemäß der analytischen Urteilstheorie im Nachweis des Enthaltenseins des Prädikats im Subjektbegriff bestehen. Die üblicherweise so genannten Axiome und Postulate müssen auf die wahrhaften Axiome zurückgeführt werden, und diese wahren Axiome sind die identischen Sätze[57], die als einzige „indemonstrabiles“, „per se nota“, „per se certa“ heißen dürfen[58]. In diesem Sinne fordert Leibniz regelmäßig den Beweis der Axiome und Postulate und glaubt, daß er auch schon für einzelne Axiome gefunden sei[59]; wo dieser Nachweis noch nicht gelungen ist, billigt Leibniz den so genannten Axiomen den Charakter von „Hypothesen“ zu: sie haben wenigstens den Vorteil, zu benennen, was vorausgesetzt wird[60].

55 GP VII 292 ff.; ähnlich handeln die *Generales Inquisitiones* „de Analysi Notionum et Veritatum“ (C 356 ff.).

56 Vgl. oben S. 74 f. und S. 87 f.

57 GP VII 295: „Ex ideis porro istis sive definitionibus omnes veritates demonstrari possunt, exceptis propositionibus identicis, quas patet sua natura indemonstrabiles esse, et vere axiomata dici posse; vulgaria autem axiomata resolutione vel subjecti vel praedicati vel utriusque ad identica revocantur sive demonstrantur, ut contrarium supponendo apparent idem simul esse et non esse“.

58 GP VII 44: „Propositio *per se nota est,* in qua expresse patet praedicatum in subjecto ... contineri“; „... apparet, omnem per se notam esse etiam per se certam“.

59 Vgl. z. B. C 539: „Demonstratio Axiomatum Euclidis“; G IV 355: „Et magnum ego usum demonstrationis axiomatum esse scio ad veram analyticen seu artem inveniendi“.

60 GP IV 355, GP V 432 f., C 33.

Der Beweis dieser ‚sekundären' Axiome aber kann gemäß der analytischen Urteilstheorie nur in einer Analyse des Subjekt- und des Prädikatbegriffs geschehen, die soweit führt, bis die Identität zwischen beiden offenbar ist; die wahre Demonstration fällt dann mit der Analyse der Begriffe zusammen[61]. Damit aber verschiebt sich das Methodenproblem entscheidend: es erscheint jetzt grundsätzlich nicht mehr an den aussagenlogisch interpretierten Modellen A oder B der alten Geometrie orientierbar, sondern muß auf die höhere Ebene der Begriffslogik gehoben werden: die scientia generalis soll nicht bloß mit derselben Sicherheit wie die Mathematiker, sondern mit einer noch größeren operieren, weil die bisherigen Mathematiker vieles voraussetzten, was in der Leibnizschen Philosophie als beweisbar gilt[62]. Deshalb sind die bisherigen Bestimmungen des analytischen und synthetischen Verfahrens und ihre Zuordnung zum Beweis und zur Beurteilung auch als traditionell und vorläufig anzusehen; die spezifisch Leibnizschen Bestimmungen erfolgen erst im Rahmen der Begriffslogik.

§ 20 Analysis und Synthesis im Kontext der Begriffslogik

Bei der Funktionsbestimmung des synthetischen und des analytischen Verfahrens im begriffslogischen Kontext herrscht zunächst die Identifikation des synthetischen Verfahrens mit der ars inveniendi und des analytischen Verfahrens mit der ars judicandi vor. Diese Zuordnung verkehrt die Cartesische Charakterisierung beider Begriffe in ihr Gegenteil: stellte dort die synthetische Ableitung schon gefundene Ergebnisse bloß systematisch geordnet dar und bewies dadurch das auf anderem Wege Gefundene, so soll die Synthesis hier im wesentlichen das erfindende Verfahren sein; wurde dort der Analyse die Aufgabe des Erfindens zugeschrieben, so soll sie jetzt vordringlich als ars judicandi fungieren[1].
Diese Umkehrung der für Descartes maßgebenden Funktionszusammenhänge hängt eng mit dem mathematischen Modell zusammen, von dem Leibniz als ursprünglichem Vorbild für die Grundlagenwissenschaft der Logik ausgeht. Anders als bei Descartes steht jetzt nämlich für Leibniz nicht mehr das Methodenmodell B des Pappos und auch nicht das von ihm als nur vorläufig brauchbar empfundene Modell A des Euklid im Vordergrund, sondern er orientiert sich insbesondere in seinen frühen Schriften beinahe ausschließlich am Modell E der Lullschen Kombinatorik, das auch später für wesentliche Kernbereiche seiner erfindenden Logik verbindlich bleibt.

61 GP VII 295: „Unde patet ostensivam et apagogicam demonstrationem in ultima analysi coincidere, et recte Scholasticis quoque notatum, omnia axiomata intellectis terminis revocari ad principium contradictionis".

62 GP VII 64: „... Mathematici multa supponunt, quae hic poterunt demonstrari"; vgl. GP V 432 f.

1 Vgl. oben S. 130.

Diese Lullsche Kombinatorik hatte im 16. und 17. Jahrhundert zahlreiche Bearbeitungen und insbesondere auch mathematische Weiterentwicklungen gefunden, von denen Leibniz nicht nur Grundgedanken, sondern bis ins einzelne der mathematischen Aufgabenlösung gehende Ergebnisse übernimmt[2]. Wichtiger als die Erörterung dieser mathematischen Tradition und ihrer Aufnahme durch Leibniz ist für das Methodenproblem hier, daß Leibniz in der Kombinatorik ein Mittel findet, die durch das Verhältnis von Teil und Ganzem bestimmte Wirklichkeit methodisch erfaßbar zu machen: mit Hilfe der Kombinatorik können alle Möglichkeiten der Zusammensetzung vollständig und systematisch ermittelt werden.

In diesem Sinne entwirft Leibniz schon im Oktober 1671 in seinem Bewerbungsschreiben an den Herzog Johann Friedrich von Braunschweig sein grundlegendes Konzept einer Logik als Erfindungskunst: „In Philosophia habe ich ein mittel funden, dasjenige was Cartesius und andere per Algebram et Analysin in Arithmetica et Geometria gethan, in allen scientien zuwege zu bringen per Artem Combinatoriam, welche Lullius und P Kircher zwar excolirt, bey weiten aber in solche deren intima nicht gesehen. Dadurch alle Notiones compositae der ganzen welt in wenig simplices als deren Alphabet reduciret und aus solches alphabets combination wiederumb alle dinge, samt ihren theorematibus, und was nur von ihnen zu inventiren müglich, ordinata methodo, mit der zeit zu finden, ein weg gebahnet wird“[3].

In diesem Ansatz also wird die Kombination der einfachen Begriffe als der eigentliche Weg der Erfindung betrachtet, die Ars combinatoria erscheint als „mater aller inventionen“[4]. Und dieses Kombinationsverfahren wird jetzt im Rahmen der Begriffslogik zur eigentlich so zu nennenden synthetischen Methode erklärt: die wirklich synthetische Methode liegt vor, wenn wir von einfacheren Begriffen zu zusammengesetzten fortschreiten; wahrhaft synthetisch ist die Methode der Kombination[5].

In diesem Sinne hatte Leibniz schon seine Schrift von 1666 als Erfindungskunst verstanden[6]. Ihre zwei Teile behandeln verschiedene Gegenstände; gemeinsam aber ist ihnen, daß durch systematische Kombination jeweils alle Kombinationsmöglichkeiten über einer bestimmten Zahl von einfachen Bestandteilen ermittelt werden sollen. So ‚erfindet‘ Leibniz im ersten Teil — eine These von Johannes Hospinianus Steinanus prüfend — alle möglichen Arten des Syllogismus, indem er davon ausgeht, daß jeder Syllogismus aus drei Urteilen besteht, von denen jedes — quantitativ betrachtet — entweder universal, partikulär, indefinit oder singulär und — qualitativ betrachtet — entweder bejahend oder verneinend ist[7]. Die systematische Kombination dieser einfachen Bestandteile mög-

2 Vgl. Knobloch, Eberhard: *Die mathematischen Studien von G. W. Leibniz zur Kombinatorik. Auf Grund fast ausschließlich handschriftlicher Aufzeichnungen dargelegt und kommentiert* (= Studia Leibnitiana Supplementa Bd. 11). — Wiesbaden 1973, S. 7, 12, 22 u. ö.

3 GP I 57 f.

4 Ebd.

5 C 572: „Methodus vero synthetica est, cum a simplicioribus notionibus progredimur ad compositas“; GP VII 477: „Combinatio ad Synthesin pertinet“.

6 Vgl. oben S. 180.

7 GP IV 47.

licher Syllogismen liefert ihm die schon von Steinanus ermittelte Zahl von 512 Modi des kategorischen Syllogismus[8], die dann allerdings durch Anlegen traditioneller Regeln der Logik[9] und durch Zusammenfassung[10] auf 24 gültige generell figurierte Modi[11] reduziert werden[12].

Wichtiger für die spätere Verwendung des kombinatorischen Verfahrens ist seine Anwendung auf die Materie der Urteile, also auf die in ihnen enthaltenen Begriffe. Weil Begriffe letzten Endes aus einfachen Begriffen zusammengesetzt sind, muß es — setzt man die Kenntnis der einfachen Begriffe voraus — möglich sein, „alle dinge" bzw. ihre Begriffe und damit gemäß der analytischen Urteilstheorie auch alle wahren Aussagen „ordinata methodo ... zu finden"[13]. In *De Arte combinatoria* erörtert Leibniz nur den zahlenmäßigen Aspekt dieses umfassenden Programmes, das zum Ziel hat, zu jedem gegebenen Subjekt die Prädikate und zu jedem gegebenen Prädikat die Subjekte zu finden[14]; in den Entwürfen zur ars characteristica sucht er dann nicht bloß die Zahl, sondern die Bestimmung aller möglichen Begriffe selbst inhaltlich zu behandeln. Leitidee ist dabei, eine eindeutige Beziehung zwischen Begriffen und Zahlen herzustellen, in denen die Zahlen nicht als Größenzeichen, sondern als die für die zugeordneten Begriffe charakteristischen Zeichen angesehen werden. In diesem Sinne soll jedem einfachen Begriff eine Primzahl und jedem zusammengesetzten Begriff das Produkt der charakteristischen Zahlen der in ihm enthaltenen einfachen Begriffe zugeordnet werden[15], so daß aus der charakteristischen Zahl eines jeden Begriffs unmittelbar seine Teilbegriffe ablesbar wären. Setzt man dabei einen vorliegenden Katalog einfacher Begriffe voraus, dann könnte man also durch einfache Kombination dieser einfachen Begriffe die charakteristischen Zahlen aller möglichen Begriffe erfinden.

8 Wenn der Syllogismus aus 3 Sätzen besteht, dann gibt es in Hinblick auf die vier möglichen Quantitäten der Aussagen $4^3 = 64$ und hinsichtlich der beiden Qualitäten $2^3 = 8$ Möglichkeiten, woraus sich durch Multiplikation $64 \times 8 = 512$ ergibt.

9 Beispielsweise scheidet Leibniz von den durch Kombination ermittelten Schlußformen alle diejenigen aus, bei denen beide Prämissen partikulare oder verneinende Urteile sind; er wendet hier also traditionelle Regeln der Syllogistik zur Reduktion des kombinatorisch Gefundenen an.

10 Er faßt zur Ermittlung der generellen einfachen Modi die singulären und die allgemeinen Urteile einerseits und die indefiniten und die partikulären andererseits zusammen.

11 Dies sind also 5 mehr als die 19 aristotelischen Modi; bei diesen 5 ‚überschüssigen' Schlüssen handelt es sich um die schon in der Antike bekannten sog. subalternen Modi, die durch Abschwächung oder Umkehrung aus einer mit Hilfe der normalen Modi erschlossenen conclusio entstehen. Vgl. dazu Bocheński, J. M.: *Formale Logik* (= Orbis Academicus Bd. III, 2) — Freiburg, München ^{2}1970, S. 249 f

12 GP IV 53, vgl. dazu Dürr, Karl: *Neue Beleuchtung einer Theorie von Leibniz. Grundzüge des Logikkalküls* (= Leibniz-Archiv Bd. 2). — Darmstadt 1930, S. 8 ff.

13 GP I 58.

14 GP IV 61: „Logicae igitur inventivae propositionum est hoc problema solvere: *1. dato subjecto praedicata, 2. dato praedicato subjecta invenire, utraque tum affirmative, tum negative*".

15 C 42: „Regula construendorum characterum haec est: cuilibet Termino (id est subjecto vel praedicato propositionis) assignetur numerus aliquis hoc uno observato, ut terminus compositus ex aliis quibusdam terminis respondentem sibi habeat numerum productum ex numeris illorum terminorum invicem multiplicatis"; vgl. C 49 f., C 60.

In diesem Konzept wird also wieder wie schon implizit in *De Arte combinatoria* die Kombination als bloße Konjunktion einfacher Begriffe verstanden — wenn sie auch hier mathematisch unter dem Titel der Multiplikation auftritt. Weiter geht Leibniz offenbar davon aus, daß alle einfachen Begriffe auf diese Weise miteinander kombinierbar, d. h. kompatibel sind[16]: wenn alle einfachen Begriffe — parallel zu Lullus — als „Attributa Dei" verstanden werden[17], dann hängt die Möglichkeit Gottes von ihrer Kompossibilität ab[18]; in Gott kann kein Widerspruch sein. Aus diesen beiden Annahmen aber folgt — wie Russell gezeigt hat —, daß zusammengesetzte Begriffe immer widerspruchsfrei und allgemeinverneinende Aussagen unmöglich sein müßten, wenn man nicht — so Russells Ausweg — spezielle Verknüpfungsregeln annähme, die dann aber synthetisch sein müßten und so in Widerspruch zum Leibnizschen Urteilsbegriff gerieten[19]. Leibniz hat — wie Martin[20] und Kauppi[21] gezeigt haben — häufig den anderen Ausweg gewählt, auch die Negation bei der Kombination zusammengesetzter Begriffe zuzulassen; auf diese Weise kann dann eine Unterscheidung zwischen widerspruchsfreien und widersprüchlichen Begriffen konstruiert werden: letztere werden dann dadurch als ‚falsch' gekennzeichnet, daß in ihnen ein Teilbegriff und seine Negation zusammengedacht sind[22]. Mit dieser Unterscheidung zwischen widerspruchsfreien und widersprüchlichen Begriffen ist zugleich das eigentliche Ziel der synthetisch erfindenden Kombinationsmethode[23] genauer bezeichnet: es geht dabei um die ‚Erfindung' aller im Sinne der Wider-

16 Vgl. GP IV 296: „... je soutiens que toutes les formes simples sont compatibles entre elles"; GP VII 261: „*Perfectionem* voco omnem qualitatem simplicem quae positiva est et absoluta ... Ex his non est difficile ostendere, *omnes perfectiones esse compatibiles inter se*".

17 GP IV 425: „... *prima possibilia* ac notiones irresolubiles, sive ... ipsa absoluta Attributa DEI ..."

18 GP IV 296: Eine Demonstration dieser Kompossibilität würde nachweisen, „que la nature de Dieu qui enferme toutes les formes simples absolument prises, est possible".

19 Russell: *A Critical Exposition* ... a.a.O., S. 18 ff., S. 23; dieser Interpretation folgt offenbar Arndt: *Methodo scientifica pertractatum* ... a.a.O., S. 112 f., der das von Lambert formulierte Problem einer Verbindungskunst der Zeichen (vgl. Lambert: *Neues Organon oder Gedanken über die Erforschung und Bezeichnung des Wahren und dessen Unterscheidung vom Irrthum und Schein.* 2 Bde. — Leipzig 1764 (Wiederabgedruckt in ders.: *Philosophische Schriften.* Hrsg. v. H. W. Arndt. [Bisher] 7 Bde. — Hildesheim 1965 ff., Bd 1 u. 2), Semiotik § 41 ff., Bd. 2, S. 26 ff.) bei Leibniz wiederfindet und die „‚petitio principii'" auch bei Leibniz darin sieht, „daß bereits in den Grundzeichen einer ‚Characteristica' die Möglichkeit der Zusammensetzung aller Zeichen einer ‚Characteristica' zum Ausdruck gebracht" und damit das vorausgesetzt werde, was erfunden werden solle.

20 Martin: *Leibniz* ... a.a.O., S. 88 ff.

21 Kauppi: *Über die Leibnizsche Logik* ... a.a.O., S. 111 ff., 148 f.

22 C 67: „*Termini contradictorii* sunt quorum unus est positivus, alter negativus hujus positivi, ut homo et non homo"; C 397: „Terminus falsus est qui continet oppositos A non A". — Mit der Annahme negativer Begriffe ergibt sich dann allerdings das Problem ihres ontologischen Status und die Frage nach ihrem Verhältnis zu der vorher konstatierten Positivität der einfachen Begriffe als Attribute Gottes; Heinekamp hat deshalb die Verwendung von Negationen als Charakteristikum des menschlichen Denkens gedeutet und es in diesem Sinne gegen das positive göttliche Denken abgegrenzt. Vgl. Heinekamp, Albert: *Über Leibniz' Logik und Metaphysik. Zu Martin Schneiders ‚Analysis und Synthesis bei Leibniz'.* In: *Studia Leibnitiana* Bd. 8, 1976, S. 265—287, S. 282 ff.

23 Vgl. oben S. 193.

spruchslosigkeit möglichen Begriffe[24]. Dabei sichert das Kombinationsverfahren von vornherein die Widerspruchslosigkeit, die bei den bloß gegebenen und nicht auf diese Weise abgeleiteten zusammengesetzten Begriffen erst nachgewiesen werden muß[25]. Das Kombinationsverfahren gehört deshalb zur „ars inveniendi“[26], weil in ihm die Bildung widerspruchsfreier Begriffe methodisch gesichert ist: mit ihm werden Begriffe systematisch aus einfacheren Begriffen erfunden, und in dieser erfindenden Kombinatorik wird die Widerspruchslosigkeit und d.h. die Möglichkeit der Begriffe zugleich mit erwiesen[27].

Dieser Bereich des Möglichen stellt demnach das eigentliche Ziel des Leibnizschen Wissenschaftsbegriffs dar: die Bestimmung der scientia generalis ist die einer „Scientia ... de Cogitabili in universum quatenus tale est“[28]. Zugleich aber rückt Leibniz den Begriff des Möglichen in unmittelbare Beziehung zu dem des Ens: die Gleichsetzung „ens seu possibile“[29] oder „ens vel possibile“[30] beherrscht die Leibnizschen Schriften und wird in dem sog. *Calcul de Entia*[31] ausdrücklich auch unmittelbar zur Bestimmung des Möglichen benutzt. Dies stellt allerdings nicht etwa eine Gleichsetzung des Widerspruchsfreien mit dem Existierenden dar, wie Bardili[32] und einige ältere Leibnizinterpreten[33] wollten, sondern bedeutet im Gegenteil, daß das „ens“ des Begriffs von Leibniz unabhängig von der Existenz der Gegenstände gesehen wird. Der Begriff „ens“ wird von Leibniz auf die „regio idearum“ angewendet[34]; mögliche Begriffe haben Sein, auch ohne daß ihnen existierende Gegenstände entsprechen, und eben dieses Sein des Möglichen ist Gegenstand der scientia generalis und der Kombinatorik, die das, was zu ihm gehört, synthetisch ‚erfindet‘[35].

24 Zur Leibnizschen Begründung der Möglichkeit in der Widerspruchslosigkeit, die entscheidend von der vorherrschend gewordenen Orientierung Kants an den formalen Bedingungen der Erfahrung abweicht, vgl. Pichler, Hans: *Möglichkeit und Widerspruchslosigkeit.* — Leipzig 1912 und Poser, Hans: *Zur Theorie der Modalbegriffe bei G. W. Leibniz* (= Studia Leibnitiana Supplementa Bd. 6). — Wiesbaden 1969.

25 Vgl. unten S. 205 f.

26 Vgl. GP VII 49, 57 u. ö.

27 GP VII 295: „Sed sciendum est, non posse pro arbitrio conjungi notiones, sed debere ex iis conceptum formari possibilem, ut habeatur definitio realis; unde patet omnem realem definitionem continere affirmationem aliquam saltem possibilitas“.

28 C 511.

29 C 376.

30 C 259.

31 Vgl. Kauppi: *Über die Leibnizsche Logik* ... a.a.O., S. 181 ff.

32 Vgl. oben S. 36.

33 Vgl. Kauppi: *Über die Leibnizsche Logik* ... a.a.O., S. 46.

34 GP VII 214: „Si sumatur Ens de possibilitate seu ut sit ridens in regione idearum, etiam quidam homo est ridens, non aliter accipi debet, quam homo ridens est Ens, nempe possibile seu in regione idearum“. Vgl. dazu Parkinson: *Logic and reality in Leibniz's metaphysics* ... a.a.O., S. 19 ff.

35 Allerdings gibt es bei Leibniz dennoch Ansätze, auch den Übergang vom ens idearum zur existentia rerum selbst noch erfaßbar zu machen. Dies geschieht einmal in der Annahme, daß alles, was möglich ist, nach Existenz strebe: „Omne possibile exigit existere“ (GP VII 194); zum anderen in der These von der existierenden als der besten aller Welten, durch die der Übergang vom Möglichen zum Wirklichen selbst noch kalkulierbar erscheint. Beide Thesen stellen zwei Seiten einer Münze dar. Vgl. dazu Poser: *Zur*

In den Schriften der 60er Jahre wird dieser kombinatorische und inventive Teil der Logik regelmäßig gegen einen analytischen Teil abgesetzt, dem die Aufgabe des Beweises zufällt[36]. In der *Nova methodus* werden die Regeln dieser Analytik dahingehend zusammengefaßt, daß kein Wort ohne Erklärung und keine Aussage ohne Beweis zugelassen werden soll[37]. Aus diesen traditionellen Anweisungen entwickelt Leibniz einen Anspruch, der erst dann voll entfaltet wird, wenn das Wesen der ‚Erklärung' und das des Beweises auf der Grundlage des spezifisch Leibnizschen Wahrheitsbegriffs begriffen werden. Dann nämlich werden die Erklärung und der Beweis selbst mit Hilfe der These vom Enthaltensein des Teils im Ganzen bzw. des Prädikats im Subjekt definiert und finden dadurch ihren Ort innerhalb des begriffslogischen Kontextes.
Dies geschieht bei Leibniz in der Auseinandersetzung mit dem Cartesischen Wahrheitsbegriff. Dabei kritisiert Leibniz im wesentlichen zwei Punkte: Erstens habe Descartes keine Kennzeichen des Klaren und Deutlichen gegeben; ob etwas klar und deutlich erkannt ist, sei aber nicht auf den ersten Blick und nicht ohne methodisches Vorgehen zu ermitteln[38]. Dieses Versäumnis sucht Leibniz durch eine Benennung der „criteria" des Klaren einerseits und des Deutlichen andererseits zu geben, die hier anders als bei Descartes ausdrücklich voneinander unterschieden werden und in dieser Form — wenn auch nicht ohne Modifikationen — über die Wolffsche Schule noch die Aufklärungsdiskussion beeinflussen.
Klar ist für Leibniz eine notio oder cognitio, die ausreicht, eine Sache wiederzuerkennen. Sie unterscheidet sich darin sowohl vom dunklen Erkennen, das dazu nicht in der Lage ist, als auch von der höheren Stufe des deutlichen Erkennens: in einer klaren Erkenntnis müssen nicht, wie das Beispiel der — nichtdefinierbaren — Farben oder das des Schönen zeigt, Merkmale angegeben werden können, an denen die Sache erkannt wird[39]. Kriterium des *Deutlichen* dagegen ist, daß Teilbegriffe oder Merkmale angegeben werden können, durch die sich die infrage stehende Sache von anderen unterscheidet. Innerhalb dieser diskursiven Erkenntnisstufe, in der an den Dingen Merkmale unterschieden werden können, kennt Leibniz entsprechend seiner Theorie der zusammengesetzten Begriffe verschiedene Grade: Deutlich, aber inadäquat wird ein Begriff erkannt,

Theorie der Modalbegriffe ... a.a.O., S. 61 ff. — Martin, Gottfried: *Existenz und Widerspruchsfreiheit in der Logik von Leibniz.* In: *Kant-Studien* Bd. 48, 1956/57, S. 202—215 macht deutlich, daß hinter solchen Überbrückungsversuchen zwischen Möglichkeit und Wirklichkeit wiederum mathematische Überlegungen stehen: In der Mathematik fungiert der Nachweis der Möglichkeit, der dort allerdings immer nur im Hinblick auf bestimmte Setzungen geführt werden kann, als Existenznachweis.

36 GP IV 44: Die Logik wird 1666 aufgeteilt in „Logicae partem *inventivam*" und in „partem logices Analyticam seu Judicii".

37 LA VI 1, 279: „*Analytica* seu ars judicandi, mihi quidem videtur duabus ferè regulis tota absolvi: (1.) Ut nulla vox admittatur, nisi explicata, (2.) ut nulla propositio, nisi probata".

38 Vgl. oben S. 181.

39 GP IV 422: „*Clara* ... cognitio est, cum habeo unde rem repraesentatam agnoscere possim, eaque rursus est vel confusa vel distincta. *Confusa*, cum scilicet non possum notas ad rem ab aliis discernendam sufficientes separatim enumerare".

wenn in ihm die Merkmale zwar klar, aber nicht selbst deutlich erkannt werden[40]; *adäquat* ist er erkannt, wenn die Analyse des Begriffs zu ihrem Ende gelangt ist und alle in ihm enthaltenen Teilbegriffe wiederum deutlich erkannt sind[41]. Dabei begnügt sich die Wissenschaft in der Regel mit einer bloß symbolischen Erkenntnis der noch nicht völlig entwickelten Teilbegriffe, vollkommen aber wäre eine Erkenntnis, die alle im zusammengesetzten Begriff enthaltenen einfachen Begriffe intuitiv erkennt[42]. Auf diese Weise endet die Analyse des Begriffs in der notio perfecta.

Das zweite Argument, mit dem Leibniz in diesem Zusammenhang Descartes kritisiert, setzt diese Begriffszergliederung in unmittelbare Beziehung zur judikativen Funktion, die der Analyse zugeschrieben wird: Leibniz kritisiert nämlich zweitens an Descartes, daß er die Wahrheit der Ideen, die er klar und deutlich erkannt zu haben behauptet, nicht sicherstellt[43]. Dies verweist angesichts der Cartesischen Argumentation zunächst nur darauf, daß Leibniz sich mit der von Descartes vorgenommenen generellen Fundierung der Wahrheit des klar und deutlich Erkannten in Gott nicht zufrieden gibt, sondern einen anderen, auf die Sache selbst bezogenen Beweis fordert. Diesen Beweis eines Begriffs findet Leibniz in der Widerspruchsfreiheit: bevor wir aus der Definition eines Begriffs Folgerungen ableiten, müssen wir uns seiner Widerspruchsfreiheit versichert haben[44]. Menschliche Vorstellungen nämlich können — wiederum vom Zusammengesetztsein der Begriffe her gedacht — wie der Begriff der schnellsten Bewegung[45] oder der der größten Zahl[46] widersprüchliche Elemente miteinander vereinigen und daher „falsch" sein[47]. Die Wahrheit eines Begriffs hängt also davon ab, daß seine Möglichkeit und also seine Widerspruchsfreiheit und d. h. die „compatibilitas" aller seiner Teilbegriffe bewiesen ist. Dieser Beweis geschieht durch die Analyse, in der wir den Begriff in seine Grundbestandteile oder doch wenigstens bis in zusammengesetzte Teilbegriffe zerlegen, deren Möglichkeit bereits erwiesen ist[48]. Um die Wahrheit eines Begriffs zu erkennen,

40 GP IV 423: „At *distincta notio* est qualem de auro habent Docimastae, per notas scilicet et examina sufficientia ad rem ab aliis omnibus corporibus similibus discernendam". „In notionibus autem compositis, quia rursus notae singulae componentes interdum clare quidem, sed tamen confuse cognitae sunt ... cognitio ... *inadaequata* est".

41 Ebd.: „Cum vero id omne quod notitiam distinctam ingreditur, rursus distincte cognitum est, seu cum analysis ad finem usque producta habetur, cognitio est *adaequata*".

42 Ebd., vgl. oben S. 189 f. und die in hier unwesentlichen Punkten geringfügig abweichende Gliederung C 219 f.

43 Leibniz wendet dies insbesondere gegen den Cartesischen Gottesbeweis: zwar könne man aus dem Begriff Gottes auf seine Existenz schließen, aber dazu müsse man erst die Möglichkeit, d. h. Widerspruchsfreiheit des Begriffs von Gott nachgewiesen haben: „Verum sciendum est, inde hoc tantum confici. si DEUS est possibilis, sequitur quod existat" (GP IV 424).

44 Ebd.: „... nam definitionibus non possumus tuto uti ad concludendum, antequam sciamus eas esse reales, aut nullam involvere contradictionem".

45 Ebd.

46 GM I 85 f.

47 GP IV 425: „Patet etiam, quae tandem sit *Idea vera*, quae *falsa*, vera scilicet cum notio est possibilis, falsa cum contradictionem involvit".

48 Ebd.: „*Possibilitatem* autem rei ... a priori cognoscimus ..., cum notionem resolvimus in sua requisita, seu in alias notiones cognitae possibilitatis, nihilque in illis incompatibile esse scimus".

ist es daher erforderlich, daß seine Analyse vollständig durchgeführt ist: nur wenn wir eine adäquate Erkenntnis eines Begriffs haben, haben wir auch die Erkenntnis seiner Möglichkeit a priori[49] oder seine Realdefinition[50].

In eben diesem Sinne übernimmt die begriffslogisch verstandene Analyse eine beweisende Funktion auch gegenüber den Urteilen[51]. Dies kann geschehen, weil die Theorie des Urteils auf die des Begriffs rückführbar ist. Weil in jedem wahren Urteil das Prädikat im Subjekt enthalten ist, geschieht der Beweis eines Urteils durch die Analyse seines Subjekt- und seines Prädikatbegriffs, in der sich ihre Identität zeigt; der Beweis der Sätze besteht also in ihrer Rückführung auf identische Sätze[52]. Da die Analyse der Begriffe darin besteht, daß man für Begriffe ihre Definition einsetzt und für deren Begriffe wieder Definitionen sucht usw., reduzieren sich für Leibniz die Prinzipien eines Beweises also auf zwei letzte Prinzipien: die Definitionen und die identischen Sätze[53]. Jeder Beweis erscheint dann als eine Kette von Definitionen[54], durch die die zunächst gegebenen Sätze letzten Endes auf identische Sätze zurückgeführt werden. Und von daher werden die oben angeführten Bestimmungen über den synthetischen Beweis von Sätzen aus sicheren Prinzipien und über die analytische Prüfung von Sätzen an sicheren Prinzipien als vorläufige erkennbar: letzten Endes sind diese analytischen oder synthetischen Beweise nichts anderes als die Kette der Definitionen, die ihnen entweder ausdrücklich oder implizit zugrunde liegt[55]. In diesem Sinne reduziert sich auch der Beweis von Aussagen letzten Endes auf die Begriffsanalyse: „ostensiva et apagogica demonstratio in ultima analysi coincidet“[56].

Innerhalb derselben, ursprünglich an Lullus orientierten Begriffslogik aber kann der Analyse auch eine inventive Funktion zugesprochen werden. Dies resultiert zunächst aus einer bloßen Änderung der Blickrichtung: wurde in der bisherigen Argumentation als inventiv der Fortgang von den einfachen Begriffen zu den aus ihnen synthetisch durch Kombination konstruierbaren Begriffen angesehen, so kann umgekehrt auch die analytische Ermittlung der einfachen Begriffe als ‚inventio‘ verstanden werden. In die-

49 Ebd.: „Et quidem quandocunque habetur cognitio adaequata, habetur et cognitio possibilitatis a priori“.

50 Der mißverständliche und mißverstandene Begriff der Realdefinition bezieht sich also nicht auf die Realität eines entsprechenden Gegenstandes, sondern auf die Realität eines Begriffs, deren Kriterium die Möglichkeit ist; die davon abgesetzte Nominaldefinition gibt nur einige Merkmale des Begriffs und erweist deshalb seine Möglichkeit nicht: „Atque ita habemus quoque discrimen inter *definitiones nominales*, quae notas tantum rei ab aliis discernendae continent, et *reales*, ex quibus constat rem esse possibilem“ (GP IV 424 f., vgl. GP II 62 f.).

51 Vgl. Kauppi, Raili: *Die Idee der Logik in der Philosophie Leibnizens.* In: *Akten des Internationalen Leibniz-Kongresses Hannover, 14.—19. November 1966*, 3 Bde. (= Studia Leibnitiana Supplementa Bd. 1—3). — Wiesbaden 1969, Bd. 3, S. 80—91.

52 GP VII 44: „*Demonstrare propositionem* est, resolutione terminorum in aequipollentes manifestum facere, quod praedicatum aut consequens in antecedente aut subjecto contineatur“.

53 GM III 1, 322: „Ita vides, quomodo omnium demonstrationum a priori duo sint principia ultima: definitiones, et propositiones identicae“.

54 GP I 174: „Est enim Demonstratio nil nisi catena definitionum“; vgl. GP I 185, 194.

55 GP I 205: „Itaque quisquis haec attente considerat, dubitare non potest demonstrationem adeoque synthesin et analysin, si non expresse, certe implicite nihil aliud esse quam catenam definitionum“.

56 GP VII 295.

sem Sinne taucht die Analysis schon 1666 innerhalb des inventiven Teils der Logik auf und dient dazu, „omnes Termini primi" zu erfinden[57]. Ebenso wird dort die Aufgabe, zu einem gegebenen Subjekt die Prädikate zu ermitteln, die ja zweifelsohne nur analytisch gelöst werden kann, als inventiv verstanden[58].
Zugleich aber spricht sich in dieser Änderung der Blickrichtung eine stärkere Berücksichtigung der Stellung des erkennenden Subjekts aus: es wird zwar an der Existenz einfacher Begriffe festgehalten, aber es wird im methodischen Vorgehen nicht mehr wie selbstverständlich unterstellt, daß der Mensch ohne weiteres im Besitz dieser einfachen Begriffe sei und von vornherein über sie verfügen könne[59]. Dies wird deutlich, wenn Leibniz diese Fassung des analytischen als des inventiven Verfahrens gerade in dem Fragment *De la sagesse* besonders stark betont, das deutlich die Spuren einer unmittelbaren Beeinflussung durch Descartes verrät[60]. Dort teilt er wie bereits in der *Nova methodus* die Methodologie in die Beurteilungs-, die Erfindungs- und die Erinnerungskunst ein[61], beginnt aber schon die Bestimmung der Beurteilungskunst mit der deutlich auf Descartes verweisenden These, daß man nichts für wahr halten dürfe, was nicht so fest stehe, daß man daran nicht zweifeln könne[62]. Noch deutlicher wird dieses Ausgehen von der Cartesischen Reflexion auf den Status des erkennenden Subjekts, wenn „l'art d'inventer" nicht etwa mit der Kombination einfacher Begriffe, sondern mit der Betrachtung einer Sache, der Ermittlung ihrer Merkmale und deren weiterer Analyse einsetzt[63]. Als erster und wichtigster Teil einer Erfindungskunst fungiert hier „la vraye analyse", die die Merkmale der Sache „bis zum Ende" analysiert und auf diese Weise eine vollkommene Erkenntnis der betreffenden Sache erreicht[64]. Aus mehreren solchen Ana-

57 GP IV 64 f.

58 GP IV 61: „Logicae igitur inventivae propositionum est hoc problema solvere: 1. *dato subjecto praedicata ... invenire*".

59 Schepers: *Begriffsanalyse und Kategorialsynthese* ... a.a.O. macht darauf aufmerksam, daß Leibniz neben diesem analytischen Verfahren zur Ermittlung der einfachen Begriffe immer wieder ein anderes anwendet, das das ‚Gedankenalphabet' durch Untergliederung eines obersten Begriffs wie den des Denkbaren zu gewinnen sucht. Dieses Verfahren nennt Schepers enumerative Kategorialsynthese, faktisch weist es Ähnlichkeiten mit Descartes' enumerativer Analyse auf, bloß daß diese nicht auf Begriffe, sondern vor allem auf Aussagen bezogen war. Vgl. dazu oben S. 158.

60 GP VII 82—85, zur Datierung vgl. Kabitz: *Die Philosophie des jungen Leibniz* ... a.a.O., S. 22 ff., der die Datierungen von Erdmann (1710) und die von Couturat (1666/67) zurückweist und das Fragment aus äußeren und aus inhaltlichen Gründen in die Zeit des Parisaufenthaltes, also in die Jahre 1672 ff., verlegt.

61 GP VII 82 ff.

62 Ebd.: „*L'art de bien raisonner* consiste dans les maximes suivantes: (1) il ne faut jamais reconnoistre pour vray que ce qui est si manifeste qu'on ne puisse trouver aucun sujet de doute ... "

63 GP VII 83: „*L'art de inventer* consiste dans les maximes suivantes: (1) Pour connoistre une chose, il faut considerer tous les requisits de cette chose, c'est à dire tout ce qui suffit à la distinguer de toute autre chose. Et c'est ce qu'on appelle Definition, Nature, Proprieté reciproque ..."

64 Ebd.: „Et c'est ce que j'appelle la vraye *analyse* ou distribution de la difficulté en plusieurs parties qui n'a pas encor esté expliquée". „Quand on a poussé l'analyse à bout, c'est à dire quand on a consideré les requisits qui entrent dans la consideration de quelques natures qu'on n'entend que par elles mêmes qui sont sans requisits et qui n'ont besoin de rien hors d'elles, pour estre conceues, on est parvenue à une *connoisance parfaite* de la chose proposée".

lysen verschiedener Gegenstände soll sich dann der Katalog einfacher oder beinahe einfacher Gedanken ergeben[65], und erst nach neun so analytisch bestimmten Regeln der Erfindungskunst, die diesen „catalogue des pensées simples“ zum Ziel haben, ergibt sich als letzte und zehnte Regel der Erfindungskunst die synthetische Anwendung: erst wenn man diesen Katalog der einfachen Gedanken analytisch ermittelt hat, ist man in der Lage, a priori vom Ursprung der Dinge auszugehen und sie in einer „absolut vollkommenen Kombination oder Synthese zu begreifen“[66]. Hier wird also der Doppelschritt von Analyse und Synthese unmittelbar begriffslogisch interpretiert, und dabei rückt die die einfachen Begriffe ermittelnde Analysis ganz in den Vordergrund. In diesem Sinne wird der jetzt begriffslogisch verstandene Doppelschritt von Analyse und Synthese dann auch in der scientia generalis insgesamt der Erfindungskunst zugewiesen[67]: Analyse dient jetzt nicht mehr wie im aussagenlogischen Modell bloß zur Rückführung unsicherer Sätze auf schon bekannte, sondern von ihr ist die Erfindungskunst im ganzen — „totum arcanum artis inveniendi“ — abhängig; Erfindungskunst besteht jetzt also zum wesentlichen Teil in der ‚wahren Analyse‘[68].
Während also in ursprünglichen Entwürfen zur Begriffslogik dem analytischen Teilschritt eher die Funktion des Beweises der Widerspruchsfreiheit von zusammengesetzten Begriffen oder die des Beweises von Aussagen zugeordnet war und die Funktion der Erfindung neuer Begriffe und Wahrheiten allein dem kombinatorischen oder synthetischen Teilschritt zugewiesen wurde, wird in solchen Entwürfen zur scientia generalis, in denen Leibniz stärker darauf reflektiert, daß die einfachen Begriffe allererst gefunden werden müssen, auch der analytische Teilschritt der Begriffslogik zur ars inveniendi gerechnet: er soll die einfachen Begriffe auffinden, aus denen dann erst in einem zweiten Schritt auch die zusammengesetzten Begriffe und Urteile erfunden werden können. Damit nähert sich Leibniz wieder der Cartesischen Identifikation des analytischen Vorgehens mit der inventiven Funktion: bei beiden ermittelt die Analyse die — allerdings unterschiedlich gefaßten — einfachen Elemente des Denkens, aus denen sich alles andere zusammensetzt. Wenn daher die Aufklärungsphilosophie des 18. Jahrhunderts durch eben diese Interpretation des analytischen als eines erfindenden Verfahrens bestimmt ist, dann können darin Cartesische und die vor allem über Wolff vermittelten Leibnizschen Ansätze zusammenfließen und gemeinsam den historischen Hintergrund für diese Selbstinterpretation der Aufklärungsphilosophie abgeben.

65 GP VII 84: „Le fruit de plusieurs Analyses des matieres particulieres differentes sera le catalogue des pensées simples où qui ne sont pas fort éloignées des simples“.

66 Ebd.: „(10) Avant le catalogue des pensées simples on sera en estat de recommencer *a priori* et d'expliquer l'origine des choses, prise de leur source d'un ordre parfait et d'une combinaison ou synthese absolument achevée“.

67 GP VII 57.

68 GP VII 64: „Quae tamen non adeo necesse esset revocare ad certiora, si nihil aliud quam jam nota confirmare propositum esset, sed quia ab Analysi veritatis seu correctione judiciorum nostrorum pendet totum arcanum artis inveniendi, quo humana scientia in immensum produci posset, ideo utile est nos ad ultimam usque analysin progredi“.

§ 21 Die reflexive Analyse in der Monadologie

In den späten Schriften der Leibnizschen Monadologie, die im Gegensatz zu den logisch-metaphysischen Fragmenten der 70er und 80er Jahre den Zeitgenossen unmittelbar bekannt wurden, erfolgt eine letzte Formulierung der Leibnizschen Philosophie, in der zwar einerseits die bisher erörterten Ansätze endgültig auf den Begriff gebracht werden, in der andererseits aber eben dadurch noch einmal ein Perspektivenwechsel eintritt, der zwar zunächst vor allem die Leibnizsche Metaphysik, dann aber auch die Leibnizsche Theorie des Erkennens und seine Interpretation der philosophischen Methode betrifft. Diese führt dazu, daß einerseits bei Leibniz in den Schriften zur Monadologie das menschliche Erkennen im ganzen endgültig als Analysis bestimmt wird und daß andererseits die Grenzen einer so als Analysis verstandenen Erkenntnis schärfer als bisher bestimmt werden.

Metaphysischer Grundbegriff der späten Leibnizschen Schriften ist der der Monade. Die Monaden werden als einfache Substanzen bestimmt, die keine Teile haben, aber allem Zusammengesetzten als die „wahren Atome" und „Elemente" der Dinge zugrunde liegen. Sie sind immateriell, der Zahl nach unendlich viele und jede von ihnen ist von allen anderen verschieden; sie sind fensterlos in dem Sinne, daß keine äußere Ursache auf sie einwirken kann; die Veränderungen, denen sie unterliegen, entspringen also allein ihrem inneren Prinzip. Dennoch spiegelt und repräsentiert jede von ihnen in diesen Veränderungen das ganze Universum; die Übereinstimmung dieser Veränderungen in jeder einzelnen und isolierten Monade mit den Veränderungen in allen anderen Dingen wird durch die prästabilierte Harmonie garantiert[1]. Die wesentlichen dieser Bestimmungen der Monade sind systematisch aus den metaphysischen und logischen Ansätzen des frühen und mittleren Leibniz rekonstruierbar, diese früheren Ansätze werden in der *Monadologie* systematisch vereinigt und endgültig auf den Begriff gebracht, wobei hier unentschieden bleiben kann, inwieweit diese Ansätze bereits früher insgeheim durch eine gemeinsame Orientierung an einem noch nicht explizierten ‚Grundgedanken' der Leibnizschen Philosophie im ganzen[2] aufeinander bezogen waren.

Daß die metaphysischen Thesen der *Monadologie* aus den früheren Ansätzen ableitbar sind, läßt sich insbesondere an den einander zunächst scheinbar ausschließenden Bestimmungen, daß die Monade fensterlos und dennoch Spiegel des Universums sei, aufweisen. Beide Bestimmungen ergeben sich nämlich aus dem konsequenten Zuende-Denken der analytischen Urteilstheorie, derzufolge alles, was sich wahrhaft von einem Individuum aussagen läßt, in seinem vollständigen Begriff enthalten sein muß. Oben sind wir bei der Untersuchung der sich aus dieser Theorie ergebenden Konsequenzen bei Prädikaten wie dem stehengeblieben, daß Alexander der Große Darius schlagen[3] oder daß

1 GP VI 607 f.; vgl. 598 f.

2 Vgl. Horn: *Monade und Begriff* ... a.a.O., S. 22 ff.

3 Vgl. oben S. 177.

Judas verdammt werden wird[4], bei Prädikaten also, die zwar den traditionellen Sinn des Begriffs „Eigenschaft" bereits überschritten, aber sich noch unmittelbar als Bestimmungen des infrage stehenden Subjekts begreifen ließen. Aber schon in den dort zitierten Texten geht Leibniz unmittelbar von der These, daß der vollkommene Begriff einer einzelnen Substanz alle ihre vergangenen, gegenwärtigen und zukünftigen Prädikate einschließe, zu der weiteren These über, daß im vollkommenen Begriff jeder einzelnen Substanz das ganze Universum und alles, was in ihm in der Vergangenheit, gegenwärtig und zukünftig existiert, eingeschlossen sei[5]. Und diese These ergibt sich — wie zuletzt Mittelstraß[6] gezeigt hat — zwanglos aus der analytischen Urteilstheorie. Alle Aussagen über beliebige Gegenstände können nämlich als Aussagen über ein und denselben Gegenstand formuliert werden[7]; die Aussage beispielweise, daß Alexander den Darius besiegt, läßt sich mühelos in eine Aussage über Cäsar umformen, derzufolge Cäsar den Rubikon so und so viel Jahre nach Alexanders Sieg über Darius überschritt. Wenn für jeden wahren Satz gilt, daß das Prädikat in seinem Subjekt enthalten sein muß, und wenn man unter dem „Prädikat" alles das versteht, was man über das Subjekt aussagen kann[8], dann muß also im vollkommenen Begriff Cäsars und in dem jeder anderen individuellen Substanz auch der Sieg Alexanders und im weiteren das ganze Universum und alles, was in ihm in der Vergangenheit, Gegenwart und Zukunft existiert, enthalten sein; in diesem Sinne ergibt sich die These, jede Monade sei ein Spiegel des Universums, unmittelbar aus der analytischen Urteilstheorie. Und umgekehrt rechtfertigt dies auch die These von der Fensterlosigkeit der Monaden: wenn im Begriff jeder individuellen Substanz bereits das Universum enthalten ist, dann erübrigt sich die Annahme eines Einflusses der einen Monade auf die andere: die Verknüpfung einer Monade mit den anderen ist nicht etwas, das erst durch Einflußnahme der einen auf die andere zustande käme, sondern ist bereits im Begriff einer jeden enthalten.

Für die Formulierung dieser Thesen von der Fensterlosigkeit und der Spiegelhaftigkeit jeder einzelnen Monade — darauf haben zunächst Köhler[9] und neuerdings wieder Janke[10] und Gurwitsch[11] aufmerksam gemacht — benutzt Leibniz vor allem in den späteren Schriften den Begriff der Repräsentation: jede Monade repräsentiert das ganze Universum[12]. Auch für diesen Schlüsselbegriff der Schriften zur Monadologie ist erneut ein

4 Vgl. oben S. 190.

5 C 521: „*Omnis substantia singularis in perfecta notione sua involvit totum universum*, omniaque in eo existentia praeterita praesentia et futura; vgl. GP IV 440.

6 Mittelstraß, Jürgen: *Monade und Begriff. Leibnizens Rekonstruktion des klassisschen Substanzbegriffs und der Perzeptionensatz der Monadentheorie.* In: *Studia Leibnitiana* Bd. 2, 1970, S. 171—200.

7 Ebd. 195.

8 Vgl. oben S. 183, Anm. 22.

9 Köhler, Paul: *Der Begriff der Repräsentation bei Leibniz. Ein Beitrag zur Entstehungsgeschichte seines Systems* (= Neue Berner Abhandlungen zur Philosophie und ihrer Geschichte. Hrsg. v. Richard Herbertz, Heft 3). — Bern 1913.

10 Janke: *Leibniz* ... a.a.O., S. 23 ff.

11 Gurwitsch: *Leibniz* ... a.a.O., S. 34 ff.

12 GP VI 617: „chaque Monade creée represente tout l'univers".

mathematisches Vorbild maßgebend, das diesmal aus dem Bereich des mathematischen Methodenmodells D genommen ist: Köhler nennt als wichtigste Quelle dieses Begriffs die analytische Geometrie[13]: wie dort geometrische Tatbestände vollständig durch algebraische Funktionen ausgedrückt werden können, so soll jetzt die Monade das Universum „ausdrücken"[14]. Etwas durch etwas anderes ausdrücken aber heißt für Leibniz, daß es zwischen beiden einen „rapport constant et reglé" und also eine ein-eindeutige Zuordnung gibt, wie sie — so die zweite mathematische Parallele — zwischen einer geometrischen Figur und ihrer Projektion besteht[15].

Wenn die Monaden die letzten, einfachen Bestandteile des Universums sind und jede von ihnen zugleich das ganze Universum repräsentiert, dann wird damit das Verhältnis Welt: Monade nicht mehr als das eines aggregativen Ganzen zu seinen Teilen bestimmt: Zwar ist das Universum als Ganzes aus Monaden als seinen Teilen zusammengesetzt, aber jeder dieser Teile repräsentiert und „ist" in gewisser Weise das Ganze[16]; im Sinne dieser doppelten Bestimmung redet Leibniz von den Monaden, die das ganze Universum ausdrücken und in sich konzentrieren, als partes totales: einerseits konstituieren sie als Teile das Ganze, andererseits repräsentiert jede für sich das Ganze[17]. Jede Monade erscheint als ein Abriß der Welt[18] und ist „une concentration de l'universe"[19]. Und dies betrifft nicht nur die Entsprechung zwischen einem aktuellen Zustand der Welt und der Monade, sondern auch die Veränderungen in der Welt und der Monade; in jeder fensterlosen Monade gibt es eine Tätigkeit ihres inneren Prinzips, das die Veränderung oder den Übergang von einer Vorstellung zur anderen bewirkt[20]; und diese Veränderungen in jeder einzelnen Monade drücken entsprechend der prästabilierten Harmonie die Veränderungen der Welt aus: in diesem Sinne ist jede Monade der *lebendige* Spiegel des Universums[21]. Sie erreicht damit den größten Reichtum oder die größte Vollkommenheit, die man Geschöpfen und dem Wirken des Schöpfers selbst zuschreiben

13 Köhler: *Der Begriff der Repräsentation bei Leibniz* ... a.a.O., S. 45 ff.

14 GP VII 263 f.: „*Exprimere* aliquam rem dicitur illud, in quo habentur habitudines, quae habitudinibus rei exprimendae respondent. Sed eae expressiones variae sunt; exempli causa ... aequatio Algebraica exprimit circulum aliamve figuram: et quod expressionibus istis commune est, ex sola contemplatione habitudinum exprimentis possumus venire in cognitionem proprietatum respondentium rei exprimendae".

15 GP II 112: „Une chose *exprime* une autre (dans mon langage) lorsqu'il y a un rapport constant et reglé entre ce qui se peut dire de l'une et de l'autre. C'est ainsi qu'une projection de perspective exprime son geometral".

16 Vgl. Gurwitsch: *Leibniz* ... a.a.O., S. 238.

17 GP VII 307: „aeque duraturae sunt ac ipsum universum, et totum quodammodo exprimant atque concentrent in se ipsis, ut ita dici possit, mentes esse partes totales".

18 GP IV 562: „Ce sont des mondes en raccourci, à leur mode".

19 GP IV 553: „Enfin la somme de mon systeme revient à cecy que chaque Monade est une concentration de l'univers, et que chaque Esprit est une imitation de la divinité".

20 GP VI 609.

21 GP VI 616: „Or cette *Liaison* ou cet accommodement de toutes les choses creées à chacune et de chacune à toutes les autres, fait que chaque substance simple a des rapports qui expriment toutes les autres, et qu'elle est par consequent un miroir vivant perpetuel de l'univers".

kann[22], und rückt als Geist geradezu in die Nähe Gottes, wenn sie als „imitation de la divinité“[23] bezeichnet und ausdrücklich mit einer „petite divinité respective“ verglichen werden kann[24], die wie Gott selbst das ganze Universum repräsentiert.

Allerdings repräsentieren die geschaffenen Monaden die Welt in anderer Weise als der Schöpfer selbst: jede der geschaffenen Monaden drückt die Welt auf ihre eigene Weise und von ihrem besonderen Standpunkt aus, während Gott die Welt in einer infallibilis visio sieht. Diese Differenz zwischen menschlichem und göttlichem Blick auf die Welt faßt Leibniz vorzugsweise in das Bild von der Stadt, die sich von verschiedenen Punkten ihrer Peripherie verschieden ausnimmt; nur Gott hat einen privilegierten Standpunkt, er sieht die Welt, wie wir die Stadt von einem Turm aus sehen würden, nämlich, wie sie wirklich ist[25]. Dieses Bild ist nur als Metapher zu verstehen, weil es — wörtlich genommen — erstens den Schluß nahelegen würde, die Stellung der Monaden in der Welt sei räumlich bestimmt, was nach der These von der Phänomenalität des Raumes nicht mehr denkbar ist, und weil es zweitens die Besonderheit des Standpunktes Gottes auf die Welt nur unvollkommen ausdrückt: in Wahrheit umfaßt der Blick Gottes auf die Welt zugleich alle perspektivischen Erscheinungsweisen der Welt, wie Leibniz an anderer Stelle sagt[26]; Gott ist der allgegenwärtige Mittelpunkt, seine Peripherie aber ist nirgends, weil alles ihm ohne jede Entfernung von diesem Mittelpunkt unmittelbar gegenwärtig ist[27].

Wofür das Bild von den verschiedenen Ansichten der Stadt eigentlich steht, ist also, daß allein Gott das Universum vollkommen ausdrückt und erkennt, während alle geschaffenen Monaden nur einen mehr oder weniger großen Teil der Welt deutlich und den Rest, der unendlich ist, nur verworren ausdrücken[28]. Die Grade der Deutlichkeit, deren jede Monade fähig ist, benutzt Leibniz dann zu einer Einteilung der geschaffenen Monaden nach dem Grad ihrer Vollkommenheit: die „Monades toutes nues“ der untersten Klasse haben zwar eine große Menge von Vorstellungen, die aber alle verworren sind, sie befinden sich gleichsam ständig in einem Zustand der Betäubung; den davon unterschiedenen tierischen Seelen spricht Leibniz bereits das Gedächtnis und die damit verbundene Fähigkeit zu, einzelne Vorstellungen aus der Masse der anderen hervorzuhe-

22 GP III 464 f.: „chaque substance est une representation de l'univers ... C'est la plus grande richesse ou perfection que l'on puisse attribuer aux creatures et à l'operation du Createur“.

23 Vgl. oben Anm. 19.

24 GP III 465: „Ces substances simples sont toutes comme des petites divinités respectives“.

25 GP VI 616; vgl. GP I 151, 383, IV 554, VII 567; vgl. dazu Schneiders: *Leibniz' doppelter Standpunkt* ... a.a.O., S. 163 ff. und Gurwitsch: *Leibniz* ... a.a.O., S. 226 ff.

26 GP V 546: „Deus res intelligit ut nos, sed eo discrimen quod simul etiam aliis modis infinitis eas intelligat, et nos uno tantum“.

27 GP VI 604: „On a fort bien dit, qu'il [Dieu] est comme centre partout; mais sa circomference n'est nulle part, tout luy étant present immediatement, sans aucun eloignement de ce Centre“.

28 GP IV 553: „Qu'en Dieu l'univers se trouve non seulement concentré, mais encore exprimé parfaitement; mais qu'en chaque Monade creée il y a seulement une partie exprimée distinctement qui est plus ou moins grande selon que l'Ame est plus ou moins excellente, et tout le reste qui est infini n'y est exprimé que confusement“.

ben[29]; aber erst die vernunftbegabten Seelen, zu denen die Menschen gehören, haben die Fähigkeit der Apperzeption, d. h. Bewußtsein und die Fähigkeit einer reflexiven Erkenntnis ihres inneren Zustandes[30], durch die sie wenigstens einen Teil der ihnen innewohnenden Perzeptionen willkürlich zur deutlichen Erkenntnis bringen können.
Wenn alle Monaden das ganze Universum repräsentieren, dann sind sie nicht in Bezug auf das in ihnen Repräsentierte, sondern bloß hinsichtlich der Art der Erkenntnis dieses Repräsentierten unterschieden: sie alle erstrecken sich in verworrener Weise auf das Unendliche und Ganze, aber sie sind begrenzt und unterschieden durch den Grad der deutlichen Vorstellungen[31]. Daß Erkenntnis- und Wissensunterschiede jetzt also nur noch als Unterschiede zwischen der verworrenen Repräsentation des ganzen und den deutlichen Perzeptionen von Teilen desselben Universums interpretiert werden, erhebt aber zuletzt die Analysis zur eigentlichen und zentralen Methode. Wenn jede Monade alles, was in der Welt geschieht, repräsentiert, dann kann man prinzipiell in jeder einzelnen lesen, was überall geschieht und sogar, was geschehen ist oder was geschehen wird[32]. Für die Sicherung und für die Erweiterung des Wissens käme es dann nur noch darauf an, das undeutlich Perzipierte in deutliche und voneinander abgehobene Perzeptionen zu verwandeln und das auseinanderzulegen, was in der Seele selbst, obzwar verworren, immer schon enthalten ist.
Mit dieser Bestimmung unseres Erkennens als einer analytischen Klärung der uns immer schon verworren gegebenen Vorstellungen bezeichnet Leibniz zugleich einen letzten Unterschied zwischen dem Erkennen, das für die geschaffenen Monaden charakteristisch ist, und dem göttlichen Erkennen. Denn wenn wir das göttliche Erkennen bisher dadurch bestimmt gesehen haben, daß es im Gegensatz zu dem der geschaffenen Monaden alles deutlich sieht, so handelte es sich dabei um eine noch vorläufige Bestimmung. Die Welt steht Gott nämlich gar nicht wie ein Gegebenes gegenüber, das er analysieren müßte; Gott übersieht nicht nur die existierende, sondern alle möglichen Welten, eine Unendlichkeit von Unendlichkeiten, mit einem Blick und setzt aus dieser Kenntnis des Möglichen die beste der möglichen Welten in Existenz[33]. Von da aus erscheint die Analyse als die besondere Erkenntnisweise der geschaffenen Monade, der die existierende Welt gegeben ist und die dieses Gegebene analysiert.
Diese Analyse kann im näheren als reflexive Analyse bestimmt werden, weil die Welt in der Leibnizschen Philosophie der Monade nicht als ein Äußeres gegenübersteht, son-

29 GP VI 610 f.

30 GP VI 600: „Ainsi il est bon de faire distinction entre la *Perception*, qui est l'état interieur de la Monade representant les choses externes, et l'*Apperception* qui est la *Conscience*, ou la connoissance reflexive de cet état interieur".

31 GP VI 617: „Ce n'est pas dans l'objet, mais dans la modification de la connoissance de l'objet, que les Monades sont bornées. Elles vont toutes confusement à l'infini, au tout, mais elles sont limitées et distinguées par les degrés des perceptions distinctes".

32 GP VI 617: „tout corps se ressent de tout ce qui se fait dans l'univers tellement que celuy, qui voit tout, pourroit lire dans chacun ce qui se fait partout et même ce qui s'est fait ou se fera, en remarquant dans le present ce qui est éloigné tant selon les temps que selon les lieux".

33 GP VI 252 ff.

dern schon immer in ihr repräsentiert und enthalten ist. Das Erkennen der geschaffenen Monade erscheint dann letzten Endes als eine analysierende Aufklärung der ihr immer schon gegebenen Inhalte und also als Selbstaufklärung. In dieser letzten Wendung auf eine reflexive Analyse der in uns immer schon vorliegenden Wissensbestände, in denen das ganze Universum repräsentiert ist, bereitet Leibniz einen der wesentlichen Ansätze insbesondere der deutschen Aufklärung vor: die dort zu findende Konzentration auf die Analyse „unserer" Begriffe und Vorstellungen hat ihre Basis in der Überzeugung von der Welthaltigkeit dieser unserer Begriffe und Vorstellungen und in der Überzeugung von der inneren Rationalität dieser so vorgestellten Welt selbst und bleibt entsprechend geprägt von dem Pathos, das Leibniz in seinen späten Schriften gegenüber der Analyse entwickelt: „Je mehr wir die Dinge zergliedern", so schreibt er an de Volder, „desto mehr befriedigen sie unseren Geist"[34]. Und noch deutlicher spricht sich dieses Pathos gegenüber der reflexiven Analyse in den *Principes de la Nature et de la Grace, fondés en raison* aus: Würde man die verborgenen Windungen einer Seele entfalten können, so schreibt Leibniz hier, dann könnte man nicht nur die Wissenschaften entdecken, denen gemäß Gott die Dinge nach Gewicht, Maß und Zahl eingerichtet hat, sondern unmittelbar sehen „la beauté de l'univers dans chaque ame"[35].

Aber diese reflexive Analyse hat für Leibniz zugleich ihre ganz bestimmten Grenzen. Zwar vermögen wir mit ihrer Hilfe diejenigen Ideen deutlich zu erfassen, die wesentlich zu unserem Substanzsein gehören: indem wir uns reflexiv selbst betrachten, denken wir an das Sein, an die Substanz, an das Einfache oder das Zusammengesetzte, an das Immaterielle und sogar an Gott, da wir einsehen, daß das, was bei uns in Schranken eingeschlossen ist, bei ihm ohne Schranken ist[36]; d. h. wir gewinnen aus einer reflexiven Analyse unserer selbst erstens diejenigen Grundbegriffe, auf denen die Monadologie aufbaut. Und ebenso können wir als vernunftbegabte Wesen zweitens durch reflexive Akte die Prinzipien erkennen, die all unserer Verstandestätigkeit schon zugrunde liegen, aber erst analytisch aus ihr ermittelt werden müssen, also insbesondere die beiden großen Prinzipien des Widerspruchs und des zureichenden Grundes. Und schließlich können wir drittens die notwendigen Vernunftwahrheiten, Sätze der Logik, der Zahlenlehre, der Geometrie usw. durch Analyse erkennen, indem wir sie solange in einfachere Ideen oder Wahrheiten zerlegen, bis wir nach endlich vielen Schritten zu ursprünglichen Wahrheiten gelangen, die hier wie oben in der analytischen Urteilstheorie als identische

34 GP II 168: „... quanto res discutiuntur magis, tanto magis intellectui satisfiat".

35 GP VI 604 f.: „... notre Ame est Architectonique ... et decouvrant les sciences, suivant lesquelles Dieu a reglé les choses (*pondere, mensura, numero* etc.). Elle imite dans son departement ... ce que Dieu fait". „On pourroit connoitre la beauté de l'universe dans chaque ame, si l'on pouvoit deplier tous ses replis, qui ne se developpent sensiblement qu'avec le temps".

36 GP VI 612: „C'est aussi par la connoissance des verités necessaires et par leur abstractions, que nous sommes élevés aux *Actes reflexifs,* qui nous font penser à ce qui s'appelle *Moy,* et à considerer que cecy ou cela est en *Nous:* et c'est ainsi, qu'en pensant à nous, nous pensons à l'Etre, à la substance, au simple ou au composé, à l'immateriel et à Dieu même, en concevant que ci qui est borné en nous, est en luy sans bornes"; vgl. GP VI 601.

Aussagen gefaßt werden[37]. Die zufälligen Tatsachenwahrheiten dagegen sind auch in der *Monadologie* für den Menschen unbeweisbar, weil ihre Analyse ins Unendliche geht[38]: wir sind ihnen gegenüber auf die Analogie des Kommenden mit dem Vergangenen und also auf die bloße Empirie und auf das Gedächtnis angewiesen — wie die Tiere: bei drei Viertel unserer Handlungen sind wir auch in der *Monadologie* bloße Empiriker[39].

Obwohl in der *Monadologie* jede Monade das ganze Universum repräsentiert und in sich hat, sieht Leibniz also auch hier die geschaffene Monade ihrem Wesen nach auf die Erkenntnis der ewigen Wahrheiten beschränkt, die im Verstand Gottes sind und nicht von seinem Willen abhängen[40]; menschliche Erkenntnis ist ihrem Wesen nach darauf eingeschränkt, nur im Bereich der rationalen Wissenschaften wie der Mathematik zu Beweisen a priori zu gelangen. Und diese rationalen Wissenschaften liefern uns nur das Wissen um das Allgemeine, beschäftigen sich nur mit abstrakten und unvollständigen Begriffen und also — gemäß der oben getroffenen Bestimmung[41] — nicht eigentlich mit dem Sein selbst, das immer individuiert ist, sondern mit dem bloß Abstrakten und Phänomenalen.

Diese Unerweisbarkeit der Tatsachenwahrheiten und die sich darin manifestierende Begrenztheit des menschlichen Erkennens begründet Leibniz in der *Monadologie* in doppelter Weise. Eine erste Begründung schließt sich noch eng an die Argumentation der Begriffs- und Aussagenlogik an: zwar erstrecken sich die Monaden in verworrener Weise bis zum Unendlichen und auf das Ganze des Universums, aber sie sind begrenzt durch die Grade der deutlichen Vorstellungen[42]. Jede deutliche Vorstellung der Seele faßt nämlich selbst wieder eine Unendlichkeit von verworrenen Vorstellungen in sich, die ihrerseits das ganze Universum in sich schließen; entsprechend erkennt die Seele selbst die Dinge, von denen sie Vorstellungen hat, nur so weit, als ihre Vorstellungen deutlich und höheren Grades sind[43]. Die Kluft zwischen der von der Monade repräsentierten Unendlichkeit der Welt und der Begrenztheit der menschlichen Erkenntnis wird hier also mit der Annahme unendlich vieler „verworrener" oder „kleiner" Vorstellungen in der Monade erklärt, denen jeweils nur eine geringe Zahl von deutlich erkannten Vorstellungen gegenübersteht: die Unbeweisbarkeit der Tatsachenwahrheiten erwächst dann aus dem quantitativ gedachten Mißverhältnis zwischen der Größe des Universums, das die Monade repräsentiert, und der geringen Zahl bzw. dem geringen Grad ih-

37 GP VI 612.

38 GP VI 612 f.

39 GP VI 611: „Les hommes agissent comme les bêtes en tant que les consecutions de leur perceptions ne se font que par le principe de la memoire, ... et nous ne sommes qu' Empiriques dans les trois quarts de nos Actions".

40 GP VI 114 f.: „la nature ideale de la creature ... est renfermée dans les verités eternelles qui sont dans l'entendement de Dieu, independamment de sa volonté".

41 Vgl. oben S. 175.

42 Vgl. oben Anm. 31.

43 GP VI 604: „Mais comme chaque perception distincte de l'Ame comprend une infinité de perceptions confuses, qui enveloppent tout l'univers, l'Ame même ne connoit les choses dont elle a perception, qu'autant qu'elle en a des perceptions distinctes et revelées".

rer deutlichen Vorstellungen. Obwohl also jede Seele alles kennt, ähnelt unser Wissen dann immer unserer Wahrnehmung des Meeresrauschens: wie wir dabei das Gesamtgeräusch und also alle Töne vernehmen, ohne die einzelnen Töne voneinander unterscheiden zu können, so sind unsere verworrenen Vorstellungen das Ergebnis der Eindrücke, die das ganze Universum auf uns macht[44], ohne daß wir in der Lage wären, alles, was uns in diesen verworrenen Vorstellungen gegeben ist, auf die ihnen zugrunde liegenden einzelnen ‚Eindrücke' zurückzuführen.

Eine andere, weitergehende Begründung dieser Begrenztheit der menschlichen Erkenntnis aber, durch die die oben dargestellten Thesen der Leibnizschen Aussagen- und Begriffslogik noch einmal vom Standpunkt der *Monadologie* aus reflektiert werden, findet sich, wenn man die unterschiedlichen Bestimmungen betrachtet, mit denen die individuelle Substanz in den frühen und eher logisch orientierten Schriften und Fragmenten einerseits und die Monade in den späten Schriften andererseits charakterisiert werden. Die ursprüngliche Fassung der analytischen Urteilstheorie und der Begriffskombinatorik orientiert sich — darauf wurde oben hingewiesen[45] — an einer aggregativen Interpretation des Begriffs der Einheit: der Subjektbegriff im Urteil wurde wie der zusammengesetzte Begriff in der Kombinatorik als das Ganze verstanden, in dem die Prädikate als seine Teile enthalten sind; so verstanden muß der vollständige Begriff einer individuellen Substanz alle Prädikate, die dem Subjekt zukommen, als Teilbegriffe in sich enthalten[46]. Diese Interpretation des vollständigen Begriffs einer individuellen Substanz als eines aus Teilbegriffen zusammengesetzten Begriffs trägt einerseits die analytische Urteilstheorie und die begriffskombinatorischen Ansätze, wird aber andererseits mit der Ausdehnung der analytischen Urteilstheorie auf die kontingenten Urteile, die sich auch auf das Veränderliche in der Substanz beziehen und Vergangenheit, Gegenwart und Zukunft einer Substanz betreffen, immer weniger tragfähig und in den späteren Schriften dann endgültig durch eine andere Interpretation ersetzt. Wodurch Leibniz jetzt die individuelle Substanz oder die Monade bestimmt sieht, das ist nicht mehr ein vollständiger Begriff, der als aus unendlich vielen Teilbegriffen zusammengesetzt gedacht wird, sondern was jetzt die Identität der Substanz ausmacht, ist, „daß ein bestimmtes Gesetz beharrt, welches alle zukünftigen Zustände der Substanz, die wir als identisch denken, in sich schließt"[47]. Was damit im Begriff der individuellen Substanz bzw. der Monade an die Stelle der aggregativen Einheit tritt, ist das Verständnis der Einheit als unum per se, das oben als die durch ein Gesetz bestimmte Einheit definiert und als solche der bloß aggregativen Einheit entgegengestellt wurde[48]. Im Sinne dieses „unum per se" begreift

44 Ebd.: „Chaque Ame connoit l'infini, connoit tout, mais confusement; comme en me promenant sur le rivage de la mer, et entendant le grand bruit qu'elle fait, j'entends les bruits particuliers de chaque vague, dont le bruit total est composé, mais sans les discerner; nos perceptions confuses sont le resultat des impressions que tout l'univers fait sur nous".

45 Vgl. oben S. 171.

46 Vgl. oben S. 175 f.

47 GP II 264: „Legem quandam esse persistentem, ... quae involvat futuros ejus quod ut idem concipimus status, id ipsum est quod substantiam eandem constituere dico".

48 Vgl. oben S. 177 f.

Leibniz jetzt die Monade: sie ist als Einheit die einfache Substanz, die keine Teile hat und durch Zusammensetzung nicht gebildet werden kann. Und ihre Veränderungen entspringen allein einem ihr eigenen inneren Prinzip, durch das Leibniz die Monaden jetzt ausschließlich bestimmt sieht: es gibt in ihnen nichts Dauerndes außer dem *Gesetz selbst*, das eine ununterbrochene Folge in sich schließt, und das in allen einzelnen Substanzen mit dem Gesamtgesetz übereinstimmt, das im ganzen Universum herrscht[49]. Und das Verhältnis der einzelnen Zustände und Veränderungen der Monade zu diesem Gesetz ist dann auch nicht mehr mit dem mathematischen Modell E der Kombination einzelner Elemente zu einem zusammengesetzten Ganzen erfaßbar, sondern wird von Leibniz unter Berufung auf den Funktionsbegriff des Methodenmodells D interpretiert: das Verhältnis des Gesetzes einer Monade zu ihren einzelnen Veränderungen und Zuständen ist das gleiche wie das des Gesetzes einer Reihe zu ihren einzelnen Elementen oder das des Begriffs eines geometrischen Objekts zu den einzelnen geometrischen Linien, wo im Anfang bereits, wenn das Gesetz der Reihe oder der Begriff des Objekts genugsam definiert ist, alle Fortschritte enthalten sind[50]. Das Gesetz der Reihe zeigt das Ziel an, zu dem man im weiteren Fortschreiten gelangen muß, und wenn der Anfang und das Gesetz des Fortschritts einmal gesetzt sind, ergeben sich die einzelnen Glieder der Ordnung nach[51]. Das innere Prinzip einer Monade verhält sich also zu ihren einzelnen Zuständen wie die algebraische Funktion im Methodenmodell D zu den Einzelwerten, die sich aus ihr ableiten lassen; in diesem gewandelten Sinne ‚enthält' der vollkommene Begriff der Monade als ihr Prinzip jetzt alle ihre auseinander hervorgehenden und aufeinander folgenden Zustände.

Dieses Gesetz, nach dem die Veränderungen der Perzeptionen in der Monade auseinander folgen, aber ist für den Menschen nicht erfaßbar: er hat von sich selbst keinen vollkommenen Begriff, denn dies schlösse ein, daß er das ganze Universum vollkommen erkennen würde, wie es nur ein Gott kann[52]. Das menschliche Erkennen ist vielmehr auf das Konstatieren der einzelnen Zustände angewiesen, durch die die Monade in der Vergangenheit oder der Gegenwart bestimmt war oder ist, ohne genau zu wissen, wie und aufgrund welcher Gesetzlichkeit der eine Zustand auf den anderen folgt.

Und dies erlaubt eine abschließende Wertung der oben dargestellten Begriffs- und Aussagenlogik: insofern in der Subjekt-Prädikat-Logik der analytischen Urteilstheorie und in der Begriffskombinatorik das Subjekt immer als durch die einzelnen Prädikate oder

49 GP II 263: „Nec mihi aliud in eis est permanens quam lex ipsa quae involvit continuatam successionem, in singulis consentiens ei quae est in toto universo".

50 GP II 258: „Et res se habet velut in legibus serierum aut naturis linearum, ubi in ipso initio sufficiente progressus omnes continentur".

51 GP II 263: „dico ... ut lex seriei ostendat quorsum in ea progrediendo debeat perveniri seu ut posito initio et lege progressus termini ordine prodeant".

52 GP VI 357: „il est impossible que l'ame puisse connoitre distinctement toute sa nature, et s'appercevoir comment ce nombre innombrable de petites perceptions, entassées ou plustost concentrées ensemble, s'y forme: il faudroit pour cela qu'elle connût parfaitement tout l'univers qui y est enveloppé, c'est à dire qu'elle fût un Dieu".

Teilbegriffe bestimmt erscheint, ist sie eine Logik nicht der Erzeugung, sondern des schon Erzeugten[53]. Und weil Leibniz in der *Monadologie* das eigentliche Sein, die Monade, gerade durch das ihm innewohnende Prinzip der Erzeugung bestimmt sieht, enthüllt die Diskursivität der Subjekt-Prädikat-Logik gerade die jetzt nicht mehr bloß quantitativ, sondern qualitativ bestimmte Begrenztheit des menschlichen Erkennens: der Mensch erfaßt alles Zufällige, das für ihn als handelndes Wesen aber gerade das Wesentliche und Wichtige ist, erst nachträglich und ohne das Gesetz seiner Entstehung zu kennen, wenn er dem Subjekt analytisch einzelne Prädikate zuordnet und es dadurch bestimmt. Nur gegenüber den abstrakten und phänomenalen Gebilden der Mathematik verfügt auch er in der genetischen Definition, d. h. in der Konstruktionsanweisung, über so etwas wie eine Logik der Erzeugung; gegenüber dem wirklichen Sein aber bleibt sein Erkennen auf das diskursive Denken angewiesen, in dem die Substanz Schritt für Schritt durch die Zuordnung einzelner Prädikate bestimmt wird. Dieses diskursive Erkennen, das Thema der analytischen Urteils- und Begriffstheorie war, stellt sich jetzt — bezogen auf die metaphysischen Bestimmungen der *Monadologie* — als prinzipiell inadäquat heraus: es erfaßt zwar einzelne Bestimmungen, aber ist ungeeignet, das innere Prinzip der Monade, das diese einzelnen Bestimmungen hervorbringt, selbst zu erfassen; insofern wird das menschliche Erkennen in der *Monadologie*, gerade wenn es als reflexive Analysis verstanden wird, letztlich als das Erkennen eines endlichen Wesens bestimmt, das das innere Gesetz, durch das es selbst bestimmt ist, grundsätzlich nicht erreicht.

53 Gurwitsch: *Leibniz* ... a.a.O., S. 84.

V Synthetische und analytische Methodenansätze bei Wolff

§ 22 Mathematische Methode und Logik

Zahlreiche autobiographische Äußerungen Wolffs belegen, daß sein Interesse an der Mathematik von Anfang an durch die Hoffnung bestimmt ist, die Übernahme der mathematischen Methode werde in allen Wissenschaften zu einer der mathematischen vergleichbaren Sicherheit führen[1]. Schon während der Schulzeit hat er — vor allem unter dem Einfluß seines Lehrers Caspar Neumann[2] — den Plan zu einer mathematisch verfaßten *Theologia revelata* gefaßt[3], und seine mathematischen Studien motiviert er ausdrücklich mit dem Wunsch der Vervollkommnung der Theologie: ich war „begierig die Mathematik methodi gratia zu erlernen, um mich zu befleissigen, die Theologie auf unwiedersprechliche Gewisheit zu bringen"[4].
Seit 1699 studiert er an der Universität Jena neben Theologie vor allem Mathematik. Der Geist der Universität Jena war damals wesentlich durch Erhard Weigel geprägt, der dort von 1653 bis 1699 als Professor der Mathematik lehrte[5]. Er vertrat das Programm einer mit universalem Anspruch auftretenden Mathematik: die mathematische Methode sollte die für alle Wissenschaften und insbesondere auch für die Philosophie verbindliche Methode sein[6]. Dabei bezieht Weigel den Plan zu einer alle Wissenschaften umfas-

1 Zur Entwicklungsgeschichte Wolffs vgl. Vleeschauwer, H. J. de: *La genèse de la méthode mathématique de Wolf. Contribution a l'histoire des idées au XVIII. siècle.* In: *Revue Belge de philologie et histoire* Bd. 11, 1932, S. 651—677; Schöffler, Herbert: *Deutscher Osten im deutschen Geist. Von Martin Opitz zu Christian Wolff.* — Frankfurt ²1956, S. 184—222; Campo, Mariano: *Christiano Wolff e il razionalismo precritico.* 2 Bde. (= Pubblicazioni dell'Università cattolica des S. Cuore, Serie prima. Scienze filosofiche, Bd. 30). — Mailand 1939 (Nachdruck: Hildesheim, New York 1980); Wundt, Max: *Die deutsche Schulphilosophie im Zeitalter der Aufklärung* (= Heidelberger Abhandlungen zur Philosophie und ihrer Geschichte. Hrsg. v. August Faust u. Hermann Glockner, Bd. 32). — Tübingen 1945, S. 122—145; Arndt, Hans Werner: *Einführung* zu Christian Wolff: Vernünftige Gedanken von den Kräften des menschlichen Verstandes und ihrem richtigen Gebrauche in Erkenntnis der Wahrheit. Hrsg. u. bearb. v. Hans Werner Arndt. In: WW I 1, S. 7—102, S. 7—31; Bissinger, Anton: *Die Struktur der Gotteserkenntnis. Studien zur Philosophie Christian Wolffs* (= Abhandlungen zur Philosophie, Psychologie und Pädagogik, Bd. 63). — Bonn 1970, S. 5—28.

2 Wuttke, Heinrich: *Christian Wolffs eigene Lebensbeschreibung.* Hrsg. mit einer Abhandlung über Wolff. — Leipzig 1841, S. 122 u. 131.

3 Ebd., S. 143.

4 Ebd., S. 121.

5 Schöffler: *Deutscher Osten im deutschen Geist* ... a.a.O., S. 162 ff.; vgl. auch oben S. 168.

6 Weigel, Erhard: *Philosophia mathematica.* 2 Bde., Bd. 1: *Philosophia mathematica, theologia naturalis solida, per singulos scientias continuata, universae artis inveniendi prima stamina complectens.* Bd. 2: *Philosophiae Mathematicae secunda disciplina specialis, purae matheseos pars altera. Videlicet Archimetria seu expressioris usus communissimi geometria.* — Jena 1693.

senden Erfindungskunst auf die mathematische Disziplin der Analysis[7] bzw. logistica speciosa[8] und spielt diese erfindende Analysis nach dem Vorbild Descartes' gegen eine bloß beweisende Logik aus[9]. Unter diese Analysis rechnet Weigel sowohl die Analysis der antiken Geometrie und die aristotelische Logik, die daraus gewonnen sein soll[10], als auch die Analysis der modernen Mathematik. Sie alle werden gleichermaßen als Teile der zu schaffenden Erfindungskunst herangezogen, die sich dann aber in ihrem axiomatischen Aufbau wenigstens äußerlich weitgehend an Euklids Elementen orientiert. Durch Weigel, bei dem in den 60er Jahren schon Leibniz studiert hatte, wird der Einfluß mathematischer Denkansätze an der Universität Jena beherrschend, und dies sichert ihr eine einzigartige Stellung innerhalb der von der lutherischen Orthodoxie beherrschten protestantischen Hochschulen; Jena wird durch Weigel schon in der zweiten Hälfte des 17. Jahrhunderts „das Einbruchstor der neuen westeuropäischen Denkmethode in das Luthertum"[11].

Wolff motiviert denn auch die Wahl dieses Studienortes ausdrücklich mit der „Begierde die Mathesin und Physicam von dem H. Prof. Hambergern", einem Verwandten Weigels, der nach Weigels Tod 1699 dessen Lehrstuhl übernimmt, „zu erlernen"[12]. Hamberger trägt die Mathematik nach den Lehrbüchern von Johann Christoph Sturm vor, die Wolffs Ansprüchen auf formale Strenge der Beweisführung jedoch nicht genügen[13]; erst durch die Lektüre von Tschirnhaus stößt er auf die Euklid-Ausgabe von Andreas Tacquet, durch die der über 20jährige „das erste Licht von dem methodo demonstrandi veterum" bekommt[14]. Ebenso verweist ihn die Proklamation der Analysis als Erfindungskunst in der *Medicina mentis* von Tschirnhaus[15] und ein Gespräch mit dem Autor selbst[16] auf Werke über die moderne mathematische Analysis: er liest im Selbststudium Isaac Barrows *Lectiones geometricae*[17], Bernard Nieuwentijts *Analysis infinitorum*[18], Jacques Ozanams *Nouveaux élémens d'algèbre*[19] und diskutiert mathematische Thesen der Brüder Bernoulli und Christiaan Huygens'[20]. Seit 1703 lehrt er dann für mehrere Jahre Mathematik in Leipzig, Gießen und Halle, veröffentlicht mehrere Dissertationen zur

7 Ebd., Bd. I, prodromus § X, S. 9.

8 Ebd., Bd. I, prodromus § IX, S. 8.

9 Ebd., Bd. I, prodromus § VIII, S. 7 f.

10 Weigel, Erhard: *Analysis Aristotelica ex Euclide restituta, genuinum sciendi modum, et nativam restauratae philosophiae faciem per omnes disciplinas et facultates ichnographicè depingens. Opus omnium facultatum cultoribus ad solidam eruditionem summè necessarium, maximè proficuum.* — Jena 1658, prooemium § 14, S. 6.

11 Schöffler: *Deutscher Osten im deutschen Geist* ... a.a.O., S. 156.

12 Wuttke: *Christian Wolffs eigene Lebensbeschreibung* ... a.a.O., S. 120.

13 Ebd., S. 122 f.

14 Ebd., S. 123.

15 Vgl. unten S. 239 und S. 261 f.

16 Wuttke: *Christian Wolffs eigene Lebensbeschreibung* ... a.a.O., S. 125 f.

17 London 1670.

18 Amsterdam 1695.

19 Amsterdam 1702.

20 Wuttke: *Christian Wolffs eigene Lebensbeschreibung* ... a.a.O., S. 126 f.

Infinitesimalrechnung[21], wird von dem Herausgeber der *Acta eruditorum*, Otto Mencke, zur Rezension zahlreicher mathematischer Arbeiten herangezogen und beginnt den vorwiegend um mathematische Probleme kreisenden Briefwechsel mit Leibniz[22]. In den Jahren 1710 bis 1716 schließlich verfaßt er seine großen mathematischen Lehrbücher[23] und wird durch sie „praeceptor Germaniae in mathematicis noch ehe er es in philosophicis wurde“[24].

Trotz dieser ausführlichen Vertiefung in die Mathematik hat Wolff sie „doch jeder Zeit nur als ein Nebenwerck angesehen“, er intendierte „durch das studium mathematicum weiter nichts als den methodum recht zu erlernen“[25]. Seine speziell mathematischen Arbeiten haben bei Fachgenossen wie Johann Bernoulli und Leibniz auch eine eher zurückhaltende Beurteilung gefunden. Dennoch kennt Wolff — dies wird für die Einschätzung seiner philosophischen Methodenüberlegungen wichtig — schon vor Beginn seiner philosophischen Schriftstellertätigkeit im engeren Sinne nicht etwa nur — wie die Arbeit von Vleeschauwer nahezulegen scheint[26] — eine sich an den Elementen Euklids orientierende mathematische Methode, sondern aus gründlichem Studium und eigenen Arbeiten auch die Literatur über die moderne mathematische Analysis[27].

1712 beginnt Wolff[28] — sieht man von seiner Habilitationsschrift *Philosophia practica universalis, mathematica methodo conscripta* aus dem Jahre 1703 ab[29] — mit der *deutschen Logik* die Reihe seiner deutschen und 1728 mit der *lateinischen Logik* die Reihe seiner in lateinischer Sprache abgefaßten philosophischen Schriften. In jeder dieser Reihen will er ein vollständiges System der Philosophie entwickeln. Alle diese systematischen Schriften aber sollen „nach der mathematischen Lehr-Art“[30] abgefaßt sein. Dies wird am eindeutigsten in der *lateinischen Logik* herausgestellt, wo Wolff die „Identität von philosophischer und mathematischer Methode“ feststellt[31], darüber hinaus sogar die völlige Übereinstimmung ihrer einzelnen Regeln behauptet[32] und schließlich zu einer Gleich-

21 Vgl. den Wiederabdruck in den *Meletemata*, sec. 2; WW II 35, S. 187 ff.

22 *Briefwechsel zwischen Leibniz und Christian Wolff*, aus den Handschriften der Koeniglichen Bibliothek zu Hannover hrsg. v. C. I. Gerhardt. — Halle 1860 (Nachdruck: Hildesheim, New York 1963).

23 Die *Anfangsgründe* erschienen zum ersten Mal 1710, die *Elementa matheseos universae* 1713—15 und das *Mathematische Lexicon* 1716.

24 Wundt: *Die deutsche Schulphilosophie im Zeitalter der Aufklärung* ... a.a.O., S. 132.

25 Wuttke: *Christian Wolffs eigene Lebensbeschreibung* ... a.a.O., S. 139; vgl. *Deutsche Logik*, Erste Vorrede; WW I 1, S. 107.

26 Vleeschauwer: *La genèse de la méthode mathématique* ... a.a.O., S. 665 ff.

27 Vgl. dazu neuerdings das Wolffs Literaturkenntnis dokumentierende Register von Hofmann, J[oseph] E[hrenfried]: *Namen- und Schriftenverzeichnis* zu Christian Wolff: *Kurtzer Unterricht von den vornehmsten mathematischen Schriften*. Hrsg. und mit einem Vorwort und Register versehen v. J. E. Hofmann. In: WW I 15, 2, S. XVI–XLVI.

28 Zur Datierung der ersten Auflage der *Deutschen Logik* vgl. Arndt: *Einführung* ... a.a.O., S. 99.

29 Wiederabgedruckt in *Meletemata*, sec. 2; WW II 35, S. 189—223.

30 *Nachricht* § 25; WW I 9, S. 61.

31 *Philosophia rationalis sive Logica, methodos scientifica pertractata et ad usum scientiarum atque vitae aptata, praemittitur discursus praeliminaris de philosophia in genere*. — Frankfurt und Leipzig [1]1728; *Disc. prael.* § 139, S. 69: Titel: „*Identitas methodi philosophicae et mathematicae*“.

32 Ebd.: „*Methodi philosophicae eaedem sunt regulae, quae methodi mathematicae*“.

setzung der wissenschaftlichen Methode überhaupt mit der philosophischen und der mathematischen Methode gelangt[33]. Noch rückblickend bestätigt er die Verwendung der mathematischen Methode in allen seinen Werken: ohne diese Methode würde er „keine Feder ... angesetzt haben von allen Theilen der Welt-Weisheit Systemata zu schreiben“[34]; von Anfang an sei es ihm bei seinen mathematischen Studien darum gegangen, in der Philosophie einen entsprechenden Grad von Gewißheit zu erreichen[35]. Diese von vornherein feststehende Absicht einer unmittelbaren Übernahme der mathematischen Methode in die Philosophie ist eher mit Descartes' Ansatz[36] als mit der differenzierten Betrachtung des Verhältnisses zwischen Mathematik und Philosophie bei Leibniz zu parallelisieren. Tatsächlich kommt Wolff schon in seiner Schulzeit mit Cartesischem Gedankengut in Berührung, und der erste Anstoß zur Hochschätzung der mathematischen Methode dürfte auch von dort ausgegangen sein: wenn Wolff in seiner Lebensbeschreibung zum ersten Mal auf die Mathematik zu sprechen kommt, nennt er seine schon während der Schulzeit entstandene „Lust zu Cartesii Philosophie und der Mathematick und Algebra“[37] in demselben Atemzug. Eben diese Verknüpfung mathematischer Methodenansätze mit Cartesischem Gedankengut ist auch für das Mathematikstudium in Jena entscheidend[38] und bleibt für Wolff wichtig: 1705 beispielsweise berichtet Wolff von seinem Studium der 1701 in den „Opuscula posthuma“ veröffentlichten *Regulae* Descartes'[39].

Aber wenn diese frühe Begegnung mit Cartesischen Ansätzen auch die Überzeugung von einer unmittelbaren Übertragbarkeit der mathematischen Methode auf die Philosophie geweckt haben kann, so unterscheidet sich jedenfalls in den Schriften nach 1710 die *Begründung*, die Wolff für diese Übertragbarkeit angibt, im grundsätzlichen von der Cartesischen. Anders als Descartes nämlich[40] findet Wolff diese Begründung in der Rückführbarkeit der mathematischen Methode auf die Regeln der Logik. Dies stellt allerdings auch bei Wolff erst das Ergebnis einer Befreiung von einem „praejudicium autoritatis“ dar, das ihm durch Descartes, Tschirnhaus und durch seinen Lehrer Hebenstreit vermittelt worden sei[41]: ursprünglich nämlich habe er nach ihrem Vorbild im

33 *Lateinische Logik* § 792, S. 571: „Apparet itaque, *methodum*, quam in discursu praeliminari *philosophicam* diximus, *latius patere atque* adeo generali nomine *scientificam* recte *appellari*. Non mirum videri debet, eandem methodum et Mathesi, et philosophiae, et omni cognitioni reliquae convenire: quam enim diximus *methodum philosophicam* ... et cujus easdem esse leges ostendimus quam mathematicae ..., ea non est nisi regularum logicarum accurata applicatio“.

34 *Nachricht* § 25; WW I 9, S. 67.

35 *Ratio prael.*, sec. 1, cap. 1, § 9; WW II 36, S. 6 f.: „Alibi ... jam monui, me ab initio solius methodi gratia animum ad Mathemata appulisse, ut caeteras quoque disciplinas ad aliquem certitudini gradum evehere tentarem“.

36 Vgl. oben S. 125 f.

37 Wuttke: *Christian Wolffs eigene Lebensbeschreibung* ... a.a.O., S. 114; vgl. S. 116.

38 Schöffler: *Deutscher Osten im deutschen Geist* ... a.a.O., S. 166 ff.

39 *Briefwechsel* ... a.a.O., S. 40; der Einfluß Descartes' ist noch weitgehend unerforscht und „bedarf“ nach wie vor „einer eingehenden Untersuchung“ (Bissinger: *Die Struktur der Gotteserkenntnis* ... a.a.O., S. 17).

40 Vgl. oben S. 127 und S. 130 f.

41 Wuttke: *Christian Wolffs eigene Lebensbeschreibung* ... a.a.O., S. 136.

„Syllogismus kein medium inveniendi“[42] gesehen und wie sie die mathematische Methode der scholastischen Logik entgegengesetzt[43]. Von dieser Ansicht sei er durch einen Einwand von Leibniz abgekommen, der einer entsprechenden These Wolffs widerspricht[44] und damit die Wolffsche Beurteilung des Verhältnisses von mathematischer Methode und Logik für die Folgezeit bestimmt.

Die programmatischen Äußerungen Wolffs zum Verhältnis von Mathematik und Logik sind jedenfalls seit 1710 von dem Gedanken bestimmt, daß sich die Mathematik auf die Logik reduzieren lasse. Schon in dem deutschen Lehrbuch der Mathematik schreibt er: „Die Art und Weise, aus den gesetzten Gründen zu schliessen, ist [in der Mathematik] keine andere, als die längst in allen Büchern von der *Logica* oder Vernunft-Kunst beschrieben worden. Es sind die Beweise oder *Demonstrationes* der *Mathematicorum* nichts anders, als ein Haufen nach den Regeln der Vernunft-Kunst zusammengesetzter Schlüsse“[45]. Der Vorbildcharakter der Mathematik und der Algebra im besonderen besteht nicht in einem besonderen Verfahren, sondern in der besonders exakten Anwendung des für alle Wissenschaften gleichen Verfahrens: sie „giebt uns ein Muster der vollkommensten Manier, eins aus dem andern zuschliessen, zu welcher der menschliche Verstand gelangen kann, wenn er den höchsten Gipfel der Vollkommenheit erstiegen hat“[46]. Ausdrücklich lehnt Wolff die Auffassung ab, daß die methodischen Regeln der Mathematik durch ihren speziellen Gegenstand bestimmt seien: Mathematik ist zwar Wissenschaft von der Größe[47], aber den Grund ihrer Regeln „findet man ... nicht in dem Begriffe von der Grösse, sondern in der Natur des Verstandes“[48].

Von daher erscheint sogar der Name „mathematische“ oder „geometrische Methode“ als eher zufällig: Wer die mathematische Methode „betrachtet, wird ohne Mühe inne werden, daß sie allgemein ist, und in allen Wissenschaften gebraucht werden soll, wenn man anders richtige Erkenntniß der Dinge verlanget. Man nennet sie aber die mathematische, zuweilen auch gar die geometrische Methode oder Lehrart, weil bisher fast die *Mathematici* allein, sonderlich in der Geometrie, sich derselben in allem auf das genaueste bedienet“[49]. Deshalb bedeutet es auch keine nachträgliche Einschränkung des Vorbildcharakters der Mathematik, wenn Wolff später in der *lateinischen Logik* schreibt,

42 Ebd., S. 134 f.

43 *Ratio prael.*, sec. 3, cap. 2, § 5 ff.; WW II 36, S. 120 f.

44 Ebd., § 9; WW II 36, S. 121: „Unde cum, suadente Viro etiam post fata celeberrimo *Menckenio*, dissertationem nomini illustris inventoris *Leibnitii* inscripsissem; ille pro humanitate sua respondens inter alia scribebat: *Syllogismum non esse medium inveniendi veritatem, ego non dixerim*“; vgl. dazu den Brief von Leibniz im *Briefwechsel* ... a.a.O., S. 18: „Quod ad Corollaria tua attinet, non ausim absolute dicere, syllogismum non esse medium inveniendi veritatem“

45 *Kurtzer Unterricht* § 45; WW I 12, S. 27.

46 *Anfangsgründe*, Theil 1, Erste Vorrede; WW I 12 (S. 2).

47 *Disc. prael.* § 14, S. 6: „Cognitio quantitatis rerum est ea, quam *mathematicam* appellamus“.

48 *Nachricht* § 25; WW I 9, S. 63: „Wenn man nun den Grund dieser Regeln [der Mathematik] suchet, so findet man ihn nicht in dem Begriffe von der Grösse, sondern in der Natur des Verstandes“.

49 *Kurtzer Unterricht* § 51; WW I 12, S. 30 f.

daß die Philosophie ihre Methode nicht aus der Mathematik entlehne, sondern daß auch die Mathematik ihre Methode aus einer „logica verior" entnehme[50].

Bei dieser Reduktion der mathematischen Methode auf die Logik muß man sich allerdings vor Augen halten, daß diese „Logica verior" für Wolff nicht bloß Formallogik ist, sondern allgemeiner als derjenige Teil der Philosophie bestimmt wird, der den Gebrauch der Erkenntniskraft bei der Erkenntnis der Wahrheit und beim Vermeiden des Irrtums überhaupt behandelt[51]. Und zweitens ist zu beachten, daß diese so als allgemeine Methodologie bestimmte Logik für Wolff vollständig noch gar nicht vorliegt; die „Logica verior", aus der sich hier die mathematische Methode ermitteln lassen soll, findet sich „eben nicht in allen Buch-Läden"[52] und stellt also eine noch zu lösende Aufgabe dar. Zwar existieren dazu schon einschlägige Versuche, aber entweder habe man dabei die mathematische Methode gar nicht berücksichtigt oder sei dabei, wie beispielsweise Descartes und Spinoza, gescheitert, weil man nicht genau genug gewesen sei[53].

Wolff unternimmt daher den Versuch, diese „Logica verior"zu konzipieren. Dabei weist er der Logik innerhalb der Philosophie einen Platz zu, der sie ihrerseits noch als begründungsfähig erscheinen läßt: sie muß ihre Prinzipien der Ontologie und der Psychologie entnehmen[54]. Ihre Regeln seien nämlich einerseits von den allgemeinen Bestimmungen des „ens", wie sie in der Ontologie untersucht werden[55], und andererseits von den „operationes" des menschlichen Verstandes abhängig[56]. Wenn man also streng demonstrativ verfahren wolle, müsse man die Logik eigentlich auf die Ontologie und Psychologie folgen lassen[57].

Tatsächlich aber eröffnet Wolff sowohl die Reihe der deutschen als auch die der lateinischen Werke mit der Logik. Er begründet dies mit den Erfordernissen der Lehre: für sie sei es vorteilhafter, die Logik vor allen anderen Teilen der Philosophie und also

50 *Disc. prael.* § 139, S. 70: „Philosophia methodum suam non mutuatur a Mathesi; sed perinde ac Mathesis eam ex veriori Logica haurit".

51 Ebd., § 61, S. 30: „Ea philosophiae pars, quae usum facultatis cognoscitivae in cognoscenda veritate ac vitando errore tradit, *Logica* dicitur"; vgl. *Lateinische Logik* § 1, S. 107.

52 *Deutsche Logik,* Erste Vorrede; WW I 1, S. 105.

53 Ebd.; WW I 1, S. 106.

54 *Disc. prael.* § 89, S. 39: „*Quod si in Logica omnia demonstranda, petenda sunt principia ex Ontologia atque Psychologia*"; bezogen auf Descartes und Leibniz stellt dies eine eigentümliche Mischung der dort vorliegenden Begründungsversuche der Methode bzw. der Logik dar: orientierte sich Descartes bei der Bestimmung der Methode vor allem an „sicheren Verstandeshandlungen" (vgl. oben S. 135 ff.), so bezieht Leibniz wesentliche Teile seiner Logik auf ontologische Aussagen über die Natur der Substanz (vgl. oben S. 175 ff.).

55 Ebd., § 89, S. 40: „Docere igitur debet, quaenam sint ea, ad quae in rerum cognitione attendere tenemur. Haec autem ex generali entis cognitione derivanda, quae ex Ontologia hauritur ... Patet itaque ad demonstrationes regularum Logicae petenda esse principia ex Ontologia".

56 Ebd.: „Porro cum Logica exponat modum dirigendi intellectum in cognitione veritatis ...; usum docere debet operationum ipsius in veritate cognoscenda. Quaenam vero sit facultas cognoscitiva, quaenam ipsius sint operationes, ex Psychologia addiscendum".

57 Ebd., § 90, S. 40: „*Quodsi in Logica omnia rigorose demonstranda, allatis rationibus genuinis, Logica Ontologiae atque Psychologiae postponenda*".

58 Ebd., § 91, S. 40.

auch vor der Ontologie und Psychologie zu behandeln[58]; die benötigten Prinzipien aus der Ontologie und der Psychologie könne man übrigens sehr leicht der Logik voranstellen. Dies geschieht denn auch unter der Hand in den ersten Kapiteln der *deutschen* und ausdrücklich in der *lateinischen Logik*, wo Wolff im ersten Kapitel die psychologischen Prinzipien, nämlich die drei grundlegenden Verstandeshandlungen[59] und im zweiten Kapitel die ontologischen Prinzipien behandelt[60].

Damit könnte der Anschein entstehen, Wolff wolle noch die Regeln der Logik und durch sie auch die mathematische Methode aus Sätzen anderer und höherer Wissenschaften deduzieren. Dies aber ist nicht der Fall: die angesprochenen Prinzipien der Psychologie sind solche der *Psychologia empirica*, die sich an „sicheren Erfahrungen" orientiert[61]. Und für „die Kräfte des menschlichen Verstandes und ihren richtigen Gebrauch" — das ist der Titel der *deutschen Logik* — will Wolff wie schon Descartes keine andere sichere Erfahrung als die zulassen, die man mit der Mathematik gemacht hat: es „bleiben bloß die mathematischen Wissenschaften übrig, daraus man den richtigen Gebrauch der Kräfte des Verstandes ersehen kan"[62].

Dementsprechend fungiert die Mathematik unangefochten als unmittelbares Vorbild für die von Wolff projektierte „Logica verior". Es sei „unverschämt, oder überaus einfältig", anzunehmen, „man könte ausser der Mathematick eben so gründlich erwiesene oder demonstrirte Wahrheiten und so richtige Erfindungen antreffen als in derselben". Da man „aber die Kräfte des menschlichen Verstandes nicht anders, als durch die Erfahrung erkennen" kann, muß man „gründlich demonstrirte Wahrheiten" und also die Mathematik „recht begreiffen" lernen[63]; seine Logik gehe daher geradezu auf das Studium der Mathematik zurück und enthalte, was er „bey Durchlesung mathematischer Schriften und bey vielfältigem eigenen Nachsinnen von dem Gebrauche der Kräfte des menschlichen Verstandes" ermittelt habe[64].

§ 23 Synthetische und analytische Interpretationen der Wolffschen Methode

Was man nun aber unter der mathematischen Methode, die Wolff mit der philosophischen und der wissenschaftlichen Methode überhaupt gleichsetzt, im näheren zu verstehen habe, ist nicht unumstritten geblieben.

59 *Lateinische Logik*, S. 125: „*Caput I. De tribus mentis operationibus in genere*".

60 Ebd., S. 142: „*Caput II. De notitiis quibusdam generalibus entis*".

61 Der Titel lautet: „*Psychologia empirica, methodo scientifica pertractata, qua ea, quae de anima humana indubia experientiae fide constant, continentur* ...".

62 *Deutsche Logik*, Erste Vorrede; WW I 1, S. 106; vgl. oben S. 125, Anm. 19.

63 Ebd., S. 105 f.

64 Ebd., S. 107.

Die unmittelbar auf Wolff folgende Generation war sich in dieser Frage allerdings noch ziemlich einig: sie verstand unter der mathematischen Methode Wolffs ein *synthetisch-beweisendes* Vorgehen, das sich am prokleisch interpretierten Aufbau der euklidischen Elemente und also am Methodenmodell A orientiert. So grenzt Kant schon 1762 seinen analytischen Ansatz gegen Wolff und das von ihm proklamierte Verfahren ab, „wie es in allen Schulen im Schwange ist“: „Die allerabgezogenste Begriffe, darauf der Verstand natürlicher Weise zuletzt hinausgeht, machen bei ihnen den Anfang, weil ihnen einmal der Plan des Mathematikers im Kopfe ist, den sie durchaus nachahmen wollen“. „Es soll durchaus synthetisch verfahren werden. Man erklärt daher gleich anfangs und folgert daraus mit Zuversicht“[1]. Und ebenso beziehen sich seine Warnungen vor der schlichten Übernahme der mathematischen Methode vor allen Dingen auf Wolff: die Kantische These, daß „Definitionen“, „Axiome“ und „Demonstrationen“ im strengen Sinne nur in der Mathematik und nicht in der Philosophie ihr Recht haben[2], richtet sich gegen die Grundlagenfunktion, die diesen Prinzipien in der philosophischen Methodologie Wolffs zugeschrieben wird. Kants Haltung gegenüber dieser Methode ist dabei trotz aller Kritik im grundsätzlichen nicht ohne Bewunderung: in der Vorrede zur zweiten Auflage der *Kritik der reinen Vernunft* lobt er sie als die „strenge Methode des berühmten *Wolff*, des größten unter allen dogmatischen Philosophen“ und des „Urhebers des bisher noch nicht erloschenen Geistes der Gründlichkeit in Deutschland“, und führt sie als ein Beispiel dafür an, „wie durch gesetzmäßige Feststellung der Principien, deutliche Bestimmung der Begriffe, versuchte Strenge der Beweise, Verhütung kühner Sprünge in Folgerungen der sichere Gang einer Wissenschaft zu nehmen sei“, wenn man vorher durch Kritik der Vernunft die nötigen Grenzbestimmungen vorgenommen habe[3].

Ebenso versteht Lambert unter Wolffs „in die Weltweisheit eingeführten Mathematischen Methode“ ein Verfahren, in dem man „aus richtigen Sätzen richtig schliesst“[4], und charakterisiert dies als „Synthetische Methode“: bei ihr „fängt man bey den Erklärungen, Grundsätzen und Erfahrungen an und leitet aus diesen den Beweis des fürgegebenen Satzes her“. Lambert nennt als mathematisches Methodenmodell für dieses Verfahren ausdrücklich „den ganzen Euclid“[5] und leitet daraus — sich wie Descartes am Papposmodell orientierend[6] — die Ergänzungsbedürftigkeit der Wolffschen mathematischen Methode ab: „Wolf hat ungefehr die Helfte der Mathematischen *Methode* in der *Philosophie* angebracht. Es ist noch um die andere Helfte zu thun, so haben wir was wir verlangen können“[7]. Und auch Mendelssohn spielt schließlich sein analytisches Verfahren gegen eine sich synthetisch interpretierende mathematische Methode aus; durch

1 *Deutlichkeit* A 85 f., KA II 289.

2 *KrV* B 755 ff., KA III 477 ff.; vgl. oben S. 66, Anm. 27.

3 *KrV* B XXXVI, KA III 22.

4 Lambert: *Criterium veritatis* ... a.a.O., § 3, S. 9.

5 Ebd., § 28, S. 20.

6 Vgl. oben S. 131 ff.

7 Brief Lamberts an Kant vom 13. Nov. 1765; KA X 51—54, 54.

„den Mißbrauch“ in der Wolffschen Schule habe sich diese synthetische Methode „beynahe lächerlich gemacht“[8].

Gegen diese das 18. Jahrhundert beherrschende Interpretation der mathematischen Methode Wolffs als eines synthetisch-beweisenden Verfahrens sind neuerdings Einwände erhoben worden, die zumindest bestreiten, daß damit die Wolffschen Methodenüberlegungen vollständig erfaßt sind. Dies betrifft erstens die Interpretation der Wolffschen Methode als synthetisches Vorgehen: Für Tonelli besteht kein Zweifel daran, daß die mathematische Methode Wolffs die *analytische* Methode mit einschließt, andernfalls, so schreibt er, würde man annehmen müssen, daß Wolff einige seiner mathematischen Werke in einer nicht-mathematischen Methode schrieb, weil er für sie die analytische Methode in Anspruch nimmt[9]. Dies betrifft zweitens ihre Interpretation als eines bloß beweisenden Verfahrens: Arndt thematisiert „Wolffs Konzeption einer ars inveniendi“ und stellt diese *Erfindungskunst*, die sich am Modell einer kalkülmäßigen mathesis universalis orientieren soll[10], neben die methodus scientifica, der die Funktion des Beweises schon vorliegender Sätze zugewiesen wird[11].

Sucht man die in dieser Diskussion angesprochene Terminologie bei Wolff wiederzufinden, so ist auffällig, daß die Ausdrücke *analytisch* und *synthetisch* als Methodentermini in der *deutschen Logik* gar nicht und auch in der *lateinischen Logik* nur an eher versteckter Stelle auftauchen[12]: sie werden dort nicht etwa im vierten Kapitel des *Discursus praeliminaris* bei der Darstellung der philosophischen Methode benutzt, sondern erscheinen am ausführlichsten — und immer noch knapp genug — in einem Kapitel „über die Beurteilung dogmatischer Schriften“. Wolff schreibt dort: „Die Ordnung, die wir bei der Darstellung von sicheren Sätzen benutzen, wird *Methode* genannt. *Analytische Methode* aber wird sie genannt, wenn durch sie die Wahrheiten so angeordnet werden, wie sie erfunden worden sind oder wenigstens hätten erfunden werden können. Im Gegen-

8 Mendelssohn: *Abhandlung über die Evidenz* ... a.a.O., S. 66.

9 Tonelli: *Analysis and Synthesis* ... a.a.O., S. 199: „Nevertheless, generally speaking, there is no doubt that the mathematical method is inclusive of the analytical: otherwise one should assume that Wolff wrote some of his mathematical works according to a non mathematical method“; vgl. dazu S. 201: „Thus, it seems that in Wolff's later years the method of analysis acquired a greater importance, and its dignity prevailed upon that of the method of synthesis“.

10 Arndt: *Methodo scientifica pertractatum* ... a.a.O., S. 142 ff.; vgl. Arndt, Hans Werner: *Christian Wolffs Stellung zur „ars characteristica combinatoria“*. In: *Studi ricerche di storia della filosofia* Bd. 71, 1965, S. 3—12; vgl. auch Corr, Charles A.: *Christian Wolff's Treatment of Scientific Discovery*. In: *Journal of the History of Philosophy* Bd. 10, 1972, S. 323—331, der Arndt in allen wesentlichen Punkten folgt.

11 Arndt: *Methodo scientifica pertractatum* ... a.a.O., S. 139: „Die Methodenlehre Wolffs, soweit sie im Vorstehenden [d. h. im Abschnitt über die methodus scientifica] bestimmt worden ist, ist charakterisierbar als die Konzeption einer ‚ars iudicandi‘, einer Beweistheorie für vorgelegte Aussagen“; vgl. dazu auch S. 126 f.

12 In anderen als methodologischen Zusammenhängen im engeren Sinne findet sich dagegen insbesondere der Begriff „Analysis“ häufig: Wolff kennt eine „analysis notionum“ (vgl. unten S. 245), eine Analysis körperlicher Dinge in ihre Bestandteile (*Psychologia empirica* § 339; WW II 5, S. 246), eine „analysis propositionum“ (*Ontologia* § 51 und § 357; WW II 3, S. 33 und S. 278; vgl. dazu unten S. 238) und eine „analysis logica demonstrationis“ (*Lateinische Logik* § 551 f., S. 415 ff., vgl. dazu unten S. 241). Vgl. dazu die Aufstellung bei Tonelli: *Analysis and Synthesis* ... a.a.O., S. 193.

satz dazu wird die *Methode synthetisch* genannt, durch die die Wahrheiten so angeordnet werden, daß die eine Wahrheit aus der anderen leichter erkannt und bewiesen werden kann. Die *gemischte Methode* ist diejenige, die aus der Kombination beider resultiert"[13]. Diese Bestimmungen weisen deutliche Parallelen zu den einschlägigen Cartesischen Äußerungen in den *Meditationen* auf, wie sie auch durch die *Logik von Port Royal* verbreitet wurden[14]. Parallel ist vor allem die Funktionszuweisung zu den beiden Methoden: der „analytischen" oder „resolutiven" Methode wird hier wie dort die erfindende und der „synthetischen" oder „kompositiven" Methode die beweisende oder lehrende Aufgabe zugewiesen[15]. Was dagegen bei Wolff zu fehlen scheint, ist der Gedanke einer geregelten und aufeinander bezogenen Abfolge eines analytischen und eines synthetischen Teilschritts, die dort nach dem Vorbild des Papposmodells erst gemeinsam die ganze Methode darstellte. Vielmehr kann Wolff für einzelne seiner Schriften nur die analytische, für andere nur die synthetische Methode in Anspruch nehmen; analytische und synthetische Methode können hier jede für sich als eigenständige Verfahren auftreten[16]. Wolff orientiert sich denn bei der genaueren Auslegung der Wörter „analytisch" und „synthetisch" auch gar nicht am Papposmodell oder an einer seiner Varianten: „Wir benützen diese Wörter" — so schreibt er — „in dem Sinn, den sie im Sprachgebrauch der modernen Mathematiker und Philosophen haben"[17]. Worin diese moderne Bedeutung der Wörter Analyse und Synthese besteht, wird an der Zuordnung der mathematischen Disziplinen zu ihnen deutlich: „Die analytische Methode benutzen die modernen Mathematiker in ihren Dissertationen oder in den Aufsätzen, die sie in die gelehrten Zeitschriften einzurücken pflegen"; Wolff selbst habe sie insbesondere in seiner *Algebra* benutzt[18]. Die synthetische Methode ist dagegen von *Euklid* und den antiken Geometern benutzt worden; bei Wolff finde sie sich in der lateinischen Arithmetik und Geometrie[19].

Die Zuordnung der analytischen Methode zur modernen Algebra und der synthetischen zur antiken Geometrie orientiert sich ganz offensichtlich an der Unterscheidung zwischen einer analytisch verstandenen modernen Mathematik im Sinne des Methoden-

13 *Lateinische Logik* § 885, S. 633: „Ordo, quo utimur in tradendis dogmatis, dicitur *methodus*. Appellatur autem *methodus analytica*, qua veritates ita proponuntur, prout vel inventae fuerunt, vel minimum inveniri potuerunt. *Methodus* e contrario *synthetica* appellatur, qua veritates ita proponuntur, prout una ex altera facilius intelligi et demonstrari potest. *Methodus mixta* est, quae ex utriusque combinatione resultat".

14 Vgl. oben S. 131 f.

15 *Lateinische Logik* § 885, S. 633: „Methodus analytica vocatur etiam *methodus inventionis;* methodus synthetica vero *methodus doctrinae:* illa etiam *resolutoria* seu *methodus resolutionis;* haec autem *methodus compositionis* appellatur".

16 Vgl. Anm. 18 und 19.

17 *Lateinische Logik* § 885, S. 633: „Utimur hic vocibus in eo significatu, quem ipsis tribuit mos loquendi mathematicorum et philosophorum recentiorum".

18 Ebd.: „Methodo analytica utuntur recentiores Mathematici in dissertationibus vel schediasmatis, quae diariis Eruditorum inserere solent. Et nos quoque veritates arithmeticas et geometricas bene multas analytice docuimus in Elementis Algebrae".

19 Ebd.: „Methodo synthetica usus est *Euclides* cum Geometris veteribus, eaque nos quoque utimur in elementis Arithmeticae et Geometriae latinis".

modells D und einer synthetisch interpretierten Geometrie Euklids im Sinne des Methodenmodells A, wie sie gegen Ende des 17. und zu Anfang des 18. Jahrhunderts in der Mathematik üblich wird[20]. Eine solche Gegenüberstellung zwischen einer erfindenden Algebra und einer beweisenden Geometrie taucht bei Wolff schon früh auf. Schon in seiner Schulzeit hat Wolff gehört, die „Algebra ... sollte eine Kunst seyn, verborgene Wahrheiten zu erfinden", und daher geglaubt, er „würde von dieser arte inveniendi speciali regulas generales abstrahiren können"[21]; entsprechend legt er sich während seiner Studienjahre deshalb „auf die Algebram, um von der Arte inveniendi einen rechten Begriff zu bekommen"[22]. Und umgekehrt beruht sein Interesse an der „Methodus Euclidea" schon damals auf den „Deutlichkeiten des Euclides im demonstriren"[23], durch sein Studium bekommt er „das erste Licht von dem methodo demonstrandi veterum"[24].
Eben diese Unterscheidung zwischen erfindender Algebra und beweisender Geometrie taucht hier als die zwischen der analytischen und der synthetischen Methode auf. Wie schon bei Descartes und wie in der zeitgenössischen Mathematik erscheint die synthetische Methode bei Wolff jetzt als ein Verfahren, das den Leser bloß von der Wahrheit der vorgetragenen Sätze überzeugt, ohne ihm die Mittel zur Erfindung neuer Wahrheiten an die Hand zu geben[25]: Euklid stelle — so schreibt Wolff hier — Nominaldefinitionen, Axiome und Postulate voran, die ohne Prüfung eingeräumt werden können, von da werde zu beweisbaren Sätzen fortgeschritten, die so aufgestellt werden, daß einer aus dem anderen bewiesen werden kann. Euklid beabsichtige also nichts anderes, als den Leser zu einer sicheren Erkenntnis dessen zu führen, was er, Euklid, lehre. Es sei also — aufgrund der Bestimmung der synthetischen als einer beweisenden Methode — klar, daß hier die synthetische Methode benutzt wird[26].
Dagegen erscheint die moderne Algebra schon 1710 als eine Kunst, „durch welche man mathematische Wahrheiten" nicht bloß beweist, sondern „von sich selbst erfinden kan", „was andere ... noch nicht gedacht haben"[27]. Und entsprechend tauchen auch 1728 die praktische Arithmetik, die Trigonometrie und vor allem die Algebra oder Analysis der Mathematiker als die speziellen Erfindungskünste auf, in deren Besitz die Mathematiker sind[28]. Dabei entscheidet über den analytischen Charakter einer Untersuchung nicht ihr Gegenstand oder ihre äußere Form, sondern bloß die Frage der alge-

20 Vgl. oben S. 108 ff.

21 Wuttke: *Christian Wolffs eigene Lebensbeschreibung* ... a.a.O., S. 114.

22 Ebd., S. 143.

23 Ebd., S. 122 f.

24 Ebd., S. 123.

25 Vgl. oben S. 130 f.

26 *Lateinische Logik* § 886, S. 634: „*Euclides* primo loco praemittit definitiones nominales atque axiomata et postulata, quae sine probatione concedi possunt: inde progreditur ad propositiones demonstrativas, quae ita collocat, prout una ex altera demonstrari potest. Non igitur lectorem nisi ad certam eorum, quae docet, cognitionem perducere intendit. Atque adeo evidens est, quod methodo utatur synthetica".

27 *Anfangsgründe* Bd. 4, Vorrede; WW I 15, 1, S. 1547; vgl. oben S. 112 und S. 228.

28 *Lateinische Logik* § 888, S. 635: „Mathematicis sunt artes inveniendi speciales, *Arithmetica practica, Trigonometria* et inprimis *Algebra* seu *Analysis* Mathematicorum".

braischen Behandlung: wie später bei Euler[29] können bei Wolff geometrische Wahrheiten als analytisch ermittelt gelten, sofern sie mithilfe der Algebra gefunden wurden[30], und auch analytische Untersuchungen wie die „Elementa Algebrae" können äußerlich mit Definitionen, Scholien, Problemen usw. ganz nach dem Muster Euklids dargestellt sein[31]. Die Unterscheidung zwischen der analytischen und der synthetischen Methode ist also hier ganz an dem Gegensatz zwischen der inventiven Analysis der modernen Mathematik und der demonstrativen synthetischen Methode Euklids orientiert. Für die philosophische Methodendiskussion ist daran wichtig, daß bei Wolff jedenfalls 1728 die mathematische Methode weder einfach mit einer synthetischen noch mit einer analytischen Methode gleichzusetzen ist; die bei Kant, Lambert und Mendelssohn auftretende Identifikation von Wolffs mathematischer Methode mit der synthetischen Methode Euklids[32] erfaßt jedenfalls nur eines der hier von Wolff zitierten mathematischen Methodenvorbilder.

Die bei der Interpretation mathematischer Disziplinen verwendete Unterscheidung zwischen analytischer und synthetischer Methode benutzt Wolff — gemäß seiner These von der Identität der mathematischen und der philosophischen Methode — hier auch zur Charakterisierung der in seinen philosophischen Schriften befolgten Methode. Daß diese Übertragung nicht bruchlos geschieht, wird daran deutlich, daß er angibt, in den philosophischen Schriften einer gemischten Methode gefolgt zu sein: In den „principiis philosophiae Germanicis", worunter wohl alle deutschen philosophischen Schriften zu verstehen sind[33], will er die gemischte Methode verwendet haben, allerdings derart, daß hauptsächlich die analytische Methode berücksichtigt wird[34]. Und in seinen lateinischen Werken habe er ebenfalls die gemischte Methode benutzt, allerdings so, daß dort die synthetische Methode die Oberhand behält[35].

Die stärkere Berücksichtigung der synthetischen Methode in den lateinischen Schriften belegt Wolff durch einen Verweis auf den Paragraphen 830 der *lateinischen Logik*. In ihm wird ein „ordo mixtus" angesprochen, der in der Mitte zwischen dem „ordo scholae" und dem „ordo naturalis" stehen soll. Nun ist es zwar möglich, den „ordo naturalis", in dem das vorausgeschickt werden soll, woraus das Folgende erkannt und bewiesen werden kann[36], mit der synthetischen Methode der Paragraphen 885 und 886 zu parallelisieren; der „ordo scholae" aber, der alles das, was zu einem Gegenstand zu sa-

29 Vgl. oben S. 110 f.

30 Vgl. Anm. 18.

31 Vgl. *Anfangsgründe* Bd. 4; WW I 15, 1, S. 1549 ff. und *Elementa matheseos universae* Bd. 1, sec. 2; WW II 29, S. 341 ff.

32 Vgl. oben S. 226.

33 Vgl. Tonelli: *Analysis and Synthesis* ... a.a.O., Anm. 102.

34 *Lateinische Logik* § 885, S. 633: „Methodum mixtam adhibuimus in elementis Matheseos et principiis philosophiae Germanicis, ita tamen ut potissimum analyticae rationem haberemus".

35 Ebd.: „In opere Latino philosophico cum ordinem mixtum sequi libuerit, syntheticae methodi magis habenda fuit ratio, quam analyticae (§. 830)".

36 Ebd., § 829, S. 593: „*Ordinem* vero *naturalem* voco, quo praemittuntur, quae sequentibus intelligendis et demonstrandis inserviunt".

gen ist, an einer Stelle der Schrift zusammen aufführt[37], ist keinesfalls mit dem „ordo“ der analytischen Methode identisch. Der Verweis auf den „ordo mixtus“ des Paragraphen 830 kann also nicht zur Erläuterung der „methodus mixta“ des Paragraphen 885 herangezogen werden[38], aber er belegt den eher synthetischen Charakter der lateinischen Schriften: in dem „ordo mixtus“ ist der ‚synthetische‘ „ordo naturalis“ das bestimmende Element; nur, soweit er es zuläßt, soll der „ordo scholae“ berücksichtigt werden[39].

Trotz dieser Erläuterungen bleibt — vor allem angesichts des Wolffschen Anspruchs auf genaue Bestimmung und präzise Beachtung methodischer Regeln — die Unschärfe befremdlich, mit der hier die Methode der philosophischen Schriften als eine gemischte mit eher analytischem oder mit eher synthetischem Charakter bestimmt wird. Auch Wolffs Bemerkung, daß es nicht nötig sei, die analytische oder synthetische Methode weiter zu erläutern, weil die Definitionen beider Methoden es ohne Mühe möglich machten, die in der Logik gegebenen Regeln der jeweiligen Methode zuzuordnen[40], hilft dabei nicht weiter. Vielmehr verrät sie deutlich genug, daß es sich bei der Unterscheidung um eine nachträgliche Charakterisierung bereits vorliegender Schriften mithilfe einer erst relativ spät auftauchenden Methodenunterscheidung handelt, die gar nicht mit denjenigen Methodenvorstellungen identisch ist, an denen sich Wolff bei der Abfassung seiner Schriften zunächst orientiert hat. Im folgenden Paragraphen sollen daher vor allem die *Mathematischen Anfangsgründe* von 1810 und die *deutsche Logik* von 1812 als frühe Werke daraufhin untersucht werden, von welchen Methodenvorstellungen Wolff ursprünglich ausging und welches Methodenmodell dabei als Vorbild zugrunde lag.

§ 24 Wolffs Interpretation des Euklidmodells

Von allen diesen Differenzierungen zwischen analytischer und synthetischer Methode und erfindender und beweisender Funktion ist in den frühen philosophischen Schriften

37 Ebd.: „*Ordinem scholae* appello, quo ad idem subjectum spectantia in eundem locum congeruntur, nulla habita ratione, quomodo cognitio unius pendeat a cognitione alterius“.

38 Dies gilt auch für die „cognitio mixta“, die teilweise a priori und teilweise a posteriori erworben werden soll. Vgl. *Psychologia empirica* § 434; WW II 5, S. 347: „*Mixta est cognitio*, quae partim a posteriori, partim a priori acquiritur“. Gemischte Methode, gemischte Ordnung und gemischte Erkenntnis beziehen sich also auf unterschiedliche Gegensatzpaare.

39 *Lateinische Logik* § 830, S. 594: „Quodsi ea quidem constanter praemittantur, quae sequentibus intelligendis et demonstrandis inserviunt; hoc tamen non obstante eodem in loco pertractantur ad idem subjectum spectantia, quantum regula anterior permittit; *ordo* dicitur *mixtus*“.

40 Ebd., § 887, S. 634: „... *non opus est, ut de regulis methodi analyticae et syntheticae agatur*. Notatis enim definitionibus utriusque methodi ..., regulae anteriores modo citatae absque ullo negotio ad suam methodum referentur“.

Wolffs, die sein Bild für die nachfolgende Generation und damit für die weitere Geschichte prägen, nicht die Rede. Wolff spricht regelmäßig von nur einer oder besser von ,der' mathematischen Methode, und diese eine Methode wird zugleich für die Erfindung noch unbekannter als auch für den Beweis schon bekannter Wahrheiten in Anspruch genommen: sie ist „das sicherste Mittel, zu dem ... Gebrauche der Vernunft, so wohl in Erfindung der noch verborgenen, als in Beurtheilung der bereits erfundenen Wahrheit zugelangen"[1].

Zum ersten Mal erläutert Wolff diese mathematische Methode ausführlicher im *Kurtzen Unterricht von der Mathematischen Lehrart* von 1710. Der erste Paragraph faßt den wesentlichen Inhalt dieser kurzen Einführung zusammen: „§ 1. Die Lehrart der Mathematicorum, das ist, die Ordnung, deren sie sich in ihrem Vortrage bedienen, fänget an von den Erklärungen [Definitionen], gehet fort zu den Grundsätzen [Axiomen und Postulaten], und hiervon weiter zu den Lehrsätzen [Theoremen] und Aufgaben [Problemen]: überall aber werden Zusätze [Corollarien] und Anmerckungen [Scholien] nach Gelegenheit angehänget"[2].

Das mathematische Vorbild dieser Ordnung ist unschwer zu erkennen; es handelt sich um das Methodenmodell A[3]. Mit dieser Orientierung am prokleisch interpretierten Euklidmodell schließt sich Wolff einer alten und weitverbreiteten Strömung in der philosophischen Methodologie an, in der „die" mathematische Methode als axiomatisch-deduktive Methode nach dem Vorbild Euklids verstanden wird[4]. In der Wolffschen Interpretation erfährt das Euklidmodell eine Auslegung, die noch stärker, als dies bei Proklos geschieht[5], die Beziehungen zwischen Definitionen, Axiomen, Postulaten und Theoremen als die der logischen Abhängigkeit versteht: der Wolffschen Reduktion der mathematischen Methode auf die Regeln der Logik[6] entspricht hier eine logische Interpretation der geometrischen Methode.

Erstens werden bei Wolff wie schon in der Proklosinterpretation Euklids die Lehrsätze (Theoreme) und die Aufgaben (Probleme) als Sätze angesehen, die aus den Definitionen, Axiomen und Postulaten logisch ableitbar sind. Wolff exemplifiziert dies an dem Satz: *„Der Triangel ist die Helfte eines Parallelogrammi, welches mit ihm einerley Grund-Linie und Höhe hat"*. Dieser Satz ist deshalb *„Lehrsatz* (Theorema)", weil man „theils unmittelbahr aus den Erklärungen dieser beyden Flächen [Parallelogramm und Dreieck], theils aus andern Eigenschaften derselben, die aus ihren Erklärungen schon vorher gefunden worden, schliest, daß der Triangel nur halb so groß ist, als das Parallelogrammum"[7]. Die ,Schlußkette', die von den Erklärungen zum Lehrsatz führen soll, interpretiert Wolff ausdrücklich als syllogistisch: in den „Beweisen oder Demonstrationes der Mathematicorum" wird „alles durch die so genannten Syllogismos geschlossen"[8].

1 *Anfangsgründe,* Erste Vorrede; WW I 12 (S. 3).

2 *Kurtzer Unterricht* § 1; WW I 12, S. 5.

3 Vgl. oben S. 72 ff.

4 Vgl. oben S. 77 f.

5 Vgl. oben S. 74 f.

6 Vgl. oben S. 222 ff.

7 *Kurtzer Unterricht* § 37; WW I 12, S. 21 f.

Unter dieses syllogistische Schema werden bei Wolff auch die „Aufgaben" (problemata) eingeordnet, in denen es darum geht, daß etwas „gethan oder gemacht werden soll". Dies gelingt, indem in ihnen „drey Theile", der Satz, die Auflösung und der Beweis, unterschieden werden. Dabei liefert in der Wolffschen Interpretation im Grunde schon die „Auflösung" die gesuchte Lösung des Problems: sie „erzehlet alles, was man thun muß, und wie man eines nach dem anderen zu verrichten hat, damit geschehe, was man verlanget". Der nachfolgende Beweis hat die für die logische Interpretation der mathematischen Methode wichtige Funktion, die „praktische" Aufgabe auf den „theoretischen" Kontext der Lehrsätze zu beziehen; der Beweis zeigt: „wenn das geschiehet, was in der Auflösung vorgeschrieben wird; so müsse man auch nothwendig erhalten, was man in dem Satze verlangte. Solchergestalt wird jede Aufgabe in einen Lehrsatz verwandelt"[9].

Über die auch schon von Proklos behauptete logische Abhängigkeit der Theoreme und Probleme von den drei „unmittelbaren" Satztypen[10] geht Wolff noch hinaus, wenn er auch die Axiome und Postulate — die er hier unter dem Terminus „Grundsätze" zusammenfaßt[11] — aus den Definitionen ableiten will. Er folgt damit zwar einem Leibnizschen Ansatz[12], erledigt die dabei auftretenden Probleme aber pauschal durch die Behauptung[13], daß die Axiome und Postulate „unmittelbar" aus den Definitionen erschlossen werden können[14]: für Wolff sind die Axiome und die Postulate des Euklidmodells nicht wie in der vorherrschenden, an Proklos orientierten Interpretation unableitbar und selbstevident, sondern unmittelbar aus den Definitionen ableitbar; daher erläutert er die ihnen dort zugeschriebene Unbeweisbarkeit ausdrücklich dahingehend, daß diese Sätze nur deshalb keinen Beweis nötig hätten, weil ihre Ableitung so einfach sei: „Weil ... die Grundsätze unmittelbahr aus den Erklärungen gezogen werden, haben sie keines Beweises nöthig, sondern ihre Wahrheit erhellet, so bald man die Erklärungen ansiehet, daraus sie fliessen"[15].

Diese Interpretation der Axiome und Postulate behält Wolff auch in der *deutschen Logik* bei, in der er die Axiome als Grund- und die Postulate als Heischesätze voneinander

8 Ebd., § 45; WW I 12, S. 27.

9 Ebd., § 47; WW I 12, S. 28 f.

10 Vgl. oben S. 74 f.

11 *Kurtzer Unterricht* § 30; WW I 12, S. 17: „Diese Grundsätze zeigen entweder, daß etwas sey, oder daß etwas könne gethan werden". „Im Lateinischen nennet man die Grundsätze der erstern Art *Axiomata*; die Grundsätze aber der andern Art *Postulata*".

12 Vgl. oben S. 198 f.

13 So werden in den *Anfangsgründen der Geometrie* die 9 dort genannten „Grundsätze" entweder gar nicht oder durch bloßen Verweis ohne Ableitung auf eine der 21 vorangestellten „Erklärungen" bezogen (*Anfangsgründe* Bd. 1; WW I 12, S. 117 ff.).

14 *Kurtzer Unterricht* § 29; WW I 12, S. 16: „Betrachtet ihr dasjenige, was in den Erklärungen enthalten ist, und schliesset etwas unmittelbar daraus; so nennen wir solches einen *Grundsatz*"; zur „consequentia immediata" vgl. *Lateinische Logik* § 459 ff., S. 359 ff

15 Ebd., § 31; WW I 12, S. 17.

unterscheidet[16]. Zwar führt er dort zunächst eine strengere Bestimmung der eigentlichen oder „rechten Grund-Sätze" ein: in ihnen soll „das Hinter- und Förder-Glied einerley" sein, es soll sich also wie in dem Satz „alle Thiere sind Thiere" um formalidentische Urtheile handeln[17]. Aber diese strenge Fassung erweitert er gleich anschließend und versteht jetzt unter den Grundsätzen solche Sätze, „die man ohne Beweiß einräumet, wenn man nur die Wörter verstehet, weil man sich die Sache nicht vorstellen kan, ohne daß man darinnen zugleich erblicket, was ihr beygeleget wird"[18]. Grund- und Heische-Sätze werden also in der deutschen Logik wie in den *Mathematischen Anfangsgründen* als Sätze interpretiert, die aus dem rechten Verständnis der Wörter und d. h. aus den Definitionen ableitbar sind; wie dort interpretiert Wolff die ihnen traditionell zugesprochene Unbeweisbarkeit aus der Einfachheit der Ableitung: weil „ein jeder die Richtigkeit dieser Sätze" erkennt, wenn er „den Erklärungen nachdencket", ist es nicht nötig, „daß man erst dazu einen Beweis setze". Wenn man also von ihnen sagt, „sie erfordern keinen Beweis", dann heißt das für Wolff, daß sie „für sich selbst klar" sind, „nemlich so bald man die Erklärung verstehet, daraus sie vermittelst eines Schlusses gezogen werden"[19].

Ganz in demselben Sinne bezeichnet Wolff schließlich in der *lateinischen Logik* die Axiome[20] und Postulate[21] zwar als „propositiones indemonstrabiles", bestimmt die „propositio indemonstrabilis" aber dahingehend, daß sich in ihr die Übereinstimmung oder Nicht-Übereinstimmung des Prädikats mit dem Subjekt schon aus dem Verständnis der Wörter offenbart[22]: Der Satz, daß das Ganze größer sei als sein Teil, ist deshalb eine „propositio indemonstrabilis", weil seine Wahrheit schon aus dem Verständnis der Begriffe „Ganzes" und „Teil" und also aus der — mehr oder weniger vollständigen — Definition der Begriffe „Ganzes" und „Teil" fließt[23]. Auch in der lateinischen Logik erscheint also der Terminus „unbeweisbar" als uneigentlich und steht für die unmittelbare Ableitbarkeit eines Satzes aus der Definition.

Da bei Wolff also zum einen die Lehrsätze und die Aufgaben durch Syllogismen aus den Definitionen, Axiomen und Postulaten ableitbar sind und zum anderen auch die „unbeweisbaren" Axiome und Postulate aus den Definitionen fließen, ergibt sich bei ihm eine Interpretation des Methodenmodells A, in der die Wahrheit aller Sätze — setzt man die Richtigkeit der sie verbindenden Schlüsse voraus — ausschließlich von

16 *Deutsche Logik*, cap. 3, § 13; WW I 1, S. 161: „Die Erwägungs-Sätze, welche aus einer Erklärung hergeleitet werden, nenne ich Grund-Sätze: die Übungs-Sätze, welche man aus einer Erklärung schliesset, Heische-Sätze".

17 Ebd.; WW I 1, S. 162.

18 Ebd.

19 Ebd., cap. 6, § 2; WW I 1, S. 190.

20 *Lateinische Logik* § 267, S. 258: „Propositio theoretica indemonstrabilis dicitur *Axioma*".

21 Ebd., § 269, S. 259: „Propositio practica indemonstrabilis vocatur *Postulatum*".

22 Ebd., § 262, S. 255: „*Propositio illa indemonstrabilis* dicitur cujus subjecto convenire, vel non convenire praedicatum terminis intellectis patet".

23 Ebd., § 263, S. 255 f.

den ihnen zugrunde gelegten Definitionen abhängt[24]. Die formale mathematische Ableitung stellt dies — und das ist der Grund ihrer Vorbildlichkeit — in aller Klarheit dar: „Weil man nun in der Mathematick nichts zu Gründen annehmen läst, als was entweder in den vorhergesetzten Erklärungen, oder daher geleiteten Grund- und Lehr-Sätzen enthalten; so pfleget man die Erklärungen und Lehr-Sätze jederzeit anzuführen, auf welche man den Beweiß gründet, theils, damit ein jeder siehet, daß die angenommenen Gründe des Beweises ihre Richtigkeit haben; theils damit diejenigen, welche die Gründe noch nicht erkannt oder auch wol wieder vergessen haben, nachschlagen und sich ihrer Gewißheit versichern können"[25]. Die mathematische Methode erscheint in dieser Fassung als ein Vorgehen, in dem nur die Definitionen zugrunde gelegt werden, alle anderen Sätze aber müssen aus ihnen ableitbar sein; entsprechend gewinnt die Frage der Definition eine Schlüsselrolle in der Wolffschen Logik[26].

Eben diesem syllogistisch interpretierten Euklidmodell folgen die *deutsche* und die *lateinische Logik* fast ausnahmslos. Dies zeigt sich am eindeutigsten bei der Einteilung der Sätze, die sich auch in der Logik beinahe sklavisch am Muster Euklids orientiert. Gemäß der dort vorliegenden Unterscheidung der Sätze, die theoretische Aussagen enthalten (Axiome und Theoreme), von denen, die ein bestimmtes Tun für möglich erklären (Postulate und Probleme), unterteilt Wolff alle Sätze in „Erwägungs- und Ausübungs-Sätze": Die Erwägungssätze sagen aus, „daß einem Dinge etwas zukomme, oder nicht", die Ausübungssätze „zeigen, daß und wie etwas könne gemacht oder gethan werden"[27]. Und wie im *Kurtzen Unterricht* unterscheidet Wolff bei den Erwägungssätzen die Axiome dadurch von den Lehrsätzen, daß die Grund-Sätze „aus *einer* Erklärung hergeleitet werden", während die Lehrsätze „aus *vielen* Erklärungen zusammen genommen hergeleitet werden"[28]; entsprechendes gilt für die Unterscheidung der Postulate, die hier „Heische-Sätze" heißen, von den Problemen oder Aufgaben[29]. Alle diese Sätze sind hier wie in den *Mathematischen Anfangsgründen* aus den Definitionen ableitbar.

Worin sich die beiden Logiken von den *Mathematischen Anfangsgründen* unterscheiden,

24 In das so interpretierte euklidische Modell scheint Wolff zu Anfang sogar die moderne Analysis einordnen zu wollen: nicht nur führt er ihre wesentlichen Bestimmungen in den *Mathematischen Anfangsgründen* durch Definitionen usw. ein, sondern er bekräftigt die Parallelität dieses Vorgehens mit dem in der Geometrie üblichen Verfahren ausdrücklich. Aus der Zeit seiner Leipziger Mathematikprofessur berichtet er: ich hielt „auch ein Collegium über die Mathesin puram methodo analytica, da ich zu zeigen suchte, wie alles nach denen vorgeschriebenen Regeln, wo nicht erfunden worden, doch erfunden hätte werden können, indem ich erstlich zeigte, wie die definitiones hätten können erfunden werden, nachdem die axiomata, und sodann das übrige alles als problemata tractiret, die zu soluiren aufgegeben worden" (Wuttke: *Christian Wolffs eigene Lebensbeschreibung* ... a.a.O., S. 139 f.).

25 *Kurtzer Unterricht* § 43; WW I 12, S. 25 f.

26 Vgl. unten S. 245 ff.

27 *Deutsche Logik*, cap. 3, § 12; WW I 1, S. 161; vgl. *Lateinische Logik* § 266, S. 258: „*Propositio* dicitur *theoretica*, in qua aliquid, quod subjecto inest vel adest, de eodem affirmatur, vel negatur. *Practica* vero est *propositio*, qua aliquid fieri posse affirmatur, vel fieri debere postulatur".

28 *Deutsche Logik*, cap. 3, § 13 und § 14; WW I 1, S. 161 f.; Hervorhebungen vom Verf.

29 Ebd.: „die Übungs-Sätze, welche man aus einer Erklärung schliesset", heißen „Heische-Sätze"; „die Übungs-Sätze, welche man aus vielen Erklärungen schliesset, Aufgaben".

ist, daß hier in stärkerem Maße als dort Erfahrungssätze mit in die Methodenüberlegungen einbezogen werden. Zwar diskutiert Wolff auch schon im *Kurtzen Unterricht* Erfahrungssätze[30], und kann dies dort tun, weil die Disziplin der Mathematik für ihn nicht auf die reine Mathematik beschränkt ist, sondern auch die angewandte Mathematik und also Disziplinen wie Baukunst, Artillerie, Fortifikation, Mechanik, Optik, Astronomie usw. mit enthält. Schon dort werden die Erfahrungssätze umstandslos in die euklidische Gliederung der Satztypen integriert, und zwar tauchen sie nicht, wie man erwarten könnte, in der Klasse der Lehrsätze oder Aufgaben auf, die noch aus sicheren Prinzipien bewiesen werden müssen, sondern werden von Anfang an auf der Ebene der Grundsätze diskutiert: „Mit den Grundsätzen werden auch unterweilen die Erfahrungen vermenget"[31]. Diese Zuordnung der Erfahrungssätze zu den Grundsätzen erläutert Wolff durch die Unterscheidung der unmittelbaren Erfahrungssätze von solchen Sätzen, die bloß aus Erfahrungssätzen abgeleitet sind[32]. Diesen Unterschied präzisiert Wolff in der *deutschen* und später auch in der *lateinischen Logik* durch die Einführung einer eigenen Begrifflichkeit: „Ein Urtheil, was vermöge einer Erfahrung formiret wird, nenne ich ein Grund-Urtheil"[33] oder ein „iudicium intuitivum"[34]. Diese Bezeichnung „Grund-Urtheil" billigt Wolff nur den unmittelbaren Beobachtungsurteilen zu, die er — aristotelisch — immer als Urteile über einzelne Gegenstände versteht[35]; die von solchen Grundurteilen abgeleiteten Sätze sind im Gegensatz zu ihnen der Kontrolle durch den Verstand zugänglich: sie können „nach den Regeln, vernünftig zu schlüssen, beurtheilet werden"[36] und heißen, weil man durch Schlüsse zu ihnen gelangt, „Nach-Urtheile"[37] oder „iudicia discursiva"[38].

Obwohl Wolff das Verhältnis dieser „Grund-Urtheile" zu den „Grund-Sätzen" in der *deutschen Logik* nicht ausdrücklich thematisiert, wird aus ihrer Verwendung in Beispielen deutlich, daß Wolff auch ihnen anstandslos den Rang sicherer, nicht weiter beweisbarer Axiome zubilligen will. Bei der Erläuterung eines nach geometrischer Methode geführten Beweises aus dem Bereich der Physik schreibt er z. B.: „Der Ober-Satz kan ... als ein Grund-Satz ohne Beweiß nach dem Exempel Euclidis angenommen werden. *Der Unter-Satz ist die Erfahrung.* Und also haben wir alle Materie zu einem *mathematischen Beweise*"[39].

Und entsprechend beruft er sich auch bei einer Zusammenfassung seiner Methode nicht nur auf die Erklärungen, sondern ausdrücklich auch auf die Erfahrungen als Prinzipien

30 Vgl. *Kurtzer Unterricht* § 33 ff.; WW I 12, S. 18 ff.

31 Ebd., § 33; WW I 12, S. 18.

32 Ebd., § 35; WW I 12, S. 19 f.

33 *Deutsche Logik*, cap. 5, § 1; WW I 1, S. 181.

34 *Lateinische Logik* § 51, S. 136; vgl. *Psychologia empirica* § 343; WW II 5, S. 249 f.

35 *Deutsche Logik*, cap. 5, § 2; WW I 1, S. 181: „Da wir nun nichts als eintzele Dinge empfinden; so sind auch die Erfahrungen nichts als Sätze von eintzelen Dingen".

36 Ebd. § 4; WW I 1, S. 182.

37 Ebd. § 1; WW I 1, S. 181.

38 *Lateinische Logik* § 51, S. 136: „... *judicium discursivum* appellamus, quod per ratiocinium ... elicitur".

39 *Deutsche Logik*, cap. 4, § 25; WW I 1, S. 177; Hervorhebungen vom Verf.

der Ableitung: „in allen Theilen der Welt-Weisheit“ habe ich „aus richtigen Erklärungen und Erfahrungen die Sätze, welche ich behaupte, in einer beständigen Verknüpfung mit einander“ bewiesen[40]; den unmittelbaren Erfahrungssätzen wird hier also der gleiche Rang zugebilligt wie den unmittelbar aus den Definitionen abgeleiteten Axiomen[41].

§ 25 Mathematische und philosophische Methode in der deutschen und in der lateinischen Logik

Sucht man diese Methode des syllogistischen Schließens, die hier entworfen wird, durch die oben diskutierten Funktionsbegriffe des Beweisens oder des Erfindens einerseits und der Analyse und Synthese andererseits zu charakterisieren, so legt sich aufgrund der logischen Tradition zweifelsohne das vorherrschende Verständnis nahe, diese Methode sei eine synthetisch-beweisende: aus Definitionen und klaren Erfahrungen werde die Wahrheit noch ungesicherter Sätze bewiesen[1].
In der *deutschen Logik* findet sich jedoch eine solche Zuordnung des syllogistischen Schließens zum synthetischen Beweis nicht: die Aufgabe der Schlüsse wird hier folgendermaßen beschrieben: „Durch diese Schlüsse wird alles *erfunden*, was durch menschlichen Verstand heraus gebracht wird, und alles anderen *erwiesen*, von dessen Gewißheit sie überführet werden wollen“[2]; wie der Mathematik[3] wird der Logik hier sowohl die Aufgabe des Beweises als auch die der Erfindung zugeschrieben, und wie dort sollen hier beide Aufgaben mithilfe der Syllogismen gelöst werden.
Dabei scheint die Darstellung der beweisenden Funktion der Schlüsse allerdings im Vordergrund zu stehen: Wolff definiert Wissenschaft generell als „eine Fertigkeit des Verstandes, alles, was man behauptet, aus unwidersprechlichen Gründen unumstößlich darzuthun“[4]. Die Einzeldarstellung einer solchen „Demonstration“ aber orientiert sich hier nicht am Modell des deduktiven Beweises, der von sicheren Prinzipien durch logisches Schließen zu dem Satz fortschreitet, der bewiesen werden soll, sondern verläuft in umgekehrter Richtung: ein Schluß oder eine Reihe von Schlüssen heißt dann „eine Demonstration, wenn man seine Schlüsse so weit hinaus führen kan, biß man in dem letz-

40 Ebd., WW I 1, S. 178.

41 Zu den Konsequenzen dieser Parallelisierung der unmittelbaren Erfahrungssätze oder „Grund-Urtheile“ mit den Axiomen oder „Grund-Sätzen“ vgl. unten S. 258, Anm. 58.

1 Vgl. dazu die Einschätzung von Wolffs mathematischer Methode durch Kant, Lambert und Mendelssohn oben S. 226 f. und die Bestimmung der methodus scientifica durch Arndt oben S. 227, Anm. 11.

2 *Deutsche Logik,* cap. 4, § 20; WW I 1, S. 171; Hervorhebungen vom Verf.

3 Vgl. oben S. 232.

4 *Deutsche Logik,* Vorbericht, § 2; WW I 1, S. 115.

ten Schlusse nichts als Erklärungen, klare Erfahrungen und andere leere Sätze zu Förder-Sätzen hat"[5]: wissenschaftliche Demonstrationen sind Schlüsse, die „so weit hinaus führen, bis man in dem letzten Schlusse" nur noch „unumstößliche Gründe" zu „Förder-Sätzen" hat[6]. Für dieses Verfahren führt Wolff in der *deutschen Logik* keinen der traditionellen Methodenbegriffe ein[7]. Will man es dennoch mit ihrer Hilfe charakterisieren, dann wäre dieser Beweis eines gegebenen Satzes, der durch den Aufstieg zu seinen unumstößlichen Gründen erfolgt, ohne Zweifel als analytisch zu klassifizieren. Eben dies geschieht denn auch bei den Wolffianern; Gottsched beispielsweise führt als „Exemplum demonstrationis analyticae" den Beweis eines solchen Lehrsatzes an: „Man beweise ihn durch eine ordentliche Schlußrede, und beyde Fördersätze wiederum durch neue Schlußreden. Dieses setze man auch mit den neuen Fördersätzen so lange fort, bis man lauter Erfahrungen, Erklärungen oder Grundsätze und andere sonst schon erwiesene Wahrheiten antrifft"[8]. Ebenso bezeichnet Reimarus einen Beweis als „analytisch", bei dem man mit dem Satz anfängt, „welcher bewiesen werden soll": man „beweist ihn durch einen Vernunftschluß, die Vordersätze desselben wieder durch Vorschlüsse, (Prosyllogismos) und so weiter, bis man zu Sätzen kömmt, die keines Beweises mehr brauchen ... Dieses heißt ein analytischer Beweis"[9].

Umgekehrt schreibt Wolff dem deduktiven Weg von den umumstößlichen Gründen zu davon abgeleiteten Sätzen nicht die Aufgabe des Beweises, sondern die der Erfindung zu: „Die Lehr-Sätze werden gefunden, wenn man verschiedene Erklärungen gegen einander hält". „Denn solchergestalt wird es sich bald geben, was man neues daraus schliessen könne"[10]. Auf diese Weise ‚erfindet' Wolff z. B. aus den Definitionen der Freude und der Traurigkeit und daraus abgeleiteten Grundsätzen syllogistisch den „Lehr-Satz", daß man die Freude eines Menschen in Trauer verwandeln könne, wenn man ihm klarmache, daß der Grund seiner Freude eigentlich ein Übel sei[11].

Daß hier dem Syllogismus überhaupt erfindende Kraft zugedacht wird, geht zweifelsohne auf das entsprechende Votum von Leibniz zurück[12]. Ausführlich bemüht sich Wolff gegenüber „den Verächtern der förmlichen Schlüsse" um den Nachweis, daß *„durch die*

5 Ebd., cap. 4, § 21; WW I 1, S. 172; vgl. ebd.; WW I 1, S. 171 f.: In einem richtigen Beweise „müssen die Förder-Sätze so lange mit neuen Schlüssen erwiesen werden, bis wir auf einen solchen Schluß kommen, da die Förder-Sätze entweder Erklärungen, oder Grund-Sätze, oder richtige Erfahrungen, oder vorhin erwiesene Sätze sind".

6 Ebd., cap. 7, § 1; WW I 1, S. 200; vgl. auch cap. 13, § 3; WW I 1, S. 232.

7 Vgl. oben S. 227.

8 Gottsched, Johann Christoph: *Erste Gründe der Gesamten Weltweisheit. Darinn alle Philosophische Wissenschaften in ihrer natürlichen Verknüpfung abgehandelt werden. Zum Gebrauch Academischer Lectionen entworfen.* Theoretischer Theil. — Leipzig 1733, § 152 f., S. 78 ff.

9 [Reimarus, Hermann Samuel]: *Die Vernunftlehre, als eine Anweisung zum richtigen Gebrauche der Vernunft in dem Erkenntniß der Wahrheit, aus zwoen ganz natürlichen Regeln der Einstimmung und des Widerspruchs hergeleitet.* Dritte verbesserte und zu Vorlesungen eingerichtete Auflage. — Hamburg 1766, § 307, S. 346.

10 *Deutsche Logik*, cap. 6, § 3; WW I 1, S. 191.

11 Ebd.

12 Vgl. oben S. 223, Anm. 44.

gewöhnlichen Schlüsse ... alle Wahrheiten erfunden" werden. Der Haupteinwand dagegen sei, durch Schlüsse könne nichts erfunden werden, „denn der Hinter-Satz, den ich finden soll, muß mir ja bekandt seyn, ehe ich den Schluß machen kan". Dies aber sei falsch: sowohl der bei ihm angegebene Ursprung der Schlüsse aus den Erklärungen als auch die tägliche Erfahrung lehre, „daß uns die Förder-Sätze bekandt seyn und mit einander einfallen können, ehe wir an den Hinter-Satz jemahls gedacht haben". „Demnach sind die förmlichen Schlüsse allerdings ein Mittel, dadurch wir die Wahrheit erfinden"[13].

Daß die Aufgabe der Erfindung hier im Rahmen der geometrischen Begrifflichkeit Euklids als deduktives Fortschreiten von den Definitionen über die Axiome zu den Theoremen interpretiert wird, dürfte auf den Einfluß von Tschirnhausens *Medicina mentis*[14] zurückzuführen sein. Dessen „Erfindungskunst" beruft sich zwar programmatisch auf die moderne „Analysis speciosa, allgemein Algebra genannt", und verspricht sich von einer nach diesem Muster vorgehenden scientia generalis, daß „jeder beliebige, der mit ihr gehörig ausgerüstet ist, nicht allein alles Verborgene, was es in der Mathematik gibt, sondern auch alles Unbekannte, soweit es unter den Intellekt fällt, durch eine sichere und feststehende Methode mit Gewißheit ans Licht bringen kann"[15]. Bei der Entwicklung dieses Programms im einzelnen aber stellt Tschirnhaus seine „Erfindungskunst" entsprechend dem äußeren Aufbau von Euklids Elementen als einen Weg dar, der von Definitionen und daraus abgeleiteten Axiomen zu immer neuen Lehrsätzen führt: Im zweiten Abschnitt der *Medicina mentis* wird erörtert, „auf welche Weise man immer ohne Irrtum fortschreiten kann, wobei man beständig mehr Neues entdeckt"[16]; zu diesem Zwecke wird „dargelegt, auf welche Weise Definitionen aufzustellen, Axiome zu entdecken und immer neue Theoreme zu gewinnen sind"[17]. Ganz in diesem Sinne be-

13 *Deutsche Logik*, cap. 4, § 24; WW I 1, S. 175 f.

14 Tschirnhaus, Ehrenfried Walther von: *Medicina mentis, sive artis inveniendi praecepta generalia.* Editio nova, auctior et correctior, cum praefatione autoris. — Leipzig 1695; vgl. ders.: *Medicina mentis sive artis inveniendi praecepta generalia.* Editio nova (Lipsiae 1695). Erstmalig vollständig ins Deutsche übersetzt und kommentiert von Johannes Haussleiter. Mit mathematikgeschichtlichen Zusätzen von Herbert Oettel und einer biographischen Einführung sowie mehreren Anhängen von Rudolph Zaunick (= Acta historica Leopoldina. Abhandlungen aus dem Archiv für Geschichte der Naturforschung und Medizin der deutschen Akademie der Naturforscher Leopoldina, hrsg. v. Rudolph Zaunick, Nr. 1). — Leipzig 1963.

15 Tschirnhaus: *Medicina mentis* ... a.a.O., praefatio (S. 14): „Verùm enimverò quemadmodum in Mathesi ad tertium hunc altissimumque cognitionis gradum perveniendi certa datur scientia, Analysis videlicet speciosa, vulgò Algebra dicta, et ob praestantiam ejus singularem à Recentioribus perquam bene exculta, quae genuina mihi philosophia Mathematum esse videtur: sic eâdem ratione generalis aliqua datur scientia, cujus ope quilibet eâ probè instructus non solùm quicquid in Mathesi datur occulti, sed omne etiam incognitum, sub intellectum cadens, certà et constanti methodo certò in lucem potis est deducere. Haecque scientia, aut, si mavis, *Ars inveniendi, ipsa est genuina philosophia,* cujus quanta vel ideò sit praestantia, absque prolixâ explanatione ex datâ hâc ejus descriptione cuivis statim obvium, et vel ex hoc unico etiam perspicuum esse potest".

16 Ebd., pars 2, sec. 2, S. 66: „*Quâ ratione quis semper absque errore possit progredi plura continuò nova detegendo*".

17 Ebd.: „*Quâ ratione Definitiones condendae, Axiomata invenienda, et Theoremata nova novaque obtinenda sint, explicatur*".

schreibt Wolff das Verfahren, „*Lehr-Sätze zu erfinden*" und fügt hinzu, es sei dabei nicht nötig, „daß ... man allezeit von Erklärungen den Anfang mache", der erfindende Syllogismus könne auch von bereits gesicherten Sätzen ausgehen, „die vorhin entweder aus Erklärungen, oder aus der Erfahrung hergeleitet worden"[18].

Dieses Verfahren, dem Wolff eine große Bedeutung für seine philosophischen und mathematischen Werke zubilligt[19], ist bei Verwendung der üblichen Terminologie zweifelsohne als synthetisches Vorgehen zu bezeichnen: aus sicheren Prinzipien werden deduktiv andere Sätze abgeleitet. Auffällig ist, daß Wolff diesem Vorgehen hier im Gegensatz zu späteren Bestimmungen[20] erfindende Kraft zuspricht; ein solches synthetisch-erfindendes Verfahren kennt aber auch Gottsched, der das Verfahren, „von den Erklärungen, Erfahrungen, Grundsätzen und Lehnsätzen an[zu]fangen, und hernach die Lehrsätze bis auf den allerletzten Hauptsatz daraus[her]zuleiten", ausdrücklich synthetisch nennt[21] und es mit der „inventio a priori" identifiziert, in der aus „guten Erklärungen und Grundsätzen, imgleichen andren allgemeinen Sätzen, deren Wahrheit uns schon sonst bekannt ist", eine „neue Wahrheit" entdeckt wird[22].

Wendet man also die bei den Wolffianern benutzte Unterscheidung eines analytischen und eines synthetischen Vorgehens auf die Ausführungen Wolffs in der *deutschen Logik* an, dann kennt Wolff hier beide Vorgehensweisen. Dies legt es nahe, die methodologischen Ansätze von Wolffs *deutscher Logik* mit der Unterscheidung eines analytischen und eines synthetischen Vorgehens im Papposmodell zu parallelisieren. Und zwar handelt es sich dann hier bei Wolff um die Aufnahme der satzlogisch bestimmten Interpretation B_1 des Papposmodells[23]: bei Wolff wie in dieser Interpretation B_1 führt die Analysis von einem zu beweisenden Satz zu seinen Prinzipien und die Synthesis von den Prinzipien zu abgeleiteten Sätzen. Dann aber ist auffällig, daß Wolff hier im Gegensatz zur üblichen Interpretation des Methodenmodells B_1 der *Analysis* die Funktion des *Beweises* und der *Synthesis* die Funktion der *Erfindung* zuordnet: seine Interpretation des synthetischen Vorgehens scheint hier noch ganz vom Leibnizschen Votum über die inventive Kraft des Syllogismus bestimmt[24], demzufolge aus bekannten Vordersätzen viele unbekannte Konklusionen erfunden werden können, während die Analysis bloß den einen infrage stehenden Satz beweist, von dem sie ausgeht.

Gegenüber den schon in den *Anfangsgründen* besonders behandelten Aufgaben taucht in der *deutschen Logik* dann auch ein Verfahren auf, in dem die Analysis und die Synthesis als die zwei einander ergänzenden Teilschritte eines Lösungsverfahrens dargestellt

18 *Deutsche Logik*, cap. 6, § 3; WW I 1, S. 191 f.

19 Ebd.; WW I 1, S. 192: „In allen Theilen, die ich von der Welt-Weisheit geschrieben, bringe ich die meisten Sätze auf eine solche Art heraus", und auch in den mathematischen Schriften lassen „die Sätze auf eben diese Art sich auseinander herleiten".

20 Vgl. unten S. 244.

21 Gottsched: *Erste Gründe der Gesamten Weltweisheit* ... a.a.O., § 153, S. 81.

22 Ebd., § 140 f., S. 73.

23 Vgl. oben S. 86—89.

24 Vgl. oben S. 233, Anm. 44.

werden, so daß die Parallelen zum satzlogisch interpretierten Papposmodell B_1 einerseits und zum Zabarellamodell C hier ganz eindeutig werden[25].

Die „erste Art, die Aufgaben aufzulösen“, entspricht weitgehend dem satzlogisch interpretierten Papposmodell B_1: in ihm nehmen wir „eine Würckung als möglich an, unerachtet wir noch nicht gewiß wissen, ob sie möglich sey oder nicht, sondern es erst finden wollen“[26]. Die „Auflösung“ besteht hier darin, den Begriff des Vorausgesetzten zu untersuchen, „damit man inne werde, was dazu erfordert werde“. Dabei muß man sich darauf „besinnen, was uns von dergleichen Dingen bekandt ist, damit wir sehen, ob uns etwas vorkommet, davon diese Würckung herrühren kan“[27]. Dies wird an einem Beispiel aus der Sittenlehre und an einer mathematischen Aufgabe exemplifiziert; in beiden Fällen gilt: „Der Beweiß stecket in den Gedancken, die uns zur Auflösung geführet“; nämlich „nach Art der Alten“ in der Umkehr des ersten Teilschritts des Gesamtverfahrens[28]. Dieser Doppelschritt von ‚Analyse‘ und ‚Synthese‘ ist nicht nur gegenüber Aufgaben anwendbar; auch der ‚analytische‘ Beweis eines infrage stehenden Lehrsatzes[29] kann, nachdem seine Gründe gefunden sind, in einen „mathematischen Beweis“ verwandelt werden, in dem „auf geometrische Art“ Erklärungen und Grundsätze vorangestellt und aus ihnen durch förmlichen Beweis der Ausgangssatz abgeleitet wird[30]. Diese Doppelstrophe aus Analyse und Synthese zitiert Wolff auch in der *lateinischen Logik* und bezeichnet dort die Transformation des analytischen Beweises in den synthetisch-deduktiven als „analysis ... logica demonstrationis“, in der alle für den Beweis notwendigen Sätze und ihr Status präzis bezeichnet werden[31].

Schließlich erörtert Wolff in der *deutschen Logik* noch das naturwissenschaftliche Problem der Ursache-Wirkungs-Beziehung in Anlehnung an das Zabarellamodell C. Diese *„dritte Art“*[32], Aufgaben aufzulösen, besteht darin, die Ursachen für „eine Würckung der Natur oder der Kunst“, die uns „durch die Erfahrung“ bekannt ist, aufzusuchen[33]. Hier ist wie im naturwissenschaftlichen Modell die Existenz der Wirkung bereits durch

25 Die Unterscheidung des mathematischen Papposmodells B und des naturwissenschaftlichen Zabarellamodells C, die schon sonst wegen der Verwendung derselben Methodentermini nicht einfach ist, wird bei Wolff noch dadurch erschwert, daß in beiden Fällen der Ausgangspunkt des analytischen Verfahrens mit dem Begriff „Würckung“ bezeichnet wird, der aus dem naturwissenschaftlichen Modell stammt. Vgl. dazu *Deutsche Logik,* cap. 6, § 5; WW I 1, S. 192: „Wer eine Aufgabe auflösen soll, der soll finden, wie etwas geschehen könne, oder wie es könne gethan und gemacht werden ... Also wird uns allezeit eine Würckung als bekandt voraus gesetzet“.

26 Ebd., § 5 f.; WW I 1, S. 192 f.

27 Ebd., § 6; WW I 1, S. 193.

28 Ebd., § 7, WW I 1, S. 194.

29 Vgl. oben S. 227.

30 *Deutsche Logik* cap. 4, § 25; WW I 1, S. 176 ff.

31 *Lateinische Logik,* § 551 f., S. 415 ff.

32 Die *„andere Art“* der Aufgabenlösung besteht darin, daß man wie bei der „Erfindung der Lehr-Sätze“ deduktiv vorgeht; „die Auflösung vieler Aufgaben“ wird „aus den Erklärungen und Lehr-Sätzen hergeleitet ..., ohne daß wir selbige zu finden den ausdrücklichen Vorsatz haben“ (*Deutsche Logik,* cap. 6, § 8, WW I 1, S. 194 f.).

33 Ebd., § 9; WW I 1, S. 195.

die Erfahrung gesichert, und es geht um das Auffinden der Ursachen: „Wenn wir nun alles durchgehen, was uns bekandt ist, und wir treffen solche Dinge an, die dergleichen zu thun vermögend sind, können auch erweisen, daß von ihnen allein, wenigstens in gegenwärtigem Falle, die Veränderung hat herrühren können; so haben wir nicht allein die Ursachen entdecket, sondern auch was sie zu der gegebenen Veränderung beytragen, und solchergestalt die Aufgabe völlig aufgelöset"[34]. Auch dieses Verfahren der Aufgabenlösung folgt also dem Doppelschritt von ‚Analyse' und ‚Synthese'.
Ohne daß Wolff die entsprechenden Methodentermini einführte, finden sich in der *deutschen Logik* also die unterschiedlichsten Verfahren des analytischen Aufstiegs zu und der synthetischen Ableitung von den Definitionen, und schließlich spielt der Doppelschritt aus Analyse und Synthese eine wichtige Rolle. Dabei hat das analytische Verfahren — allgemein gesprochen — im Beweis und bei der Lösung von Aufgaben die Funktion, aufgestellte Sätze durch Rückführung auf die ihnen zugrunde liegenden Definitionen und Prinzipien als wahr zu erweisen, während das synthetische Vorgehen der Ableitung von Sätzen aus diesen Definitionen dient und, sofern diese unbekannt sind, als erfindendes Verfahren verstanden wird. Wolff bewegt sich hier ungezwungen im Rahmen des satzlogisch interpretierten Methodenmodells B_1 und nimmt einmal die zu beweisenden Sätze oder die zu lösenden Aufgaben zum Ausgangspunkt seines Vorgehens, das andere Mal beginnt er mit Definitionen oder mit bereits gesicherten Sätzen. Hierauf könnte man die nachträgliche Charakterisierung der Methode der deutschen Schriften als gemischt-analytisch beziehen[35], diese Charakterisierung würde dann darauf verweisen, daß Wolff in seinen deutschen Schriften weniger als in den lateinischen von vorangestellten Definitionen ausgeht und häufiger den Weg von vorliegenden Sätzen oder aufgegebenen Problemen zu den ihnen zugrunde liegenden Prinzipien verfolgt.

Demgegenüber legt sich Wolff in seiner Einleitung zu den lateinischen Schriften, als die der *Discursis praeliminaris* zu verstehen ist, eindeutig auf nur eine der in der deutschen Logik erörterten Verfahrensweisen fest: in den lateinischen Werken will er ausschließlich deduktiv vorgehen. Wolff geht dabei von seiner Definition der Wissenschaft aus, derzufolge er unter ihr eine Haltung versteht, das Behauptete zu beweisen, und das heißt hier, es aus sicheren und unerschütterlichen Prinzipien auf dem Weg einer rechtmäßigen Schlußfolgerung abzuleiten[36]. Diese Definition der Wissenschaft kennt zwar schon die *deutsche Logik*[37], im *Discursus praeliminaris* aber wird diese Bestimmung von Wissenschaft unmittelbar zur Bestimmung der philosophischen Methode herangezogen. Entsprechend dieser Bestimmung versteht Wolff unter der „philosophischen Methode" jetzt die „Ordnung", die der Philosoph bei der Darstellung seiner Lehren verwenden

34 Ebd., § 10; WW I 1, S. 196.

35 Vgl. oben S. 230.

36 *Disc. prael.* § 30, S. 14: „Per *Scientiam* hic intelligo habitum asserta demonstrandi, hoc est, ex principiis certis et immotis per legitimam consequentiam inferendi".

37 *Deutsche Logik*, Vorbericht, § 2; WW I 1, S. 115; ebd., cap. 7, § 1; WW I 1, S. 200.

muß[38], und bestimmt diese Ordnung dahingehend, daß in ihr die „Dogmata" nicht bloß aufgezählt, sondern auseinander abgeleitet werden. Als „oberstes Gesetz der philosophischen Methode" erscheint demzufolge hier, daß das voranzuschicken ist, aus dem das Folgende erkannt wird[39]. Diese Regel gilt für die Ordnung der Teile oder Disziplinen der Philosophie: in ihr geht diejenige Disziplin vorher, aus der die anderen Disziplinen ihre Prinzipien entlehnen[40]. Diese Ordnung gilt aber auch für das Verfahren innerhalb jeder einzelnen Disziplin. In ihr müssen alle für die Argumentation benötigten Wörter und Sätze vorher eingeführt werden. Im einzelnen bedeutet dies — in der Formulierung einer Vorarbeit zum *Discursus praeliminaris* —, daß Wolff in seinem Vortrag „hauptsächlich auf dreyerley gesehen" hat: „1. daß ich kein Wort brauchte, welches ich nicht erkläret hätte, wo durch den Gebrauch des Wortes sonst eine Zweydeutigkeit entstehen könte, oder es an einem Grunde des Beweises fehlete: 2. daß ich keinen Satz einräumete, und im folgenden als einen Förder-Satz in Schlüssen zum Beweise anderer brauchte, den ich nicht vorher erwiesen hätte: 3. daß ich die folgende Erklärungen und Sätze mit einander beständig verknüpffte und in einer steten Verknüpffung aus einander herleitete"[41].

Die damit gekennzeichnete deduktive Lehrmethode orientiert sich im wesentlichen am Systembegriff Wolffs, der im Gegensatz zu Leibniz[42] unter System eine Ansammlung von unter sich und mit ihren Prinzipien verbundenen Wahrheiten versteht[43]; die Ordnung seiner Lehren soll bewirken, daß die Zuhörer „ein *Systema veritatum* bekommen, das ist, daß ihnen die Wahrheiten in einer solchen Verknüpffung mit einander vorgetragen werden, wie zu gründlicher Erkäntnis erfordert wird"[44].

Zugleich parallelisiert Wolff die beim Aufbau eines solchen Systems zu befolgende Ordnung mit der mathematischen Lehrart[45] und genauer mit der der antiken Geometer: für die Art dieses Vortrags haben wir „das Exempel der Mathematicorum vor uns"[46]; insbe-

38 *Disc. prael.* § 115, S. 53: „Per *Methodum philosophicam* intelligo ordinem, quo in tradendis dogmatis uti debet philosophus".

39 Ebd., § 133, S. 66: „... *supremam methodi philosophicae legem esse apparet, quod ea sint praemittenda, per quae sequentia intelliguntur*".

40 Ebd., § 87, S. 38: „*Ordo partium philosophiae is est, ut praecedant, ex quibus aliae principia mutuantur*".

41 *Nachricht* § 22; WW I 9, S. 52 f.; vgl. *Disc. prael.* § 139, S. 69: „... in methodo philosophica non utendum est terminis nisi accurata definitione explicatis ..., nec admittitur tanquam verum, nisi quod sufficienter demonstratum ..., in propositionibus subjectum pariter et praedicatum accurate determinatur ... et omnia ita ordinantur, ut praemittantur ea, per quae sequentia intelliguntur et adstruuntur".

42 Während Leibniz unter System vor allem „eine wissenschaftliche Denkungsart in betreff eines einzelnen Punktes" versteht, erhält dieser Begriff bei Wolff die heute übliche Bedeutung und bezieht sich auf das Ganze des Lehrgebäudes aus untereinander verknüpften Lehrsätzen. Vgl. dazu Arnsperger, Walther: *Christian Wolff's Verhältnis zu Leibniz.* — Weimar 1897, S. 43 ff.; vgl. neuerdings auch Arndt: *Methodo scientifica pertractatum* ... a.a.O., S. 118 ff.

43 *Lateinische Logik* § 889, S. 635: „*Systema* enim dicitur veritatum inter se et cum principiis suis connexarum congeries".

44 *Nachricht* § 34; WW I 9, S. 109.

45 Vgl. *Disc. prael.* § 139, S. 69.

46 *Nachricht* § 33; WW I 9, S. 105.

sondere „das Exempel des *Euklidis*"[47], den Wolff gegen „einige von den Neueren" verteidigt, die „die Schärffe der Alten aus den Augen gesetzet" haben[48], fungiert als Vorbild für die Anordnung der Sätze in den lateinischen Schriften. Diese Berufung auf die Methode Euklids orientiert sich nun offensichtlich am Methodenmodell A und am äußeren Aufbau der euklidischen *Elemente*, in denen Definitionen, Axiome und Postulate den Lehrsätzen und Aufgaben vorangestellt werden. Dabei wird die kompliziertere Argumentationsstruktur, die Euklid für den Beweis eines Lehrsatzes oder für die Lösung eines geometrischen Problems benutzt und die Wolff noch in der deutschen Logik ausführlich dargestellt hat, hier völlig zugunsten der äußeren Anordnung der Sätze vernachlässigt: wie im Aufbau der euklidischen *Elemente* soll die philosophische Methode die Definitionen und Prinzipien vorausschicken und aus ihnen alle anderen Sätze ableiten.

Zugleich wird die philosophische Methode der lateinischen Schriften jetzt mit Hilfe der Bestimmungen charakterisiert, die dieser so verstandenen Methode Euklids in der Entgegensetzung zur Methode der modernen Analysis zugewiesen worden sind. Dies betrifft erstens die Interpretation des deduktiven Vorgehens als eines beweisenden Verfahrens. Hatte Wolff dem Schluß aus sicheren Prinzipien in der *deutschen Logik* noch erfindende Kraft zugeschrieben[49], so versteht er dieses Verfahren in der *lateinischen Logik*, in der es faktisch die ganze philosophische Methode ausmacht, als „demonstrativische Lehr-Art"[50]: die Interpretation, die die euklidische Methode in der zeitgenössischen Mathematik erfährt, daß sie nämlich im Gegensatz zur erfindenden Algebra bloß beweisend sei[51], schlägt hier auf die Interpretation der an Euklid orientierten philosophischen Methode durch. Und zweitens gilt dies für die Bestimmung dieser euklidischen Methode als eines synthetischen Verfahrens: daß Euklids Methode der modernen Analysis entgegengesetzt wird, führt dazu, daß sie ihrem Aufbau gemäß als synthetisch interpretiert wird und daß die an ihr orientierte philosophische Methode der lateinischen Schriften — mit den geringfügigen Einschränkungen, die die gelegentliche Berücksichtigung des „ordo scholae" erzwingt[52] — ebenfalls als synthetisch verstanden wird.

Sucht man also das Verhältnis der in der *deutschen* und in der *lateinischen Logik* diskutierten Verfahren zu bestimmen, so ist deutlich, daß Wolff sich in beiden Schriften im Rahmen der satzlogisch interpretierten geometrischen Methodenmodelle bewegt, in denen die Wahrheit aller Sätze auf der Wahrheit erster Prinzipien beruht. Während er aber 1712 innerhalb dieses Modells ‚analytische' und ‚synthetische' Verfahren kennt, sich dabei vorzugsweise am Methodenmodell B_1 orientiert und dem Syllogismus sowohl die Aufgabe des Beweises als auch die der Erfindung zuweist, ist sein Verständnis der philosophischen Methode in der *lateinischen Logik* am Methodenmodell A und also

47 Ebd., § 34; WW I 9, S. 109.
48 Ebd., § 33; WW I 9, S. 105.
49 Vgl. oben S. 239 f.
50 *Nachricht* § 34, WW I 9, S. 108.
51 Vgl. oben S. 112 f. und S. 228 f.
52 Vgl. oben S. 230 f.

durch die Interpretation bestimmt, die ihr Vorbild, die geometrische Methode, in der neuzeitlichen Mathematik erfährt: die Konzeption der philosophischen Methode als eines synthetisch-beweisenden Verfahrens, die das Bild Wolffs für die nachfolgende Generation bestimmt, entspricht dann auch ganz der Einschätzung, die der Methode Euklids in der zeitgenössischen Mathematik zuteil wird.

§ 26 Begriffsanalyse und Definitionsbildung

Wird die syllogistische Methode in der *lateinischen Logik* also letztlich als synthetisches Verfahren interpretiert, in dem alle Sätze aus zugrunde gelegten Definitionen abgeleitet werden, so entspricht solchen *synthetischen* Ableitungen der Sätze ein *analytisches Verfahren* auf der Ebene der Begriffe, in dem die dort zugrunde gelegten Definitionen ermittelt werden. Dieses Verfahren bezeichnet Wolff in der *deutschen Logik* als „Zergliederung" der „Begriffe"[1], in der *lateinischen Logik* als „resolutio notionum"[2] und in der *Psychologia empirica* schließlich als „analysis notionum"[3]; in allen Fällen besteht die erste Aufgabe dieser Begriffsanalyse darin, die im synthetisch-beweisenden Schluß der philosophischen Methode zugrunde gelegten Definitionen zu gewinnen und ihr damit eine sichere Grundlage zu geben.
In seiner Begriffs- und Definitionslehre orientiert sich Wolff trotz einiger nicht unwesentlicher Modifikationen eng an Leibniz und beruft sich regelmäßig[4] auf die 1684 in den *Acta eruditorum* erschienenen *Meditationes de cognitione, veritate et ideis*[5]. Dort hatte Leibniz in einer Kritik an Descartes erstens die Lehre von den verschiedenen Graden der Deutlichkeit der Begriffe und zweitens die Unterscheidung zwischen Real- und Nominaldefinitionen entwickelt, nach der Definitionen nur dann als sicher zugrunde gelegt werden können, wenn ihre Möglichkeit, und d. h. bei Leibniz ihre Widerspruchsfreiheit, nachgewiesen ist.
Beide Gesichtspunkte gewinnen für Wolff von Anfang an zentrale Bedeutung; bereits der *Kurtze Unterricht* von 1710 unterscheidet entsprechende Grade der Deutlichkeit[6] und trennt die Nominaldefinitionen als *„Erklärungen der Wörter"*, in denen „einige

1 *Deutsche Logik*, cap. 1, § 18, WW I 1, S. 131.
2 *Lateinische Logik* § 96, S. 162 u. ö.
3 *Psychologia empirica* § 339; WW II 5, S. 245: „*Analysis notionum* dicitur, qua notio rei resolvitur in notiones earum, quae ipsas ingrediuntur, et notiones horum singulae denuo in alias simpliciores ac ita porro, quantum datur".
4 Vgl. z. B. *Ratio prael.*, sec. 2, cap. 2, § 27; WW II 36, S. 130; *Lateinische Logik* § 77, S. 155 u. ö.
5 Vgl. oben S. 204 f.
6 *Kurtzer Unterricht* § 6—11; WW I 12, S. 6—8, hier folgt Wolff noch genau dem Leibnizschen Dreierschema und nennt die später für ihn zentral werdende Stufe des ausführlichen Begriffs noch nicht.

Kennzeichen“ angegeben werden, „daraus die Sache erkannt werden kan“[7], von den Realdefinitionen als den *„Erklärungen der Sachen“*, die einen „klaren und deutlichen Begriff von der Art und Weise“ geben, „wie die Sache möglich ist“[8].

Bei der Bestimmung der Grade der Deutlichkeit schließt sich Wolff auch in den beiden Logiken — mit einer Ausnahme — eng an die Leibnizschen Bestimmungen in den *Meditationes* an[9]. Wie Leibniz nennt auch Wolff einen Begriff *dunkel,* wenn er nicht ausreicht, um eine Sache wiederzuerkennen, *klar* dagegen ist ein Begriff, der „zureichet, die Sachen, wenn sie vorkommen, wieder zu erkennen“[10]. Dabei liegt hier der Unterschied nicht in der Fähigkeit, Merkmale oder „notas“[11] des Dinges angeben zu können: einerseits können Begriffe wie die Farben klar sein, ohne daß man ihre Merkmale angeben könnte, und andererseits können bei dunklen Begriffen durchaus viele Merkmale bekannt sein: wenn sie nicht ausreichen, um die Sache wiederzuerkennen, erfüllen sie die Definition des klaren Begriffs nicht[12]; dementsprechend hat „die Dunckelheit“ eines Begriffs für Wolff auch „verschiedene Grade“, je nachdem, wie viele Merkmale eines dunklen Begriffs wir unterscheiden können[13].

Ein klarer Begriff kann entweder *deutlich* oder *undeutlich* sein: wenn wir in der Lage sind, die Merkmale, „daraus wir eine Sache erkennen“, einzeln zu benennen, verfügen wir über einen deutlichen Begriff, im anderen Falle wie z. B. bei den Farben nur über einen undeutlichen[14].

Als drittes führt Wolff die Unterscheidung zwischen *ausführlichen* und *unausführlichen* Begriffen bzw. „notiones completae et incompletae“ ein, die Leibniz nicht kennen soll[15]. Ein deutlicher Begriff ist ausführlich, wenn die erkannten Merkmale ausreichen, „die Sache jederzeit zu erkennen, und von allen andern zu unterscheiden“, und unausführlich, wenn wir nicht alle Merkmale kennen, die zur Unterscheidung von anderen Sachen hinreichen[16]; die in der *lateinischen Logik* zur Bestimmung der „notio completa“

7 Ebd., § 3; WW I 12, S. 6.

8 Ebd., § 4; WW I 12, S. 6.

9 Vgl. dazu Lenders, Winfried: *Die analytische Begriffs- und Urteilstheorie von G. W. Leibniz und Chr. Wolff.* — Hildesheim, New York 1971, S. 86 ff.

10 *Deutsche Logik,* cap. 1, § 9; WW I 1, S. 126; vgl. *Lateinische Logik* § 80, S. 156: „*Notio clara* est, quae nobis notas exhibet ad rem agnoscendam atque ab aliis discernendam sufficientes: *obscura* vero, quae notas insufficientes continet“.

11 „Notae“ nennt Wolff in der lateinischen Logik die „rebus intrinsica“, das den Dingen Innewohnende, durch das sie erkannt und voneinander unterschieden werden (*Lateinische Logik* § 79, S. 156); er versteht darunter die wesentlichen Merkmale eines Gegenstandes (vgl. dazu unten S. 247 ff.).

12 *Deutsche Logik,* cap. 1, § 10; WW I 1, S. 127.

13 Ebd., vgl. *Lateinische Logik* § 83, S. 157.

14 *Deutsche Logik,* cap. 1, § 13; WW I 1, S. 128; *Lateinische Logik* § 88, S. 158; „*Notio clara,* quam habemus, *distincta* est, si notas, quas nobis sistit, distinguere valemus: *confusa* vero est, si eas distinguere non possimus“.

15 *Lateinische Logik* § 92, S. 160: „*Leibnitius* differentiam notionis completae ac incompletae non attendit; sed distinctam supponit esse completam“; vgl. unten S. 247 ff.

16 *Deutsche Logik,* cap. 1, § 15; WW I 1, S. 129; vgl. *Lateinische Logik* § 92, S. 160; der Unterschied zur deutlichen, aber unvollständigen Erkenntnis soll darin bestehen, daß wir dort nur einige Merkmale des

hinzukommende Bedingung des Determiniertseins besagt, daß nicht mehr und nicht weniger Merkmale angegeben werden sollen, als zur Identifikation der Sache erforderlich sind[17], und grenzt die „notio completa“ so gegen den abundanten Begriff ab[18]. Auf der vierten Stufe schließlich nimmt Wolff die Leibnizsche Unterscheidung zwischen dem *adäquaten* und *inadäquaten* bzw. dem vollständigen oder dem unvollständigen Begriff auf, die auf den Grad der Zergliederung der im deutlichen Begriff erkannten Merkmale zielt. Wolff nennt einen Begriff adäquat oder vollständig, wenn wir „auch von den Merckmahlen, daraus die Sache erkandt wird, klare und deutliche Begriffe haben“[19]. Dabei wird die bei Leibniz vorliegende Unschärfe bei der Bestimmung der adäquaten Erkenntnis[20] in der deutschen Logik in dem Sinne aufgelöst, daß „es keineswegs vonnöthen, auch gar selten möglich“ sei, „daß wir diese Zergliederung zu Ende bringen, das ist, bis auf solche Begriffe hinaus führen, die sich vor und an sich selbst nicht mehr zergliedern lassen“. Dies sei — so argumentiert Wolff hier — nicht nötig, weil wir die Begriffe entweder zur Verständigung mit anderen oder als Ausgangspunkt eines Beweises brauchen, in beiden Fällen sei es nicht erforderlich, bis zu unauflöslichen Begriffen fortzuschreiten[21]. Diese Argumentation läßt den unter bestimmten Bedingungen auch bei Wolff wichtigen Beweis der Begriffe[22] außer acht; in der *lateinischen Logik* und in der *Psychologia empirica* soll die „resolutio“ denn auch bis zu den „notiones irresolubiles“ fortschreiten[23].

Dieses vierstufige Schema der Grade der Begriffszergliederung stützt sich in vielen Einzelheiten auf die Leibnizschen Bestimmungen in den *Meditationes.* Aber es erweitert die bei Leibniz gegebene dreistufige Einteilung[24] um die Stufe des ausführlichen oder kompletten Begriffs. Den dabei benutzten Terminus der notio completa kennt — entgegen Wolffs Bekundung[25] — natürlich auch Leibniz, aber er taucht bei ihm nicht bei der Be-

Dinges aufzählen können, während wir beim ausführlichen oder kompletten Begriff ‚alle‘ seine Merkmale kennen. Vgl. *Lateinische Logik* § 91, S. 160: „*Fundamentum notionis completae et incompletae: Fieri potest, ut rem oblatam agnoscentes vel notas omnes distinguamus easque enumerare valeamus, vel saltem aliquas*“. Zur Erläuterung des Ausdrucks „notas omnes“ vgl. unten S. 249.

17 *Lateinische Logik* § 123, S. 172: „*Notio determinata est,* quae nec plures, nec pauciores habet notas, quam quae rei repraesentandae sufficiunt, quae ipsi respondet“.

18 Ebd., § 93, S. 161: „*Notio* plures continens notas, quam quae ad rem agnoscendam et ab aliis discernendam sufficiunt, *abundans* a me dici solet“.

19 *Deutsche Logik,* cap. 1, § 16; WW I 1, S. 130; *Lateinische Logik* § 95, S. 161: „Notio distincta in notiones distinctas notarum, quae eam ingrediuntur, a cognoscente resolubilis dicitur *adaequata*; in casu opposito *inadaequata*“.

20 Vgl. oben S. 205, Anm. 41.

21 *Deutsche Logik,* cap. 1, § 18; WW I 1, S. 131 f.

22 Vgl. unten S. 253 f. und S. 258.

23 *Lateinische Logik* § 96, S. 162: „Prima resolutio notionis distinctae in notiones distinctas notarum est *primus gradus notionis adaequatae.* Secunda resolutio notionum distinctarum notarum, quae datam notionem ingrediuntur, constituit *gradum secundum notionis adaequatae* et ita porro, donec perveniatur ad notiones irresolubiles“; vgl. oben Anm. 3.

24 Vgl. oben S. 204 f.

25 Vgl. oben Anm. 15.

stimmung der Grade des Durchschautseins eines Begriffes auf, sondern bezeichnet den Begriff eines Individuums, der alle dem Individuum zukommenden Bestimmungen, sowohl die wesentlichen als auch die zufälligen, in sich enthalten sollte[26]. Dagegen versteht Wolff unter dem „ausführlichen Begriff" oder der „notio completa" die Definition einer Art. In dieser Begriffsverschiebung manifestiert sich die herausragende Bedeutung, die der Definition in Wolffs Methodologie zukommt: der „ausführliche Begriff" oder die „notio completa" ist für Wolff mit der Definition des Begriffs identisch, die als Ausgangspunkt des synthetischen Verfahrens der philosophischen Methode im Mittelpunkt des Wolffschen Interesses steht. Dementsprechend spiegeln die Bestimmungen der Definition, die in den verschiedenen Schriften Wolffs nicht ganz einheitlich sind, regelmäßig den jeweils erreichten Stand bei der Bestimmung dieser dritten Stufe der Begriffsanalyse wider: wo sie wie im *Kurtzen Unterricht* noch ganz fehlt, versteht Wolff unter „*Erklärungen* (definitiones)" nur „deutliche Begriffe, dadurch die Sachen von einander unterschieden werden"[27], in der *deutschen Logik* spricht er dann von einer Erklärung, „wenn ein deutlicher Begrif ausführlich, das ist ... so beschaffen ist, daß er nicht mehrern Dingen als von einer Art zukommet, und sie daher durch ihn von allen andern ihres gleichen zu allen Zeiten können unterschieden werden"[28], und in der *lateinischen Logik* fügt er schließlich noch die Bestimmung des Determiniertseins hinzu und nennt die Definition jetzt einen Ausdruck, durch den „ein ausführlicher und determinierter Begriff" bezeichnet wird[29].

Diese Bestimmungen der Definition bzw. des ausführlichen Begriffs beruhen bei Wolff auf ontologischen Voraussetzungen, in denen die traditionelle Unterscheidung wesentlicher von zufälligen Merkmalen, die bei Leibniz in den Hintergrund getreten war[30], wieder aufgenommen wird. Diese Voraussetzungen werden in den ontologischen Prinzipien behandelt, die Wolff seiner Logik voranstellt[31]. Darin werden die Eigenschaften, die ein Ding hat, in traditioneller Weise in solche eingeteilt, die beständig und so lange in ihm sind, wie es Art und Gattung nicht ändert; ihnen stehen die veränderlichen Eigenschaften gegenüber, die sich ändern können, ohne daß Art und Gattung des Dinges davon berührt würden[32]. Diese Unterscheidung zwischen beständigen und wechselnden, in der traditionellen Terminologie zwischen wesentlichen und zufälligen Eigenschaften eines Dinges, die Wolff noch weiter ausdifferenziert[33], führt eine im Kontext der Leib-

26 Vgl. oben S. 189 f.

27 *Kurtzer Unterricht* § 2; WW I 12, S. 5.

28 *Deutsche Logik,* cap. 1, § 36; WW I 1, S. 141.

29 *Lateinische Logik* § 152, S. 189: „*Definitio* est oratio, qua significatur notio completa atque determinata termino cuidam respondens".

30 Vgl. oben S. 176.

31 Vgl. oben S. 225.

32 *Lateinische Logik* § 60, S. 142: „Si ad ea attendimus, quae rebus insunt, alia constantia deprehendimus, quae tamdiu insunt, quamdiu speciem ac genus non mutant; alia vero mutabilia, quae salvis specie ac genere entis mutantur".

33 Wolff unterscheidet in der *Lateinischen Logik* § 64 ff. zwei Typen von beständigen Bestimmungen, die „essentialia" und die „attributa", und zwei Typen von veränderlichen Bestimmungen, die „modi" und die

nizschen Begriffslogik in den Hintergrund getretene Unterscheidung zwischen verschiedenen Klassen von Merkmalen wieder ein, die für Wolffs Begriffsanalyse im allgemeinen und für sein Konzept des ausführlichen Begriffs im besonderen bedeutsam wird. In der Definition oder im ausführlichen Begriff sollen nämlich nur diejenigen Merkmale eines Begriffs erfaßt werden, die dem Ding beständig zukommen[34]. Und dementsprechend richtet sich eine Analyse des Begriffs, die zur Ermittlung der Definition dient, auch nur auf diese wesentlichen Merkmale.

Damit gibt Wolff den Leibnizschen Anspruch auf die vollständige Erfaßbarkeit der Wirklichkeit im Begriff auf. Durch wesentliche Merkmale nämlich sind jedenfalls dann, wenn man daneben noch unwesentliche anerkennt, grundsätzlich nur Arten und keine Individuen zu erfassen. Dies unterscheidet die Leibnizsche „notio completa seu perfecta"[35] grundsätzlich von der Wolffschen „notio completa": während bei Leibniz die „notio completa seu perfecta" als Begriff eines Individuums verstanden wird, der alle dem Individuum zukommenden Bestimmungen und gerade auch die zufälligen in sich enthält[36], sieht Wolff die „notio completa" oder den ausführlichen Begriff nur noch durch „alle" wesentlichen Merkmale bestimmt[37], seine Beispiele für die „notio completa" sind denn auch immer „notiones specierum"[38], Artbegriffe, die bei Leibniz als „notiones incompletae" verbucht würden. Wolff setzt denn auch seine „notio completa" mit seinem Begriff von „notio simplex" gleich, die allein die „notas", die wesentlichen Merkmale eines Dinges, in sich enthält[39], und stellt ihr die „notio complexa" entgegen, die noch darüber hinausgehende Bestimmungen enthält[40]. Das für Wolff wesentliche Ziel der Begriffsanalyse ist also erreicht, wenn die „notio simplex" eines Gegenstandes durch die „notio completa" erfaßt, d. i. — genau gesprochen — die Definition einer Art, zu der der Gegenstand gehört, gefunden ist.

Im Anschluß an die formale Gliederung der Begriffe in verschiedene Deutlichkeitsstufen behandelt Wolff die Frage, auf welche Weise die Begriffsanalyse und Definitionsbildung vor sich geht. Wolff beschränkt sich nämlich nicht nur auf das bisher dargestellte abstrakte Konzept der Analyse von Begriffen, sondern sucht gemäß seiner Interpreta-

„relationes". Am einfachsten läßt sich diese Unterscheidung mit einem Text der *Deutschen Logik,* cap. 3, § 5; WW I 1, S. 158 illustrieren: „Der Grund, warum einem Dinge etwas zukommen kan, oder nicht, ist entweder in ihm, und zwar in etwas zu suchen, was es beständig an sich hat, als in dem Wesentlichen [essentialia], oder seinen daher rührenden Eigenschaften [attributa] ...; oder in etwas, so es nur zu gewisser Zeit unter gewissen Bedingungen hat [modi], oder endlich ausser ihm in etwas anderem [relationes]".

34 *Deutsche Logik,* cap. 1, § 48; WW I 1, S. 116. „Mit dem Veränderlichen haben wir bey den Erklärungen nichts zu thun, sondern es kommet hier bloß auf das Beständige an".

35 Vgl. oben S. 189, Anm. 62.

36 Vgl. oben S. 190.

37 Vgl. oben Anm. 16.

38 *Lateinische Logik* § 92, S. 160.

39 Dieser Begriff der „notio simplex" Wolffs hat also mit dem entsprechenden Begriff bei Leibniz nichts zu tun; dem Leibnizschen Begriff der „notio simplex" entspricht bei Wolff der der „notio irresolubilis".

40 *Lateinische Logik* § 105, S. 166: „*Notionem simplicem* voco, quae solis notis constat: *notionem complexam* vero, quae praeter notas alia sive rei intrinseca, sive extrinseca complectitur".

tion der Logik als einer Lehre vom richtigen Gebrauch der Erkenntniskraft zugleich die konkreten Verfahren anzugeben, die bei einer solchen näheren Bestimmung von Begriffen verwendbar sind. Dabei unterscheidet Wolff drei verschiedene Arten, auf die Begriffe gebildet werden können: Erstens können wir über das *reflektieren,* was wir wahrnehmen, zweitens können wir das Gemeinsame, was in mehreren Begriffen enthalten ist, *abstrahieren,* und drittens können wir *variable Determinationen in andere verändern*[41]. Diesen Verfahren ordnet Wolff seine Unterscheidung von zwei Modi der Erforschung der Wahrheit zu: a posteriori ermitteln wir eine Wahrheit, wenn wir allein die Sinne dazu benutzen, a priori gelangen wir zu ihr, wenn wir das noch nicht Erkannte aus schon Bekanntem mit Hilfe von Schlüssen ermitteln[42].

Unter der ersten Art des Vorgehens, der „reflexio", versteht Wolff die fortlaufende Richtung unserer Aufmerksamkeit auf das, was in einem wahrgenommemen Ding ist[43], wobei unter Aufmerksamkeit die Fähigkeit verstanden wird, in einer zusammengesetzten Wahrnehmung einer Teilwahrnehmung eine größere Klarheit als den übrigen zu geben[44]; der sukzessive Charakter der reflexio aber bewirkt, daß die Aufmerksamkeit von einer Teilwahrnehmung zur anderen fortschreitet[45]. Dabei handelt es sich also um ein Verfahren, das sich an einem wahrgenommenen Gegenstand orientiert. Dementsprechend behandelt Wolff dieses Verfahren der Begriffsbestimmung in einem Kapitel der *lateinischen Logik*, das die Bildung intuitiver Urteile und Begriffe a posteriori zum Gegenstand hat[46]: die „reflexio" stellt also ein Verfahren der Begriffsanalyse a posteriori dar.

Im einzelnen besteht dieses Verfahren darin, seine Aufmerksamkeit darauf zu richten, was alles in dem wahrgenommenen Ding enthalten ist. Das wahrgenommene Ding soll dann als Subjekt, das an ihm Beobachtete als Prädikat gesetzt werden. Auf diese Weise entstehen die intuitiven Urteile über einen wahrgenommenen Gegenstand, durch die der Begriff des Gegenstandes näher bestimmt wird[47]. Ein solches intuitives Urteil kann

41 *Lateinische Logik* § 716, S. 515: „... exinde intelligitur, diversis modis *notiones universales comparari,* nimirum 1. *reflectendo super iis, quae percipiuntur,* 2. *abstrahendo communia,* quae notionibus pluribus insunt, 3. *determinationes variabiles mutando in alias*".

42 Ebd., § 663, S. 481: „*Utimur* autem *in veritate* proprio Marte *eruenda vel solo sensu,* vel *ex aliis cognitis ratiocinando eligimus nondum cognita.* In priori casu dicimur *veritatem eruere a posteriori*; in posteriori autem *a priori*".

43 *Psychologia empirica* § 257; WW II 5, S. 187: „Attentionis successiva directio ad ea, quae in re percepta insunt, dicitur *Reflexio*".

44 Ebd., § 237; WW II 5, S. 168: „Facultas efficiendi, ut in perceptione composita partialis una majorem claritatem ceteris habeat, dicitur *Attentio*".

45 Ebd., § 256; WW II 5, S. 186: „*Attentionem nostram successive ad alias aliasque partes perceptionis totalis promovere valemus, prouti visum nobis fuerit*".

46 *Lateinische Logik,* pars 2, sec. 2, cap. 2, S. 484 ff.: „*De formandis judiciis intuitivis et notionibus a posteriori*".

47 Ebd., § 669, S. 484: „*Judicia intuitiva formaturus* [1.] attendere debet ad ea, quae rebus insunt, aut ad quae quomodocunque referuntur: 2. Rem, quam percipit, porro sumere debet pro subjecto, quod vero in ea deprehendit aut relationem ejus ad alia, quam observat, pro praedicato. Ita nimirum prodit judicium intuitivum".

nämlich dann unmittelbar einen Beitrag zur deutlichen und ausführlichen Erkenntnis des Subjektbegriffs liefern, wenn das in ihm ausgesagte Prädikat ein beständiges Merkmal der betrachteten Sache ist[48]. Daher kommt es darauf an, die verschiedenen intuitiven Urteile über einen Gegenstand daraufhin zu untersuchen, ob ihre Prädikate beständige oder veränderliche Merkmale des Gegenstandes sind[49]. Das dafür entscheidende Kriterium ist, ob die entsprechende Eigenschaft „salva re", also ohne die Art des Dinges zu verändern, fortgenommen werden könnte. Wenn man eine Eigenschaft nicht „salva re" fortlassen kann, zählt sie unter die „attributa" oder „essentialia" und also zu den Eigenschaften, die beständig in dem Ding enthalten sind[50]. Wenn es auf diese Weise „*vi resolutionis*" gelingt[51], mehrere intuitive Urteile mit beständigen Merkmalen des Dinges aufzustellen, und wenn die dem Dinge darin zugesprochenen Bestimmungen ausreichen, um das wahrgenommene Ding auch begrifflich von anderen zu unterscheiden, dann ist damit das wesentliche Ziel dieses Verfahrens erreicht: die Definition des wahrgenommenen Dinges ist a posteriori gefunden[52].

Dabei empfiehlt Wolff zwar noch als weitere Vorsichtsmaßnahme ein „Examen" der a posteriori gefundenen Definition durch ihre Prüfung an weiteren Beispielen, um die beständigen Merkmale des Begriffs sicher von bloß zufälligen Bestimmungen zu trennen[53]. Und im Interesse der Determiniertheit der Definition[54] sollen die a posteriori ermittelten Eigenschaften auch daraufhin untersucht werden, ob eine Eigenschaft eine andere in sich schließt, damit die von anderen abhängigen Eigenschaften als „notae superfluae" aus der Definition eliminiert werden können[55]. Nach solchen Prüfungen aber gilt die auf diese Weise a posteriori ermittelte Definition als sicher: obwohl die Erfahrung uns immer nur einzelne Gegenstände vor Augen stellt, ist es auf diesem Wege möglich, von ihr ausgehend zu allgemeinen, deutlichen und sogar adäquaten Begriffen, zu ihren Definitionen und zu allgemeinen Sätzen zu gelangen[56].

Dieses aposteriorische Verfahren der Bestimmung eines Begriffs bzw. der Ermittlung

48 Ebd., § 671, S. 486: „*Quodsi praedicata judiciorum intuitivorum fuerint notae, eo ipso notionem rei perceptae formamus distinctam*".

49 Ebd., § 673 ff., S. 487 ff.

50 Ebd., § 675, S. 488: „*Si quid salva re ab eadem auferri non potest, id inter attributa vel essentialia ejus referendum; contrarium vero inter modos locum habet*".

51 Ebd., § 678, S. 491.

52 Ebd., § 679, S. 492 f.: „Quodsi notae hoc modo detectae fuerint sufficientes ad rem perceptam ab aliis distinguendam, notio sic formata erit definitio ... Unde patet, *quomodo definitiones a posteriori detegantur*".

53 Ebd., § 681, S. 494: „*Examen definitionum a posteriori repertorum*: Quoniam notae, quae definitionem ingrediuntur, saepissime sub determinationibus particularibus atque peregrinis adeo latent, ut vix agnoscantur, ideo consultum est, ut *definitio ex uno alterove exemplo eruta cum pluribus aliis conferatur*".

54 Vgl. Anm. 17.

55 *Lateinische Logik* § 680, S. 493: „Quoniam vero in definitione non plures enumerari debent *notae*, quam quae ad rem definitam agnoscendam et ab aliis distinguendam, sufficiunt ...; *ex ea exulare debent, quae per alias eam ingredientes determinantur*, consequenter quae ideo insunt, quia insunt ceterae".

56 Ebd., § 708, S. 509: „Etsi igitur experientia non sit nisi singularium ..., ex iis tamen, quae a nobis demonstrata sunt, abunde liquet, *dari viam vi experientiae perveniendi ad notiones universales distinctas et adaequatas ..., immo ad ipsas definitiones ... atque propositiones ... universales*". Diese aposteriorische Art, Defini-

seiner Definition stellt die genaue Umkehrung des Schlußverfahrens dar, in dem aus der vorliegenden Definition eines Begriffs durch eine „consequentia immediata“ Grundsätze, also Axiome oder Postulate, abgeleitet werden[57]. Garantierte dort die Wahrheit der Definitionen unmittelbar die Wahrheit der aus ihnen gezogenen Grundsätze, so wird hier die Wahrheit der intuitiven Urteile, die beständige Merkmale der Sache zum Prädikat haben, zum Garanten der Wahrheit der Definition[58].

Der zweite und dritte Weg zur Gewinnung allgemeiner Begriffe wird in dem Kapitel über die Bildung von diskursiven Urteilen und von Definitionen a priori behandelt[59]. In beiden Fällen wird dabei von bereits vorliegenden Begriffen ausgegangen. Diese Ver-

tionen zu gewinnen, stellt später in Kants *Deutlichkeit* einen wesentlichen Inhalt der für die Philosophie geforderten „analytischen Methode“ dar. Daß Kant dieses also schon bei Wolff in seinen wesentlichen Grundzügen entwickelte Verfahren neu entwerfen zu müssen glaubt und es sogar kritisch gegen den ‚Synthetiker‘ Wolff wendet, zeigt, wie sehr Wolffs Proklamation einer philosophischen Methode, die sich am Vorbild Euklids orientiert und deshalb als synthetische verstanden wird, die sich dahinter verbergenden Einzelverfahren schon für die nächste Generation unsichtbar macht.

57 Vgl. oben S. 233 f.

58 Die Beobachtung einer solchen Spiegelbildlichkeit des synthetischen Verfahrens a priori, in dem aus Definitionen Grundsätze abgeleitet werden, und des analytischen Verfahrens a posteriori, in dem aus intuitiven Urteilen Definitionen gefunden werden, könnte einiges Licht auf eine eher versteckt geführte Auseinandersetzung um die Urteilstheorie Wolffs werfen, die sich seit einigen Jahren in der philosophiehistorischen Literatur abspielt. Während die eine Partei (Arndt: *Einführung* ... a.a.O., S. 81 ff.; ders.: *Methodo scientifica pertractatum* ... a.a.O., S. 71 ff., S. 130 ff.; vgl. auch Tonelli: *Analysis and Synthesis* ... a.a.O., S. 196) den analytischen Charakter aller Urteile bei Wolff und also das Determiniertsein des Prädikatbegriffs wahrer Urteile durch den Subjektbegriff verteidigt, behauptet die andere Seite (Martin: *Leibniz* ... a.a.O., S. 214 ff.; Lenders: *Die analytische Begriffs- und Urteilstheorie* ... a.a.O., S. 155 ff. u. ö.; vgl. auch Risse: *Die Logik der Neuzeit* ... a.a.O., Bd. 2, S. 595 ff.), daß der Zusammenhang zwischen Subjekt und Prädikat im wahren Urteil durch einen „Seinszusammenhang“ garantiert werde, der sich zuerst an der „Sache“ und nicht am Begriff zeige. Beide Parteien scheinen in dieser Auseinandersetzung nur jeweils eine Seite der Münze in den Blick zu nehmen. Zwar geht Wolff nämlich wie Leibniz von einer Identität zwischen Subjekt und Prädikat im wahren Satz und insbesondere in der Definition aus, aber diese Identitätsbehauptung wird bei der Definitionsermittlung a posteriori gerade dazu benutzt, um die Bestimmung und Definition des Subjektbegriffs durch die ihm zukommenden Prädikate zu garantieren; diese Prädikate aber werden empirisch ‚an der Sache selbst‘ gewonnen, wo sie, wenn man so will, in einem „Seinszusammenhang“ mit dem Subjektbegriff vorliegen. Und umgekehrt geht Wolff bei der aposteriorischen Bestimmung des Subjektbegriffs zwar von der Erfahrung eines solchen „Seinszusammenhanges“ aus; um ihn aber zur Definitionsbildung benutzen zu können, benötigt er gerade die Leibnizsche These von der Identität zwischen den Begriffen des Subjekts und des Prädikats. Insofern liegt hier bei Wolff eine Verwendung der analytischen Urteilstheorie in einem empiristisch orientierten Kontext vor. Vgl. dazu die *Rezension* des Verf. *zu Winfried Lenders: Die analytische Begriffs- und Urteilstheorie von G. W. Leibniz und Chr. Wolff. — Hildesheim, New York: Olms 1971, 191 S.* In: *Studi internationali di filosofia* Bd. 5, 1973, S. 258—260 und seinen Aufsatz: *Die Urteilstheorie von H. S. Reimarus und die Stellung seiner ‚Vernunftlehre‘ zwischen Wolff und Kant.* In: *Logik im Zeitalter der Aufklärung. Studien zur ‚Vernunftlehre‘ von Hermann Samuel Reimarus.* Hrsg. v. Wolf Walther und Ludwig Borinski (= Veröffentlichung der Joachim Jungius-Gesellschaft der Wissenschaften Hamburg, Nr. 38). — Göttingen 1980, S. 33—58.

59 *Lateinische Logik,* pars 2, sec. 2, cap. 3, S. 511 ff.: *„De formandis judiciis discursivis et definitionibus a priori“.*

fahren gelten deshalb definitionsgemäß als apriorisch[60], weil sie das noch nicht Erkannte aus bereits Erkanntem erschließen.

Auf dem zweiten Wege werden Begriffe durch „abstractio" gewonnen. Unter „abstractio" versteht Wolff allgemein die Fähigkeit, die in einem wahrgenommenen Ding vorliegenden Eigenschaften als von ihm getrennt zu betrachten[61]. Bei der abstrahierenden Begriffsbildung a priori geht man dabei von bekannten Begriffen aus, vergleicht diese Begriffe untereinander daraufhin, welche Eigenschaften ihnen gemeinsam sind und in welchen sie voneinander abweichen, läßt dasjenige fallen, worin sie sich unterscheiden, und behält nur das ihnen Gemeinsame übrig. Auf diese Weise entstehen aus Artbegriffen höhere Allgemeinbegriffe, die nur noch das mehreren Dingen Gemeinsame enthalten[62].

Der dritte Weg der Begriffsbildung, die Veränderung variabler Determinationen in andere, stellt die Umkehr des Abstraktionsprozesses dar, in ihm werden durch „willkürliche Determination" zu gegebenen Begriffen neue oder andere Bestimmungen hinzugesetzt und dadurch neue Begriffe gebildet. Dabei unterscheidet Wolff zwei Arten der willkürlichen Determination. Entweder unterscheidet man am gegebenen Begriff das schon Determinierte vom Undeterminierten und bestimmt das noch Undeterminierte derart, daß es dem bereits Determinierten nicht widerspricht; dies wäre etwa der Fall, wenn man aus dem Gattungsbegriff Dreieck durch Determination der unbestimmten Größe eines Winkels die neuen Begriffe des spitzwinkligen, rechtwinkligen und stumpfwinkligen Dreiecks gewinnt. Oder man ersetzt eine der Bestimmungen des gegebenen Begriffs durch eine andere, die mit den übrigen Bestimmungen verträglich ist, und gewinnt auf diese Weise einen neuen Begriff[63]. Dies stellt also einen schwachen Abglanz des Leibnizschen Planes einer ars combinatoria dar.

Damit die auf einem dieser Wege gewonnenen Begriffe rechtmäßig als Ausgangspunkt weiterer Argumentationen und Ableitungen benutzt werden können, mußte nach den Leibnizschen Bestimmungen ihre „Möglichkeit" in einer Realdefinition nachgewiesen werden. Bei Leibniz sollte die Möglichkeit der Begriffe durch eine Analyse nachgewiesen werden, die bis zu den einfachen und unauflöslichen Begriffen vorangetrieben werden muß, um die Widerspruchslosigkeit der im Ausgangsbegriff vereinigten Teilbegriffe zu erweisen.

Auch dieses Problem verschiebt sich in der Wolffschen Methodologie. Für die Begriffe, die durch Reflexion gewonnen sind, erledigt sich das Problem sozusagen von selbst: weil sie nur das enthalten, was wir im wahrgenommenen Ding beobachtet haben, kön-

60 Vgl. oben Anm. 42.

61 *Psychologia empirica* § 282; WW II 5, S. 200: „Eatenus igitur menti tribuitur *facultas abstrahendi*, quatenus ea, quae rei perceptae insunt, tanquam ab eadem sejuncta spectamus".

62 *Lateinische Logik* § 710, S. 511.

63 Ebd., § 716, S. 515: „... *Arbitraria determinatio*, quae *duplici modo* peragitur, vel *determinando ea, quae in notione data nondum determinata sunt*, veluti cum ex notione generis derivatur notio speciei ..., vel *determinando aliter, quae certo modo determinata* sunt, veluti cum ex notione speciei aut generis inferioris unius derivatur notio alterius"; vgl. auch § 714 f.

nen sie nichts Widersprüchliches enthalten und sind also möglich[64]; die Wirklichkeit der Koexistenz ihrer Merkmale im Ding garantiert deren Kompossibilität und also die Möglichkeit des ermittelten Begriffs. Entsprechendes gilt von den durch Abstraktion gewonnenen Begriffen: sie enthalten nichts, was nicht in den ihnen zugrunde liegenden Begriffen enthalten wäre; sofern diese also möglich waren, sind es auch die von ihnen abstrahierten Begriffe[65].

Nur die Möglichkeit der Begriffe, die durch willkürliche Determination entstanden sind, bedarf daher eines Beweises. Für diesen Beweis führt Wolff mehrere Möglichkeiten an, so kann man ihn beispielsweise a posteriori führen, wenn man der gleichen Konfiguration von Merkmalen schon einmal als wirklich begegnet ist[66], man kann ihn indirekt durch den Nachweis führen, daß das Gegenteil des Begriffs einem wahren Satz widerspricht[67], und man kann die Möglichkeit des Begriffs schließlich entweder direkt aus der Widerspruchslosigkeit seiner Teilbegriffe[68] oder dadurch führen, daß man die Herstellbarkeit des ihm entsprechenden Dinges nachweist[69].

Versucht man, die Bedeutung der verschiedenen Verfahren, die der Bildung der Begriffe und dem Aufstellen von Definitionen dienen, gegeneinander abzuwägen, so wird deutlich, daß das aposteriorische Verfahren der „reflexio" das grundlegende ist: die beiden anderen apriorischen Verfahren gehen von bereits bekannten Begriffen aus, modifizieren diese bloß und setzen daher die „reflexio" in irgendeiner Weise voraus: nur sie ermittelt Definitionen nicht wieder aus Definitionen, sondern aus der Erfahrung. In diesem Sinne stellt die historische Erkenntnis bei Wolff das Fundament der philosophischen Erkenntnis dar[70]: Zwar ist sie der niedrigste Grad der menschlichen Erkenntnis[71], aber sie liefert das „sichere und unerschütterliche Fundament" auch der philosophischen Erkenntnis[72]: selbst die Fundamentalbegriffe der philosophia prima sind aus der Erfahrung abgeleitet und noch die reine Mathematik setzt historische Kenntnisse voraus, aus denen sie den Begriff ihrer Objekte und einige Axiome ableitet[73]. Allgemein also gilt: Begriffe werden bei Wolff letzten Endes durch die Reflexion auf die Erfahrung gebildet, aus ihnen werden durch Abstraktion allgemeinere Begriffe gewonnen, bis man auf die allgemeinsten und einfachsten Begriffe stößt, die in der Ontologie vorliegen[74].

64 Ebd., § 717, S. 515 f.: „*Notio per reflexionem formata possibilis et vera est*".

65 Ebd., § 718, S. 516: „*Notio, quae a possibilibus abstrahitur, possibilis est atque vera*".

66 Ebd., § 719, S. 516 f.

67 Ebd., § 721, S. 517 f.

68 Ebd., § 722, S. 518.

69 Ebd., § 723, S. 518 f.

70 *Disc. prael.* § 10, S. 4: „Fundamentum itaque cognitionis philosophicae est historica".

71 Ebd., § 22, S. 10: „*Historica cognitio communis infimus humanae cognitionis gradus est*".

72 Ebd., § 11, S. 5: „Quoniam enim cognitio historica philosophicae fundamentum praebet, eadem vero non admittit tanquam possibilia, nisi qua esse atque fieri constat; quae cognitio philosophica historicae superstruitur, ea firmo ac inconcusso nititur fundamento".

73 Ebd., § 12, S. 5: „In ipsis disciplinis abstractis, qualis est *philosophia prima*, notiones fundamentales derivandae sunt ab experientia, quae cognitionem historicam fundat ...; imo ipsa *Mathesis* historicam quandam notitiam supponit, unde objecti sui notionem atque axiomata nonnulla derivat".

74 *Psychologia empirica* § 337; WW II 5, S. 244 f.

Der Weg der synthetischen und demonstrativen Darstellung des Systems der Philosophie aber müßte umgekehrt der Sache nach von der Ontologie seinen Anfang nehmen[75] und von dort ausgehend die weiteren Disziplinen ableiten, ebenso wie in jeder dieser Disziplinen aus den vorangestellten Definitionen alle anderen Sätze abgeleitet werden sollen[76].
Will man also das Wolffsche Methodenkonzept insbesondere der lateinischen Schriften idealtypisch darstellen, dann erweist es sich letztlich als ein Doppelschritt aus Analyse und Synthese. Dabei wird der analytische Schritt als eine Analyse von Begriffen verstanden, deren Hauptziel die Gewinnung von ausführlichen Begriffen und also von Definitionen ist. Der synthetische Schritt dagegen vollzieht sich nicht wieder im Medium des Begriffs — dies würde auf eine Begriffskombination im Leibnizschen Sinne hinauslaufen[77] —, sondern im Schluß, in dem aus den begriffsanalytisch ermittelten Definitionen Grund- und Lehrsätze abgeleitet werden. Wolffs explizite Ausführungen zur philosophischen Methode behandeln allerdings nur die synthetisch-beweisende Ableitung und lassen den der Sache nach vorhergehenden begriffsanalytischen Schritt außer acht; dies dürfte seinen Grund im Verständnis der Methode als bloßer Lehrart haben, das sich ebenso wie das Wolffsche Ideal des geschlossenen philosophischen Systems an dem in diesem Sinne interpretierten Methodenmodell A der euklidischen Geometrie orientiert.

§ 27 Wolffs analytische Interpretation der „ars characteristica combinatoria"

Trotz der Geschlossenheit dieses an Euklid orientierten Methodenmodells, das dem lateinischen Werk Wolffs im ganzen zugrunde liegt, kann aber auch Wolff sich nicht der Faszination entziehen, die von der modernen Mathematik und ihren „Erfindungs-Künsten"[1] ausgeht. Der Wunsch, Sätze nicht nur beweisen, sondern kraft methodischer Regeln auch erfinden zu können, stellte ja schon in seiner Studienzeit ein wesentliches Motiv für seine Bemühungen um die Mathematik dar[2]. Dieses Ziel scheint er 1712, also zu Beginn seiner philosophischen Schriftstellertätigkeit, kurzfristig für bereits erreicht gehalten zu haben: die *deutsche Logik* entwirft ein Programm des Beweisens und Erfin-

75 Vgl. oben S. 225.
76 Vgl. oben S. 242 ff.
77 Vgl. dazu unten S. 257 ff.

1 *Mathematisches Lexicon*, Artikel „Analysis"; WW I 11, Sp. 51 ff.
2 Vgl. oben S. 220 ff.

dens im Medium des Syllogismus[3], in das er damals offenbar auch die inventive Analysis der modernen Mathematik einordnen zu können glaubt[4]. In einer zweiten Periode, die hier durch die *lateinische Logik* von 1728 repräsentiert ist, gesteht er dem „mos geometricus“ des Euklidmodells aber nur noch die beweisende Funktion zu, in ihm scheint jetzt für eine „ars inveniendi“ kein Raum mehr zu sein[5]. Dies führt in einer dritten Periode dazu, daß er auf alte Pläne zu einer unmittelbar an der Algebra orientierten Erfindungskunst, die noch vor der Herausgabe der deutschen Schriften entwickelt wurden, zurückgreift. Ausführlichere Erörterungen des Projektes einer „ars inveniendi“ finden sich daher bei Wolff vor allem in zwei Schriftgruppen: solche Pläne tauchen einmal in frühen Arbeiten auf, die noch in enger Verbindung zu seinen Studien im Bereich der modernen Mathematik stehen[6], zum anderen werden sie nach der Einengung der an Euklid orientierten philosophischen Methode auf die synthetisch-beweisende Funktion in relativ späten lateinischen Werken thematisiert, und zwar insbesondere in der *Psychologia empirica* von 1732 und im letzten Band der *Elementa matheseos universae,* der 1741 erscheint[7].

In der *Psychologia empirica*[8] kennzeichnet Wolff die Erfindungskunst als eine Fertigkeit, aus bekannten Wahrheiten unbekannte Wahrheiten zu ermitteln[9]. Allgemein nennt er eine solche Erfindungskunst, wenn sie sich nicht bloß auf Gegenstände einer bestimmten Art, sondern auf beliebige Gegenstände bezieht[10]. Dabei orientiert sich Wolff zunächst an den schon bisher in den Logiken dargestellten Verfahren und unterscheidet wie dort zwischen einer „ars inveniendi a posteriori“ und einer „ars inveniendi a priori“[11]; ausdrücklich verweist er zur Erläuterung auf die in der lateinischen Logik getroffene Unterscheidung zwischen der aposteriorischen und der apriorischen Bildung von Begriffen[12]. Die Erfindungskunst a posteriori erfindet unbekannte Wahrheiten entweder aus Beobachtungen, wie dies vor allem in der Astronomie geschieht, oder aus dem Experiment, das insbesondere in der Physik verwendet wird[13]. Die Erfindungs-

3 Vgl. oben S. 237 ff.

4 Vgl. oben S. 235, Anm. 24.

5 Vgl. oben S. 242 ff.

6 Vgl. insbesondere die *Disquisitio philosophica de Loquela* von 1703; in: *Meletemata,* sec. 2; WW II 35, S. 244—267 und die *Solutio nonnullarum difficultatum circa mentem humanam obviarum, ubi simul agitur de origine notionum et facultate ratiocinandi* von 1707, in: *Meletemata,* sec. 1; WW II 35, S. 11—17.

7 Vgl. auch das Gratulationsschreiben an Ulrich Cramer von 1733 unter dem Titel *Num utile sit artem inveniendi in systema redigi,* in: *Meletemata,* sec. 3; WW II 35, S. 130—140.

8 Vgl. dazu Arndt: *Christian Wolffs Stellung zur „ars characteristica combinatoria“* ... a.a.O. und Corr: *Christian Wolff's Treatment of Scientific Discovery* ... a.a.O.

9 *Psychologia empirica* § 454; WW II 5, S. 356: „Habitus ex veritatibus cognitis alias incognitas colligendi dicitur *Ars inveniendi*“.

10 Ebd., § 473; WW II 5, S. 365: „*Ars inveniendi generalis est,* quae circa quodlibet objectum versatur. *Ars vero inveniendi specialis est,* quae circa determinatum quoddam objectum versatur“.

11 Ebd., § 455; WW II 5, S. 356.

12 Vgl. oben S. 250 ff.

13 *Psychologia empirica* § 457; WW II 5, S. 357: „*Ars inveniendi a posteriori veritatem incognitam eruit vel ex observationibus, vel ex experimentis*“; vgl. § 458 und § 459.

kunst a priori dagegen, die „per eminentiam Ars inveniendi“ genannt wird, ermittelt bis dahin unbekannte Wahrheiten aus den schon erworbenen Begriffen, d. h. aus schon bekannten Definitionen und Sätzen[14]; daher kommt es für diese Art der Erfindungskunst darauf an, bereits über möglichst viele bekannte Definitionen und Sätze zu verfügen[15]. Diese allgemeine Beschreibung der Erfindungskunst bewegt sich also noch ganz im Rahmen der Schlußlogik und stellt nichts anderes als eine Zusammenfassung der schon bisher behandelten Regeln des Erfindens dar.

Daneben taucht hier aber unter den „Artificia heuristica“ auch eine „ars characteristica“ auf[16], die nicht mehr zu dem bisher behandelten Methodenmodell A oder B_1, sondern der Sache nach zum Methodenmodell E gehört. Diese ars characteristica behandelt Wolff ausführlich im Zusammenhang mit der Unterscheidung zwischen intuitiver und symbolischer Erkenntnis[17]. Dort führt er die ars characteristica als eine Kunst ein, die den Gebrauch der Zeichen für die Benennung der Dinge oder ihrer Vorstellungen behandelt[18], hebt hervor, daß dabei insbesondere die zur Erfindung nützlichen Zeichen erklärt werden sollen[19], und schlägt damit die Brücke zur ars characteristica combinatoria, deren Gegenstand die zur Erfindung nützlichen Zeichen, die Art ihrer Kombination und die gesetzmäßige Variation dieser Kombination sei[20].

Diese ars characteristica combinatoria entspricht der Sache nach genau der Leibnizschen ars combinatoria, durch die „alle dinge, samt ihren theorematibus, und was nur von ihnen zu inventiren müglich, ordinata methodo, mit der zeit zu finden, ein weg gebahnet wird“[21]. Wolff beruft sich denn auch ausdrücklich auf Leibniz und seine Veröffentli-

14 Ebd., § 461; WW II 5, S. 358: „Hinc *Ars inveniendi a priori*, quae per eminentiam *Ars inveniendi* dicitur, est, qua ex notionibus acquisitis, hoc est, ex definitionibus ac propositionibus jam cognitis ratiocinando colligitur veritas adhuc incognita“.

15 Ebd., § 462; WW II 5, S. 359: „Quoniam veritates a priori non inveniuntur, nisi ex definitionibus ac propositionibus cognitis ...; *Quo plures definitiones ac propositiones quis jam cognovit, eo ad inveniendum veritatem latentem a priori aptior; si cui vero nullae adhuc perspectae sunt, is in inveniendo inanem operam sumit*“. Darin sieht Arndt: *Christian Wolffs Stellung zur „ars characteristica combinatoria*“ ... a.a.O., S. 4 ein Argument, das geeignet scheint, „den merkwürdigen und fast paradoxalen Gegensatz zu überbrücken“, der zwischen Wolffs Wunsch nach einer „Ars inveniendi“ und seinen Schriften besteht, die „wesentlich auf die systematische Darstellung überkommenen Stoffes“ ausgerichtet sind. Allerdings wird dieses Argument hier im Rahmen einer syllogistisch verstandenen Erfindungskunst gebraucht, und ist nicht ohne weiteres auf Wolffs Pläne zu einer „Ars characteristica combinatoria“ übertragbar.

16 Ebd., § 470; WW II 5, S. 363: „Istiusmodi artificum est ars characteristica, cujus beneficio veritates geometricae ac arithmeticae ab imaginibus separantur, ut quaesitum ex datis per calculum erui possit: id quod absque ista characteristica fieri minime posset“.

17 Ebd., § 289; WW II 5, S. 204: „Quodsi cognitio nostra terminatur actu, quo verbis tantum enunciamus, quae in ideis continentur, vel aliis signis eadem repraesentamus, ideas vero ipsas verbis aut signis aliis indigitatas non intuemur; *cognitio symbolica* est“; vgl. § 286.

18 Ebd., § 294; WW II 5, S. 208: „*Ars characteristica* appellatur ea, quae explicat signorum in rebus aut eorundem perceptionibus denotandis usum“.

19 Ebd., § 295; WW II 5, S. 208.

20 Ebd., § 297; WW II 5, S. 210: „Ars illa, quae docet signa ad inveniendum utilia et modum eadem combinandi eorundemque combinationem certa lege variandi, dicitur *Ars characteristica combinatoria*“.

21 Vgl. oben S. 200.

chungen zur ars combinatoria[22] und schließt sich den dort vorliegenden Bestimmungen genau an.

So interpretiert er den Kalkülbegriff als die „Erfindung eines Zeichens oder eines derivaten Charakters aus anderen" Charakteren, die entweder einfach oder selbst schon abgeleitet sind. Die Erfindung soll dabei durch die „kontinuierliche Substitution des Gleichwertigen erfolgen"[23]. Die spezielle Art des Kalküls in der Kombinatorik soll dabei dadurch bestimmt sein, daß hier durch die Kombination primitiver Charaktere die abgeleiteten und zusammengesetzten Zeichen eines Begriffs hervorgebracht werden, der vorher unbekannt und zu erfinden war[24]. Die Möglichkeit einer solchen kombinatorischen Erfindungskunst ist daher auch für Wolff an die Ermittlung unauflöslicher Begriffe gebunden. Erst in diesem begriffslogischen Zusammenhang wird also die Wolffsche Übernahme der Leibnizschen Erkenntnisstufe des adäquaten Begriffs[25] unmittelbar für die Erfindungskunst fruchtbar gemacht: weil für die Kombinatorik unauflösliche Begriffe benötigt werden und weil unauflösliche Begriffe nur durch adäquate Begriffe ermittelt werden können, wird hier der adäquate Begriff oder die „notionum in notas irresolubiles resolutio" unabdingbar. Zwar übernimmt Wolff auch die Skepsis insbesondere des späten Leibniz gegenüber der Möglichkeit, ein solches Projekt unmittelbar zu realisieren — der gegenwärtige Stand der Wissenschaft lasse eine solche Kunst noch nicht zu —, dennoch hält auch Wolff an der grundsätzlichen Möglichkeit eines solchen Verfahrens fest[26].

Leibniz war bei der Konzeption seiner ars combinatoria vom Methodenmodell der mathematischen Kombinatorik ausgegangen; er kannte einen guten Teil der auf Lullus zurückgehenden Tradition und berief sich von Anfang an regelmäßig auf sie[27]. Diese Tradition einer mathematischen Kombinatorik ist für Wolff offenbar nicht mehr greifbar. Jedenfalls bezieht er sich immer dann, wenn er mathematische Vorbilder für diese „ars characteristica combinatoria" anführt, nicht auf die mathematische Kombinatorik, sondern auf die Arithmetik, die Algebra und insbesondere auf die Analysis der modernen Mathematik: die Algebra oder „richtiger die Analysis" erscheint bei Wolff als diejenige

22 Wolff beruft sich insbesondere auf die bereits veröffentlichten Briefe von Leibniz an Oldenburg und Remond; vgl. dazu *Psychologia empirica* § 297; WW II 5, S. 210 f.

23 *Psychologia empirica* § 298; WW II 5, S. 211: „*Calculus in genere* est inventio alicujus signi seu characteris derivativi ex aliis sive primitivis, sive derivativis per continuam aequivalentium substitutionem".

24 Ebd., § 299; WW II 5, S. 212: „Etenim in arte characteristica notiones irresolubiles exprimuntur per characteres primitivos ac inde per combinationem eruuntur derivativi, ex quibus modo combinationis continuo variato elicitur character derivativus notionis antea nobis incognitae, quae invenienda erat".

25 Vgl. oben S. 247.

26 Ebd., § 301; WW II 5, S. 215 f.: „Quoniam notae irresolubiles in suo genere determinari nequeunt, nisi dentur rerum notiones adaequatae ..., notionum vero adaequatarum investigatio seu notionum in notas irresolubiles resolutio non adeo facilis, in tanta praesertim disciplinarum imperfectione, neque commoda signorum seu characterum inventio unicuique statim obvia; *Artis combinatoriae characteristicae generalis inventio difficillima est, nec ante in potestate erit, quam disciplinae magi fuerint excultae*".

27 Vgl. oben S. 199 f.

„ars inveniendi specialis", in der die umfassendere Aufgabe einer allgemeinen Erfindungsskunst wenigstens für den quantitativen Bereich bereits gelöst ist[28].
Für diese — terminologisch ja überraschende — Parallelisierung einer kombinatorischen und also *synthetisch* verfahrenden Methode mit der *Analysis* der modernen Mathematik ist bei Wolff offenbar vor allem die feste Koppelung des Begriffs der Erfindung an die mathematische Disziplin der Analysis[29] verantwortlich. So dient Wolff schon im *Discursus praeliminaris* der Begriff der „Erfindung" und offenbar nur er dazu, eine enge Beziehung zwischen dem Teil der Philosophie, der „Ars inveniendi" genannt wird[30], und der „Algebra und der ganzen analytischen Kunst der Mathematiker" herzustellen: der analytische Teil der Mathematik dient als Beispiel der allgemeinen „ars inveniendi"[31].
Wenn Wolff versucht, diese Verbindung zwischen der modernen mathematischen Analysis und der ars characteristica combinatoria auch im einzelnen näher zu bestimmen, beruft er sich denn auch regelmäßig auf relativ äußerlich bleibende Parallelen; insbesondere zieht er auf der Seite der Mathematik einfachste Operationen zur Illustration heran, die mit den neu entwickelten Verfahren insbesondere der höheren Analysis so gut wie gar nichts zu tun haben.
Erstens erscheint ihm die Algebra als Muster einer Symbolsprache, in der Gedanken eindeutig symbolisiert und ihre Verbindungen untereinander durchsichtig bezeichnet sind. So hebt er bereits in der *Disquisitio philosophica de Loquela* von 1703 hervor, daß die „analysis speciosa sive Geometria Nova *Cartesii*", die normalerweise Algebra genannt wird, ihre Bedeutung nicht zuletzt dem Gebrauch der „litterae alphabeticae" verdanke: in ihr werden sowohl die bekannten als auch die unbekannten Größen durch Buchstabenzeichen charakterisiert und dies sei entscheidend dafür, daß in ihr die Beziehungen zwischen den Größen nicht vage, sondern im strengen Medium der Gleichung erfaßt werden können[32].
Nach diesem Vorbild will Wolff auch eine nicht auf die Quanta beschränkte ars characteristica konzipieren: wie in der Algebra die Buchstaben die Quanta repräsentieren, so sollen unsere Erkenntnisse oder Begriffe ebenfalls durch Zeichen repräsentiert werden[33].
Aus der Analogie zur Algebra folgt für eine solche lingua universalis: Erstens muß die Zahl der Zeichen der Zahl unserer Begrifffe entsprechen, wie auch in der Analysis so viele Buchstaben benutzt werden, wie es Quanta in der gestellten Frage gibt; zweitens müssen die Zeichen die Verschiedenheit unserer Begriffe charakterisieren, so wie in der Algebra die Buchstaben a, b, c für die bekannten und die Buchstaben x, y und z für die

28 Vgl. z. B. *Psychologia empirica* § 473; WW II 5, S. 365 f.: „Hinc habemus artem inveniendi Mathematicorum, quae communiter Algebra, rectius Analysis appellatur" u. ö.

29 Vgl. oben S. 229 ff.

30 *Disc. prael.* § 74, S. 34 f.: „Pars illa philosophiae, quae regulas istas dirigendi intellectum in veritate latente explicat, *Ars inveniendi* dicitur".

31 Ebd.: „Exemplo est Algebra et omnis ars analytica Mathematicorum, qui veritates latentes feliciter in apricum producunt et scientiam indies augent".

32 *Disquisitio philosophica de Loquela* in: *Meletemata*, sec. 2; WW II 35, S. 248 f.

33 Ebd.: „Sicut enim litterae alphabeticae menti repraesentant quanta; ita cogitationes nostras earum signa eidem repraesentare debent".

unbekannten Größen benutzt werden; und drittens müssen wie in der „neuen Geometrie" die Zeichen zugleich die wechselseitige Beziehung und Abhängigkeit der Dinge voneinander angeben[34]. Eine solche Formalisierung oder Symbolisierung unserer Erkenntnisse bietet den Vorteil einer größeren Durchsichtigkeit der Begriffe und der Argumentation[35]; vor allem aber eröffnet sie die Möglichkeit eines kalkülmäßigen Umgangs mit den so gekennzeichneten Begriffen.

Zweitens kann Wolff seinen allgemeinen Kalkülbegriff, der die Erfindung abgeleiteter Charaktere aus einfachen zum Gegenstand hat, sogar schon an arithmetischen Beispielen erläutern: schon eine einfache Additionsaufgabe (314 + 522 = 836) mache deutlich, wie hier die „Erfindung" eines neuen „character derivatus" (836) durch die kontinuierliche Substitution gleichwertiger Größen (3+5=8, 1+2=3, 4+2=6) zustande kommt[36].

Und drittens kann auch die Kombinatorik als spezielle Form des Kalküls für Wolff durch arithmetische Beispiele illustriert werden: aus den „characteres primitivi" der Ziffern 1, 2, 3 ... 8, 9, 0 wird durch Kombination und Stellenzuweisung das ganze System der natürlichen Zahlen gebildet; aus den „tabulae additionis", „subtractionis", „multiplicationis" und „divisionis" sei umgekehrt auch ablesbar, aus welchen Bestandteilen jede Zahl konstruierbar sei: die Zahl 7 beispielsweise sei durch die Gleichungen 3+4, 2+5, 1+6; 8-1, 9-2; ...; 21:3; ... bestimmt[37].

Diese enge und buchstäbliche Beziehung der ars characteristica combinatoria auf die Algebra und die Analysis führt bei Wolff schließlich in den 40er Jahren dazu, daß er — vielleicht nach dem Vorbild der mathematischen Entwicklungsgeschichte, in der nach der zeitgenössischen Interpretation auf die Epoche des synthetischen Demonstrierens in der Geometrie eine Epoche des analytischen Erfindens in der Algebra folgt[38] — über der Stufe der demonstrativen Erkenntnis eine noch höhere einführt, der die Kraft der Erfindung zugeschrieben wird. In diesem Sinne unterscheidet Wolff in der *Commentatio de studio matheseos recte instituendo* von 1741, die den Abschluß seiner *Elementa matheseos universae* bildet, drei Grade der Erkenntnis, die sich wesentlich von den in der *lateinischen Logik* genannten Arten der Erkenntnis unterscheiden[39]. Dort wurden 1728 zum einen drei Arten der Erkenntnis voneinander unterschieden, nämlich die historische, die philosophische und die mathematische Erkenntnis[40], zum anderen wurden dort drei Grade der Erkenntnis genannt: die historische Erkenntnis stellte den untersten Grad der menschlichen Erkenntnis dar, weil dort nur eine faktische Kenntnis dessen, was ist oder geschieht, anzutreffen ist[41], die philosophische Erkenntnis stand als demonstrative Erkenntnis für den höchsten Grad, weil sie die Gründe dessen angibt, was

34 Ebd., S. 249.
35 Vgl. *Psychologia empirica* § 238, 351, 369; WW II 5, S. 238 ff.
36 Ebd., § 298; WW II 5, S. 211 f.
37 Ebd., § 300; WW II 5, S. 214 f.
38 Vgl. oben S. 108 ff.
39 Vgl. dazu Tonelli: *Analysis and Synthesis* ... a.a.O., S. 200 ff.
40 *Disc. prael.* § 3, 6, 14; S. 2 ff.
41 Ebd., § 22, S. 10: „*Historica cognitio communis infimus humanae cognitionis gradus est*".

ist oder geschieht, und also die Sätze aus sicheren Prinzipien beweist[42], und ein mittlerer Grad der Erkenntnis war dadurch bestimmt, daß Sätze, die aus der historischen Erkenntnis bekannt sind, durch Experimente und Beobachtungen bestätigt werden[43]. Die Demonstration aus den Gründen wurde in dieser Einteilung also als der höchste Grad der Erkenntnis begriffen.

Im Gegensatz dazu trennt Wolff 1841 die philosophische nicht mehr von der mathematischen Erkenntnis, aber er unterscheidet jetzt für alle Wissensgebiete drei andere Grade der Erkenntnis. Der erste Grad der Erkenntnis besteht im Verständnis der von anderen aufgestellten Wahrheiten, der zweite darin, daß wir von der Wahrheit dieser Sätze auch überzeugt werden, während der dritte Grad der Erkenntnis hier dahingehend bestimmt wird, daß wir aus dem, was wir wissen, anderes, was uns unbekannt ist, aus eigener Kraft ausfindig machen[44].

Bei der Unterscheidung dieser drei Stufen der Erkenntnis dürfte sich Wolff an der *Medicina mentis* von Tschirnhaus orientiert haben, der für die Mathematik ebenfalls drei Stufen der Erkenntnis unterscheidet. Für Tschirnhaus besteht die erste darin, daß man weiß, wovon eine jede Disziplin der Wissenschaft handelt und was die Fachausdrücke besagen. Die zweite Stufe der Erkenntnis hat man hier erreicht, wenn man weiß, was Euklid, Archimedes, Apollonios u. a. in der Mathematik gefunden haben. Die dritte Stufe aber erfordert, „daß man imstande ist, nicht allein die Entdeckungen der Alten und der Neueren aufzuspüren, obgleich deren Entdeckungsmethode von anderen noch nicht enthüllt wurde, sondern auch alles, was in der Mathematik verborgen ist, auf eigene Faust, wie man sagt, oder durch die eigenen Kräfte seines Geistes zu ermitteln“[45].

42 Ebd., § 6, 30; S. 3, 14.

43 Ebd., § 54, S. 27: „*Si quis theses philosophiae, quarum historicam habet cognitionem, per experimenta atque observationes confirmare novit, utut demonstrationes non capiat; is medium quendam gradum inter cognitionem historicam et philosophicam obtinet*“.

44 *Commentatio de studio Matheseos* § 1; WW II 33, S. 169: „Tres dantur gradus cognitionis humanae in omni veritatis genere, quos recto facultatum cognoscendi usu acquirere licet. Aut enim in eo acquiescimus, quod veritatem ab aliis propositam intelligamus, aut ulterius progressi id agimus, ut ejusdem etiam convincamur, aut denique operam damus, ut ex iis, quae cognovimus, alia adhuc nobis incognita proprio Marte eruere valeamus“.

45 Tschirnhaus: *Medicina mentis* ... a.a.O., praefatio (S. 12): „Qui Matheseos interiora attentiùs perlustrârunt, observârunt absque dubio, in eâ acquirendâ dari tres inprimis cognitionis gradûs. Primus horum est, si quis, in quot disciplinas scientia haec dividatur, de quibus unaquaeque agat, sciverit, terminorumque omnium ibidem occurrentium notitiam similiaque sibi acquisiverit. Secundus gradus est, si quis eorum, quae Euclides, Archimedes, Apollonius et caeteri Veteres in hâc ipsâ scientiâ invenerunt, quaeque Recentiores his fundamentis superstruxére, cognitionem sibi comparaverit. Hic autem gradus licet multò praestantior sit priori, nondum tamen talis Mathematum cultor, qui hîc substiterit, nec ulterius fuerit progressus, perfectus mihi Mathematicus dicendus esse videtur, sed ille demum, qui à prioribus hisce ad tertium quoque ascendit cognitionis gradum, cujus requisitum est, ut quis non solùm Veterum et Recentiorum inventa, etsi eorundem inventionis ratio ab aliis detecta nondum sit, indagare, sed et quicquid est occulti, in Mathesi suo, quod dicitur, Marte, seu propriis ingenii sui viribus, eruere valeat“.

Diese dritte Stufe der Erkenntnis identifiziert Tschirnhaus mit der Algebra, mit der Analysis speciosa oder ganz allgemein mit der Analysis schlechthin[46].
Wolff übernimmt 1741 dieses Schema. Für ihn ist die erste Stufe der Erkenntnis dadurch gekennzeichnet, daß man in ihr Definitionen, Theoreme und die Lösungen von Problemen wiedergeben kann, ohne schon den Beweis zu führen[47]. Weil sich aber Theoreme und Problemlösungen für Wolff nicht ohne Definitionen verstehen lassen[48], reduziert sich die Aufgabe dieser ersten Stufe im wesentlichen auf die Erkenntnis der Definitionen oder auf das gründliche Verständnis der Begriffe[49], wie es in der *deutschen* und der *lateinischen Logik* Gegenstand der Begriffsanalyse und der Ausführungen über die Bildung der Definitionen und Begriffe war[50].
Als zweite Stufe der Erkenntnis fungiert hier der Beweis von Sätzen[51]. Diese Stufe, die noch in der *lateinischen Logik* für den obersten Grad der Erkenntnis stand, wird hier auf das von Euklid und den antiken Geometern überlieferte Methodenmodell bezogen; die in ihm verwendeten Demonstrationen werden dementsprechend als synthetische Beweise verstanden[52].
Bei der Bestimmung der dritten Stufe, in der aus gegebenen Erkenntnissen neue Wahrheiten erfunden werden sollen, schließt sich Wolff der Identifikation dieser ars inveniendi mit der „Analysis" an, wie sie schon bei Tschirnhaus vorliegt. Unter diese Analysis rechnet er zwar auch die „resolutio demonstrationum"[53], wichtigstes Beispiel für sie aber ist die davon zu unterscheidende moderne mathematische Analysis, „eine Erfindungskunst, die die Mathematiker heute zur Erforschung der mathematischen Wahrheiten verwenden"[54]. Sie fungiert hier wie in der *Psychologia empirica* als „ars inveniendi specialis" und also als das bereits realisierte Teilgebiet einer noch zu ermittelnden allgemeinen Erfindungskunst, mit der der dritte Grad der Erkenntnis erreicht wäre.
Zu dem durch diese „Analysis" repräsentierten Bereich der „ars inveniendi generalis" rechnet Wolff auch die ars characteristica, die sachlich der mathematischen Analysis übergeordnet ist, so daß ihre Kenntnis Licht auf den Buchstaben- und Differentialkalkül

46 Vgl. oben S. 239, Anm. 15; vgl. dazu auch die Identifikation von Analysis und Erfindungskunst bei Weigel; vgl. oben S. 219 f.

47 *Commentatio de studio Matheseos* § 3; WW II 33, S. 170: „Cognitionem gradus primi acquisiturus, definitiones, theoremata et problematum resolutiones sibi perspecta reddere tenetur, omissis demonstrationibus".

48 Ebd.; § 4; WW II 33, S. 170: „Theoremata et problemata eorumque resolutiones non intelliguntur nisi per definitiones terminorum, qui in iisdem occurrunt".

49 Ebd., § 30; WW II 33, S. 191: „Abunde hactenus docuimus, quomodo ad gradum primum cognitiones perveniatur, ut nihil supersit in notionibus obscuri, sed omnia penitus intelligantur".

50 Vgl. oben S. 245 ff.

51 *Commentatio de studio Matheseos* § 30; WW II 33, S. 191: „Agendum itaque progrediamur ad secundum [gradum], cui acquirendo inserviunt demonstrationes".

52 Ebd., § 70; WW II 33, S. 226 f.

53 Ebd., § 66; WW II 33, S. 222 f.

54 Ebd., § 143; WW II 33, S. 270: „Analysis mathematica est ipsa ars inveniendi, qua hodie utuntur Mathematici in veritatibus mathematicis investigandis. Huic adeo operam dare debent, quotquot ad cognitionis gradum tertium in Mathesi adspirant".

werfen würde[55]. Solange diese allgemeine Erfindungskunst aber noch nicht realisiert ist, gilt das Umgekehrte: der Versuch, eine solche allgemeine Erfindungskunst zu konzipieren, müßte sich an dem bereits vorliegenden Teilgebiet dieser „ars inveniendi generalis" und also an den „analytischen Künsten der Mathematiker" orientieren[56].

Auf diese Weise setzen sich schließlich auch bei dem „Synthetiker" Wolff die Hoffnungen durch, die die Philosophie des 17. und 18. Jahrhunderts an die mathematische Analysis und an ihre Übertragbarkeit auf das Feld der Philosophie knüpft. Unter dem Einfluß dieses mathematischen Vorbilds kommt es bei ihm dazu, daß sogar der Plan einer ars characteristica combinatoria, an deren synthetischem Charakter bei Leibniz kein Zweifel möglich war, unter dem Eindruck der erfindenden Kraft der modernen Algebra wie diese „analytisch" verstanden und nach dem Muster der Algebra interpretiert wird. Eine Ursache dafür ist offenbar, daß Wolff das ursprüngliche Vorbild des Leibnizschen Projektes, nämlich die mathematische Kombinatorik im Sinne des Methodenmodells E, aus den Augen verliert; wichtiger aber dürfte die Faszination gewesen sein, die für Wolff und seine Zeitgenossen von der erfindenden Kraft der Analysis in der Mathematik ausging. Da aber auch Wolff das wiederholt gegebene Versprechen, eine solche an der mathematischen Analysis orientierte „ars inveniendi generalis" nach Abschluß seiner synthetisch geordneten Schriften zu liefern, nicht einlöst, ist es diese abstrakt bleibende Verknüpfung der Begriffe „analytisch" und „erfindend", die er der Aufklärung des 18. Jahrhunderts wie eine noch ungelöste Aufgabe überliefert.

55 Ebd., § 147; WW II 33, S. 273: „Qui artem inveniendi in genere curae cordique habent, modo universalia a specialibus abstrahere didicerint, multa animadvertent ad characteristicam universalem spectantia, quam esse partem Artis inveniendi ipsa Arithmetica universalis et calculus differentialis docet, suoque ostendemus loco, si quando ad Artem inveniendi explicandam ordo nos deducet. Ipsa autem Ars Characteristica universalis plurimum lucis affundet tum notationi numerorum in Arithmetica, tum signis, quibus utimur in calculo literali sive communi, sive differentiali".

56 Ebd., § 164; WW II 33, S. 285: „Nemo a nobis requisiverit, ut artefacia specialia, quibus utimur, ad notiones generales revocemus et alias speciales determinemus, quibus extra Mathesin in aliis veritatibus investigandis opus est. Hae enim pertinent ad Artem inveniendi generalem, quam suo loco, si Deo visum fuerit, explicaturi sumus: ubi in notis adjectis doceri poterit, quomodo ab artificiis analyticis Mathematicorum abstrahantur, quae in ea ex notionibus ontologicis et psychologicis aliisque Philosophiae principiis demonstrantur".

QUELLEN

ABHANDLUNGEN DER KÖNIGLICHEN AKADEMIE DER WISSENSCHAFTEN IN BERLIN. Bd. 1: Aus den Jahren 1804—1811. Nebst der Geschichte der Akademie in diesem Zeitraum. — Berlin 1815.

ALLGEMEINE LITERATUR-ZEITUNG. 1803: Jena und Leipzig, 1806: Halle und Jena, 1807—1809: Halle und Leipzig.

ARISTOTELES: *Aristotelis opera.* Edidit Academia Regia Borussica. Aristoteles graece ex recognitione Immanuelis Bekkeri. Bd. 1—5. — Berolini 1831—70 (Nachdruck: Darmstadt 1960 ff.).

— : *Organon.* Übersetzt und erläutert von Eugen Rolfes (=Philosophische Bibliothek Bd. 8—13). — Leipzig 1922 ff.

ARNAULD, Antoine et NICOLE, Pierre: *La Logique ou l'Art de Penser, contenant, outre les règles communes, plusieurs observations nouvelles, propres à former le jugement.* Édition critique par Pierre Claire et François Girbal. — Paris 1965.

BARDILI, Christoph Gottfried: *Grundriß der Ersten Logik, gereiniget von den Irrthümern bisheriger Logiken überhaupt, der Kantischen insbesondere; Keine Kritik sondern eine Medicina mentis, brauchbar hauptsächlich für Deutschlands Kritische Philosophie.* — Stuttgart 1800 (bereits zur Michaelismesse 1799 erschienen, Nachdruck: Aetas Kantiana 13, Brüssel 1970).

— : *Philosophische Elementarlehre mit beständiger Rücksicht auf die ältere Litteratur.* In zwei Heften. — Landshut 1802 und 1806.

BECK, Jacob Sigismund: *Einzig-möglicher Standpunct, aus welchem die critische Philosophie beurtheilt werden muß* (=ders.: *Erläuternder Auszug aus den critischen Schriften des Herrn Prof. Kant, auf Anrathen desselben. Dritter Band, welcher den Standpunct darstellt, aus welchem die critische Philosophie zu beurtheilen ist*). — Riga 1796 (Nachdruck: Aetas Kantiana 20,3; Brüssel 1968).

BERGK, Johann Adam: *Die Kunst zu philosophiren.* — Leipzig 1805.

CONDILLAC, Étienne Bonnot de: *Oeuvres complètes.* Revues, corrigées par l'Auteur, imprimées sur ses manuscrits autographes, et augmentées de la langue des calculs, ouvrage posthum. 23 Bde. — Paris 1798.

DESCARTES, René: *Oeuvres,* publiées par Charles Adam et Paul Tannery. 11 Bde. — Paris 1897 ff. (Nachdruck: Paris 1964 ff.) [=AT].

— : *Regulae ad directionem ingenii. Regeln zur Ausrichtung der Erkenntniskraft.* Kritisch revidiert, übersetzt u. hrsg. v. Heinrich Springmeyer, Lüder Gäbe, Hans Günter Zekl (=Philosophische Bibliothek Bd. 262 a). — Hamburg 1973.

ENGEL, Michael: *Briefe über die Aufklärung.* In: *Magazin der Philosophie und schönen Literatur.* — Mainz 1785/86. Heft 1—4, S. 19—33, 114—128, 190—203, 269—281.

EUKLIDES: *Euklidis Elementa.* Edidit et latine interpretatus est I. L. Heiberg (=*Euklidis opera omnia.* Edidit I. L. Heiberg et H. Menge. Bd. 1—5). — Leipzig 1883—88.

— : *Die Elemente. Buch I—XIII.* Hrsg. u. ins Deutsche übersetzt v. Clemens Thaer. — Darmstadt 1969.

FICHTE, Johann Gottlieb: *J. G. Fichte-Gesamtausgabe der bayerischen Akademie der Wissenschaften.* Hrsg. v. Reinhard Lauth und Hans Jacob. — Stuttgart-Bad Cannstatt 1962 ff.

EULER, Leonhard: *Opera omnia.* Sub auspiciis societatis scientiarum naturalium Helveticae edenda curaverunt Ferdinand Rudio, Adolf Krazer, Andreas Speiser, Louis Gustave du Pasquier. — Lipsiae et Berolini 1911 ff.

FRANCKE, Georg Samuel: *Über die Eigenschaft der Analysis und der analytischen Methode in der Philosophie. Eine Abhandlung, welcher von der Königl. Academie der Wissenschaften zu Berlin der Preis von funfzig Dukaten zuerkannt worden ist.* — Berlin 1805 (Nachdruck: Aetas Kantiana 76, Brüssel 1968).

GALEN, Claudius: *Claudii Galeni opera omnia.* Ed. curavit C. G. Kühn. 20 Bde. — Leipzig 1821 ff. (Nachdruck: Hildesheim 1964 ff.).

GALILEI, Galileo: *Le opere di Galileo Galilei. Nuova ristampa della edizione nazionale.* 20 Bde. — Florenz 1965 f.

GOTTSCHED, Johann Christoph: *Erste Gründe der Gesamten Weltweisheit. Darinn alle Philosophische Wissenschaften in ihrer natürlichen Verknüpfung abgehandelt werden. Zum Gebrauch Academischer Lectionen entworfen.* Erster, Theoretischer Theil. — Leipzig 1733.

HOFFBAUER, Johann Christoph: *Ueber die Analysis in der Philosophie, ein grössten Theils analytischer Versuch, veranlasst durch die erste, diesen Gegenstand betreffende, Preisfrage der Königlichen Academie der Wissenschaften zu Berlin nebst Abhandlungen verwandten Inhalts.* — Halle 1810.

— : *Versuch über die sicherste und leichteste Anwendung der Analysis in den philosophischen Wissenschaften. Eine von der Königl. Preussischen Akademie der Wissenschaften im Jahre 1809 gekrönte Preisschrift, mit einigen von der Akademie veranlassten Zusätzen.* — Leipzig 1810 (Nachdruck: Aetas Kantiana 112, Brüssel 1968).

[L'HOSPITAL, Guillaume François, Marquis de]: *Analyse des infiniment petits, pour l'intelligence des lignes courbes.* — Paris [1]1696 ([2]1716).

KANT, Immanuel: *Kant's gesammelte Schriften.* Hrsg. v. d. Königlich Preußischen Akademie der Wissenschaften (und ihren Nachfolgern). — Berlin 1900 ff. [=KA].

— : *Vorlesungen über Enzyklopädie und Logik.* Bd. 1. *Vorlesungen über Philosophische Enzyklopädie* (= Immanuel Kant: Vorlesungen. I. Abt.) [Hrsg. v. Gerhard Lehmann]. — Berlin 1961.

KIRCHER, Athanasius: *Polygraphia nova et universalis ex combinatoria arte detecta.* — Rom 1663.

KRUG, Wilhelm Traugott: *Über die verschiednen Methoden des Philosophirens und die verschiednen Systeme der Philosophie in Rücksicht ihrer allgemeinen Gültigkeit. Eine Beylage zum Organon.* — Meißen 1802 (Nachdruck: Aetas Kantiana 159, Brüssel 1968).

LAMBERT, Johann Heinrich: *Abhandlung vom Criterium veritatis.* Mit einem erläuternden Vorwort aus dem Manuskript hrsg. v. K. Bopp. — Berlin 1915.

— : *Über die Methode die Metaphysik, Theologie und Moral richtiger zu beweisen.* Aus dem Manuskript hrsg. v. K. Bopp (=Kantstudien-Ergänzungshefte 42). — Berlin 1918.

— : *Philosophische Schriften.* Hrsg. v. Hans-Werner Arndt. [Bisher] 7 Bde. — Hildesheim 1965 ff.

LEIBNIZ, Gottfried Wilhelm: *Sämtliche Schriften und Briefe.* Hrsg. v. der Preußischen Akademie der Wissenschaften zu Berlin (und ihren Nachfolgern). — Darmstadt (später: Leipzig, Berlin) 1926 ff. [=LA].

— : *Nouvelles lettres et opuscules inédits de Leibniz.* Hrsg. v. Foucher de Careil. — Paris 1857 [=FC].

— : *Leibnizens mathematische Schriften.* Hrsg. v. C. I. Gerhardt. 7 Bde. — Berlin, Halle 1849 ff. (Nachdruck: Hildesheim 1962) [=GM].

— : *Die philosophischen Schriften von Gottfried Wilhelm Leibniz.* Hrsg. v. C. I. Gerhardt. 7 Bde. — Berlin 1875 ff. (Nachdruck: Hildesheim 1965) [=GP].

— : *Opuscules et fragments inédits de Leibniz.* Extraits des manuscrits de la Bibliothèque royale de Hanovre par Louis Couturat. — Paris 1903 (Nachdruck: Hildesheim 1966) [=C].

LUDOVICI, Carl Günther: *Sammlung und Auszüge der sämmtlichen Streitschriften wegen der Wolffischen Philosophie, zur Erläuterung der bestrittenen Leibnitzschen und Wolffischen Lehrsätze verfertiget und mit kurtzen Anmerckungen sowohl als vollständigen Registern versehen.* 2 Bde. — Leipzig 1737 f. (Nachdruck: Frankfurt 1972).

LULLUS, Raymundus: *Ars generalis ultima.* — Palma Mallorca 1645 (Nachdruck: Frankfurt/M. 1970).

MAUGRAS, Jean Baptiste: *Dissertation sur l'analyse en philosophie. Mémoire sur la question suivante proposée par l'Académie de Berlin, pour sujet du concours de l'an 1805: „Déterminer avec précision la nature de l'analyse et de la méthode analytique, en philosophie; rechercher s'il est des moyens d'en assurer et d'en faciliter l'usage; et détailler ces moyens, s'il y en a".* — Paris [1]1806 ([2]1808).

MEIER, George Friedrich: *Auszug aus der Vernunftlehre.* — Halle 1752 (Wiederabgedruckt in KA XVI).

MÉMOIRES DE L'ACADÉMIE ROYALE DES SCIENCES ET BELLES—LETTRES depuis l'avènement de Fréderec Guillaume III au trône. 1803. — Berlin 1805.

MENDELSSOHN, Moses: *Abhandlung über die Evidenz in Metaphysischen Wissenschaften, welche den von der Königlichen Academie der Wissenschaften in Berlin auf das Jahr 1763. ausgesetzten Preis erhalten hat.* — Berlin 1764.

— : *Gesammelte Schriften.* Jubiläumsausgabe in Gemeinschaft mit F. Bamberger, H. Barodianski, S. Rawidowicz, B. Strauss, L. Strauss, hrsg. v. I. Elbogen, J. Guttmann, E. Mittwoch. — Berlin 1922 ff.

NEWTON, Isaac: *Philosophiae naturalis principia mathematica.* The Third Edition (1726) with Variant Readings. Assembled and Edited by Alexandre Koyré and I. Bernhard Cohen with the Assistance of Anne Whitman. 2 Bde. — Cambridge 1972.

— : *Opticks or a Treatise of the Reflections, Refractions, Inflections and Colours of Light.* Based on the Fourth Edition London, 1730. With a Foreword by Albert Einstein, an Introduction by Edmund Whittacker, a Preface by I. Bernhard Cohen and an Analytical Table of Contents Prepared by Duane H. Roller. — New York 1952.

— : *Two Treatises of the Quadrature of Curves, and Analysis by Equations of an Infinite Number of Terms.* Hrsg. v. John Stewart. — London 1745.

NICOLAI, Friedrich: *Bemerkungen über den logischen Regressus, nach dem Begriffe der alten Kommentatoren des Aristoteles.* In: *Sammlung der deutschen Abhandlungen, welche in der königlichen Akademie der Wissenschaften zu Berlin vorgelesen worden in dem Jahre 1803.* — Berlin 1806, S. 168—180. Wiederabgedruckt in: *Mémoires de l'Académie Royale des sciences et belles-lettres depuis l'avènement de Fréderec Guillaume III au trône. 1803.* — Berlin 1805. Mémoires. Classe de philosophie speculative, S. 55—72 unter dem Titel: *Sur le Regressus logique, et sur l'idée qu' attachoient à ce mot les anciens commentateurs d'Aristote.*

— : *Philosophische Abhandlungen. Größtentheils vorgelesen in der Königl. Akademie der Wissenschaften zu Berlin.* Bd. 1. — Berlin und Stettin 1808 (Nachdruck: Aetas Kantiana 200,1; Brüssel 1968).

PAPPOS VON ALEXANDRIA: *Pappi Alexandrini mathematicae collectionis.* A Federico Commandino Urbinatae in Latinum conversae, et commentariis illustratae. — Venedig 1589.

— : *Pappi Alexandrini collectionis quae supersunt.* E libris manu scriptis edidit, latina interpretatione et commentariis instruxit Fridericus Hultsch. 3 Bde. — Berlin 1875—78 (Nachdruck: Amsterdam 1965).

PROKLOS DIADOCHOS: *Procli Diadochi in primum Euclidis elementorum librum commentarii.* Ex recognitione Godofredi Friedlein. — Leipzig 1873 (Nachdruck: Hildesheim 1967).

— : *Proclus Diadochus (410—485): Kommentar zum ersten Buch von Euklids „Elementen".* Aus dem Griechischen ins Deutsche übertragen und mit textkritischen Anmerkungen versehen von P. Leander Schönberger. Eingeleitet, mit Kommentaren und bibliographischen Nachweisen versehen und in der Gesamtedition besorgt von Max Steck. Hrsg. im Namen der Kaiserlich Leopoldinisch-Carolinisch Deutschen Akademie der Naturforscher von Emil Abderhalden. — Halle 1945.

[REIMARUS, Hermann Samuel]: *Die Vernunftlehre, als eine Anweisung zum richtigen Gebrauche der Vernunft in dem Erkenntniß der Wahrheit, aus zwoen ganz natürlichen Regeln der Einstimmung und des Widerspruchs hergeleitet.* Dritte verbesserte und zu Vorlesungen eingerichtete Auflage. — Hamburg 1766.

REINHOLD, Ernst: *Karl Leonhard Reinhold's Leben und litterarisches Wirken, nebst einer Auswahl von Briefen Kant's, Fichte's, Jacobi's und andrer philosophirender Zeitgenossen an ihn.* — Jena 1825.

REINHOLD, Karl Leonhard: *Versuch einer neuen Theorie des menschlichen Vorstellungsvermögens.* — Prag, Jena 1789 (Nachdruck: Darmstadt 1963).

— : *Briefe über die Kantische Philosophie.* 2 Bde. — Leipzig 1790 und 1792 (Nachdruck: Leipzig 1923).

— : *Die Elemente des rationalen Realismus oder der philosophischen Analysis.* In: *Beyträge zur leichtern Uebersicht des Zustandes der Philosophie beym Anfange des 19. Jahrhunderts.* Hrsg. v. K. L. Reinhold, Heft 2, 1801, Nr. 5, S. 179—205.

— : *Neue Darstellung der Elemente des rationalen Realismus. Den Herrn Professoren Maczek in Wien, Paulus in Jena, und Socher in Ingolstadt gewidmet.* In: *Beyträge zur leichtern Uebersicht des Zustandes der Philosophie beym Anfange des 19. Jahrhunderts.* Hrsg. v. K. L. Reinhold, Heft 3, 1802, Nr. 3, S. 128—162.

— : *Populäre Darstellung des rationalen Realismus.* In: *Beyträge zur leichtern Uebersicht des Zustandes der Philosophie beym Anfange des 19. Jahrhunderts.* Hrsg. v. K. L. Reinhold, Heft 5, 1803, Nr. 1, S. 1—22.

— : *Rechenschaft über mein Systemwechseln.* In: *Beyträge zur leichtern Uebersicht des Zustandes der Philosophie beym Anfange des 19. Jahrhunderts.* Hrsg. v. K. L. Reinhold, Heft 5, 1803, Nr. 2, S. 23—46.

— : [anon.]: *Prolegomenen zur Analysis in der Philosophie. Anstatt eines Programms zu der philosophischen Preisaufgabe der königlichen Akademie der Wissenschaften zu Berlin auf das Jahr 1805. Den Kampfrichtern, Wettkämpfern und Zuschauern gewidmet von einem der Mitkämpfenden.* — Berlin 1804.

— : [anon.]: *Etwas über den Widerspruch* o. O. o. J. [1804].

— : *Anleitung zur Kenntniß und Beurtheilung der Philosophie in ihren sämmtlichen Lehrgebäuden. Ein Lehrbuch für Vorlesungen und Handbuch für eigenes Studium.* — Wien 1805.

— : [anon.]: *Versuch einer Auflösung der von der philosophischen Classe der königl. Akademie der Wissenschaften in Berlin für 1805 aufgestellten Aufgabe: „Die Natur der Analysis und der analytischen Methode in der Philosophie genau anzugeben, und zu untersuchen: ob und was es für Mittel gebe, ihren Gebrauch sicherer, leichter und nützlicher zu machen“.* — München 1805.

— : [anon.]: *Versuch einer Critic der Logik aus dem Gesichtspunkte der Sprache* o. O. o. J. [Kiel: 1806].

SCHWAB, Johann Christoph: *Ausführliche Erörterung der von der Königl. Akademie der Wissenschaften zu Berlin für das Jahr 1792 vorgelegten Frage: „Welches sind die wirklichen Fortschritte, die die Methaphysik seit Leibnitzens und Wolffens Zeiten in Deutschland gemacht hat?“* In: *Preisschriften über die Frage: Welche Fortschritte hat die Metaphysik seit Leibnitzens und Wolffs Zeiten in Deutschland gemacht? Von Johann Christoph Schwab, Karl Leonhard Reinhold und Johann Heinrich Abicht.* Hrsg. v. d. Königl. Preuss. Akademie der Wissenschaften. — Berlin 1796, S. 1—170.

TSCHIRNHAUS, Ehrenfried Walther von: *Medicina mentis, sive artis inveniendi praecepta generalia.* Editio nova, auctior et correctior, cum praefatione autoris. — Leipzig 1695 (Nachdruck: Hildesheim 1964).

— : *Medicina mentis sive artis inveniendi praecepta generalia.* Editio nova (Lipsiae 1695). Erstmalig vollständig ins Deutsche übersetzt und kommentiert von Johannes Haussleiter. Mit mathematikgeschichtlichen Zusätzen von Herbert Oettel und einer biographischen Einführung sowie mehreren Anhängen von Rudolph Zaunick (= Acta historica Leopoldina. Abhandlungen aus dem Archiv für Geschichte der Naturforschung und Medizin der deutschen Akademie der Naturforscher Leopoldina, hrsg. v. Rudolph Zaunick, Nr. 1). — Leipzig 1963.

VIETA, Franciscus: *In artem analyticen isagoge.* In: ders.: *Opera mathematica,* in unum volumen congesta, ac recognita, opera atque studio Francisci à Schooten. — Lugduni Batavorum 1646 (als Nachdruck mit Vorwort und Register hrsg. v. Joseph E. Hofmann. — Hildesheim, New York 1970).

— : *François Viète: Einführung in die neue Algebra.* Übersetzt und erläutert v. Karin Reich u. Helmuth Gericke (= Historiae scientiarum Elementa 5). — München 1973.

WALLIS, Johannes: *Arithmetica infinitorum, sive nova methodus inquirendi in curvilineorum quadraturam, aliaque difficiliora matheseos problemata.* Anno 1655 typis edita. In: ders.: *Opera mathematica.* 3 Bde. — Oxoniae 1689—1699, Bd. I, S. 355—478.

WEIGEL, Erhard: *Analysis Aristotelica ex Euclide restituta, genuinum sciendi modum, et nativam restauratae philosophiae faciem per omnes disciplinas et facultates ichnographicè depingens. Opus omnium facultatum cultoribus ad solidam eruditionem summè necessarium, maximè proficuum.* — Jena 1658.

— : *Philosophia mathematica.* 2 Bde., Bd. 1: *Philosophia mathematica, theologia naturalis solida, per singulos scientias continuata, universae artis inveniendi prima stamina complectens.* Bd. 2: *Philosophiae Mathematicae secunda disciplina specialis, purae matheseos pars altera. Videlicet Archimetria seu expressioris usus communissimi Geometria.* — Jena 1693.

WOLFF, Christian: *Gesammelte Werke.* Hrsg. u. bearb. v. J. Ecole, J. E. Hofmann, M. Thomann, H. W. Arndt. — Hildesheim 1962 ff. [= WW].

— : *Philosophia rationalis sive Logica, methodo scientifica pertractata et ad usum scientiarum atque vitae aptata, praemittitur discursus praeliminaris de philosophia in genere.* — Frankfurt und Leipzig 1728.

— : *Briefwechsel zwischen Leibniz und Christian Wolff.* Aus den Handschriften der Koeniglichen Bibliothek zu Hannover hrsg. v. C. I. Gebhardt. — Halle 1860 (Nachdruck: Hildesheim, New York 1963).

WUTTKE, Heinrich: *Christian Wolffs eigene Lebensbeschreibung.* Hrsg. mit einer Abhandlung über Wolff. — Leipzig 1841.

ZABARELLA, Iacobus: *Opera logica:* Quorum argumentum, seriem et utilitatem ostendet tum versa pagina, tum affixa Praefatio Ioannis Ludovici Havvenreyteri. Rerum quoque et verborum maxime memorabilium Indices accesserunt locupletissimi. Editio tertia. — Köln 1597 (Als Nachdruck hrsg. v. Wilhelm Risse: Hildesheim 1966).

SEKUNDÄRLITERATUR

ADICKES, Erich: *German Kantian Bibliography.* — Boston 1895 f. (Nachdruck: Würzburg 1967).

— : *Kants Opus postumum, dargestellt und beurteilt* (=Kantstudien-Ergänzungshefte 50). — Berlin 1920.

ALBERT, Hans: *Traktat über kritische Vernunft.* — Tübingen 1968.

ALQUIÉ, Ferdinand: *Descartes.* Aus dem Französischen übersetzt von Christoph Schwarze. Mit einem Beitrag von Iring Fetscher. — Stuttgart-Bad Cannstatt 1962.

ANGELIS, Enrico de: *Il metodo geometrico nella filosofia del Seicento.* — Pisa 1964.

ARNDT, Hans Werner: *Christian Wolffs Stellung zur „ars characteristica combinatoria".* In: *Studi ricerche di storia della filosofia* Bd. 71, 1965, S. 3—12.

— : *Einführung* zu Christian Wolff: *Vernünftige Gedanken von den Kräften des menschlichen Verstandes und ihrem richtigen Gebrauche in Erkenntnis der Wahrheit.* Hrsg. u. bearb. v. Hans Werner Arndt. In: WW I 1, S. 7—102.

— : *Methodo scientifica pertractatum. Mos geometricus und Kalkülbegriff in der philosophischen Theorienbildung des 17. und 18. Jahrhunderts* (= Quellen und Studien zur Philosophie. Hrsg. v. Günther Patzig u. a., Bd. 4). — Berlin, New York 1971.

— : *Der Zusammenhang von Ars iudicandi und Ars inveniendi in der Logik von Leibniz.* In: *Studia Leibnitiana* Bd. 3, 1971, S. 205—213.

ARNSPERGER, Walther: *Christian Wolff's Verhältnis zu Leibniz.* — Weimar 1897.

BARDENHEWER, Otto: *Die pseudo-aristotelische Schrift „Ueber das reine Gute", bekannt unter dem Namen „Liber de causis".* — Freiburg im Breisgau 1882 (Nachdruck: Frankfurt 1957).

BARON, Margaret E.: *The Origins of the Infinitesimal Calculus.* — Oxford, London, Edinburgh, New York, Toronto, Sydney, Paris, Braunschweig 1969.

BECK, Leslie John: *The Method of Descartes.* — Oxford 1952.

— : *The Metaphysics of Descartes. A Study of the Meditations.* — Oxford 1965.

BECKER, Oskar und HOFMANN, Joseph Ehrenfried: *Geschichte der Mathematik.* — Bonn 1951.

BELAVAL, Yvon: *Leibniz Critique de Descartes.* — Paris 1960.

BISSINGER, Anton: *Die Struktur der Gotteserkenntnis. Studien zur Philosophie Christian Wolffs* (=Abhandlung zur Philosophie, Psychologie und Pädagogik Bd. 63). — Bonn 1970.

[BLAKE, Ralph M.]: *The Role of Experience in Descartes' Theory of Method.* In: Blake, Ralph M., Ducasse, Curt J., Madden, Edward H.: *Theories of Scientific Method: The Renaissance through the Nineteenth Century.* — Seattle 1960, S. 74—103.

BOCHEŃSKI, J. M.: *Formale Logik* (= Orbis Academicus Bd. III, 2). — Freiburg, München ^{3}1970.

BOYER, Carl B.: *Analysis: Notes on the Evolution of a Subject and an Name.* In: *The Mathematics Teacher* Bd. 47, 1954, S. 450—462.

— : *The History of the Calculus and its Conceptual Development.* With a Foreword by Richard Courant. — New York 1959.

BRUNSCHVICG, Léon: *Les étapes de la philosophie mathématique.* — Paris ^{3}1929.

BUCHDAHL, Gerd: *Metaphysics and the Philosophy of Science. The Classical Origins: Descartes to Kant.* — Cambridge, Massachusetts [1967].

CAMPO, Mariano: *Christiano Wolff e il razionalismo precritico.* 2 Bde. (= Pubblicazioni dell' Università cattolica des S. Cuore, Serie prima: Scienze filosofiche, Bd. 30). — Mailand 1939 (Nachdruck: Hildesheim, New York 1980).

CANTOR, Moritz: *Vorlesungen über Geschichte der Mathematik.* — Leipzig (^{1}1880—1898), Bd. 1: ^{3}1907, Bd. 2: ^{2}1913, Bd. 3: ^{2}1901, Bd. 4: ^{1}1908.

CARSTENS, C. Er.: *Geschichte der theologischen Facultät der Christian-Albrechts-Universität in Kiel.* In: *Zeitschrift der Gesellschaft für Schleswig-Holstein-Lauenburgische Geschichte* Bd. 5, 1875, S. 1—132.

CASSIRER, Ernst: *Leibniz' System in seinen wissenschaftlichen Grundlagen.* — Marburg 1902 (Nachdruck: Hildesheim 1962).

— : *Das Erkenntnisproblem in der Philosophie und Wissenschaft der neueren Zeit.* 4 Bde. — Berlin, später

Darmstadt ³1922—1973.
—: *Galilei's Platonism.* In: Ashley Montagu, M. H. (Hrsg.): *Studies and Essays in the History of Science and Learning. Offered in Homage to George Sarton on the Occasion of his Sixtienth Birthday.* — New York 1946, S. 277—297.
—: *Mathematical Mysticism and Mathematical Science.* In: Mc Mullin (Hrsg.): *Galileo. Man of Science.* — New York, London 1967, S. 338—351.
CHERNISS, H.: *Plato as Mathematician.* In: *Review of Metaphysics* Bd. 4, 1951, S. 395—425.
CROMBIE, Alistair C.: *Some Aspects of Descartes' Attitude to Hypothesis and Experiment.* In: *Actes du Symposium International des sciences physiques et mathématiques dans la premiere moitié du XVIIᵉ siècle. Pise-Vinci 16—18 Juin 1958* (= Collection des travaux de l'academie internationale d'histoire des sciences Nr. 11), S. 192—201.
—: *Robert Grosseteste and the Origins of Experimental Science 1100—1700.* — Oxford 1970.
CLAGETT, Marshall: *The Medieval Latin Translations from the Arabic of the Elements of Euclid, with Special Emphasis on the Versions of Adelard of Bath.* In: *Isis* Bd. 44, 1953, S. 16—42.
CORNFORD, F. M.: *Mathematics and Dialectics in the Republic VI—VII.* In: *Mind* NS Bd. 41, 1932, S. 37—52, S. 173—190.
CORR, Charles A.: *Christian Wolff's Treatment of Scientific Discovery.* In: *Journal of the History of Philosophy* Bd. 10, 1972, S. 323—334.
COUTURAT, Louis: *La logique de Leibniz d'après des documents inédits.* — Paris 1901 (Nachdruck: Hildesheim 1961).
CRESCINI, Angelo: *Le origini del metodo analitico. Il cinquecento.* — Udine 1965.
—: *Il problema metodologico alle origini della scienza moderna.* — Roma 1972.
DEMBOWSKI, Peter: *Kombinatorik.* — Mannheim, Wien, Zürich 1970.
DESSOIR, Max: *Geschichte der neueren deutschen Psychologie.* Zweite, völlig umgearbeitete Auflage. — Berlin 1902 (Nachdruck: Amsterdam 1964).
DOLAN, S. Edmund F.S.C.: *Resolution and Composition in Speculative and Practical Discourse.* In: *Laval théologique et philosophique* Bd. 6, 1950, S. 9—62.
DRAKE, Stillman: *Ptolemy, Galileo and Scientific Method.* In: *Studies in History and Philosophy of Science* Bd. 9, 1978, S. 99—115.
DUHEM, P.: *Études sur Léonard da Vinci.* 3 Bde. — Paris 1906—1913.
—: *Un précurseur français de Copernic: Nicole Oresme (1377).* In: *Revue générale des Sciences pures et appliquées* Bd. 20, 1909, S. 866—873.
DÜRR, Karl: *Neue Beleuchtung einer Theorie von Leibniz. Grundzüge des Logikkalküls* (= Leibniz-Archiv Bd. 2). — Darmstadt 1930.
EDWARDS, William F.: *Randall on the Development of Scientific Method in the School of Padua — a Continuing Reappraisal.* In: Anton, John P. [Hrsg.]: *Naturalism and Historical Understanding. Essays on the Philosophy of John Herman Randall. Jr.* — New York [1967], S. 53—68.
ENGFER, Hans-Jürgen: *Rezension* zu Winfried Lenders: *Die analytische Begriffs- und Urteilstheorie von G. W. Leibniz und Chr. Wolff.* — Hildesheim, New York: Olms 1971, 191 S. In: *Studi internationali di filosofia* Bd. 5, 1973, S. 258—260.
ENGFER, Hans-Jürgen und ESSLER, Wilhelm K.: Artikel *„Analyse"*. In: *Handbuch philosophischer Grundbegriffe.* Hrsg. v. Hermann Krings, Hans Michael Baumgartner, Christoph Wild, 3 Bde. — München 1973 f., Bd. 1, S. 65—78.
ENGFER, Hans-Jürgen: *Rezension* zu Jaakko Hintikka and Unto Remes: *The Method of Analysis. Its Geometrical Origin and its General Significance.* — Dordrecht, Boston 1974. In: *Erkenntnis* Bd. 13, 1978, S. 327—337.
—: *Die Urteilstheorie von H. S. Reimarus und die Stellung seiner „Vernunftlehre" zwischen Wolff und Kant.* In: *Logik im Zeitalter der Aufklärung. Studien zur ‚Vernunftlehre' von Hermann Samuel Reimarus.* Hrsg. v. W. Walter u. L. Borinski (= Veröffentlichung der Joachim Jungius-Gesellschaft der Wissenschaften Hamburg Nr. 38). — Göttingen 1980, S. 33—58.
—: *Analytische und synthetische Methode bei Wolff und beim vorkritischen Kant. Zur Bedeutung Wolffs für die*

Methodendiskussion der deutschen Aufklärung. In: Schneiders, Werner (Hrsg.): *Christian Wolff (1697—1754)* (=Studien zum 18. Jahrhundert, Bd. 4). — (erscheint demnächst).

ERDMANN, Benno: *Die Entwicklungsperioden von Kants theoretischer Philosophie.* In: *Reflexionen Kants zur kritischen Philosophie.* Hrsg. v. Benno Erdmann. Bd. II: *Reflexionen Kants zur Kritik der reinen Vernunft.* — Leipzig 1884.

FEYERABEND, Paul K.: *Bemerkungen zur Geschichte und Systematik des Empirismus.* In: Weingartner, Paul (Hrsg.): *Grundfragen der Wissenschaften und ihre Wurzeln in der Metaphysik.* — Salzburg, München 1967, S. 136—180.

FRITZ, Kurt von: *Die APXAI in der griechischen Mathematik.* In: *Archiv für Begriffsgeschichte* Bd. 1, 1955, S. 13—103.

GÄBE, Lüder: *Descartes' Selbstkritik. Untersuchungen zur Philosophie des jungen Descartes.* — Hamburg 1972.

GARBEIS, Franz Wolfgang: *Bibliographie zu Christoph Gottfried Bardili.* — Stuttgart-Bad Cannstatt 1979.

GERHARDT, Carl Immanuel: *Die Entdeckung der Differentialrechnung durch Leibniz, mit Benutzung der Leibnizschen Manuscripte auf der Königlichen Bibliothek zu Hannover dargestellt.* — Halle 1848.

— : *Die Entdeckung der höheren Analysis* (= ders.: *Die Geschichte der höheren Analysis,* Erste Abtheilung). — Halle 1855.

— : (Hrsg.): *Der Sammlung des Pappus von Alexandrien siebentes und achtes Buch. Griechisch und deutsch.* — Halle 1871.

— : *Geschichte der Mathematik in Deutschland* (= Geschichte der Wissenschaften in Deutschland. Hrsg. durch die historische Commission bei der Königl. Academie der Wissenschaften. Neuere Zeit. Bd. 17). — München 1877.

GILBERT, Neal W.: *Renaissance Concepts of Method.* — New York 1960.

— : *Galileo and the School of Padua.* In: *Journal of the History of Philosophy* Bd. 1, 1963, S. 223—231.

GILSON, Étienne: *René Descartes: Discours de la méthode. Texte et commentaire.* — Paris ²1947.

GOUHIER, Henri: *La pensée métaphysique de Descartes.* — Paris 1962.

GUEROULT, Martial: *Descartes selon l'ordre des raisons. 2 Bde. — Paris 1953.*

GULLEY, Norman: *Greek Geometrical Analysis.* In: *Phronesis* Bd. 3, 1958, S. 1—14.

GURWITSCH, Aron: *Leibniz. Philosophie des Panlogismus.* — Berlin, New York 1974.

HALDER, Heinz-Richard und HEISE, Werner: *Einführung in die Kombinatorik. Mit einem Anhang über formale Potenzreihen.* — München, Wien 1976.

HARNACK, Adolf: *Geschichte der Königlich Preußischen Akademie der Wissenschaften zu Berlin.* Bd. I. 2: *Vom Tode Friedrich's des Großen bis zur Gegenwart.* — Berlin 1900 (Nachdruck: Hildesheim, New York 1970).

HEATH, C. L. (Hrsg.): *The Thirteen Books of Euclid's Elements.* Translated from the Text of Heiberg with Introduction and Commentary. Bd. 1—3. — Cambridge 1908 ff.

HEIMSOETH, Heinz: *Die Methode der Erkenntnis bei Descartes und Leibniz.* 1. Hälfte: *Descartes' Methode der klaren und deutlichen Erkenntnis;* 2. Hälfte: *Leibniz' Methode der formalen Begründung. Erkenntnislehre und Monadologie* (= Philosophische Arbeiten. Hrsg. v. Hermann Cohen und Paul Natorp, Bd. VI, Heft 1 u. 2). — Gießen 1912—1914.

HEINEKAMP, Albert: *Über Leibniz' Logik und Metaphysik. Zu Martin Schneiders ‚Analysis und Synthesis bei Leibniz'.* In: *Studia Leibnitiana* Bd. 8, 1976, S. 265—287.

HERMES, Hans: *Ideen von Leibniz zur Grundlagenforschung: Die ars inveniendi und die ars iudicandi.* In: *Akten des Internationalen Leibniz-Kongresses Hannover. 14.—19. November 1966,* 3 Bde. (=Studia Leibnitiana Supplementa Bd. 1-3). — Wiesbaden 1969, Bd. 3, S. 92—102.

HESTERMEYER, Wilhelm: *Paedagogia Mathematica. Idee einer universellen Mathematik als Grundlage der Menschenbildung in der Didaktik Erhard Weigels, zugleich ein Beitrag zur Geschichte des pädagogischen Realismus im 17. Jahrhundert.* — Paderborn 1969.

HILLGARTH, J. N.: *Ramon Lull and Lullism in Fourteenth-Century France.* — Oxford 1971.

HINSKE, Norbert: *Rezension* zu *Immanuel Kant. Vorlesungen über Enzyklopädie und Logik. Bd. 1: Vorlesungen über Philosophische Enzyklopädie.* Berlin: Akademie-Verlag 1961. In: *Deutsche Literaturzeitung* Jg. 85, 1964, Sp. 486—489.

— : *Kants Weg zur Transzendentalphilosophie. Der dreißigjährige Kant.* — Stuttgart, Berlin, Köln, Mainz 1970.

— : (Hrsg.): *Was ist Aufklärung? Beiträge aus der Berlinischen Monatsschrift.* In Zusammenarbeit mit Michael Albrecht ausgewählt, eingeleitet und mit Anmerkungen versehen. — Darmstadt [1]1973, [2]1977.

HINTIKKA, Jaakko: *Cogito, ergo sum. Inference or Performance.* In: *The Philosophical Review* Bd. 71, 1962, S. 3—32.

— : *Logic, Language-Games and Information. Kantian Themes in the Philosophy of Logic.* — Oxford 1973.

HINTIKKA, Jaakko and REMES, Unto: *The Method of Analysis. Its Geometrical Origin and its General Significance* (= Boston Studies in the Philosophy of Science, ed. by Robert S. Cohen and Marx W. Wartofsky, Bd. 25). — Dordrecht, Boston 1974.

— : *Ancient Geometrical Analysis and Modern Logic.* In: Cohen, R. S. (Hrsg.): *Essays in Memory of Imre Lakatos.* — Dordrecht, Boston 1976, S. 253—276.

HINTIKKA, Jaakko: *A Discourse on Descartes' Method.* In: Hooker, Michael (Hrsg.): *Descartes. Critical and Interpretive Essays.* — Baltimore and London [1978], S. 74—88.

HOFMANN, Joseph Ehrenfried: *Die Entwicklungsgeschichte der Leibnizschen Mathematik während des Aufenthaltes in Paris (1672—1676), unter Mitbenutzung bisher unveröffentlichten Materials dargestellt.* — München 1949.

— : *Vorwort* und *Namen- und Schriftenverzeichnis* zu Christian Wolff: *Kurtzer Unterricht von den vornehmsten mathematischen Schriften.* Hrsg. u. mit einem Vorwort und Register versehen v. J. E. Hofmann. In: WW I 15,2, S. XIII*—XLVI*.

HORN, Joachim Christian: *Monade und Begriff. Der Weg von Leibniz zu Hegel* (= Überlieferung und Aufgabe Bd. 3). — Wien, München 1965.

HÜBENER, Wolfgang: *Ist Thomas Hobbes Ultranominalist gewesen?* In: *Studia Leibnitiana* Bd. 9, 1977, S. 77—100.

ISHIGURO, Hidé: *Leibniz's Philosophy of Logic and Language.* — London 1972.

JANKE, Wolfgang: *Leibniz. Die Emendation der Metaphysik* (= Philosophische Abhandlungen Bd. 23). — Frankfurt am Main 1963.

JASINOWSKI, Bogumil: *Die analytische Urteilslehre Leibnizens in ihrem Verhältnis zu seiner Metaphysik.* — Wien 1918.

KABITZ, Willy: *Die Philosophie des jungen Leibniz. Untersuchungen zur Entwicklungsgeschichte seines Systems.* — Heidelberg 1909.

KARSCH, Fritz: *Christoph Gottfried Bardilis Logischer Realismus.* In: *Kant-Studien* Bd. 30, 1925, S. 437—452.

KAUPPI, Raili: *Über die Leibnizsche Logik mit besonderer Berücksichtigung des Problems der Intension und der Extension* (= Acta Philosophica Fennica Bd. 12). — Helsinki 1960.

— : *Die Idee der Logik in der Philosophie Leibnizens.* In: *Akten des Internationalen Leibniz-Kongresses Hannover, 14.—19. November 1966*, 3 Bde. (= Studia Leibnitiana Supplementa Bd. 1—3). — Wiesbaden 1969, Bd. 3, S. 00—91.

KLEIN, Jacob: *Die griechische Logistik und die Entstehung der Algebra.* In: *Quellen und Studien zur Geschichte der Mathematik, Astronomie und Physik*, Abt. B: Studien Bd. 3, 1936, S. 18—105; Bd. 4, 1937, S. 122—235.

KNOBLOCH, Eberhard: *Die mathematischen Studien von G. W. Leibniz zur Kombinatorik. Auf Grund fast ausschließlich handschriftlicher Aufzeichnungen dargelegt und kommentiert* (= Studia Leibnitiana Supplementa Bd. 11). — Wiesbaden 1973.

KÖHLER, Paul: *Der Begriff der Repräsentation bei Leibniz. Ein Beitrag zur Entstehungsgeschichte seines Systems* (= Neue Berner Abhandlungen zur Philosophie und ihrer Geschichte. Hrsg. v. Richard Herbertz, Heft 3). — Bern 1913.

KOYRÉ, A.: *Galileo and Plato.* In: *Journal of the History of Ideas* Bd. 4, 1943, S. 400—428.

LAKATOS, Imre: *Proofs and Refutations. The Logic of Mathematical Discovery.* Edited by John Worrall and Elie Zahar. — Cambridge, London, New York, Melbourne 1976.

— : *Mathematics, Science and Epistemology* (= ders.: *Philosophical Papers 2*). Edited by John Worrall and Gregory Currie. — Cambridge, London, New York, Melbourne 1978.

LAPORTE, Jean: *Le rationalisme de Descartes.* — Paris 1945.

LAUDAN, Laurens: *The Clock Metaphor and Probabilism: The Impact of Descartes on English Methodological Thought, 1650—65.* In: *Annals of Science* Bd. 22, 1966, S. 73—104.

LENDERS, Winfried: *Die analytische Begriffs- und Urteilstheorie von G. W. Leibniz und Chr. Wolff.* — Hildesheim, New York 1971.

LOEMKER, L. E.: *Leibniz's Conception of Philosophical Method.* In: *Zeitschrift für philosophische Forschung* Bd. 20, 1966, S. 507—524.

LÜNEBURG, Heinz: *Kombinatorik* (= Elemente der Mathematik vom höheren Standpunkt aus, Bd. 6). — Basel, Stuttgart 1970.

LÜTHJE, Hans: *Christian Wolffs Philosophiebegriff.* In: *Kant-Studien* Bd. 30, 1925, S. 39—66.

MAHNKE, Dietrich: *Leibnizens Synthese von Universalmathematik und Individualmetaphysik.* In: *Jahrbuch für Philosophie und phänomenologische Forschung.* Hrsg. v. Edmund Husserl, Bd. 7, 1925, S. 305—612 (Nachdruck: Stuttgart-Bad Cannstatt 1964).

— : *Neue Einblicke in die Entdeckungsgeschichte der höheren Analysis.* Einzelausgabe aus den Abhandlungen der Preussischen Akademie der Wissenschaften, Jg. 1925, Phys.-Math. Klasse. Nr. 1. — Berlin 1926.

MANGOLDT, H. von: *Einführung in die höhere Mathematik. Für Studierende und zum Selbststudium.* Seit der fünften Auflage neu hrsg. und erweitert v. Konrad Knopp. — Stuttgart [11]1960.

MARTIN, Gottfried: *Existenz und Widerspruchsfreiheit in der Logik von Leibniz.* In: *Kant-Studien* 48, 1956/57, S. 202—215.

— : *Der Begriff der Realität bei Leibniz.* In: *Kant-Studien* Bd. 49, 1957/58, S. 82—94.

— : *Leibniz. Logik und Metaphysik.* Zweite, durchgesehene und vermehrte Auflage. — Berlin 1967.

MC TIGHE, Thomas P.: *Galileo's ‚Platonism': A Reconsideration.* In: Mc Mullin (Hrsg.): *Galileo. Man of Science.* — New York, London 1967, S. 365—387.

MENZEL, Alfred: *Die Stellung der Mathematik in Kants vorkritischer Philosophie.* In: *Kant-Studien* Bd. 16, 1911, S. 140—213.

MITTELSTRASS, Jürgen: *Neuzeit und Aufklärung. Studien zur Entstehung der neuzeitlichen Wissenschaft und Philosophie.* — Berlin, New York 1970.

— : *Monade und Begriff. Leibnizens Rekonstruktion des klassischen Substanzbegriffs und der Perzeptionensatz der Monadentheorie.* In: *Studia Leibnitiana* Bd. 2, 1970, S. 171—200.

MOLL, Konrad: *Der junge Leibniz I. Die wissenschaftstheoretische Problemstellung seines ersten Systementwurfs. Der Anschluß an Erhard Weigels Scientia Generalis.* — Stuttgart-Bad Cannstatt 1978.

MUGNAI, Massimo: *Der Begriff der Harmonie als metaphysische Grundlage der Logik und Kombinatorik bei Johann Heinrich Bisterfeld und Leibniz.* In: *Studia Leibnitiana* Bd. 5, 1973, S. 43—73.

NOE, A. R.: *Proklos und seine Philosophie.* — Diss. Heidelberg 1937.

OEING—HANHOFF, Ludger: Artikel *„Analyse/Synthese".* In: *Historisches Wörterbuch der Philosophie.* Hrsg. v. Joachim Ritter. — Basel, Stuttgart 1971 ff., Bd. 1, Sp. 232—248.

PAPE, Ingetrud: *Leibniz. Zugang und Deutung aus dem Wahrheitsproblem.* — Stuttgart 1949.

PARKINSON, G. H. R.: *Logic and Reality in Leibniz's Metaphysics.* — Oxford 1965.

PICHLER, Hans: *Über Christian Wolffs Ontologie.* — Leipzig 1910.

— : *Möglichkeit und Widerspruchslosigkeit.* — Leipzig 1912.

PIUR, Paul: *Studien zur sprachlichen Würdigung Christian Wolffs. Ein Beitrag zur Geschichte der neuhochdeutschen Sprache.* — Halle 1903.

PLATZECK, Erhard Wolfram: *Die Lullsche Kombinatorik. Ein erneuter Darstellungs- und Deutungsversuch mit Bezug auf die gesamteuropäische Philosophie.* In: *Franziskanische Studien* Bd. 34, 1952, S. 32—60, S. 377—407.

— : *Raimund Lull. Sein Leben — seine Werke — die Grundlagen seines Denkens (Prinzipienlehre)* (= Bibliotheca Franciscana. Studia quae spiritum et vitam Franciscalem illustrant, Bd. 5 und 6). 2 Bde. — Düsseldorf 1962 und 1964.

POLYA, George: *How to Solve it.* — Princeton 1945.

POSER, Hans: *Zur Theorie der Modalbegriffe bei G. W. Leibniz* (= Studia Leibnitiana Supplementa Bd. 6). — Wiesbaden 1969.

— : *Erfahrung und Essenz. Zur Stellung der kontingenten Wahrheiten in Leibniz' ars characteristica.* In: *Die in-*

tensionale Logik bei Leibniz und in der Gegenwart. Symposion der Leibniz-Gesellschaft Hannover, 10. und 11. November 1978. Hrsg. v. Albert Heinekamp und Franz Schupp (= Studia Leibnitiana Sonderheft 8). — Wiesbaden 1979, S. 67—81.

RANDALL, John Herman: *The School of Padua and the Emergence of Modern Science* (= Saggi e testi 1). — Padua 1961.

RÉGIS, Louis (M. O. P.): *Analyse et synthèse dans l'oeuvre de saint Thomas.* In: *Studia Mediaevalia. In honorem admodum Reverendi Patris Raymundi Josephi Martin O. P., S. T. M., LXXum natalem diem agentis.* — Brugis Flandrorum 1948, S. 303—330.

REHDER, Wulf: *Über Hintikkas Interpretation von De Interpretatione 12—13.* In: *Archiv für Geschichte der Philosophie* Bd. 62, 1980, S. 58—66.

— : *Die Analysis und Synthesis bei Pappus. Ein Bericht.* In: *Philosophia naturalis.* Bd. 19, 1981.

RIEHL, Alois: *Der philosophische Kritizismus. Geschichte und System.* Bd. I: *Geschichte des philosophischen Kritizismus.* — Leipzig (¹1876, ²1908) ³1924.

RISSE, Wilhelm: *Mathematik und Kombinatorik in der Logik der Renaissance.* In: *Archiv für Philosophie* Bd. 11, 1962, S. 187—206.

— : *Zur Vorgeschichte der Cartesischen Methodenlehre.* In: *Archiv für Geschichte der Philosophie* Bd. 45, 1963, S. 269—291.

— : *Die Logik der Neuzeit.* [bisher] 2 Bde. — Stuttgart-Bad Cannstatt 1964 ff.

ROBERT, André: *Descartes et l'analyse des anciens.* In: *Archives de philosophie* Bd. 13, 1939, S. 221—242.

ROBINSON, Richard: *Analysis in Greek Geometry.* In: ders.: *Essays in Greek Philosophy.* — Oxford 1969, S. 1—15.

RÖD, Wolfgang: *Zum Problem des premier principe in Descartes' Metaphysik.* In: *Kant-Studien* Bd. 51, 1959/60, S. 176—195.

— : *Geometrischer Geist und Naturrecht. Methodengeschichtliche Untersuchungen zur Staatsphilosophie im 17. und 18. Jahrhundert* (= Abhandlungen der Bayerischen Akademie der Wissenschaften. Philosophisch-Historische Klasse. Neue Folge, Heft 70). — München 1970.

— : *Descartes' Erste Philosophie. Versuch einer Analyse mit besonderer Berücksichtigung der Cartesianischen Methodologie* (= Kantstudien—Ergänzungshefte 103). — Bonn 1971.

ROSEN, Edward: *Renaissance Science as Seen by Burckhardt and his Successors.* In: Helton, T. (Hrsg.): *The Renaissance: A Reconsideration of the Theories and Interpretations of the Age.* — Madison 1964, S. 77—103.

ROSSI, Paolo: *Clavis universalis. Arti mnemoniche e logica combinatoria da Lullo a Leibniz.* — Mailand, Neapel 1960.

RUSSELL, Bertrand: *A Critical Exposition of the Philosophy of Leibniz. With an Appendix of Leading Passages.* — (¹Cambridge 1900), ²London 1937.

SCHEPERS, Heinrich: *Andreas Rüdigers Methodologie und ihre Voraussetzungen. Ein Beitrag zur Geschichte der deutschen Schulphilosophie im 18. Jahrhundert* (= Kantstudien-Ergänzungshefte 78). — Köln 1959.

— : *Leibniz' Arbeiten zu einer Reformation der Kategorien.* In: *Zeitschrift für philosophische Forschung* Bd. 20, 1966, S. 539—567.

— : *Begriffsanalyse und Kategorialsynthese. Zur Verflechtung von Logik und Metaphysik bei Leibniz.* In: *Akten des Internationalen Leibniz-Kongresses Hannover. 14.—19. November 1966,* 3 Bde. (= Studia Leibnitiana Supplementa Bd. 1—3). Wiesbaden 1969, Bd. 3, S. 34—49.

SCHMALENBACH, Herman: *Leibniz.* — München 1921.

SCHNEIDER, Martin: *Analysis und Synthesis bei Leibniz.* — Bonn (Diss.) 1974.

SCHNEIDERS, Werner: *Leibniz' doppelter Standpunkt.* In: *Studia Leibnitiana* Bd. 3, 1971, S. 161—190.

— : *Die wahre Aufklärung. Zum Selbstverständnis der deutschen Aufklärung.* — Freiburg, München 1974.

SCHÖFFLER, Herbert: *Deutscher Osten im deutschen Geist. Von Martin Opitz zu Christian Wolff.* — Frankfurt ²1956.

SCHOLZ, Heinrich: *Leibniz und die mathematische Grundlagenforschung.* In: *Jahresbericht der Deutschen Mathematiker-Vereinigung* Bd. 52, 1942, S. 217—244.

— : *Mathesis universalis. Abhandlungen zur Philosophie als strenger Wissenschaft.* Hrsg. v. Hans Hermes u. a. — Darmstadt 1969.

SCHÜLING, Hermann: *Die Geschichte der axiomatischen Methode im 16. und beginnenden 17. Jahrhundert (Wandlung der Wissenschaftsauffassung)* (= Studien und Materialien zur Geschichte der Philosophie. Hrsg. v. Heinz Heimsoeth u. a., Bd. 13). — Hildesheim, New York 1969.

— : *Erhard Weigel (1625—1699). Materialien zur Erforschung seines Wirkens* (= Berichte und Arbeiten aus der Universitätsbibliothek Gießen 18). — Gießen 1970.

SCHULZ, Dietrich: *Die Bedeutung der analytischen Urteilstheorie für die Entwicklung des Rationalismus bei Leibniz.* In: *Studia Leibnitiana* Bd. 3, 1971, S. 115—135.

SERRES, Michel: *Le système de Leibniz et ses modèles mathématiques.* 2 Bde. — Paris 1968.

SERRUS, Charles: *La méthode de Descartes et son application a la métaphysique.* — Paris 1933.

STÖCKER, Ferdinand: *Das Problem der Methode bei Descartes.* — Diss. Bonn 1911.

STRONG, Edward W.: *Procedures and Metaphysics. A Study in the Philosophy of Mathematical-Physical Science in the Sixteenth and Seventeenth Centuries.* — Berkeley 1936 (Nachdruck: Hildesheim 1966).

STUKE, Horst: *Aufklärung.* In: *Geschichtliche Grundbegriffe. Historisches Lexikon zur politisch-sozialen Sprache in Deutschland.* Hrsg. v. Otto Brunner, Werner Conze, Reinhart Koselleck. — Stuttgart 1972 ff., Bd. I, S. 243—342.

SZABÓ, Árpád: *Anfänge des euklidischen Axiomensystems.* In: Becker, Oskar (Hrsg.): *Zur Geschichte der griechischen Mathematik* (= Wege der Forschung Bd. 33). — Darmstadt 1965, S. 355—461.

— : *Anfänge der griechischen Mathematik.* — München, Wien 1969.

TANNERY, Paul: *Notions historiques.* In: ders.: *Mémoires scientifiques.* Publiés par J.-L. Heiberg et H.-G. Zeuthen. 17 Bde. — Toulouse, Paris 1912 ff., Bd. 3, S. 158—187.

— : *Sur l'histoire des mots analyse et synthèse en mathématique.* In: ders.: *Mémoires scientifiques.* Publiés par J.-L. Heiberg et H.-G. Zeuthen. 17 Bde. — Toulouse, Paris 1912 ff., Bd. 6, S. 425—440.

TONELLI, Giorgio: *Der Streit über die mathematische Methode in der Philosophie in der ersten Hälfte des 18. Jahrhunderts und die Entstehung von Kants Schrift über die „Deutlichkeit".* In: *Archiv für Philosophie* Bd. 9, 1959, S. 37—66.

— : *Rezension* zu *I. Kant: Vorlesungen über Enzyklopädie und Logik Band I, Vorlesungen Philosophische Enzyklopädie,* Akademie-Verlag, Berlin, 1961, pp. 132, a cura di Gerhard Lehmann. In: *Filosofia* Bd. 13, 1962, S. 511—514.

— : *Der historische Ursprung der kantischen Termini „Analytik" und „Dialektik".* In: *Archiv für Begriffsgeschichte* Bd. 7, 1962, S. 120—139.

— : *Analysis and Synthesis in the XVIIIth Century Philosophy Prior to Kant.* In: *Archiv für Begriffsgeschichte* Bd. 20, 1976, S. 178—213.

TROPFKE, Johannes: *Geschichte der Elementar-Mathematik in systematischer Darstellung mit besonderer Berücksichtigung der Fachwörter.* Zweite, verbesserte und sehr vermehrte Auflage. 7 Bde. — Berlin und Leipzig [1921—1924].

VAIHINGER, Hans: *Kommentar zu Kants Kritik der reinen Vernunft.* Bd. I. — Stuttgart, Berlin, Leipzig ([1]1881), [2]1922.

VLEESCHAUWER, Herman J. de: *La genèse de la méthode mathématique de Wolf. Contribution a l'histoire des idées au XVIII. siècle.* In: *Revue Belge de philologie et d'histoire* Bd. 11, 1932, S. 651—677.

— : *More seu ordine geometrico demonstratum.* — Pretoria 1961.

VOISÉ, Waldemar: *Meister und Schüler: Erhard Weigel und Gottfried Wilhelm Leibniz.* In: *Studia Leibnitiana* Bd. 3, 1971, S. 55—67.

VUILLEMIN, Jules: *Mathématiques et métaphysique chez Descartes.* — Paris 1960.

— : *Sur la différence et l'identité des méthodes de la métaphysique et des mathématiques chez Descartes et Leibniz et sur la conception classique de principes de causalité et de correspondance.* In: *Archiv für Geschichte der Philosophie* Bd. 43, 1961, S. 267—302.

WEISSENBORN, Hermann: *Die Principien der höheren Analysis in ihrer Entwickelung von Leibniz bis auf Lagrange, als ein historisch-kritischer Beitrag zur Geschichte der Mathematik dargestellt.* — Halle 1856 (Nachdruck: Leipzig 1972).

WEIZSÄCKER, Carl Friedrich Freiherr von: *Descartes und die neuzeitliche Naturwissenschaft.* Rede, gehalten anläßlich der Feier zum Beginn des neuen Amtsjahres des Rektors der Universität Hamburg am 13. November 1957. — Hamburg 1958.

WELSH, D. J. A. (Hrsg.): *Combinatorial Mathematics and its Applications. Proceedings of a Conference held at the Mathematical Institute, Oxford, from 7—10 July 1969.* — London, New York 1971.

WUNDT, Max: *Die deutsche Schulmetaphysik des 17. Jahrhunderts* (= Heidelberger Abhandlungen zur Philosophie und ihrer Geschichte. Hrsg. v. August Faust u. Hermann Glockner, Bd. 29). — Tübingen 1939.

— : *Die deutsche Schulphilosophie im Zeitalter der Aufklärung* (= Heidelberger Abhandlungen zur Philosophie und ihrer Geschichte. Hrsg. v. August Faust u. Hermann Glockner, Bd. 32). — Tübingen 1945.

YOST, Robert Morris: *Leibniz and Philosophical Analysis.* — Berkeley, Los Angeles 1954.

ZEUTHEN, Hieronymus Georg: *Geschichte der Mathematik im XVI. und XVII. Jahrhundert.* Deutsche Ausgabe, unter Mitwirkung des Verfassers besorgt von Raphael Meyer (= Abhandlungen zur Geschichte der mathematischen Wissenschaften mit Einschluß ihrer Anwendungen. Begründet von Moritz Cantor. Heft 17). — Leipzig 1903.

PERSONENVERZEICHNIS

DEUTSCHES SACHREGISTER

4. Synonyma und Übersetzungen: analysieren

5. Gleichsetzungen

6. Abgrenzungen und Gegenüberstellungen

7. Bedeutungen des Begriffs

a) Ableiten von Folgerungen

b) Aufstieg zu den Bedingungen

c) Zergliederung von Begriffen in ihre einfacheren Teilbegriffe

2. Verwendung als Adjektiv: synthetische(r,s)

3. Gleichsetzungen: synthetische(r,s)

4. Bedeutungen des Begriffs

a) Ableiten von Folgerungen

b) Verbindung

5. Funktionsbestimmungen: Synthese dient

LATEINISCHES STICHWORTVERZEICHNIS